计算机类本科规划教材

ASP.NET 数据库网站设计教程（C#版）

刘瑞新　主编
朱　立　张治斌　刘桂玲　等编著

电子工业出版社
Publishing House of Electronics Industry
北京·BEIJING

内 容 简 介

微软公司的 ASP.NET+C#组合是网站开发采用的主流技术之一。本书以实际应用为目的,全面系统地介绍了开发 ASP.NET 数据库网站的方法及知识,包括 ASP.NET 基础,ASP.NET 服务器标准控件和验证控件,ASP.NET 常用对象、状态管理,SQL Server 数据库基础,使用.NET 数据提供程序访问数据库,使用 DataSet 访问数据库,数据绑定与数据绑定控件,站点导航和母版页,新闻网站的设计,用 ASP.NET MVC 架构开发网站等内容。每章均有典型的演练和实训,以提供教师演示和学生练习。本书在 Visual Studio 2010 和 SQL Server 2008 环境下讲解,也完全可以运行在 Visual Studio 2005/2008 和 SQL Server 2005 环境下。本书概念清晰、重点突出、实例丰富,符合教师教学和学生学习习惯,是一本非常适合课堂教学的、用 Visual C#语言开发 Web 结构的数据库网站设计教材。

为了方便教师授课及读者的学习,本书提供了电子教案、源代码等,登录华信教育资源网(www.hxedu.com.cn)注册后免费下载。

本书可作为高等学校计算机类相关专业教材,同样适合作为高职高专院校计算机类相关专业的教材,也可作为网站开发人员的技术参考书。

未经许可,不得以任何方式复制或抄袭本书之部分或全部内容。
版权所有,侵权必究。

图书在版编目(CIP)数据

ASP.NET 数据库网站设计教程:C#版 / 刘瑞新主编. —北京:电子工业出版社,2015.1
计算机类本科规划教材
ISBN 978-7-121-24671-5

Ⅰ. ①A… Ⅱ. ①刘… Ⅲ. ①网页制作工具—程序设计—高等学校—教材②C 语言—程序设计—高等学校—教材 Ⅳ. ①TP393.092②TP312

中国版本图书馆 CIP 数据核字(2014)第 254656 号

责任编辑:冉　哲
印　　刷:北京虎彩文化传播有限公司
装　　订:北京虎彩文化传播有限公司
出版发行:电子工业出版社
　　　　　北京市海淀区万寿路 173 信箱　邮编　100036
开　　本:787×1 092　1/16　印张:22　字数:592 千字
版　　次:2015 年 1 月第 1 版
印　　次:2019 年 12 月第 6 次印刷
定　　价:45.00 元

凡所购买电子工业出版社图书有缺损问题,请向购买书店调换。若书店售缺,请与本社发行部联系,联系及邮购电话:(010)88254888,88258888。
质量投诉请发邮件至 zlts@phei.com.cn,盗版侵权举报请发邮件至 dbqq@phei.com.cn。
本书咨询联系方式:ran@phei.com.cn

前　言

微软公司的 ASP.NET+C#组合是网站开发采用的主流技术之一。本书以 Visual Studio 2010 和 SQL Server 2008 为运行环境，以 Visual C#为开发语言，比较完整地介绍了开发 ASP.NET 数据库网站所需要的内容和相关知识，主要内容包括 ASP.NET 基础，ASP.NET 服务器标准控件和验证控件，ASP.NET 常用对象、状态管理，SQL Server 数据库基础，使用.NET 数据提供程序访问数据库，使用 DataSet 访问数据库，数据绑定与数据绑定控件，站点导航和母版页，新闻网站的设计，用 ASP.NET MVC 架构开发网站等内容。每章均有典型的演练和实训，以提供教师演示和学生练习。考虑到有些学校计算机配置较低，除最后一章外，其他章节内容完全可以运行在 Visual Studio 2005 和 SQL Server 2005 环境下。

在学习本教材前，要求学生具有静态网站的基础知识和程序设计语言基础。本书特别增加了一章介绍 SQL Server 数据库基础，介绍了学习本书所必需的数据库方面的知识。

在网站设计技术和技巧方面，本书大量采用微软和业界推荐与采用的方法，使得本书介绍的方法更贴近实际应用。值得一提的是，本书中所有变量的命名，均采用业界提倡采用的 Pascal、camel 命名法；另外，本书中的许多源代码来自富有经验的程序员，或经过简化而成，阅读这样的代码，有利于养成良好的代码编程风格。本书在编写风格上，力求深入浅出，尽量将知识融于浅显的案例之中，争取读者跨越最少的阻碍掌握知识。

在教学中我们发现，学生在设计 ASP.NET 网站时，往往要花费近乎一半的时间来设计静态网页，而无法集中精力练习本课程的 ASP.NET 技术。为此，我们在本书中首创把公司常用的设计方法引入到教材中，即前端设计师设计静态网页，后端设计师把静态网页改成动态网站。我们特意在本书配套下载教学包中提供了一套比较完整的用 CSS 设计的静态新闻网站，相当于前端设计师完成的网页，读者只需将静态网页中的静态元素替换成服务器控件，并编写相应的事件程序即可。这样读者就可以专注于学习和练习 ASP.NET 技术，一方面节省了大量设计静态网页的时间，又体现了公司采用的分工协作的工作方式。

本书在知识内容的细节介绍上，采用了符合认知规律的形式，即先引出概念，再介绍语法格式，然后介绍方法步骤，最后给出应用实例。之所以采用这种方式介绍知识，是因为 ASP.NET 及 C#都是人工语言，我们必须按照业界及微软所采用的形式和方法、步骤来设计教材，因为在 MSDN 和相关手册中都采用这种编写形式。我们必须适应这种学习形式，只有掌握了这种形式，才能很好地从 MSDN 等帮助中取得需要的知识和方法。也就是说，我们必须按照业界和 MSDN 提供的语法格式来"套用"，这种"套用"的方法是学生必须掌握的。相反，有些所谓的基于工作过程或项目驱动的教材，只给出一段程序，省略了最重要的语法解析，读者只能看懂这段程序，而不知道这段程序为何要这样编写，变换一项要求更是不会编写，作者认为，这类教材舍本而求末，违反了认知规律。

本书的另一个特点是合理取舍，因为受到课时的限制，课堂没有过多的时间讲授全部内容，本书选取 ASP.NET 中应用最多的知识来介绍，舍去很少使用的内容（例如，在工程中很少用到的数据源控件，本书略去不再介绍）。我们在教学中知道，ASP.NET 技术的重点是 ADO.NET 数据访问技术，而难点在数据绑定与数据绑定控件，所以本书加大了这两部分的篇幅。对于 ASP.NET 的其他技术，按照本书的思路和方法，通过查询 MSDN 等帮助，即便没有介绍的内容，也可以很快掌握。

本书的主要作者是具有丰富教学经验的教师与经验丰富的企业程序开发工程师，优势互补保障了教材的质量，使得教材更贴近实际，是校企结合的结晶和范例。

教学课时安排可参考下表：

序 号	学 习 任 务	教 学 方 法	参考学时（包括讲授、练习）
1	第1章 ASP.NET 基础	讲授、演练	2~4
2	第2章 ASP.NET 常用服务器标准控件	讲授、演练	10~12
3	第3章 ASP.NET 验证控件	讲授、演练	4
4	第4章 ASP.NET 常用内置对象	讲授、演练	2
5	第5章 ASP.NET 的状态管理	讲授、演练	2
6	第6章 SQL Server 数据库基础	讲授、演练	2
7	第7章 使用.NET 数据提供程序访问数据库	讲授、演练	8~10
8	第8章 使用 DataSet 访问数据库	讲授、演练	4~8
9	第9章 数据绑定与数据绑定控件	讲授、演练	8~10
10	第10章 站点导航和母版页	讲授、演练	4
11	第11章 ASP.NET 网站实例——新闻网站	演练	10~12
12	第12章 用 ASP.NET MVC 架构开发网站	讲授、演练	4
		机动、考核	4
		合 计	64~78

本书由刘瑞新主编，朱立、张治斌、刘桂玲等编著，参加编写的作者有：刘瑞新（第1、9、11章），张治斌（第2章），沈淑娟（第3章），吴遥（第8章），崔淼（第4、5章），刘桂玲（第7章），朱立（第10、12章），第6章及课件的制作由王如雪、曹媚珠、陈文焕、刘有荣、李刚、孙明建、李索、刘大学、刘克纯、沙世雁、缪丽丽、田金凤、陈文娟、田同福、徐维维、徐云林完成，教材中的许多代码由沈宇峰编写并提供技术支持，全书由刘瑞新主编、统稿。由于编著者水平有限，书中错误与疏漏之处在所难免，敬请广大师生批评指正。

本书可作为高等学校计算机类相关专业教材，同样适合作为高职高专院校计算机类相关专业的教材，也可作为网站开发人员的技术参考书。

为了方便教师授课及读者的学习，本书提供了电子教案、源代码等，登录华信教育资源网（www.hxedu.com.cn）注册后免费下载。

作 者

目 录

第1章 ASP.NET 基础和开发环境 ... 1
- 1.1 C/S 和 B/S 架构体系 ... 1
- 1.2 静态网页与动态网页 ... 2
  - 1.2.1 静态网页技术 ... 2
  - 1.2.2 动态网页技术 ... 2
- 1.3 .NET Framework 简介 ... 5
- 1.4 ASP.NET 网站的开发过程 ... 6
  - 1.4.1 ASP.NET 开发工具 ... 6
  - 1.4.2 新建和运行 ASP.NET 网站 ... 7
  - 1.4.3 打开和编辑 ASP.NET 网站 ... 9
  - 1.4.4 保存或关闭 ASP.NET 网站 ... 12
- 1.5 ASP.NET Web 窗体模型 ... 13
  - 1.5.1 ASP.NET Web 窗体的概念 ... 13
  - 1.5.2 ASP.NET Web 窗体的模型 ... 13
  - 1.5.3 ASP.NET 网页的代码模型 ... 14
- 1.6 ASP.NET 网站的组成文件 ... 17
- 1.7 实训 ... 18

第2章 ASP.NET 常用服务器标准控件 ... 21
- 2.1 常用标准控件 ... 21
  - 2.1.1 文本输入/输出控件 ... 21
  - 2.1.2 按钮控件 ... 23
  - 2.1.3 图像控件 ... 27
  - 2.1.4 超链接控件 ... 28
  - 2.1.5 选择控件 ... 28
  - 2.1.6 容器控件 ... 41
  - 2.1.7 其他专用控件 ... 44
  - 2.1.8 动态生成控件 ... 49
- 2.2 Web 用户控件 ... 50
  - 2.2.1 创建用户控件 ... 50
  - 2.2.2 把 Web 窗体转换成用户控件 ... 52
- 2.3 ASP.NET 网站中资源的路径 ... 53
- 2.4 ASP.NET 控件的类型和通用属性 ... 55
- 2.5 实训 ... 58

第3章 ASP.NET 验证控件 ... 64
- 3.1 验证控件概述 ... 64
- 3.2 必须项验证控件 ... 65
- 3.3 比较验证控件 ... 67
- 3.4 范围验证控件 ... 70
- 3.5 正则表达式验证控件 ... 72
- 3.6 自定义验证控件 ... 74
- 3.7 验证摘要控件 ... 79
- 3.8 指定验证组 ... 81
- 3.9 禁用验证控件 ... 81
- 3.10 实训 ... 82

第4章 ASP.NET 常用内置对象 ... 84
- 4.1 Page 对象 ... 84
  - 4.1.1 Page 对象的常用属性、方法和事件 ... 84
  - 4.1.2 Web 页面的生命周期 ... 86
  - 4.1.3 Page 对象的 Load 事件与 Init 事件比较 ... 86
- 4.2 Response 对象 ... 87
  - 4.2.1 Response 对象的常用属性和方法 ... 87
  - 4.2.2 使用 Response 对象输出信息到客户端 ... 88
  - 4.2.3 使用 Redirect 方法实现页面跳转 ... 90
- 4.3 Request 对象 ... 90
  - 4.3.1 Request 对象的常用属性和方法 ... 90
  - 4.3.2 通过查询字符串实现跨页数据传递 ... 91
- 4.4 Server 对象 ... 92

4.4.1 Server 对象的常用属性和方法…92
4.4.2 Execute 和 Transfer 方法…92
4.4.3 MapPath 方法…93
4.4.4 对字符串编码和解码…93
4.5 实训…94

第 5 章 ASP.NET 的状态管理…97

5.1 状态管理概述…97
5.2 创建和使用 ViewState 对象…97
   5.2.1 ViewState 对象概述…97
   5.2.2 使用 ViewState…98
5.3 创建和使用 Cookie 对象…100
   5.3.1 创建 Cookie…100
   5.3.2 读取 Cookie…101
   5.3.3 使用多值 Cookie…101
5.4 创建和使用 Session 对象…104
   5.4.1 Session 的工作原理…104
   5.4.2 Session 对象的常用属性及方法…104
   5.4.3 使用 Session 对象…105
5.5 创建和使用 Application 对象…108
   5.5.1 Application 对象与 Session 对象的区别…108
   5.5.2 Application 对象的属性、方法和事件…109
   5.5.3 使用 Application 对象…109
5.6 实训…111

第 6 章 SQL Server 数据库基础…116

6.1 数据库的操作…116
6.2 表的操作…120
6.3 记录的操作…124
6.4 查询的操作…127
6.5 数据表脚本的生成和执行…129
6.6 数据库的分离和附加…131
6.7 实训…133

第 7 章 使用 .NET 数据提供程序访问数据库…134

7.1 ADO.NET 简介…134

7.1.1 ADO.NET 的数据模型…134
7.1.2 ADO.NET 的两种访问数据的方式…135
7.1.3 ADO.NET 中的常用对象…136
7.1.4 .NET 数据提供程序概述…137
7.2 数据库的连接字符串…138
   7.2.1 数据库连接字符串的常用参数…138
   7.2.2 连接到 SQL Server 的连接字符串…139
   7.2.3 连接字符串的存放位置…139
   7.2.4 用数据源控件生成连接字符串…141
7.3 连接数据库的 Connection 对象…144
   7.3.1 Connection 对象概述…144
   7.3.2 创建 Connection 对象…145
   7.3.3 Connection 对象的属性和方法…145
   7.3.4 连接到数据库的基本步骤…146
   7.3.5 关闭连接…148
7.4 执行数据库命令的 Command 对象…148
   7.4.1 Command 对象概述…148
   7.4.2 创建 Command 对象…148
   7.4.3 Command 对象的属性和方法…149
   7.4.4 增加、修改、删除记录操作…150
   7.4.5 统计数据库信息操作…153
7.5 读取数据的 DataReader 对象…154
   7.5.1 DataReader 对象概述…154
   7.5.2 创建 DataReader 对象…154
   7.5.3 DataReader 对象的属性和方法…155
   7.5.4 查询记录操作…156
7.6 实训…161

第 8 章 使用 DataSet 访问数据库…172

8.1 DataSet 的基本构成…172
   8.1.1 DataSet、DataAdapter 和数据源之间的关系…172
   8.1.2 DataSet 的组成结构和工作过程…173

8.1.3	DataSet 中的常用子对象	174
8.1.4	DataSet 对象常用属性和方法	174

8.2 DataAdapter 对象 …… 175
  8.2.1 创建 DataAdapter 对象 …… 175
  8.2.2 DataAdapter 对象的属性和方法 …… 175
8.3 使用 DataSet 访问数据库 …… 177
  8.3.1 创建 DataSet …… 177
  8.3.2 填充 DataSet …… 177
  8.3.3 多结果集填充 …… 179
  8.3.4 添加新记录 …… 180
  8.3.5 修改记录 …… 182
  8.3.6 删除记录 …… 183
  8.3.7 DataTable 对象 …… 184
8.4 实训 …… 186
  8.4.1 用户管理模块应具有的功能 …… 186
  8.4.2 模块功能的实现 …… 188

第 9 章 数据绑定与数据绑定控件 …… 199

9.1 数据绑定 …… 199
  9.1.1 简单数据绑定和复杂数据绑定 …… 199
  9.1.2 数据绑定控件概述 …… 199
  9.1.3 使用数据绑定表达式实现数据绑定 …… 200
  9.1.4 调用 DataBind()方法实现数据绑定 …… 206
9.2 简单绑定控件 …… 208
  9.2.1 DropDownList 控件 …… 208
  9.2.2 ListBox 控件 …… 210
9.3 Repeater 控件 …… 212
9.4 DataList 控件 …… 216
9.5 GridView 控件 …… 218
  9.5.1 GridView 控件的语法 …… 218
  9.5.2 GridView 控件的使用示例 …… 221
  9.5.3 自定义列和模板列的使用 …… 229
9.6 DetailsView 控件 …… 235
9.7 FormView 控件 …… 241
9.8 实训 …… 244

第 10 章 站点导航和母版页 …… 246

10.1 ASP.NET 站点导航 …… 246
  10.1.1 概述 …… 246
  10.1.2 ASP.NET 站点地图 …… 247
  10.1.3 SiteMapPath 控件 …… 249
  10.1.4 SiteMapDataSource 控件 …… 251
  10.1.5 TreeView 控件 …… 252
  10.1.6 Menu 控件 …… 253
10.2 ASP.NET 母版页 …… 256
  10.2.1 概述 …… 257
  10.2.2 使用 ASP.NET 母版页的实例 …… 258
10.3 实训 …… 263

第 11 章 ASP.NET 网站实例——新闻网站 …… 272

11.1 新闻网站的功能和设计 …… 272
  11.1.1 新闻网站的功能 …… 272
  11.1.2 新闻网站的数据库 …… 273
11.2 简化对数据库的操作 …… 276
  11.2.1 配置项 …… 276
  11.2.2 SqlHelper 类中的方法 …… 276
  11.2.3 创建 SqlHelper 类 …… 277
11.3 后台页面的设计 …… 282
  11.3.1 后台管理主页和登录页 …… 282
  11.3.2 后台管理员的添加、编辑页 …… 287
  11.3.3 新闻的添加 …… 292
11.4 前台新闻首页、栏目页、内容页面的设计 …… 297
  11.4.1 前台新闻母版页 …… 297
  11.4.2 新闻首页 …… 298
  11.4.3 新闻内容页 …… 300
  11.4.4 新闻栏目页 …… 302
11.5 实训 …… 304

第 12 章 用 ASP.NET MVC 架构开发网站 …… 305

12.1 ASP.NET MVC 概述 …… 305
  12.1.1 MVC 编程模型 …… 305

12.1.2 建立第一个 MVC 应用
程序……………………306
12.1.3 MVC 程序的结构……………307
12.2 路由和 URL 导向……………………308
12.2.1 MVC 路由…………………309
12.2.2 入站路由——从 URL 到
路由……………………312
12.2.3 出站路由——从路由到 URL…316
12.3 控制器和视图……………………318

12.3.1 控制器……………………318
12.3.2 视图………………………323
12.4 模型与模型状态……………………328
12.4.1 强类型视图…………………328
12.4.2 视图和模型…………………329
12.4.3 ModelState…………………332
12.4.4 验证规则……………………333
12.5 实训…………………………………334

参考文献……………………………………344

第 1 章 ASP.NET 基础和开发环境

本章内容：C/S 和 B/S 架构体系，静态网页与动态网页，.NET Framework 简介，Visual Studio 简介，ASP.NET 网站的创建过程。

本章重点：ASP.NET 网站的创建。

1.1 C/S 和 B/S 架构体系

目前在程序开发领域中，主要有两大编程体系：一是基于操作系统平台的 C/S 结构，二是基于浏览器的 B/S 结构。

1. C/S 架构体系

在 2000 年以前，C/S（Client/Server，客户机-服务器）架构体系占据着开发领域的主流地位，如图 1-1 所示。通常，程序员将开发完成的软件安装在某台微机（客户机）中，将数据库安装在专用的服务器（数据库服务器）中，这样就可以利用两端的硬件资源，将任务合理分配到客户端和服务器端，降低了系统的通信开销。这种架构要求客户机中必须安装客户端程序，否则无法工作。另外，在 C/S 架构中，主要的数据分析处理工作需要在客户机中完成，这就要求客户机有较高的硬件配置。C/S 架构的应用程序有：QQ、MSN、Foxmail、Outlook、浏览器及一些网络游戏等。

图 1-1 C/S 架构体系

2. B/S 架构体系

B/S（Browser/Server，浏览器/服务器）架构体系如图 1-2 所示，由客户机、Web 服务器和数据库服务器三部分组成。在中小型应用系统中，Web 服务器可以与数据库服务器安装在同一台服务器中。与 C/S 架构相比，它不需要在客户机中安装专门的客户端软件，用户在使用程序时仅需要通过安装在客户机中的浏览器访问指定的 Web 服务器即可。目前，绝大多数微机都在使用集成了 Internet Explorer（IE 浏览器）的 Windows 操作系统，也就是说，只要客户机能够通过网络访问指定的 Web 服务器，即可使用 B/S 架构的应用程序。此外，在 B/S 架构中，主要的数据分析处理工作是在应用服务器中完成的，客户端主要用来下达指令和接收结果，所以客户机的配置要求不高。B/S 架构非常适合"瘦客户端"的运行环境。

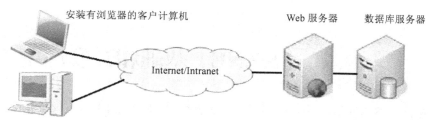

图 1-2 B/S 架构体系

1.2 静态网页与动态网页

随着 Internet 技术的发展，基于 Internet 的 Web 应用程序开发已经成为当今软件技术发展最快的应用领域，B/S 结构的应用程序已经成为应用软件的开发主流。

1.2.1 静态网页技术

在动态网页技术出现之前，所有的网页都是静态的。静态网页是指由网页编写者用纯 HTML 代码编写的网页，以.html 或.htm 文件格式保存。静态网页制作完成并发布后，网页的内容（文本、图像、声音、超链接等）和外观是保持不变的，无论哪个浏览者、在何时、以何种方式访问这个网页，它的外观总是保持不变。静态网页中不包含任何客户交互的动态内容，其优点是访问效率很高，网站的开发和架设相当容易。目前仍然有很多网站使用静态网页技术。

静态网页技术的工作过程（见图 1-3）如下。

① 浏览者在浏览器地址栏中输入 HTTP 请求或链接到该网页地址，该请求通过网络从浏览器传送到 Web 服务器中。

② Web 服务器在服务器中定位该.html 或.htm 文件，将其转化为 HTML 流。

③ Web 服务器将 HTML 流通过网络传送到浏览者的浏览器中。

④ 浏览器解析 HTML，并显示网页。

图 1-3 静态网页技术的工作过程

静态网页的主要缺点是，当网页中的内容需要改变时，必须重新制作网页，所以静态网页不适合需要频繁改变内容的网页。

1.2.2 动态网页技术

动态网页技术主要分为两种：客户端动态网页技术和服务器端动态网页技术。

1. 客户端动态网页技术

客户端动态网页技术是指 Web 服务器把原始的 HTML 页面及一组包含了页面逻辑的脚本、

组件等一起发送到客户端，这些脚本和组件包含了如何与浏览者交互并产生动态内容的指令，由客户端的浏览器及其插件解析 HTML 页面并执行这些指令。典型的客户端动态网页技术包括 JavaScript、Java Applet、Ajax 等。

客户端动态网页由网页制作者用 HTML 语言编写，并将其以.html 或.htm 文件格式保存。同时也可使用其他语言编写指令，这些指令嵌入 HTML 语言中，或者以单独的文件保存。

客户端动态网页技术的工作过程（见图 1-4）如下。

① 用户在客户端浏览器中输入一个 HTTP 网页请求，通过网络传送给 Web 服务器。

② Web 服务器在服务器中定位该.html 或.htm 文件，以及 HTML 文件指令中包含的其他文件，并将其转化为 HTML 流。

③ Web 服务器将 HTML 流和其他指令，通过网络传送到浏览者的浏览器中。

④ 浏览器插件解析指令，并将其转换为 HTML 文件。

⑤ 浏览器解析 HTML，显示网页。

图 1-4　客户端动态网页技术的工作过程

客户端动态网页技术的主要优点是，充分利用了客户端的计算机资源，减轻了服务器和网络上的计算机压力，同时可以方便地实现基于图形的用户交互界面。然而，客户端动态网页技术需要把语言脚本和组件下载到客户端的计算机中，如果脚本或者组件较大，下载速度就会变慢。其次，现在的每种客户端浏览器可能存在兼容问题，不能完整地解析代码。还有，将脚本和组件下载到客户端的计算机中后，源代码不便于保密。另外，有些脚本和组件可能含有恶意代码。所以，客户端网页技术在 Web 应用程序上的应用一般局限在显示动画、验证用户输入等方面。

2．服务器端动态网页技术

服务器端动态网页技术是指在 Web 服务器端根据客户端浏览器的不同请求，动态地生成相应的内容，然后发送给客户端浏览器。

服务器端动态网页技术的工作过程（见图 1-5）如下。

① 用户在客户端浏览器中输入一个 HTTP 网页请求，通过网络传送到 Web 服务器中。

② Web 服务器在服务器中定位指令文件。

③ Web 服务器根据指令生成 HTML 流。

④ Web 服务器将生成的 HTML 流通过网络传送到浏览者的浏览器中。

⑤ 浏览器解析 HTML，显示网页。

使用服务器端动态网页技术，所有指令都先在服务器中进行处理，并根据不同浏览者的请求生成不同的 HTML 静态网页，然后把静态网页传送到客户端的浏览器中，再由浏览器解析并显示出来。服务器端动态网页技术把原始页面代码始终隐藏在服务器中，浏览者无法看到原始代码，起到了保密作用。缺点是，由于页面是在浏览者请求时临时生成的，因此，首次显示网页时速度较慢。

图 1-5 服务器端动态网页技术的工作过程

3. B/S 架构编程技术

目前 B/S 架构应用程序开发，主要使用 4 种技术：ASP、ASP.NET、JSP 和 PHP。

（1）ASP

ASP（Active Server Pages）使用 VBScript 脚本语言，可以将脚本语言直接嵌入 HTML 文档中，不需要编译就可以直接运行。由于 ASP 程序是在服务器端运行的，当客户端浏览器访问 ASP 网页时，服务器将网页解释成标准的 HTML 代码发送给客户端，因此，不存在浏览器兼容的问题。

但是，每当客户端打开一个 ASP 页面时，服务器都会将该 ASP 程序解释一遍，最后生成标准的 HTML 代码发送到客户端，从而影响了 ASP 程序的运行速度。再有，ASP 不能运行在 Linux、FreeBSD 等操作系统中。在一般情况下，用 ASP 开发的程序只能运行在 Windows 操作系统的 IIS 环境中。目前新开发的系统已经不再使用 ASP。

（2）ASP.NET

ASP.NET 是一种用于创建动态 Web 页的强大的服务器端新技术，它可为 WWW 站点或企业内部互联网创建动态的、可进行交互的 HTML 页面。

ASP.NET 是微软.NET 体系结构的一部分，并不是 ASP 的升级版本，所以在学习 ASP.NET 前并不需要先学习 ASP。ASP.NET 的主要优点如下。

① 使用.NET 提供的所有类库，全面支持面向对象的程序设计，可以实现以往 ASP 所不能实现的许多功能。

② 引入了服务器端控件的概念，这样使开发交互式网站更加方便。

③ 引入了 ADO.NET 数据访问接口，大大提高了数据库访问效率。

④ 在 Visual Studio 可视化开发环境中创建 ASP.NET 应用程序，可以采用 C#、Visual Basic、C++、J#等语言，进一步提高了编程效率。

⑤ 因为 ASP.NET 应用程序的核心部分在发布到 IIS 网站前就已被编译成.dll 文件，所以执行速度更快。但是，ASP.NET 目前只能运行在 Windows 操作系统的 IIS 环境下。

（3）JSP

JSP 页面由 HTML 代码和嵌入其中的 Java 代码组成，具有良好的跨平台性。在页面被客户端请求时，服务器对其中的 Java 代码进行处理，然后将生成的标准 HTML 页面发送到客户端。与 ASP 不同的是，JSP 页面第一次被访问时，服务器将 JSP 编译成二进制代码，并保存起来，以后当客户机再次访问该页面时，这些二进制代码将被直接调用，所以 JSP 较 ASP 具有更高的执行效率。

（4）PHP

PHP 程序最初是用 Perl 语言编写的简单程序，后来经其他程序员不断完善，于 1997 年发布了功能基本完善的 PHP3。PHP 程序可以运行在 UNIX、Linux 和 Windows 操作系统中，对客户端浏览器也没有特殊的要求。PHP 也是将脚本语言嵌入到 HTML 文档中，它大量采用了 C、Java 和 Perl 语言的语法，并加入了 PHP 自己的特征。

PHP 在 1999—2000 年期间应用较为普遍，由 Linux + PHP + MySQL 构成的完全开源而且非常稳定的应用平台曾经风靡一时，但由于 PHP 语言更新较慢再加上没有很好的技术支持，目前 PHP 正在逐步退出 B/S 架构的开发领域。

1.3 .NET Framework 简介

Microsoft .NET Framework（简称.NET）是一种新的开发平台，是微软公司为适应 Internet 发展的需要而推出的一种特别适合网络编程和网络服务开发的平台。对于软件开发人员来说，.NET 是继 DOS 开发平台（如 BASIC、Fortran、Pascal 等）、Windows 开发平台（Visual Basic、Visual FoxPro 等）之后，以计算机网络为背景的新一代软件开发平台。

1．.NET Framework 结构

Microsoft .NET Framework 是一个用于 Windows 应用程序、Web 应用程序、控制台应用程序和智能设备应用程序的平台。.NET Framework 提供丰富的类库，程序员可以使用类库来减少编写、测试和维护的代码量。

.NET 技术的核心是.NET Framework，它是构建于计算机网络基础上的开发工具。.NET Framework 的基本结构如图 1-6 所示。

Windows 应用程序（C/S 结构）	ASP.NET 网络应用程序（动态网页）（B/S 结构）
Windows 窗体、控件	Web 窗体、Web 服务
Visual C#、Visual Basic、Visual C++、Visual J#等语言	
基础类库（Basic Class Library）	
公共语言运行时环境（Common Language Runtime，CLR）	
Windows 操作系统	
BIOS	
硬件	

图 1-6 .NET Framework 结构

从图 1-6 中可以看出，.NET Framework 的最上层是开发完成的应用程序，分为基于 ASP.NET 的网络应用程序和基于 Windows 系统的应用程序。前者由 Web 窗体和 Web 服务（Web Service）组成，用户通过浏览器访问存放在服务器中的应用程序；后者由窗体和控件组成，用户可在 Windows 环境下直接运行程序。这两类应用程序均可使用 C#、Visual Basic、C++、J#等语言编写，而且在同一程序内允许使用不同的编写语言。

2．.NET Framework 的组件

.NET Framework 有两个主要组件：公共语言运行时环境和.NET Framework 类库。

（1）公共语言运行时环境

.NET 框架的底层是公共语言运行时环境（Common Language Runtime，CLR），它提供了程序代码可以跨平台执行的机制。此外，.NET 的公共语言运行时环境还提供了系统资源统一管理和安全机制。

公共语言运行时环境管理内存、线程执行、代码执行、代码安全验证、编译以及其他系统服务。公共语言运行时环境是 .NET Framework 的基础，可以将运行时环境看作一个在执行时

管理代码的代理，它提供内存管理、线程管理和远程处理等核心服务，并且还强制实施严格的类型安全及可提高安全性和可靠性的其他形式的代码准确性。以运行时环境为目标的代码称为托管代码，而不以运行时环境为目标的代码称为非托管代码。

（2）.NET Framework 类库

.NET Framework 的中间一层是基础类库（Basic Class Library），它提供一个可以被不同程序设计语言调用的、分层的、面向对象的函数库。在传统的程序开发环境中，各种语言都有自己独立的函数库，互不通用，这样就使得跨语言编程十分困难。随着计算机及网络技术的发展，软件开发也进入了一个功能更强大、应用范围更广的时代，此时团队开发就显得尤为重要了。在.NET Framework 的基础类库中提供了大量的基础类，如窗体控件、通信协议、网络存取等，并以分层的结构加以区分，这就使得各种语言的编程有了一个一致的基础，减小了各语言之间的界限。

.NET Framework 类库是一个与公共语言运行库紧密集成的可重用的类型集合，程序员可以使用它开发多种应用程序，这些应用程序包括传统的命令行或图形用户界面（GUI）应用程序，也包括基于 ASP.NET 所提供的创新的应用程序（如 Web 窗体和 XML Web Services）。

图 1-6 显示了公共语言运行时环境和类库与应用程序之间以及与整个系统之间的关系。

3．.NET Framework 的版本

2002 年，微软引入了建立在.NET Framework（1.0 版）框架上的托管代码机制以及一种新的语言 C#（读作 C Sharp），发布 Visual Studio .NET，其中的 Web 开发为 ASP.NET 1.0。

2003 年，微软发布 Visual Studio 2003，.NET 框架也升级到 1.1 版，其中的 Web 开发为 ASP.NET 1.1。

2005 年，微软发布 Visual Studio 2005，.NET 框架升级为 2.0 版。

2008 年，微软发布 Visual Studio 2008，.NET 框架为 2.0、3.0、3.5 版，可以创建面向 2.0、3.0 或 3.5 版的项目。

2010 年，发布 Visual Studio 2010，.NET 框架支持 2.0、3.0、3.5、4.0 版。

2012 年，微软发布 Visual Studio 2012，.NET 框架支持 2.0、3.0、3.5、4.0、4.5 版，适合用于开发 Windows 8 专用程序。

2013 年 11 月 13 日，微软发布 Visual Studio 2013，NET 框架支持 2.0、3.0、3.5、4.0、4.5、4.5.1 版。

1.4 ASP.NET 网站的开发过程

1.4.1 ASP.NET 开发工具

开发 ASP.NET 网站最好的工具是使用微软的 Visual Studio（简称 VS），VS 是一套完整的集成开发工具，使用 VS 能够快速构建 ASP.NET 应用程序。VS 开发工具把开发设计中需要的各个环节（界面设计、程序设计、运行和调试程序等）集成在一个窗口中，极大地方便了开发人员的设计工作。通常，将这种集多种功能于一身的开发平台称为集成开发环境（Integrated Development Environment，IDE）。Visual Studio 是一个家族产品系列，主要有：Professional（专业版）、Premium（企业版）、Ultimate（旗舰版）等版本。对于初学者，任何版本都能满足学习。

使用 VS 开发环境，开发人员能够高效地开发 ASP.NET 应用程序。VS 开发环境为开发人

员提供了诸多控件，使用这些控件能够实现复杂的功能，极大地简化了开发人员的工作。使用 VS 开发环境进行 ASP.NET 应用程序开发还能够直接编译和运行 ASP.NET 应用程序。

　　SQL Server 是微软为开发人员提供的数据库工具，所以微软把 Visual Studio 和 SQL Server 紧密地集成在一起。通常，使用 Visual Studio 进行 ASP.NET 应用程序的开发，用 SQL Server 负责应用数据的存储。使用 SQL Server 进行.NET 应用程序数据开发能够提高.NET 应用程序的数据存储效率。

　　本书以 Visual Studio 2010 旗舰版＋SQL Server 2008 为开发环境，讲授用 Visual C#创建 ASP.NET 网站的开发方法。

1.4.2　新建和运行 ASP.NET 网站

　　基于浏览器的 B/S 结构的应用程序统称为 Web 应用程序，采用微软 ASP.NET 框架设计的程序称为 ASP.NET Web 应用程序，在 VS 中简称为网站。在 VS 集成开发环境（IDE）中，网站名就是文件夹名，也就是 ASP.NET Web 应用程序名，包括一系列多种类型的文件和文件夹。

　　在 VS 中创建一个 ASP.NET 网站，一般需要经过以下 5 个步骤。

　　① 新建网站。创建一个新的 ASP.NET 网站，并命名网站名称。

　　② 添加 Web 窗体。向网站中添加 Web 窗体，然后根据需要更改 Web 窗体名称。

　　③ 添加控件。设计网站中包含的所有 Web 窗体的外观，设置 Web 窗体中所有控件对象的初始属性值。

　　④ 编写事件代码。编写用于响应系统事件或响应用户事件的代码。

　　⑤ 运行网站。试运行并调试程序，纠正存在的错误，调整 Web 窗体。

　　本节通过一个简单 ASP.NET 网站的创建过程，介绍在 VS 中使用 Visual C#语言创建 ASP.NET 网站的基本步骤。

　　【演练 1-1】　在 VS 中创建一个 ASP.NET 网站，网站中只有一个网页，其功能是显示两行文字。

　　① 启动 Visual Studio 2010，依次单击"开始"→"所有程序"→"Microsoft Visual Studio 2010"→"Microsoft Visual Studio 2010"，进入 VS，显示起始页。

　　② 依次单击"文件"菜单→"新建"→"网站"，显示"新建网站"对话框，在左侧窗格中选中"Visual C#"，在中间窗格中选中"ASP.NET 空网站"；在对话框下部的"Web 位置"框中选择默认的"文件系统"，在文本框中把默认的位置改为"C:\ex1-1"，表示在 C 盘根文件夹下创建一个"ex1-1"文件夹，如图 1-7 所示。最后单击"确定"按钮。

　　③ 向网站中添加一个 Web 窗体。在 VS 主窗体右侧的解决方案资源管理器中，右击网站名称"C:\ex1-1"，显示快捷菜单，如图 1-8 所示，单击"添加新项"。显示"添加新项"对话框，在左侧框中选择"Visual C#"，在中间"模板"框中选择"Web 窗体"，本例题不用更改默认的网页名称 Default.aspx，如图 1-8 所示。最后单击"添加"按钮。

　　④ 在工作区"Default.aspx"选项卡中默认显示源视图，如图 1-9 左图所示。单击"Default.aspx"选项卡底部的"设计"标签，切换到设计视图，如图 1-9 右图所示。

　　⑤ 向 Web 窗体中添加两行静态文本。在设计视图中，当输入文本时，会出现一个蓝色框，表示 div 标记，输入的文本在 div 标记中。在蓝色框中输入"我的第一个 ASP.NET 网站"，按 Enter 键换行，插入换行符
，再输入"开启 ASP.NET 之旅"，如图 1-10 所示。如果要使文本在 div 标记中居中，以及改变字体、字号、颜色等外观，在 VS 工具栏中单击相应按钮即可。

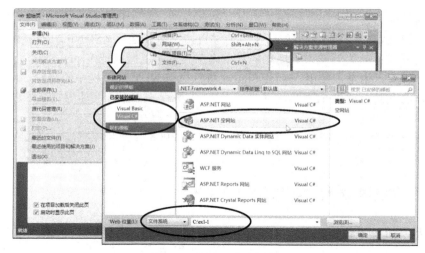

图 1-7　新建一个空网站

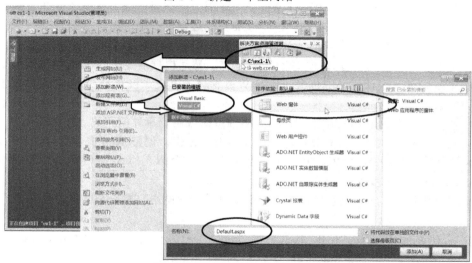

图 1-8　添加一个 Web 窗体

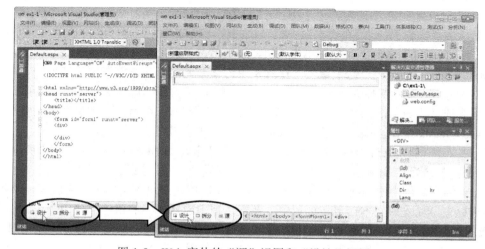

图 1-9　Web 窗体的"源"视图和"设计"视图

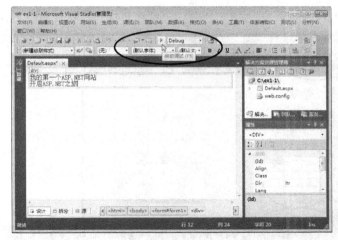

图 1-10　输入文本

⑥ 在 VS 工具栏中的单击"启用调试"按钮 ▶，运行当前 Web 窗体。如果是第一次运行本网站，将先显示"未启用调试"对话框，如图 1-11 所示，单击"确定"按钮。将显示该 Web 窗体的运行结果，如图 1-12 所示。

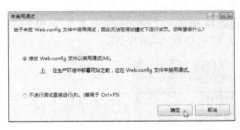

图 1-11　"未启用调试"对话框

图 1-12　Web 窗体的运行结果

运行 Web 窗体时，将启动 ASP.NET Development Server，在 Windows 任务栏右下角的通知栏中出现一个图标 ，表示 Web 服务器正在运行，如图 1-13 所示。

图 1-13　Web 服务器图标

⑦ 关闭浏览器。在 VS 中依次单击"调试"菜单→"停止调试"。
⑧ 在 VS 中，依次单击"文件"菜单→"关闭解决方案"。

1.4.3　打开和编辑 ASP.NET 网站

【演练 1-2】　打开演练 1-1 创建的网站，添加一个 Web 窗体，在 Web 窗体中添加一个文本框、一个命令按钮和一个标签控件，并实现以下功能：在文本框中输入文字，单击命令按钮后，在标签中显示刚才在文本框中输入的文字。

① 打开已有的文件系统网站。通过以下 3 种方法可以打开已保存的文件系统网站。
● 启动 VS，在起始页的"最近使用的项目"列表中列出了最近使用过的项目（网站）名

称，如图 1-14 所示，单击需要的名称即可将其打开，显示如图 1-10 所示。

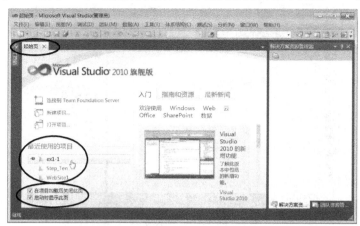

图 1-14 通过起始页打开网站

- 在 VS 中，依次单击"文件"菜单→"打开"→"网站"，显示"打开网站"对话框，在左侧窗格中选择"文件系统"，在右侧文件夹列表中单击要打开的网站文件夹，如图 1-15 所示，然后单击"打开"按钮，打开该网站，显示如图 1-10 所示。
- 在 VS 中，依次单击"文件"菜单→"最近使用的项目和解决方案"→网站名（如"C:\ex1-1"），如图 1-16 所示。打开该网站，显示如图 1-10 所示。

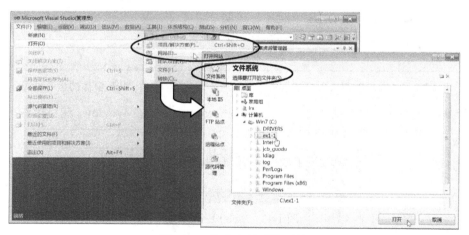

图 1-15 选定文件系统网站

② 向网站中添加一个 Web 窗体，操作如图 1-8 所示。这里可不修改默认文件名 Default2.aspx。

③ 添加控件。把 Default2.aspx 的视图切换到设计视图，输入文字"输入用户名："，使用工具箱向 Default2.aspx 页面中添加 TextBox、Button、Label 控件各一个，其中 Label 控件放置到下一行，如图 1-17 所示。

④ 设置属性。更改控件的属性，把 Button 控件上显示的文字改为"确定"，把 Label 控件上显示的文字取消，使之不显示文字。首先把"属性"窗格显示出来，依次单击"视图"菜单→"属性窗口"，则 VS 窗口右下区域显示"属性"窗格。然后按要求更改 Button、Label 控件的 Text 属性，如图 1-18 所示。

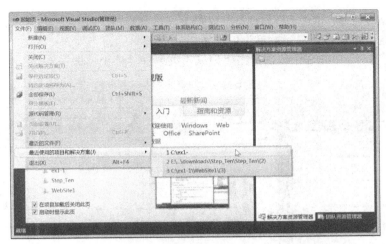

图 1-16 通过"最近使用的项目和解决方案"打开文件系统网站

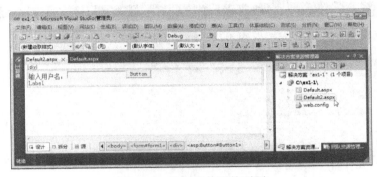

图 1-17 添加控件后的页面

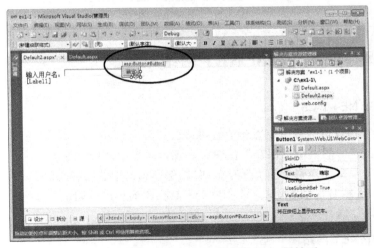

图 1-18 更改 Button、Label 控件的 Text 属性后

⑤ 编写事件代码。双击"确定"按钮,进入其代码编辑窗口,系统自动为 Web 窗体创建了 Button1_Click 事件的框架,如图 1-19 左图所示,只需要在框架中输入实现功能的代码即可。本例在插入点光标处输入 Button1_Click 事件代码:"Label1.Text = "欢迎" + TextBox1.Text;",如图 1-19 右图所示。

⑥ 运行 Web 窗体。单击"启用调试"按钮 ▶，运行当前 Web 窗体，在文本框中输入文本，然后单击"确定"按钮，将显示欢迎词，如图 1-20 所示。

⑦ 关闭浏览器。在 VS 中依次单击"调试"菜单→"停止调试"。

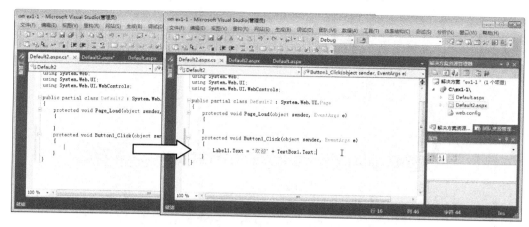

图 1-19　输入事件代码

图 1-20　运行 Web 窗体

1.4.4　保存或关闭 ASP.NET 网站

1．保存 ASP.NET 网站

在 VS 中保存项目可通过以下 3 种方式进行。
- 单击工具栏中的"全部保存"按钮 ，保存项目中的所有文件。
- 依次单击"文件"菜单→"保存全部"，保存项目中的所有文件。
- 按 Ctrl+F5 组合键或 F5 键，或者单击工具栏中的"启用调试"按钮 ▶ 运行窗体，系统将自动执行保存操作。

2．关闭 ASP.NET 网站

关闭 ASP.NET 网站可通过以下两种方式进行。
- 在 VS 中，依次单击"文件"菜单→"关闭解决方案"。
- 退出 VS，依次单击"文件"菜单→"退出"，或直接单击 VS 窗口右上角的关闭按钮 。

1.5 ASP.NET Web 窗体模型

ASP.NET 中的 Web 窗体技术，使程序员可以采用面向对象和事件驱动的方式来编写 B/S 结构的程序。

1.5.1 ASP.NET Web 窗体的概念

ASP.NET 网页，也称 ASP.NET Web 窗体（Web Form），是基于.NET 通用运行环境的编程模型，用于为 Web 应用程序创建用户界面。可以使用 Visual Studio 提供的丰富的控件集，在 Web 页面上放置控件，然后使用支持.NET 的语言（如 Visual C#等）对这些控件编程。

使用 Visual Studio 创建网站后，可以添加 Web 窗体，默认的窗体名称为 Default.aspx，Visual Studio 提供的这种可视化的编程界面就是 Web 窗体。

ASP.NET 提供的 Web 窗体是一个容器对象，具有属性、方法和事件，而且能容纳 HTML 控件、服务器控件等对象。Visual Studio 开发环境通过 Web 窗体架构，实现 Web 页面的可视化设计。例如，演练 1-1 可以用 Windows 窗体应用程序的设计方式来设计 Web 应用程序，极大地提高了开发速度。

1.5.2 ASP.NET Web 窗体的模型

ASP.NET 的 Web 窗体模型由以下两部分组成：
- 页的显示逻辑（或称用户界面 UI、可视化组件、可视元素）；
- 页的业务逻辑（或称编程逻辑、代码）。

显示逻辑由一个包含 HTML 标记、服务器控件、静态文本及页面布局的文件（.aspx）组成。页的显示逻辑用作要显示的静态文本和控件的容器。

业务逻辑是指对该 Web 窗体进行逻辑处理的 ASP.NET 代码，用于与网页进行交互，包括事件处理程序和其他代码。

ASP.NET 的.aspx 文件只能运行在 Windows Server 提供的 IIS（Internet Information Server）Web 服务器中。当浏览者通过浏览器第一次浏览一个.aspx 页面文件时，Web 服务器中的 ASP.NET 编译器生成表示该页的.NET 类文件，然后编译此文件为动态链接库（.dll）文件。.dll 文件在 Web 服务器中运行，并动态地生成标准的静态 HTML 网页，然后回传到浏览者的浏览器中。ASP.NET 程序的执行过程如图 1-21 所示。

图 1-21 ASP.NET 程序的执行过程

并不是每次接到客户端请求时，都要在服务器端重新编译和运行。对于那些曾经被访问过，并且没有改变的.aspx 网页，服务器会从缓冲区中读取上次的运行结果直接发送给客户端，从而提高程序的运行效率。

1.5.3 ASP.NET 网页的代码模型

ASP.NET 提供两种用于管理可视元素和代码的模型，即单文件页模型和代码隐藏页模型。这两种模型功能相同，在两种模型中可以使用相同的控件和代码。

1. 单文件页模型

在单文件页模型中，页的标记及其编程代码位于同一个.aspx 文件中。编程代码位于<script runat="server">…</script>块中，该块包含 runat="server"属性，此属性将其标记为在服务器中执行的代码。

【演练 1-3】 创建一个单文件页模型 Web 窗体，此页中包含一个 Button 控件和一个 Label 控件，如图 1-22 左图所示，单击 Button 按钮，将显示系统日期和时间，如图 1-22 右图所示。

图 1-22 用单文件页模型显示系统日期和时间的示例

创建过程如下。

① 新建一个网站 C:\ex1-3。

② 向网站中添加 Web 窗体。右击网站名称，从快捷菜单中单击"添加新项"。显示"添加新项"对话框，在左侧选择"Visual C#"，选择模板为"Web 窗体"，取消选中"将代码放在单独的文件中"复选框，如图 1-23 所示。然后单击"添加"按钮。

图 1-23 "添加新项"对话框

③ 切换到设计视图，向 Web 窗体中添加一个 Button 控件和一个 Label 控件，如图 1-24 左图所示。双击 Button 控件，此时打开源视图，在<script runat="server">…</script>块中的 Button 控件的 Click 事件处理程序中输入代码 "Label1.Text = "Clicked at " + DateTime.Now.ToString();"，如图 1-24 右图所示。

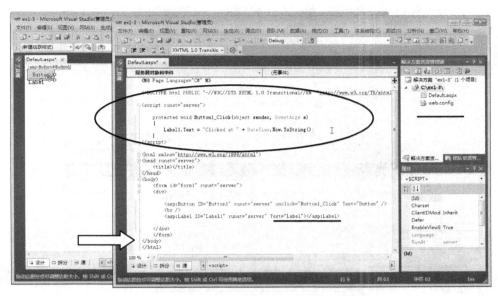

图 1-24　单文件页中的代码

在运行时，单文件页被作为从 Page 类派生的类进行处理。该页不包含显式类声明，但编译器将生成把控件作为成员包含的新类。页中的代码成为该类的一部分，例如，创建的事件处理程序将成为派生的 Page 类的成员。

2．代码隐藏页模型

如果代码在单独的类文件中，则该文件称为"代码隐藏"文件。代码隐藏文件中的代码可以使用 Visual Basic、Visual C#或 JScript .NET 编写。

【演练 1-4】　在演练 1-3 创建的网站"C:\ex1-3"中，添加一个名称为 SamplePage 的代码隐藏页 Web 窗体，网站的功能与演练 1-3 相同，如图 1-25 所示。

图 1-25　用代码隐藏页模型显示系统日期和时间的示例

创建过程如下。

① 在"C:\ex1-3"网站中，右击网站名称，从快捷菜单中单击"添加新项"。显示"添加新项"对话框，在左侧选择"Visual C#"，选择模板为"Web 窗体"。保留选中"将代码放在单独的文件中"复选框，把 Web 窗体名称改为 SamplePage.aspx，如图 1-26 所示。然后单击"添加"按钮。

② 切换到设计视图，向 Web 窗体中添加一个 Button 控件和一个 Label 控件，如图 1-27 左图所示。双击 Button 控件，此时打开 SamplePage.aspx.cs 代码窗格，在 Button 控件的 Click 事件处理程序中输入代码"Label1.Text = "Clicked at " + DateTime.Now.ToString();"，如图 1-27 右图所示。

图 1-26 "添加新项"对话框

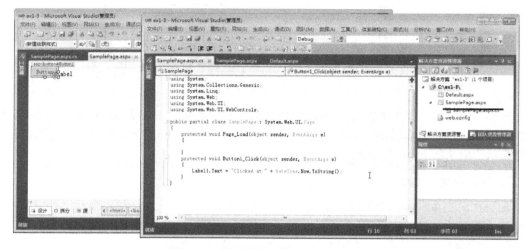

图 1-27 代码隐藏页模型中的代码

从图 1-27 中可以看到，在代码隐藏页模型中，页的标记（显示逻辑）位于.aspx 文件中，编程代码（业务逻辑）位于.aspx.cs（对于 C#）文件中。

在单文件页模型和代码隐藏页模型之间，.aspx 页有两处差别：第一，在代码隐藏页模型中，不存在具有 runat="server"属性的 script 块。第二，代码隐藏页模型中的@ Page 指令包含引用外部文件（SamplePage.aspx.cs）和类的属性，这些属性将.aspx 页链接至其代码。

代码隐藏文件的代码位于单独的文件中，代码隐藏文件包含默认命名空间中的完整类声明。但是，类是使用 partial 关键字进行声明的，这表明类并不整个包含于一个文件中。而在页运行时，编译器将读取.aspx 页及其在@ Page 指令中引用的文件，将它们汇编成单个类，然后将它们作为一个单元编译为单个类。分部类文件从 Page 类页继承。

代码隐藏页（或称后台编码模型）的主要优点是，把业务逻辑与显示逻辑分别放在不同的文件中。这样做可以简化页面的处理，尤其是在团队环境下工作时，由美工人员设计页面的外观显示，而编码人员负责设计位于显示部分后面的业务逻辑。因此，本书中的 Web 窗体都采用代码隐藏页模型。

1.6 ASP.NET 网站的组成文件

可以将网站的文件保存在方便应用程序访问的任何文件夹结构中。为了更易于使用应用程序，ASP.NET 保留了某些可用于特定类型内容的文件和文件夹名称。

一个使用 Visual Studio 2010 创建的 ASP.NET 网站，通常包含以下内容。

1．网页文件（.aspx 和.aspx.cs）与默认页

（1）网页文件

网页文件也称为 Web 窗体页，.aspx 文件包含 Web 窗体页的可视化元素，它是 Web 网站应用程序运行的主体。在 ASP.NET 中的基本文件就是这些以.aspx 为扩展名的网页文件。一个 ASP.NET 网站可以看作由众多.aspx 文件集合而成的。

在 ASP.NET 网站中可以包含.html、.asp、.css 或其他类型的文件。服务器在处理这些文件时仍采用原有的处理方式不变，对.html 文件不做任何处理直接发送到客户端，而对.asp 文件则需要转换成标准的 HTML 文件后再发送到客户端。

如果将一个标准 HTML 网页文件的扩展名改为.aspx 也是可以的，但服务器在接到客户端请求后，会按 ASP.NET 程序进行解读，当服务器发现其中并不包含服务器端代码时，也会将 HTML 文件发送到客户端，但这样做将会无端增加服务器的资源开销，这是一种不可取的设置方法。

.aspx.cs 是用 C#语言编写的包含用于 Web 窗体页的代码隐藏类文件，这些文件是对应网页（.aspx）的源程序文件（C#）。设计完毕并发布到远程服务器中的 ASP.NET 网站通常不再包含此类文件，程序中的源文件经编译后会生成一些.dll 文件。网站发布到远程 Web 服务器中后，在站点文件夹中，系统会创建一个 bin 文件夹，这些.dll 文件就存放在该文件夹内。

WebForm1.aspx 和 WebForm1.aspx.cs 文件组成一个单独的 Web 窗体页。.aspx 文件包含 Web 窗体页的可视化元素，而.aspx.cs 则包含用于 Web 窗体页的代码隐藏类。

（2）默认页

可以为应用程序建立默认页，这将使用户更容易定位到站点。默认页是在用户定位到站点时没有指定特定页的情况下为用户提供的页。例如，可以创建一个名为 Default.aspx 的页，并将它保存在站点的根文件夹中。如果用户在定位到站点时没有指定特定页（如 http://www.microsoft.com/zh/cn/），可以配置该站点的应用程序，以便自动请求 Default.aspx 页。可以使用默认页作为站点的主页，或者在页中写入代码以将用户重定向到其他页。

说明：在 Internet 信息服务（IIS）中，默认页是作为网站的属性创建的。

2．应用程序文件夹

在创建 ASP.NET 应用程序后，程序员可以在应用程序中增加任意多个文件和文件夹。

有些文件夹具有特定含义，ASP.NET 识别可用于特定类型内容的某些文件夹名称。下面列出保留的文件夹名称及该文件夹中通常包含的文件类型。

说明：应用程序文件夹（App_Themes 文件夹除外）的内容并不在响应 Web 请求时提供，但可以通过应用程序代码进行访问。

（1）App_Data

App_Data 文件夹用于保存应用程序使用的数据库，它是一个集中存储应用程序所有数据库

的地方，创建新网站时将自动创建。App_Data 文件夹中可以包含 SQL Server 文件（.mdf）、Access 文件、XML 文件等。应用程序使用的用户账户具有对 App_Data 文件夹中任意文件的读/写权限，该用户账户默认为 ASP.NET 账户。在这个文件夹中存储所有数据文件的另一个原因是，许多 ASP.NET 系统，从成员、角色管理系统到 GUI 工具，如 ASP.NET MMC 插件和 ASP.NET Web 站点管理工具，都构建为使用 App_Data 文件夹。

需要说明的是，存放在 App_Data 文件夹中的文件无法通过 URL 地址直接访问，所以，也可在该文件夹中存放那些需要受到保护的文件。

（2）App_Code

App_Code 文件夹包含希望作为应用程序一部分进行编译的实用工具类和业务对象（如：.cs、.vb 和 .jsl 文件）的源代码。在动态编译的应用程序中，当对应用程序发出首次请求时，ASP.NET 编译 App_Code 文件夹中的代码，然后在检测到任何更改时重新编译该文件夹中的项。

（3）App_Themes

该文件夹包含用于定义 ASP.NET 网页和控件外观的文件集合（.skin、.css 文件以及图像文件和一般资源）。

（4）Bin

该文件夹包含要在应用程序中引用的控件、组件或其他代码的已编译程序集（.dll 文件）。在应用程序中将自动引用 Bin 文件夹中的代码所表示的任何类。

3．网站配置文件（web.config）

站点的配置设置可以通过 web.config 文件进行管理，该文件位于站点的根文件夹中。如果在子文件夹中包含有文件，则可以通过在该文件夹中创建 web.config 文件来为这些文件维护单独的配置设置。

web.config 文件是一个基于 XML 的配置文件，它用来存储 ASP.NET 网站的配置信息，它可以出现在应用程序的每个文件夹中。当通过 Visual Studio 新建一个 ASP.NET 网站后，在默认情况下会在网站文件夹中自动创建一个默认的 web.config 文件，其中包括了默认的配置信息，所有的子目录都继承这些配置。

1.7 实训

【实训 1-1】 重置 Visual Studio 开发环境。在利用 VS 开发的过程中，程序员可能会根据需要对 VS 的开发环境进行变动，但对于初学者来说，默认的 VS 开发环境更便于使用，因此就要学会更改、重置 VS 的开发环境。对 VS 开发环境进行重置，恢复到刚安装 VS 时的状态的操作步骤如下。

① 在 VS 中，依次单击"工具"菜单→"导入和导出设置"。

② 显示"导入和导出设置向导"的"欢迎使用'导入和导出设置向导'"页面，单击选定"重置所有设置"单选按钮，然后单击"下一步"按钮。

③ 显示"导入和导出设置向导"的"保存当前设置"页面，单击选定"否，仅重置设置，从而覆盖我的当前设置"单选按钮，然后单击"下一步"按钮。

④ 显示"导入和导出设置向导"的"选择一个默认设置集合"页面，单击"Visual C#开发设置"或者"Web 开发"，然后单击"完成"按钮。

⑤ 显示"导入和导出设置向导"的"正在重置设置"页面,稍等几秒,然后显示"重置完成"对话框,单击"关闭"按钮,完成重置 Visual Studio 开发环境。

⑥ 关闭 VS,重新启动 VS,可以看到 VS 开发环境已经重置。

【实训 1-2】 显示文件的扩展名。Windows 系统默认不显示文件的扩展名,我们需要把文件的扩展名显示出来,有利于对文件的操作。设置文件属性的操作步骤如下。

① 在 Windows 7 中,打开"Windows 资源管理器",在其工具栏的最左端单击"组织"→"文件夹和搜索选项"。或者,打开"控制面板",在大图标或小图标查看方式下,单击"文件夹选项"。

② 显示"文件夹选项"对话框,单击"查看"选项卡,在"高级设置"下,取消选中"隐藏已知文件类型的扩展名"复选框,单击"确定"按钮。

【实训 1-3】 在 Web 窗体中设计一个会员登录页面,如图 1-28 所示。

图 1-28 会员登录页面

① 在 C 盘根文件夹中新建网站"C:\training1_3",添加一个默认 Web 窗体 Default.aspx。

② 在 Default.aspx 中插入一个 5 行 3 列的表格。在设计视图下,依次单击"表"菜单→"插入表"。显示"插入表格"对话框,设置"行数"为 5,"列数"为 3,选中"指定宽度"并设置"百分比"为 100,如图 1-29 所示。单击"确定"按钮,在窗体中生成表格,如图 1-30 所示。

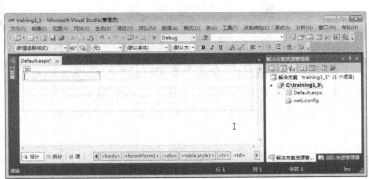

图 1-29 "插入表格"对话框　　　　图 1-30 在窗体中生成的表格

③ 可以在表格的单元格中放置静态文字和各种控件。在表格中输入文字,添加两个 TextBox、一个 Button、一个 Label 控件。把鼠标指针放在行、列边框线上,按住左键拖动鼠标可以调整行高、列宽。建议在源视图中调整样式表 style 中的 Width 属性值。把光标定位到单元格中,单击格式工具栏中的"居中"、"居右"等按钮,可设置单元格中内容的对齐方式,或在源视图中,调整样式表 style 中的 text-align 属性值。完成后的窗体如图 1-31 所示。

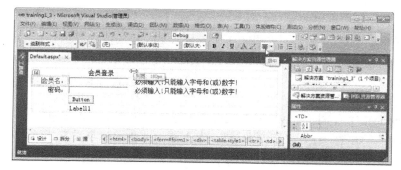

图 1-31　编辑窗体

如果要插入、删除或合并单元格，可先选中一个或多个单元格，右击，使用快捷菜单命令进行调整；也可通过"表"菜单中的命令进行调整；还可以在"属性"窗口中进行调整。

④ 设置属性。把 Button 控件的 Text 属性改为"确定"，把 Label 控件的 Text 属性中的内容清除。

⑤ 编写事件代码。双击"确定"按钮，打开其代码编辑窗口 Default.aspx.cs，在 Button1_Click 事件中输入 Click 事件代码："Label1.Text = "欢迎您 " + TextBox1.Text + " 回来!";"，如图 1-32 所示。

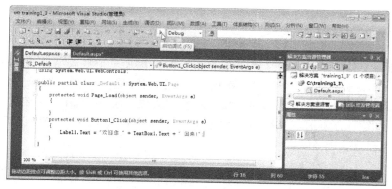

图 1-32　编写事件代码

⑥ 运行 Web 窗体。单击"启用调试"按钮，运行当前 Web 窗体，在文本框中输入会员名、密码，然后单击"确定"按钮，显示如图 1-28 所示。

⑦ 在 VS 中，依次单击"调试"菜单→"停止调试"。

第 2 章 ASP.NET 常用服务器标准控件

本章内容：常用服务器标准控件，Web 用户控件，ASP.NET 网站中资源的路径。
本章重点：Label、TextBox、Button、ImageButton、LinkButton、HyperLink、Image、RadioButton、RadioButtonList、CheckBox、CheckList、ListBox、DropDownList 等控件。

2.1 常用标准控件

在 VS 工具箱的"标准"选项卡中包含一些设计 ASP.NET Web 应用程序常用的 Web 服务端控件，这些控件能够显示按钮、列表、图像、框、超链接、标签等，以及处理用作其他控件容器的更复杂的控件。下面按服务器控件的功能分类介绍常用的标准控件。

2.1.1 文本输入/输出控件

有两种类型的文本输入/输出控件：Label 和 TextBox。

1. Label 控件

Label（标签）Web 服务器控件 A Label 用于以编程方式设置 ASP.NET 网页中显示的文本。通常，当希望在运行时更改页面中的文本（如响应按钮单击）时，使用 Label 控件。可以在设计时，或者在运行时从程序中设置 Label 控件的文本，也可以将 Label 控件的 Text 属性绑定到数据源，在页面上显示数据库信息。此控件在运行时不能与用户交互。语法格式如下：

<asp:Label ID="Label1" runat="server" Text="显示的文本" … ></asp:Label>

Label 控件的属性有许多是 Web 服务器控件通用的，常用属性见表 2-1。

表 2-1 Label 控件的常用属性

属　　性	说　　明
Text	设置或获取标签中显示的文本

要更改标签中显示的文字，可修改 Text 属性，有两种方法。
① 设计时在 Label 控件的"属性"窗口中更改 Text 属性值。
● 在工具箱的"标准"选项卡中，双击 Label 控件或者将其拖到页面上。
● 在"属性"窗口的"外观"类别中，将该控件的 Text 属性设置为要显示的文本。

可以把 Label 控件的 Text 属性设置为任意字符串（包括包含 HTML 标记的字符串）。例如，将 Text 属性设置为<strong>Test</strong>
，则 Label 控件将以粗体显示单词"Test"然后换行。
② 通过编程方法在运行时动态更改显示的文本。

注意：如果要显示静态文本，则应使用 HTML 标记，不要使用 Label 控件。这点与 C/S 下的窗体设计不同。

2. TextBox 控件

TextBox（文本框）Web 服务器控件 abl TextBox 的作用是让用户向 ASP.NET 网页中输入文本。在默认情况下，该控件将显示一个单行文本框，但可以设置为显示多行文本框，也可以设置为输入密码方式，以屏蔽用户输入的文本内容。语法格式如下：

<asp:TextBox ID="TextBox1" runat="server" ontextchanged="TextBox1_TextChanged" … >
文本框中显示的文本</asp:TextBox>

TextBox 控件的常用属性见表 2-2。

表 2-2 TextBox 控件的常用属性

属性	说明
Text	设置或获取文本框中显示的文本
TextMode	设置文本框显示模式。选项有：SingleLine（单行，默认）、MultiLine（多行）或 Password（密码文本）
ReadOnly	设置是否可以更改文本框中的文本，即是否只读。选项有：false（默认为可更改）和 true（只读）
AutoPostBack	设置在用户修改文本框中的文本后离开控件时，是否自动发回到服务器，触发 TextChanged 事件。默认为 false
MaxLength	设置文本框中允许输入的最大字符数
Columns	设置文本框的宽度（以字符为单位）
Rows	设置多行文本框时显示的行数
Wrap	设置文本是否换行。默认为 true（自动换行）。在 TextMode 属性为 MultiLine 时有效

TextBox 控件的常用事件见表 2-3。

表 2-3 TextBox 控件的常用事件

事件	说明
TextChanged	当用户更改文本框中显示的文本后焦点离开文本框控件时，触发此事件。在默认情况下，并不立即触发该事件；而是当提交页时才在服务器中触发。当设置 TextBox 控件的 AutoPostBack 属性为 true 时，在用户更改内容并离开该控件之后马上将页面提交给服务器。但是，如果用户更改文本框中的内容后按 Enter 键，即便 AutoPostBack 属性为 false，也将触发此事件

【演练 2-1】 在文本框中输入用户名，然后单击网页中的其他地方或按 Enter 键后显示刚才输入的用户名，如图 2-1 所示。

① 设计页面。新建一个空网站（例如网站"C:\ex2_1"），添加一个 Web 窗体，窗体名为 Default.aspx。切换到设计视图，在 Default.aspx 中添加一个 TextBox 控件和一个 Label 控件到表格中。设计视图如图 2-2 所示。

② 设置控件属性。在 TextBox1 控件的"属性"窗口中，把 AutoPostBack 属性值改为 true。

③ 编写事件过程代码。在页面的设计视图中，选中 TextBox1 控件，在"属性"窗口中单击"事件"按钮，在事件列表中双击 TextChanged 事件，如图 2-2 所示。

打开 Default.aspx.cs 窗口，在 TextBox1 控件的 TextChanged 事件过程框架中输入以下代码：

```
protected void TextBox1_TextChanged(object sender, EventArgs e)
{
    Label1.Text = "输入的用户名是："+TextBox1.Text;
}
```

④ 运行网站。单击"启用调试"按钮，运行当前 Web 窗体，在文本框中输入用户名，然后单击文本框以外的网页区域，或者按 Enter 键，显示如图 2-1 所示。

图 2-1　网页运行结果

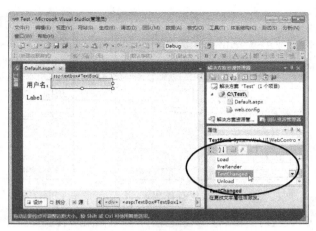

图 2-2　设计视图

2.1.2　按钮控件

使用按钮 Web 服务器控件，用户能够将页发送到服务器中并触发页上的事件。有 3 种按钮控件，每种按钮控件在网页上显示的方式都不同。

1. Button 控件

Button 控件　 Button 显示一个标准命令按钮，该按钮呈现为一个 HTML input 元素，一般用来提交表单。语法格式如下：

```
<asp:Button ID="Button1" runat="server" onclick="Button1_Click"
        Text="按钮上显示的文本"  … />
```

Button 控件的常用属性见表 2-4。

表 2-4　Button 控件的常用属性

属　　性	说　　明
Text	设置或获取按钮中显示的文本
AccessKey	设置该控件使用的键盘快捷键，可以设置为单个字母或数字。例如，若要生成访问快捷键 Alt+B，则将 B 指定为 AccessKey 属性的值。说明：在 Windows 应用程序中，访问键通常在按钮上用一个带下画线的字符表示。但由于 HTML 中的限制，这种标记方法不适用于按钮 Web 服务器控件

Button 控件的常用事件见表 2-5。

表 2-5　Button 控件的常用事件

事　　件	说　　明
Click	单击按钮时会触发该事件，并且包含该按钮的窗体会提交给服务器

【演练 2-2】　设计一个如图 2-3 所示的跟帖网页，评论被输入到一个多行文本框中，单击"发评论"按钮后，将显示在前面 3 个文本框中输入的文本。

① 设计页面。新建一个空网站，添加一个 Web 窗体，切换到设计视图，在 Default.aspx 窗体中添加 3 个 TextBox 控件、一个 Button 控件和一个 Label 控件，同时添加相关的静态文字，如图 2-4 所示。

图 2-3　网页运行结果

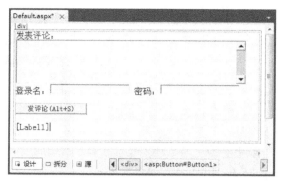
图 2-4　设计视图

② 设置控件属性。设置用于输入评论的 TextBox1 控件的 TextMode 属性值为 MultiLine，Text 属性值为空字符串；设置用于输入密码的 TextBox3 控件的 TextMode 属性值为 Password；设置 Button1 控件的 Text 属性值为"发评论(Alt+S)"，AccessKey 属性为 S，可以按 Alt+S 快捷键访问；将 Label1 控件的 Text 属性的内容清空。

③ 编写事件过程代码。在设计视图中，双击 Button1 控件，在 Button1_Click 事件过程框架中输入以下代码：

```
protected void Button1_Click(object sender, EventArgs e)
{
    Label1.Text="评论："+TextBox1.Text+"<br />";
    Label1.Text = Label1.Text + "登录名：" + TextBox2.Text + "<br />";
    Label1.Text = Label1.Text + "密码：" + TextBox3.Text;
}
```

④ 运行网站。单击"启用调试"按钮 ▶，运行当前 Web 窗体，在文本框中输入内容，按 Alt+S 快捷键，显示如图 2-3 所示。

2．ImageButton 控件

ImageButton 控件 ImageButton 用于创建图像外观的按钮，在网页中，该按钮显示为一幅图像，功能与 Button 控件的相同。语法格式如下：

```
<asp:ImageButton ID="ImageButton1" runat="server" ImageUrl="图像的 URL"
    onclick="ImageButton1_Click" … />
```

ImageButton 控件的常用属性见表 2-6。

表 2-6　ImageButton 控件的常用属性

属　　性	说　　明
ImageUrl	设置或获取按钮上要显示的图像的 URL
AlternateText	在图像无法显示时显示的替换文字

ImageButton 控件的常用事件见表 2-7。

表 2-7　ImageButton 控件的常用事件

事　　件	说　　明
Click	单击按钮时会引发该事件，并且包含该按钮的窗体会提交给服务器

说明：
① ImageButton 控件支持的图像文件格式有.gif、.jpg、.jpeg、.bmp、.wmf、.png。
② 显示在控件中的图像可以是存放在本站点内的图像文件，也可以是其他网站中的图像链接（如 http://www.hao123.com/images/01.jpg）。

【演练 2-3】 网页第一次显示时显示一个初始图像按钮，同时显示一行提示，如图 2-5 所示。单击该图像按钮后，该图像按钮上显示初始图像后的第一个图像按钮，同时显示一行提示，如图 2-6（a）所示；单击图像按钮显示第二个图像按钮，如图 2-6（b）所示，即实现单击图像按钮交替显示图 2-6（a）、(b) 这两张图像。

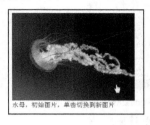  

（a） （b）

图 2-5　初始图像按钮　　　　　　图 2-6　交替显示的两个图像按钮

（1）设计页面

新建网站，添加 Web 窗体，切换到设计视图，在 Default.aspx 中添加一个 ImageButton 控件和一个 Label 控件。

（2）设置控件属性

① 右击网站名称，在快捷菜单中单击"新建文件夹"，如图 2-7 所示，输入文件夹名称"Images"。右击文件夹名称"Images"，在快捷菜单中单击"添加现有项"，如图 2-8 所示，浏览到"库→图片→公用图片→示例图片"，选中"水母"、"考拉"和"企鹅"图片，把这 3 张图片添加到"Images"文件夹中。

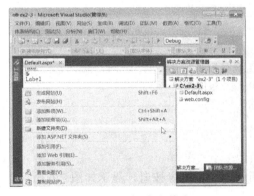 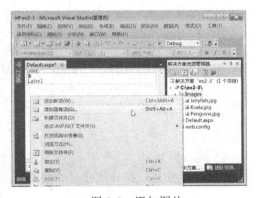

图 2-7　新建文件夹　　　　　　　　图 2-8　添加图片

② 在设计视图中选中 ImageButton1 控件，先把图像按钮设置为适当大小，然后右击 ImageButton1 控件，在快捷菜单中单击"属性"，打开"属性"窗口。在"属性"窗口中单击 ImageUrl 属性后的浏览按钮，显示"选择图像"对话框，在"Images"文件夹中选择图像按钮上显示的初始图片文件，这里是水母图片。

③ 在设计视图中选中 Label1 控件，在"属性"窗口中把 Text 属性值改为"水母，初始图片，单击切换到新图片"。

（3）编写事件代码

① 在解决方案资源管理器中，双击 Default.aspx.cs 打开其窗口，在所有事件过程外声明窗体级变量，用静态变量保存单击的奇偶次数，代码为"static bool flag = true;"，如图 2-9 所示。奇数次单击为 true，偶数次单击为 false。

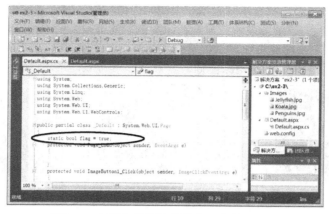

图 2-9　在所有事件过程外声明窗体级变量

② 创建图像按钮的单击事件，在设计视图中双击该图像按钮 ImageButton1 控件，打开该图像按钮的单击事件过程 ImageButton1_Click 框架，在其中输入以下代码：

```
protected void ImageButton1_Click(object sender, ImageClickEventArgs e)
{
    if (flag)
    {   //奇数次单击显示的图片
        Label1.Text = "考拉，单击图片切换到另外一张";
        ImageButton1.ImageUrl = "~/Images/Koala.jpg";
        flag = false;
    }
    else
    {   //偶数次单击显示的图片
        Label1.Text = "企鹅，单击图片切换到另外一张";
        ImageButton1.ImageUrl = "~/Images/Penguins.jpg";
        flag = true;
    }
}
```

（4）运行网站

运行 Web 窗体，第一次显示的网页如图 2-5 所示。单击图像按钮，显示如图 2-6 所示。

3．LinkButton 控件

LinkButton 控件　LinkButton 用于创建超链接外观的按钮，其功能与 Button 控件的相同。语法格式如下：

　　<asp:ID="LinkButton1" runat="server" onclick="LinkButton1_Click" … >链接按钮上显示的文本</asp:LinkButton>

LinkButton 控件的常用属性见表 2-8。

表 2-8 LinkButton 控件的常用属性

属性	说明
Text	设置或获取 LinkButton 控件中显示的文本

LinkButton 控件的常用事件见表 2-9。

表 2-9 LinkButton 控件的常用事件

事件	说明
Click	单击按钮时会触发该事件，并且包含该按钮的窗体会提交给服务器

要创建 LinkButton 控件的单击事件，在设计视图中双击该 LinkButton 控件，在 LinkButton 控件的单击事件过程 ImageButton1_Click 框架中输入以下代码：

```
protected void LinkButton1_Click(object sender, EventArgs e)
{
}
```

2.1.3 图像控件

图像 Web 服务器控件 Image 可以在 ASP.NET 网页上显示图像，也可以在设计时或运行时以编程方式为 Image 控件指定图像文件，还可以将控件的 ImageUrl 属性绑定到一个数据源，根据数据库信息显示图像。语法格式如下：

`<asp:Image ID="Image1" runat="server" ImageUrl="图像文件的 URL" … />`

Image 控件的常用属性见表 2-10。

表 2-10 Image 控件的常用属性

属性	说明
ImageUrl	要显示的图像文件的 URL
AlternateText	在图像无法显示时显示的替代文本
ToolTip	将鼠标指针放到图像上时，作为工具提示显示的文本。如果未指定 ToolTip 属性，某些浏览器将使用 AlternateText 值作为工具提示
ImageAlign	图像相对于页面中其他 Web 元素的对齐方式。选项有：NotSet（默认）、Left、Right、Middle 等
Height	控件的高度。在页面上为图像保留空间，当呈现页面时，将根据保留的空间相应调整图像大小
Width	控件的宽度

Image 控件不支持任何事件。例如，Image 控件不响应鼠标单击事件。

说明：Image 控件只显示图像，不支持任何事件。如果需要捕获图像上的鼠标单击事件，则使用 ImageButton 控件。

如果在网页运行时不需要更改图像的属性，最好采用静态图像，直接把图像文件从本网站拖动到页面窗体中，创建的就是静态图像，其语法格式如下：

`<img alt="替换文本" src="图像文件的 URL" style="图像的宽、高样式" … />`

【演练 2-4】 用 Image 控件显示图片，单击 Button 控件切换图片。在演练 2-3 设计的网站中添加一个 Web 窗体 Default_image.aspx，切换到设计视图，在窗体中添加一个 Image 控件、一个 Label 控件、一个 Button 控件。调整 Image 控件到合适大小，设置其 ImageUrl 属性为 "~/Images/Jellyfish.jpg"。参考演练 2-3 编写 Button 控件的 Click 事件代码。

2.1.4 超链接控件

HyperLink（超链接）Web 服务器控件 ▲ HyperLink可在网页上创建链接，使用户可以在应用程序中的网页间跳转。HyperLink 控件显示可单击的文本或图像，语法格式如下：

<asp:HyperLink ID=" HyperLink1" runat="server" …>链接上显示的文本</asp:HyperLink>

HyperLink 控件的常用属性见表 2-11。

表 2-11 HyperLink 控件的常用属性

属 性	说 明
Text	设置或获取链接中显示的文本
ImageUrl	以图片方式显示超链接，链接中显示图片的 URL
NavigateUrl	用户单击链接时要链接到的页面的 URL
Target	NavigateUrl 链接的目标窗口或框架的 ID。可以通过框架的 ID 指定框架，也可以使用预定义的目标值（_top、_self、_parent、_search 或 _blank）

与大多数 Web 服务器控件不同，当用户单击 HyperLink 控件时并不会在服务器代码中触发事件（此控件没有事件）。此控件只执行导航。使用 HyperLink 控件的主要优点是可以在服务器代码中设置链接属性。

下面的示例使用 Button 控件的 Click 事件显示在运行时设置的 HyperLink 控件的属性，并设置 HyperLink 控件的链接文本和目标页。在网页窗体中添加一个 HyperLink 控件和一个 Button 控件，Button 控件的 Click 事件过程代码如下：

```
protected void Button1_Click (object sender, System.EventArgs e)
{
    this.HyperLink1.Text = "Home";
    this.HyperLink1.NavigateUrl = "http://www.microsoft.com/zh/cn/";
}
```

如果在网页中不需要更改超链接，最好使用<a>，语法格式如下：

<a href="URL">链接上显示的文本或图像</a>

2.1.5 选择控件

选择控件的作用是让用户从可选项中选取一个或多个选项，包括 RadioButton 和 RadioButtonList 控件、CheckBox 和 CheckList 控件、ListBox 和 DropDownList 控件。

1. RadioButton 和 RadioButtonList 控件

单选按钮 Web 服务器控件分为两类：RadioButton 控件和 RadioButtonList 控件。可以使用这些控件定义任意数目的带标签的单选按钮，并将它们水平或垂直排列。

这两类单选按钮控件有各自的优点。使用单个的 RadioButton 控件相对于使用 RadioButtonList 控件，可以更好地控制单选按钮组的布局。例如，可以在各单选按钮之间包含非单选按钮文本。

RadioButtonList 控件不允许用户在按钮之间插入文本，但它提供了自动分组功能，如果页面中存在多组单选按钮，则使用 RadioButtonList 控件更加适合。另外，如果想要基于数据源中的数据创建一组单选按钮，那么 RadioButtonList 控件是更好的选择。在编写代码检查所选定的按钮方面，它也稍微简单一些。

注：要向用户提供较长的选项列表或者运行时长度可能会变的列表，可使用 ListBox 或 DropDownList 控件。

（1）RadioButton 控件 ⊙ RadioButton

单选按钮（RadioButton）很少单独使用，而是进行分组以提供一组互斥的选项。在一组内，每次只能选择一个单选按钮。可以用下列方法创建分组的单选按钮：先向页中添加多个 RadioButton 控件，然后将这些控件手动分配到一个组中。组名可以是任意名称，具有相同组名的所有单选按钮将被视为同一组的组成部分。如果需要在同一个页面中创建多个单选按钮组，则需要将其分配在不同的组中，每个组有各自相同的组名。语法格式如下：

`<asp:RadioButton ID="RadioButton1" runat="server" GroupName="组名"`
`    Text="控件旁显示的文字" oncheckedchanged="RadioButton1_CheckedChanged" … />`

RadioButton 控件的常用属性见表 2-12。

表 2-12 RadioButton 控件的常用属性

属 性	说 明
GroupName	设置 RadioButton 控件所属的组名，在同一组内只能有一个控件处于选中状态
Checked	设置或获取 RadioButton 是否处于被选中状态，true 表示被选中，false（默认）表示未被选中
Text	设置或获取显示在控件旁边的说明文字
TextAlign	更改控件旁边的说明文字的方向
AutoPostBack	设置或获取单击时 RadioButton 状态是否自动发回服务器

在程序中可以用"控件名称.SelectedItem.Value"获取被选中按钮的选项值，用"控件名称.SelectedItem.Text"获取被选中按钮旁显示的文本。

使用单个 RadioButton 控件时，一般方法是：向页面添加一组这样的控件，然后对它们进行分组。可以创建多个不同的按钮组。向 Web 窗体页添加 RadioButton 控件的方法如下：

① 从工具箱的"标准"选项卡中，将 RadioButton 控件拖到页面上。

② 在"属性"窗口中，通过设置 Text 属性来指定标题。

③ 还可以通过设置 TextAlign 属性来更改标题的方向。

④ 对要添加到页面上的每个单选按钮重复步骤①~③。

⑤ 对添加到页面上的各个 RadioButton 控件进行分组。将同一组中每个控件的 GroupName 属性设置为同一个名称。可以使用任意字符串作为名称，但不能包含空格。例如，可以将字符串 RadioButtonGroup1 分配给所有按钮的 GroupName 属性。要创建多组按钮，可以为每个组使用不同的组名。

⑥ 设置选定的 RadioButton 控件，将控件的 Checked 属性设置为 true。一组中只能有一个 RadioButton 控件的 Checked 属性设置为 true。可以将一组中所有单选按钮的 Checked 属性设置为 false 来清除所有选择。

要确定一组中哪个控件被选中，必须分别测试每个控件，代码示例如下：

```
public void Button1_Click (object sender, System.EventArgs e)
{
    if (RadioButton1.Checked)            //测试第 1 个单选按钮是否选中
    {
        Label1.Text = "You selected " + RadioButton1.Text;
    }
```

```
        else if (RadioButton2.Checked)     //测试第 2 个单选按钮是否选中
        {
            Label1.Text = "You selected " + RadioButton2.Text;
        }
        else if (RadioButton3.Checked)     //测试第 3 个单选按钮是否选中
        {
            Label1.Text = "You selected " + RadioButton3.Text;
        }
    }
```

RadioButton 控件的常用事件见表 2-13。

表 2-13　RadioButton 控件的常用事件

事件	说明
CheckedChanged	当用户更改选定项时触发此事件。在默认情况下，此事件不会导致向服务器发送页。但是，可以通过将 AutoPostBack 属性设置为 true，来强制该控件立即执行回发

在一般情况下，不需要直接对 RadioButton 控件的选择事件进行响应，仅当有必要知道用户何时更改了单选按钮组中的选择内容时，才响应这一事件。

如果只想知道选择了哪个单选按钮，不想知道所选内容是否已更改，则只需要在窗体发送到服务器后测试单选按钮的选择状态。

由于每个 RadioButton 服务器控件都是单独的控件，而每个控件都可单独触发事件，因此，单选按钮组不作为整体触发事件。

当用户选择 RadioButton 控件时的响应方法如下：

```
        public void RadioButton1_CheckedChanged (object sender, System.EventArgs e)
        {
            Label1.Text = "You selected Radio Button " + RadioButton1.Text;
        }
```

可以将单个 RadioButton 控件绑定到数据源，并且可以将 RadioButton 控件的任意属性绑定到数据源的任何字段。例如，可以基于数据库中的信息设置该控件的 Text 属性。

由于单选按钮是成组使用的，因此将单个单选按钮绑定到数据源的方案并不常见。相反，更常见的做法是将 RadioButtonList 控件绑定到数据源。在这种情况下，数据源会为数据源中的每个记录动态生成单选按钮（列表项）。

（2）RadioButtonList 控件

RadioButtonList（单选按钮组）控件 RadioButtonList 是一个单一控件，可用作一组单选按钮列表项的父控件。该控件是从 ListControl 类中派生的，因此，其工作方式与 ListBox、DropDownList、BulletedList 和 CheckBoxList Web 服务器控件非常相似。向页中添加一个 RadioButtonList 控件，该控件中的列表项将自动进行分组。语法格式如下：

```
        <asp:RadioButtonList ID="RadioButtonList1" runat="server" RepeatDirection="Horizontal"
        onselectedindexchanged="RadioButtonList1_SelectedIndexChanged" … >
            <asp:ListItem Value="选项值 1" … >单选按钮旁显示的文字 1</asp:ListItem>
            <asp:ListItem Selected="true" … >单选按钮旁显示的文字 2</asp:ListItem>
            <asp:ListItem>单选按钮旁显示的文字 3</asp:ListItem>
            …
        </asp:RadioButtonList>
```

RadioButtonList 控件的常用属性见表 2-14。

表 2-14 RadioButtonList 控件的常用属性

属 性	说 明
CellPadding	获取或设置成员控件的边框和内容之间的距离（以像素为单位）
CellSpacing	获取或设置相邻表成员控件之间的距离（以像素为单位）
RepeatColumns	设置 RadioButtonList 控件中成员控件显示的列数
RepeatDirection	获取或设置 RadioButtonList 控件中成员控件的显示方向
SelectedIndex	获取或设置列表中被选定项的最小序号索引。如果没有成员被选中，则其值为–1
SelectedItem	获取列表控件中索引最小的选定项
SelectedValue	获取列表控件中选定项的值，或选择列表控件中包含指定值的项
Text	设置显示在控件旁边的说明文字

RadioButtonList 控件的常用事件见表 2-15。

表 2-15 RadioButtonList 控件的常用事件

事 件	说 明
SelectedIndexChanged	当在控件中更改选定项时触发本事件。需要配合 AutoPostBack 属性使用

需要说明以下两点。

① SelectedIndex、SelectedItem 和 SelectedValue 属性是只读属性，在设计时不可用，只能在程序代码中读取这些属性的值。

② 若需要修改 RadioButtonList 控件中成员的属性，可在选中控件后单击控件右上角的三角标记，或在"属性"窗口中单击 Items 属性后的 ... 按钮，再次打开"ListItem 集合编辑器"对话框。

此外，与 RadioButton 控件不同，当用户更改列表中选中的单选按钮时，RadioButtonList 控件会引发 SelectedIndexChanged 事件。在默认情况下，此事件并不导致向服务器发送页。但是，可以通过将 AutoPostBack 属性设置为 true，强制该控件立即执行回发。

向 Web 页添加一个 RadioButtonList 控件，然后向该控件添加列表项，操作方法如下。

① 从工具箱的"标准"选项卡中，将 RadioButtonList 控件拖到页面上。

② 可以在"属性"窗口中，设置 TextAlign 属性来更改标题的方向，设置 RepeatDirection 来更改控件的布局，指定各项的排序方式：Vertical（垂直，默认）或 Horizontal（水平）。

③ 可以使用以下 3 种方法向列表服务器控件添加项：

● 在设计时添加静态项。
● 以编程方式在运行时添加项。
● 使用数据绑定添加项，将在后面章节中详细介绍。

在设计时添加静态项的方法如下。

① 在设计视图中，选择要向其中添加项的列表控件。

RadioButtonList 控件添加到页面中后，自动显示如图 2-10 所示的快捷菜单，其中，"选择数据源"用于将控件绑定到某个数据库指定的字段上。如果快捷菜单被隐藏，可单击该控件右上角的 ▷ 按钮将其展开。在快捷菜单中单击"编辑项"，或者在"属性"窗口中，单击 Items 属性后的 ... 按钮，都将显示"ListItem 集合编辑器"对话框，如图 2-11 所示。

图 2-10 RadioButtonList 控件的快捷菜单　　　图 2-11 ListItem 集合编辑器

② 单击"添加"按钮向单选按钮组中添加成员。在每个成员名称之前带有一个数字编号，该编号为成员控件的索引号（Index）。可通过 SelectedIndex 属性获取或设置 RadioButtonList 控件中被选定成员的索引号。

③ 选择此新项，然后在右侧列表框中设置 Text、Value、Selected 等属性值。最多可以为该项指定 4 个可能的属性，见表 2-16。

表 2-16 控件的 ListItem 属性

属 性	说 明
Text	指定列表中显示的文本
Value	指定一个与该项关联但不显示的值，默认与 Text 属性值相同。例如，在某测试题中可以将 Text 属性设置为显示选项，将 Value 属性设置为该选项的得分
Selected	设置或返回成员控件是否选中此项。一次只能选择一项
Enabled	设置成员控件是否可以被访问。若该属性设置为 false，则该成员呈灰色显示，不接受用户的单击操作

④ 对要添加的每项重复步骤②和步骤③，然后单击"确定"按钮。

以编程方式添加项的方法如下。

RadioButtonList 控件为网页开发人员提供了一组单选按钮，这些按钮可以通过数据绑定动态生成。该控件包含一个 Items 集合，集合中的成员与列表中的各项相对应。若要确定选择了哪项，则需要测试列表的 SelectedItem 属性。

① 创建 ListItem 类型的新对象，设置其 Text 属性和 Value 属性。在程序中，通常通过调用 Add 方法来创建新的 ListItem。

② 调用控件的 Items 集合的 Add 方法，并将新对象传递给它，代码如下：

RadioButtonList1.Items.Add(new ListItem("Text 文本 1", "Value 值 1"));
RadioButtonList1.Items.Add(new ListItem("Text 文本 2", "Value 值 2"));

【演练 2-5】　RadioButton 和 RadioButtonList 控件应用示例。制作小调查网页，列出两组单选按钮，供用户选择。选择后，将显示被选中的项目，如图 2-12 所示；如果没有选择任何单选按钮，则显示相应的提示，如图 2-13 所示。

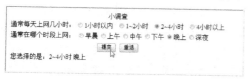

图 2-12 选择后的显示

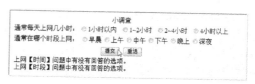

图 2-13 未选项的提示

① 设计页面。新建一个空网站，添加 Web 窗体，切换到设计视图，在 Default.aspx 中添加一个 5 行 2 列的表格，并输入相应的静态文字，添加 4 个 RadioButton 控件、一个 RadioButtonList 控件、两个 Button 控件、一个 Label 控件。由于 VS 自动添加 CSS 代码，致使不容易控制表格宽度，需要将其删掉，切换到源视图，删除 <head runat="server">…</head> 中的 <style type="text/css">…</style> 及其样式表代码。其设计视图如图 2-14 所示。

② 设置控件属性。在设计视图中，分别选中 4 个 RadioButton 控件，把它们的 GroupName 属性都设置为 Times，Text 属性设置如图 2-15 所示。

选中 RadioButtonList 控件，在 ListItem 集合编辑器中添加 6 个选项，它们的 Text 属性设置如图 2-15 所示，设置 RepeatDirection 属性为 Horizontal。

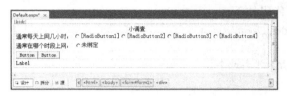

图 2-14　添加控件

图 2-15　设置控件属性

③ 编写事件代码。

"提交"按钮的单击事件 Button1_Click 代码如下：

```
protected void Button1_Click(object sender, EventArgs e)
{
    Label1.Text = null; //置空 Label 控件的 Text 属性
    //检查 RadioButton 控件中是否有没有被选中的项
    if (!RadioButton1.Checked && !RadioButton2.Checked &&
        !RadioButton3.Checked && !RadioButton4.Checked)
    {
        Label1.Text = "上网【时间】问题中有没有回答的选项。<br />";
    }
    //检查 RadioButtonList 控件中是否有没有选中的项
    if (RadioButtonList1.SelectedIndex == -1)
    {
        Label1.Text = Label1.Text + "上网【时段】问题中有没有回答的选项。<br />";
    }
    //检查 RadioButton 控件相同组中哪个控件被选中
    if (RadioButton1.Checked)
    {
        Label1.Text = Label1.Text + "您选择的是：" + RadioButton1.Text;
    }
    else if (RadioButton2.Checked)
    {
        Label1.Text = Label1.Text + "您选择的是：" + RadioButton2.Text;
    }
    else if (RadioButton3.Checked)
    {
        Label1.Text = Label1.Text + "您选择的是：" + RadioButton3.Text;
    }
```

```
            else if (RadioButton4.Checked)
            {
                Label1.Text = Label1.Text + "您选择的是：" + RadioButton4.Text;
            }
            //得到 RadioButtonList 控件中被选中的项
            if (RadioButtonList1.SelectedIndex > –1)
            {
                Label1.Text = Label1.Text + "    " + RadioButtonList1.SelectedValue;
            }
        }
```

"重选"按钮的单击事件 Button2_Click 代码如下：

```
        protected void Button2_Click(object sender, EventArgs e)
        {
            //把下面 4 个 RadioButton 控件设置为没有选中
            RadioButton1.Checked = false;
            RadioButton2.Checked = false;
            RadioButton3.Checked = false;
            RadioButton4.Checked = false;
            //把 RadioButtonList 控件设置为没有选中
            RadioButtonList1.SelectedIndex = –1;
            //置空 Label 控件的 Text 属性
            Label1.Text = null;
        }
```

④ 运行网站。单击"启用调试"按钮 ▶，运行当前窗体，显示如图 2-12、图 2-13 所示。

说明：RadioButtonList 控件如果没有成员被选中，则 RadioButtonList1.SelectedIndex = –1，可以据此判断是否有选项被选中。

2．CheckBox 和 CheckList 控件

CheckBox（复选框）与 CheckList（复选框组）控件的作用十分相似，都是用于向用户提供多选输入数据的控件，用户可以在控件提供的多个选项中选择一个或多个。

（1）CheckBox 控件 ☑ CheckBox

单个 CheckBox 控件，可以在页面中作为用于控制某种状态的开关控件使用，也可将若干个 CheckBox 控件组合在一起向用户提供一组多选选项。语法格式如下：

<asp:CheckBox ID="CheckBox1" runat="server" Text="控件旁显示的文字"
　　oncheckedchanged="CheckBox1_CheckedChanged" … />

（2）CheckList 控件 ☑ CheckBoxList

CheckBoxList 控件是复选框组控件，可作为复选框列表项集合的父控件。其工作方式与 RadioButtonList、DropDownList、ListBox 等 Web 服务器控件非常相似。正因为如此，使用 CheckBoxList 控件的许多过程与使用其他列表 Web 服务器控件的过程也相同。语法格式如下：

```
<asp:CheckBoxList ID="CheckBoxList1" runat="server" RepeatDirection="Horizontal"
    onselectedindexchanged="CheckBoxList1_SelectedIndexChanged" … >
        <asp:ListItem Value="选项值 1">复选框旁显示的文字 1</asp:ListItem>
        <asp:ListItem Selected="true">复选框旁显示的文字 2</asp:ListItem>
        <asp:ListItem>复选框旁显示的文字 3</asp:ListItem>
```

```
        ...
    </asp:CheckBoxList>
```

CheckBox 控件和 CheckList 控件的主要属性及事件与前面介绍过的 RadioButton 和 RadioButtonList 控件基本一致，唯一不同的是，它没有 GroupName 属性，这里不再赘述。

【演练 2-6】 CheckBox 和 CheckList 控件应用示例。制作选择爱好示例，当单击选中 CheckBox 控件时，将改变 CheckBoxList 控件的显示方式；当单击 Button 控件时，在 Label 控件中显示选定的项目。如图 2-16 所示。

图 2-16 CheckBox 和 CheckList 控件应用示例

① 设计页面。新建空网站，添加 Web 窗体，切换到设计视图，在 Default.aspx 中添加一个 CheckBoxList 控件、一个 CheckBox 控件、一个 Button 控件、一个 Label 控件，如图 2-17 所示。

② 设置控件属性。在设计视图中，选中 CheckBoxList1 控件，在 ListItem 集合编辑器中添加 8 个选项，分别设置它们的 Text 属性如图 2-18 所示，在"属性"窗口中设置 RepeatColumns 属性值为 2，将该控件适当拖大一些，以便在横向显示时使文字显示正常（即在程序中把 RepeatColumns 属性设为 4 时的大小）。选中 CheckBox1 控件，设置 Text 属性值为"水平显示"，AutoPostBack 属性值为 true。将 Button 控件的 Text 属性值改为"提交"，Label 控件的 Text 属性中的内容清空。

图 2-17 添加控件　　　　　　　　图 2-18 网页中的控件

③ 编写事件代码。双击 CheckBox1 控件，打开 CheckBox1_CheckedChanged 事件过程框架，编写 CheckBox1 复选框改变时执行的事件 CheckBox1_CheckedChanged 代码如下：

```
        protected void CheckBox1_CheckedChanged(object sender, EventArgs e)
        {
            if (CheckBox1.Checked)                                    //如果被选中
            {
                CheckBoxList1.RepeatDirection = RepeatDirection.Horizontal; //横向排列
                CheckBoxList1.RepeatColumns = 4;                      //每行显示 4 个选项
            }
            else
            {
                CheckBoxList1.RepeatDirection = RepeatDirection.Vertical;   //纵向排列
                CheckBoxList1.RepeatColumns = 2;                      //每行显示两个选项
```

            }
    }
双击 Button1 控件,编写"提交"按钮的单击事件 Button1_Click 代码如下:
        protected void Button1_Click(object sender, EventArgs e)
        {
            string interest = "选中的爱好是:";
            for (int i = 0; i < CheckBoxList1.Items.Count; i++)   //依次判断组中的各选项
            {
                if (CheckBoxList1.Items[i].Selected)   //如果被选中
                {
                    interest += CheckBoxList1.Items[i].Value + "   ";   //累加该值
                }
            }
            Label1.Text = interest;
        }

④ 运行网站。单击"启用调试"按钮 ▶,运行当前 Web 窗体,显示如图 2-16 所示。

说明:要得到复选框组中所有被选中的项的 Value 或 Text 属性值,可通过循环来依次判断组中的各个选项,for (int i = 0; i < CheckBoxList1.Items.Count; i++)表示从第 1 个选项循环到最后一个选项。如果要获取第 i 个选项的值,则使用 CheckBoxList1.Items[i].Value;如果要获取第 i 个选项的文本,则使用 CheckBoxList1.Items[i].Text。当每个选项的 Text 与 Value 属性值相同时,可以获取 Text 属性值,也可以获取 Value 属性值;如果 Text 属性值与 Value 属性值不相同,则要根据要求来选择使用哪一个。

3. ListBox 控件和 DropDownList 控件

ListBox(列表框)控件和 DropDownList(下拉列表框)控件是用于向用户提供输入数据选项的控件,其外观分别如图 2-19 和图 2-20 所示。从图中可以看出,ListBox 控件和 DropDownList 控件都是以列表的形式向用户提供选项的,但 DropDownList 控件可以将选项折叠起来,只有在用户单击其右侧的下拉按钮 ▼ 时才显示选项列表,节省了显示空间。

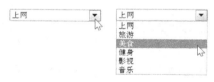

图 2-19 ListBox 控件的外观　　　图 2-20 DropDownList 控件的外观

(1) ListBox 控件 ListBox

ListBox 控件的语法格式如下:
```
<asp:ListBox ID="ListBox1" runat="server" Width="控件的宽度 px" Rows="显示的行数"
    onselectedindexchanged="ListBox1_SelectedIndexChanged" … >
        <asp:ListItem Value="选项值 1">列表框中显示的文字 1</asp:ListItem>
        <asp:ListItem Selected="true">列表框中显示的文字 2</asp:ListItem>
        <asp:ListItem>列表框中显示的文字 3</asp:ListItem>
        …
</asp:ListBox>
```

ListBox 控件的常用属性见表 2-17。

表 2-17 ListBox 控件的常用属性

属　　性	说　　明
Rows	获取或设置列表控件中显示的行数
Width	获取或设置列表控件的宽度
Height	获取或设置列表控件的高度
SelectedIndex	获取或设置列表中选定项的最小序号索引。如果没有成员被选中，则其值为-1
SelectedItem	获取列表控件中索引最小的选定项。本属性是只读属性
SelectedValue	获取列表控件中选定项的值，或选择列表控件中包含指定值的项。本属性是只读属性
SelectionMode	获取或设置列表控件的选择模式，Single（只能选中一个，默认）或者 Multiple（可选中多个）
Text	获取或设置列表控件的 SelectedValue 属性
AutoPostBack	获取或设置当从列表控件中更改选定项时，是否自动发回服务器

向控件中添加选项的方法与前面介绍过的 RadioButtonList 控件、CheckBoxList 控件添加选项的方法相同，可以通过 ListItem 集合编辑器添加选项，也可以在源视图中通过编写 HTML 代码添加选项，还可以在程序运行中通过代码动态地向控件中添加选项。

在程序中可用"列表控件名称.SelectedItem"或"列表控件名称.SelectedItem.Text"获取被选项的文本，用"列表控件名称.SelectedValue"或"列表控件名称.SelectedItem.Value"获取被选项的值。

当 ListBox 控件允许多选时，要通过循环来依次判断哪些选项被选中。事件过程代码如下：

```
protected void Button1_Click(object sender, EventArgs e)
{
    Label1.Text = "你选中的选项为：";
    for (int i = 0; i < ListBox1.Items.Count; i++)      //获取列表选项总数.Items.Count
    {
        if (ListBox1.Items[i].Selected)                 //如果本选项被选中
        {
            Label1.Text += ListBox1.Items[i].Value + "   ";
        }
    }
}
```

要选中多项，按下 Ctrl 键操作鼠标可选中不连续的多项，按下 Shift 键操作鼠标可选中连续的多项。

说明：通过 Items 集合的 Count 属性，可获取列表框控件中选项的总数；通过 Items 集合中元素的 Selected 属性，可判断该选项是否被选中；通过 Items 集合的 Text 属性或 Value 属性，可获取被选定项的文本或值。

要向 ListBox 控件（或其他所有列表服务器控件）中添加 ListItem 选项，可采用下面的事件过程代码：

```
ListBox1.Items.Add(new ListItem("Text 文本 1", "Value 值 1"));
ListBox1.Items.Add(new ListItem("Text 文本 2", "Value 值 2"));
```

ListBox 控件的常用事件见表 2-18。

表 2-18 ListBox 控件的常用事件

事件	说明
SelectedIndexChanged	当从列表控件中更改选定项时触发本事件，需要配合 AutoPostBack 属性

（2）DropDownList 控件 ▣ DropDownList

DropDownList 控件的语法格式如下：

<asp:DropDownList ID="DropDownList1" runat="server" Width="控件的宽度 px"
　　onselectedindexchanged="DropDownList1_SelectedIndexChanged" ... >
　　<asp:ListItem Value="选项值 1">下拉列表框中显示的文字 1</asp:ListItem>
　　<asp:ListItem Selected="true">下拉列表框中显示的文字 2</asp:ListItem>
　　<asp:ListItem>下拉列表框中显示的文字 3</asp:ListItem>
　　...
</asp:DropDownList>

DropDownList 控件的常用属性见表 2-19。

表 2-19 DropDownList 控件的常用属性

属性	说明
Width	获取或设置列表控件的宽度
Height	获取或设置列表控件的高度
SelectedIndex	获取或设置列表中选定项的最小序号索引。如果没有成员被选中，则其值为-1
SelectedItem	获取列表控件中索引最小的选定项。本属性是只读属性
SelectedValue	获取列表控件中选定项的值，或选择列表控件中包含指定值的项。本属性是只读属性
Text	获取或设置列表控件的 SelectedValue 属性
AutoPostBack	设置或获取当从列表控件中更改选定项时，是否自动发回服务器

DropDownList 控件的常用事件见表 2-20。

表 2-20 DropDownList 控件的常用事件

事件	说明
SelectedIndexChanged	当从列表控件中更改选定项时触发本事件，需要配合 AutoPostBack 属性

【演练 2-7】 ListBox 控件和 DropDownList 控件应用示例。要求分别在 ListBox 控件和 DropDownList 控件中选定一个选项，单击"确定"按钮后显示选定的项目名称，如图 2-21 所示。如果没有选项，则提示"请选项目！"；如果单击"重选"按钮，则恢复到选择前的状态。

① 设计页面。新建空网站，添加 Web 窗体，切换到设计视图，在 Default.aspx 中添加一个 6 行 2 列、宽度为 600 像素的 HTML 表格，然后合并第 4、6 行的单元格。添加静态文字，添加一个 ListBox 控件、一个 DropDownList 控件、两个 Button 控件、一个 Label 控件。单击 DropDownList 控件所在的单元格（不能选中 DropDownList 控件），在"属性"窗口中设置本单元格的 align 属性值为 left，valign 属性值为 top，使 DropDownList 控件位于单元格左上角，如图 2-22 所示。

② 设置控件属性。在设计视图中，分别选中 ListBox1 控件和 DropDownList1 控件，在 ListItem 集合编辑器中添加选项。

图 2-21　ListBox 控件和 DropDownList 控件应用示例　　图 2-22　网页中的控件

③ 编写事件代码。

编写"确定"按钮的单击事件 Button1_Click 过程代码如下：

```
protected void Button1_Click(object sender, EventArgs e)
{
    if(ListBox1.SelectedIndex > –1 && DropDownList1.SelectedIndex > –1)
    { // 如果选择了项目，则显示
        Label1.Text = "你选定的项目如下：<br />";
        Label1.Text+="选定的学历是："+ListBox1.SelectedItem.Text+"<br />";
        Label1.Text+="选定的专业是："+DropDownList1.SelectedItem.Text+"<br />";
    }
    else
    {   //如果没有选项目，则显示
        Label1.Text = "请选项目！";
    }
}
```

编写"重选"按钮的单击事件 Button2_Click 过程代码如下：

```
protected void Button2_Click(object sender, EventArgs e)
{
    ListBox1.SelectedIndex = –1;          //设置为初始状态
    DropDownList1.SelectedIndex = –1;     //设置为初始状态
    Label1.Text = "";
}
```

④ 运行网站。单击"启用调试"按钮 ▶，运行当前 Web 窗体，显示如图 2-21 所示。

【演练 2-8】　ListBox 控件应用示例。如图 2-23 所示，左边 ListBox 控件显示预定义选项列表，在左边列表框中单击选中项目，单击 >> 按钮，移到右边的 ListBox 控件中；单击 << 按钮则把右边选中的项移到左边。如果没有选中而直接单击按钮，则出现提示对话框。

① 设计页面。新建空网站，添加 Web 窗体，切换到设计视图，在 Default.aspx 中添加一个 3 行 3 列、500 像素宽度的表格，添加两个 ListBox 控件、两个 Button 控件，调整表格、控件的大小，如图 2-24 所示。可在源视图中精确设置控件的 Height、Width 的大小。

② 设置控件属性。在设计视图中，选中 ListBox1 控件，在 ListItem 集合编辑器中添加选项。两个 ListBox 控件的 SelectionMode 属性应使用默认的 Single，以确保一次只能选中一项。Button 控件的 Text 属性分别设置为">>"和"<<"。

③ 编写事件代码。

编写">>"按钮的单击事件 Button1_Click 过程代码如下：

图 2-23 ListBox 控件示例

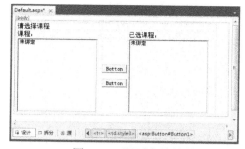
图 2-24 网页中的控件

```
protected void Button1_Click(object sender, EventArgs e)
{
    if (ListBox1.Items.Count != 0)
    {   //如果列表项不空
        if (ListBox1.SelectedIndex > –1)
        {   //保证列表框中有被选中的项
            //把左边列表框（ListBox1）中被选中的项添加到右边列表框（ListBox2）中
            ListBox2.Items.Add(ListBox1.SelectedItem);
            //把左边列表框中已经添加到右边列表框中的项移除
            ListBox1.Items.Remove(ListBox1.SelectedItem);
            ListBox2.ClearSelection();    //清除右边列表框的选中状态
        }
        else
        {
            Response.Write("<script language='JavaScript'>alert('你没有选中左边列表框中的课程!')
                </script>");
        }
    }
}
```

编写"<<"按钮的单击事件 Button2_Click 过程代码如下：

```
protected void Button2_Click(object sender, EventArgs e)
{
    if (ListBox2.Items.Count != 0)
    {
        if (ListBox2.SelectedIndex > –1)
        {
            ListBox1.Items.Add(ListBox2.SelectedItem);
            ListBox2.Items.Remove(ListBox2.SelectedItem);
            ListBox1.ClearSelection();
        }
        else
        {
            Response.Write("<script language='JavaScript'>alert('你没有选中右边列表框中的课程!')
                </script>");
        }
    }
}
```

④ 运行网站。单击"启用调试"按钮 ▶,运行当前 Web 窗体,显示如图 2-23 所示。

2.1.6 容器控件

所谓"容器"控件,是指可以安放其他控件的控件。有两种容器控件,Panel 控件和 PlaceHolder 控件。若要通过编程向页中添加控件,则必须有放置新控件的容器。如果没有明显的控件用作容器,可以使用 Panel 或 PlaceHolder 控件。

1. Panel 控件

Panel(面板)Web 服务器控件 Panel 在 ASP.NET 网页内用作其他控件的容器,可以将它用作静态文本和其他控件的父级。Panel 控件可为在运行时创建的控件提供一个容器。放置到 Panel 控件中的其他控件,可以作为一个整体单元进行管理,例如,可以通过设置 Panel 控件的 Visible 属性来隐藏或显示该 Panel 控件中的所有控件。可使用 Panel 控件在页面上创建具有自定义外观和行为的区域。语法格式如下:

    <asp:Panel ID="Panel1" runat="server" Height="控件的高" Width="控件的宽" … >
        其他控件
    </asp:Panel>

Panel 控件提供的属性可以自定义该控件内容的行为和显示。Panel 控件的常用属性见表 2-21。

表 2-21 Panel 控件的常用属性

属　　性	说　　明
HorizontalAlign	指定子控件在面板内的对齐方式(左对齐、右对齐、居中或两端对齐)
Wrap	指定面板内过宽的内容是换到下一行显示,还是在面板边缘处截断显示
Direction	指定控件的内容是从左至右呈现还是从右至左呈现。当在页面上创建与整个页面的方向不同的区域时,此属性非常有用。本属性对于显示从右到左书写的语言(如阿拉伯语)的文本非常有用
ScrollBars	为控件指定滚动条。如果已经设置了 Height 和 Width 属性,将 Panel 控件限制为特定的大小,则可以通过设置 ScrollBars 属性来添加滚动条
GroupingText	创建一个带标题的分组框,Panel 控件的周围将显示一个包含标题的框,其标题是指定的文本。不能在 Panel 控件中同时指定滚动条和分组文本。如果设置了分组文本,则其优先级高于滚动条
BackColor	控件的背景色
BorderStyle	控件边框的样式
BorderWidth	控件边框的宽度
BackImageUrl	控件的背景图像

所有的事件都继承自 System.Web.UI.WebControls.WebControl 类,通常不处理此控件的事件,子控件的特定事件按照该子控件的方式进行处理。

要使用 Panel Web 服务器控件,先将它添加到页面中,然后向该控件中添加其他控件和静态文本。向 Web 窗体页添加 Panel 控件的方法如下。

① 在设计视图中,从工具箱的"标准"选项卡中,将 Panel 控件拖到页面上。

② 要创建静态文本,先在控件中单击,然后输入文本;要添加控件,可以将它们从工具箱拖到 Panel 控件中。

说明:若要在运行时向 Panel 控件添加静态文本,则需要创建 Literal 控件并设置它的 Text 属性。然后,可以通过编程方式将 Literal 对象添加到面板中,方法与添加控件的相同。

③ 还可以选择拖动面板的边框以调整控件的大小。

说明：该控件会自动调整自身的大小以显示其所有的子控件（即使它们超出了设置的高度）。

④ 另外还可以设置 Panel 控件的属性，以指定窗格与其子控件的交互方式。

【演练 2-9】　　Panel 控件应用示例，模仿 Word 中的"查找"对话框，如图 2-25 所示。

图 2-25　单击"更多 >>"按钮前、后的显示页面

① 设计页面。新建空网站，添加 Web 窗体，切换到设计视图，在 Default.aspx 中添加两个 Panel 控件。在上面的 Panel1 控件中插入一个用于布局的 3 行 2 列、指定宽度 450 像素的 HTML 表格，向表格中添加一个 TextBox 控件和 3 个 Button 控件。在下面的 Panel2 控件中插入一个用于布局的 2 行 2 列、固定宽度 450 像素的表格，向表格中添加一个 DropDownList 控件和一个 CheckBoxList 控件。适当调整表格、各控件的大小和位置。因为在设计视图中通过拖动方式不容易把两个 Panel 控件调整为相同的宽度，所以，建议在源视图中更改控件的 Width 属性值为 500px。Web 窗体的设计视图如图 2-26 左图所示。

图 2-26　Web 窗体的设计视图

② 设置页面中各控件对象的属性，见表 2-22。其中 DropDownList 和 CheckBoxList 列表框控件使用 ListItem 集合编辑器添加选项。设置完的页面如图 2-26 右图所示。

表 2-22　各控件对象的属性设置

控　件	属　性	值	说　明
Panel1	BorderStyle	Groove	控件边框的样式：凹槽型
	BorderColor	#99CCFF	边框颜色
	Width	500px	控件的宽度：500 像素
Panel2	BorderStyle	Groove	该控件边框的样式：凹槽型
	BorderColor	#99CCFF	边框颜色
	Width	500px	控件的宽度：500 像素
	Visible	false	初始时该控件不显示
Button1	Text	更多 >>	按钮控件上显示的文本
Button2	Text	查找下一处	按钮控件上显示的文本
Button3	Text	取消	按钮控件上显示的文本
DropDownList	ListItem	全部、向下、向上	搜索范围下拉列表框
CheckBoxList	ListItem	区分大小写、全字匹配、使用通配符、同音（英文）	复选列表框

③ 编写事件代码。

编定"更多 >>"按钮的 Click 事件过程代码如下：
```
protected void Button1_Click(object sender, EventArgs e)
{
    if (!Panel2.Visible)
    {
        Panel2.Visible = true;
        Button1.Text = "更少  <<";
    }
    else
    {
        Panel2.Visible = false;
        Button1.Text = "更多  >>";
    }
}
```

④ 运行网站。单击"启用调试"按钮 ▶，运行当前 Web 窗体，显示如图 2-25 所示。

说明：本例只演示了单击"更多 >>"按钮时 Panel 控件的作用。

2．PlaceHolder 控件

在使用 PlaceHolder 控件 ⊠ PlaceHolder 时，先将该控件放置到页面上，在页面上保留一个位置（相当于一个占位符），然后在运行时动态地将子元素添加到该容器中。该控件只呈现其子元素，自身没有可见输出。该控件对动态网页的布局设计十分有利，例如，要想根据用户选择的选项，在网页上显示数目可变的按钮，可以动态创建按钮，并将它们添加为 PlaceHolder 控件的子元素。语法格式如下：

    <asp:PlaceHolder ID="PlaceHolder1" runat="server"></asp:PlaceHolder>

在 PlaceHolder 控件中，通过 Controls 集合的 Add、Remove 等方法添加或移除 PlaceHolder 控件内的其他控件。

所有的事件都继承自 System.Web.UI.WebControls.WebControl 类，通常不处理此控件的事件，子控件的特定事件按照该子控件的方式进行处理。

要在运行时动态添加、移除或依次通过控件，需要先向 Web 窗体页中添加一个空 PlaceHolder 控件。在 Web 窗体上无法直接把子控件添加到 PlaceHolder 控件中，只能在程序中添加。在运行时向 PlaceHolder 控件添加子控件的方法如下。

① 创建要添加到 PlaceHolder 控件中的某个控件的实例，把 PlaceHolder 控件添加到 Web 窗体上。

② 调用 PlaceHolder 控件的 Controls 属性的 Add 方法，并将在上一步中所创建的实例传递给它。

【演练 2-10】 PlaceHolder 控件应用示例。在 PlaceHolder 控件中动态生成一个 TextBox 控件和一个 Button 控件，如图 2-27 所示。

① 设计页面。新建空网站，添加 Web 窗体，切换到设计视图，在 Default.aspx 中添加一个 PlaceHolder 控件，如图 2-28 所示。

图 2-27　在 PlaceHolder 控件中动态生成的控件　　图 2-28　在页面中添加 PlaceHolder 控件

② 编写事件代码。编写 Page_Load 的事件过程代码如下：
```
protected void Page_Load(object sender, EventArgs e)
{
    TextBox MyTextBox = new TextBox();
    MyTextBox.Text = "动态生成的文本框";
    PlaceHolder1.Controls.Add(MyTextBox);
    Button MyButton = new Button();
    MyButton.Text = "动态生成的按钮";
    PlaceHolder1.Controls.Add(MyButton);
}
```
③ 运行网站。单击"启用调试"按钮 ▶，运行当前 Web 窗体，显示如图 2-27 所示。

3．HiddenField 控件

HiddenField 控件 　HiddenField 提供了一种在页面中存储信息但不显示信息的方法。例如，可以在 HiddenField 控件中存储用户首选项设置，以便在客户端脚本中读取此设置。若要将信息放入 HiddenField 控件中，应在两次回发之间将其 Value 属性设置为要存储的值。语法格式如下：

<asp:HiddenField ID="HiddenField1" runat="server"
　　　onvaluechanged="HiddenField1_ValueChanged" Value="值" />

虽然不显示隐藏字段中的信息，但用户可通过查看页面的源来查看此控件的内容。注意：不要在 HiddenField 控件中存储重要信息，如用户 ID、密码或信用卡信息。

2.1.7　其他专用控件

1．FileUpload 控件

FileUpload 控件 　FileUpload 用于将文件从本地计算机发送到 Web 服务器中。FileUpload 控件能够上传图片、文本文件或其他文件。FileUpload 控件显示为由一个文本框和一个"浏览"按钮组成，用户可直接在文本框中输入希望上传的文件名（包括文件存放路径）；若用户在页面中单击"浏览"按钮，将显示一个"选择文件"对话框，用户可根据需要在本地计算机中选择希望上传到 Web 服务器中的文件。出于安全方面的考虑，不能将文件名预先加载到 FileUpload 控件中。语法格式如下：

<asp:FileUpload ID="FileUpload1" runat="server" />

使用 FileUpload Web 服务器控件，可以向用户提供一种将文件从其计算机发送到服务器中的方法。要上传的文件将在回发期间作为浏览器请求的一部分提交给服务器。在文件完成上传后，可以用代码管理该文件。

可上传的最大文件大小取决于 MaxRequestLength 设置的值。如果用户试图上传超过最大文件大小的文件，上传就会失败。

使用 FileUpload Web 服务器控件上传文件的操作步骤如下。

① 向页面添加 FileUpload 控件。
② 在事件的处理程序中，执行下面的操作。
ⅰ）测试 FileUpload 控件的 HasFile 属性，检查该控件中是否包含有上传的文件。
ⅱ）检查该文件的扩展名，以确保上传允许的文件类型。
ⅲ）将该文件保存到服务器端指定的位置，可以调用 HttpPostedFile 对象的 SaveAs 方法：
　　FileUpload1.PostedFile.SaveAs(path + FileUpload1.FileName);
其中，FileUpload1.FileName 获取客户端文件的名称，path 为服务器端的路径。如果要上传到默认网站的某文件夹中，可使用以下代码：
　　path = Server.MapPath("~/文件夹名/");

【演练 2-11】　FileUpload 控件应用示例。本代码根据允许的文件扩展名的编码列表检查要上传文件的文件扩展名，并拒绝所有其他类型的文件。然后，将该文件写入当前网站的 UploadedImages 文件夹中，并用被上传文件在客户端计算机中的文件名保存该文件。

① 设计页面。新建空网站"C:\ex2_11"，添加 Web 窗体，切换到设计视图，在 Default.aspx 中添加一个 FileUpload 控件、一个 Button 控件、两个 Label 控件。设置 Button 控件的 Text 属性为"上传图片"，两个 Label 控件的 Text 属性均清空。如图 2-29 所示。

在解决方案资源管理器中，右击网站名称"C:\ex2_11"，在快捷菜单中单击"新建文件夹"，在网站中新建 UploadedImages 文件夹，用于保存上传到服务器中的图像文件，如图 2-29 所示。

② 编写事件代码。在 Default.aspx 设计视图中，双击"上传图片"按钮，打开 Default.aspx.cs 代码窗口，编写 Button1 的 Click 事件过程代码如下：

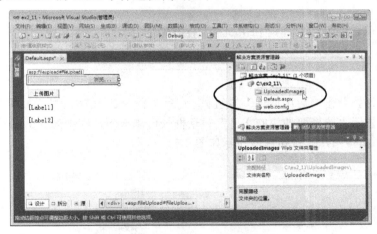

图 2-29　添加控件、新建文件夹

```
protected void Button1_Click(object sender, EventArgs e)
{
    Boolean fileOK = false;        //文件类型符合要求标志，初始为不符合
    String path = Server.MapPath("~/UploadedImages/");    //服务器中保存图片的路径
    if (FileUpload1.HasFile)       //检查 FileUpload1 控件中是否包含有文件
    {
        //获取客户端使用 FileUpload 控件上传的文件的扩展名，并改为小写
        String fileExtension = System.IO.Path.GetExtension(FileUpload1.FileName).ToLower();
        String[] allowedExtensions = { ".gif", ".png", ".jpeg", ".jpg" };
        for (int i = 0; i < allowedExtensions.Length; i++)    //根据文件扩展名检查文件类型
```

```
                {
                    //检查要上传的文件是否为允许的图像文件类型
                    if (fileExtension = = allowedExtensions[i])
                    {
                        fileOK = true;
                        break;
                    }
                }
            }
            if (fileOK)    //检查文件是否为允许上传的图像文件类型
            {
                //如果文件类型符合要求
                FileUpload1.PostedFile.SaveAs(path + FileUpload1.FileName);    //上传文件
                Label1.Text = "文件已上传!";
                Label2.Text = "文件详细信息如下：" + "<br />";
                Label2.Text += "客户端文件的名称：" + FileUpload1.FileName + "<br />";
                Label2.Text += "服务器中的文件路径：" + path + FileUpload1.FileName + "<br />";
                Label2.Text += "文件大小：" + FileUpload1.PostedFile.ContentLength + "<br />";
                Label2.Text += "文件类型：" + FileUpload1.PostedFile.ContentType + "<br />";
            }
            else
            {
                Label1.Text = "不能上传此种文件类型.";
                Label2.Text = "";
            }
        }
```

③ 运行网站。单击"启用调试"按钮 ▶，运行当前 Web 窗体，显示如图 2-30 所示。单击"浏览"按钮，显示"选择要加载的文件"对话框（可浏览图片库中的示例图片），双击一个图片文件。单击"上传图片"按钮后，显示如图 2-31 所示。

图 2-30　页面中的控件　　　　　　　　　图 2-31　上传图片

在解决方案资源管理器中，右击 UploadedImages 文件夹，在快捷菜单中单击"刷新文件夹"，可以看到上传到服务器中的图片文件。

5．Calendar 控件

可使用 Calendar（日历）Web 服务器控件 Calendar 显示日历中的可选日期，并显示与特定日期关联的数据。向页面中添加 Calendar 控件后，它可以每次显示一个月的日期（默认为系统时间的当前月）。另外，它还显示该月之前的一周和之后的一周，即在控件中可显示 6 周。

Calendar 控件的常用属性，见表 2-23。

表 2-23　Calendar 控件的常用属性

属　　性	说　　明
FirstDayOfWeek	获取或设置要在 Calendar 控件的第一天列中显示的一周中的某天
NextMonthText	获取或设置为下一个月导航控件显示的文本。默认值为">"，显示为一个大于号（>），只有在 ShowNextPreMonth 属性设置为 true 时，该属性才有效
PrevMonthText	获取或设置为前一个月导航控件显示的文本
SelectedDate	获取或设置选定的日期
SelectedDates	获取 System.DateTime 对象的集合，这些对象表示 Calendar 控件上的选定日期
SelectionMode	获取或设置 Calendar 控件上的日期选择模式，该模式指定用户可以选择单日、一周，还是整月
SelectMonthText	获取或设置为选择器列中月份选择元素显示的文本
SelectWeekText	获取或设置为选择器列中周选择元素显示的文本
ShowDayHeader	获取或设置一个值，该值指示是否显示一周中各天的标头
ShowGridLines	获取或设置一个值，该值指示是否用网格线分隔 Calendar 控件上的日期
ShowNextPrevMonth	获取或设置一个值，该值指示 Calendar 控件是否在标题部分显示下个月和上个月导航元素
ShowTitle	获取或设置一个值，该值指示是否显示标题部分
TodaysDate	获取或设置今天的日期值
VisibleDate	获取或设置指定要在 Calendar 控件上显示的月份的日期

Calendar 控件的主要事件见表 2-24。

表 2-24　Calendar 控件的主要事件

事　　件	说　　明
DayRender	该事件当为 Calendar 控件在控件层次结构中创建每一天时发生
SelectionChanged	该事件当用户通过单击日期选择器控件选择一天、一周或整月时发生
VisibleMonthChanged	该事件当用户单击标题标头上的下个月或上个月导航控件（月份变化）时发生

说明：

① DayRender 事件处理程序接收一个 DayRenderEventArgs 类型的参数，它具有 Cell 和 Day 两个属性。Cell 属性用于获取呈现在 Calendar 控件中的单元格（TableCell）对象，Day 属性用于获取表示呈现在 Calendar 控件中的日期值。

② VisibleMonthChanged 事件的处理程序接收一个 MonthChangedEventArgs 参数，它具有 NewDate 和 PreviousDate 两个属性。NewDate 属性用于获取 Calendar 控件中当前显示的月份和日期，PreviousDate 属性用于获取 Calendar 控件中以前显示的月份和日期。

【演练 2-12】　Calendar 控件常被用作 ASP.NET 网页中提供日期选择输入的工具，通过本控件的 SelectedDate 属性获取或设置用户选择的日期，通过 SelectionChanged 事件选择一天、一周或整月时发生的事件。使用 Calendar 控件，配合 Panel 控件和下拉列表框控件，设计一个用于选择日期的 Web 程序。打开页面时，屏幕显示如图 2-32 所示。用户单击"显示日历"或选择了年份和月份后，页面中显示如图 2-33 所示的 Calendar 控件，用户选择控件中的某个日期后，Calendar 控件自动隐藏，屏幕显示如图 2-34 所示，日期信息显示在标签控件中。

要求：当"年"下拉列表框、"月"下拉列表框中均为具体数值时，显示 Calendar 控件，并且在控件中显示下拉列表框所指定的年、月设置。

① 设计页面。新建空网站"C:\ex2_12"，添加 Web 窗体，在 Default.aspx 的设计视图中添加一个链接按钮控件 LinkButton1，两个下拉列表框控件 DropDownList1、DropDownList2，一

个容器控件 Panel1，一个标签控件 Label1，然后向 Panel1 中添加一个月历控件 Calendar1，如图 2-35 所示。

图 2-32　选年份与月份　　　图 2-33　在 Calendar 控件中选日期　　　图 2-34　显示选中的结果

② 设置对象属性。设置下拉列表框 DropDownList1 的 ID 属性为 selectYear，在"ListItem 集合编辑器"中添加一个成员，Text 和 Value 属性均为"-选择年份-"。设置下拉列表框 DropDownList2 的 ID 属性为 selectMonth，添加一个选项"-选择月份-"。设置 LinkButton1 的 ID 属性为 displayCalendar，Text 属性为"显示日历"。Panel1 的 ID 属性为 panelCalendar。Label1 的 ID 属性为 message，清除 Text 属性中的内容。Calendar1 的 ID 属性为 myCalendar，外观用"专业型 2"。设置属性后的控件如图 2-36 所示。控件的其他初始属性在运行时通过代码设置。

图 2-35　添加控件　　　　　　图 2-36　设置属性后的控件

③ 编写事件代码。

页面的 Load 事件代码如下：

```
protected void Page_Load(object sender, EventArgs e)
{
    this.Title = "Calendar 控件应用练习";
    selectYear.AutoPostBack = true;
    selectMonth.AutoPostBack = true;
    if (!IsPostBack)
    {
        for (int y = 1950; y < 2007; y++)     //填充年下拉列表框
        {
            selectYear.Items.Add(y.ToString());
        }
        for (int m = 1; m < 13; m++)          //填充月下拉列表框
        {
```

```
                    selectMonth.Items.Add(m.ToString());
                }
                panelCalendar.Visible = false;
            }
        }
```
在设计视图中双击"显示日历"链接，编写其 Click 事件代码如下：
```
        protected void displayCalendar_Click(object sender, EventArgs e)
        {
            panelCalendar.Visible = true;
        }
```
分别双击用于选择年份和选择月份的下拉列表框控件，在源视图中，把两个 DropDownList 控件的 onselectedindexchanged 值都改为 selectYearMonth_SelectedIndexChanged。在设计视图中再次双击用于选择年份或选择月份的下拉列表框控件，编写共享选项改变事件的代码如下（注意：应删掉修改前生成的 selectYear_SelectedIndexChanged 和 selectMonth_ SelectedIndexChanged 代码框架）：
```
        protected void selectYearMonth_SelectedIndexChanged(object sender, EventArgs e)
        {
            string y = selectYear.SelectedValue.ToString();       //年下拉列表中选中的年份
            string m = selectMonth.SelectedValue.ToString();      //月下拉列表中选中的月份
            string d = 15.ToString();                              //默认为 15 号
            if (selectYear.Text != "-选择年份-" && selectMonth.Text != "-选择月份-")
            {
                panelCalendar.Visible = true;
                myCalendar.VisibleDate = Convert.ToDateTime(y + "-" + m + "-" + d); //设置被选中的日期
            }
        }
```
双击日历控件，编写日期选择被改变时执行的事件过程，代码如下：
```
        protected void myCalendar_SelectionChanged(object sender, EventArgs e)
        {
            message.Text = "您选的生日是：" + myCalendar.SelectedDate.ToShortDateString();
            panelCalendar.Visible = false;
        }
```

2.1.8 动态生成控件

Web 服务器控件可以在设计视图中添加到页面中，也可以在程序运行到一定时候或者触发某个事件之后动态生成。动态生成控件的语法格式为：

   控件名称　动态生成控件实例 = new　控件名称();

动态生成的控件要添加到容器控件（如 Panel 控件）中，语法格式为：

   容器控件 ID.Controls.Add(动态生成控件实例);

动态生成的控件也可能需要添加处理事件。

【演练 2-13】 本例单击按钮将动态生成按钮或文本框。在设计视图中，添加两个 Button 控件、一个 Panel 控件，并设置其 Text 属性等，如图 2-37 所示。运行网页如图 2-38 所示。

图 2-37 设计页面　　　　　　　　图 2-38 运行网页

"动态生成按钮"按钮控件的单击事件代码如下：

```
protected void Button1_Click(object sender, EventArgs e)
{
    Button myButton = new Button();            //使用 new 创建对象实例
    myButton.Text = "这是动态生成的按钮";      //设置其 Text 属性
    Panel1.Controls.Add(myButton);             //添加到页面中
}
```

"动态生成文本框"按钮控件的单击事件代码如下：

```
protected void Button2_Click(object sender, EventArgs e)
{
    TextBox myTextBox = new TextBox();
    myTextBox.Text = "这是动态生成的文本框";
    Panel1.Controls.Add(myTextBox);            //添加到容器控件 Panel1 中
}
```

2.2 Web 用户控件

ASP.NET 提供了许多 HTML 控件和 Web 服务器控件，但它们并不能涵盖每种功能。使用 Web 用户控件可根据程序的需要方便地定义控件，还可以创建具有事件处理功能的 Web 用户控件。用户控件使用现有的控件进行组装，通过编写事件来达到目的，以提升代码的复用性。用户自定义控件创建后，可以在设计视图或程序运行时将其添加到页面中。

在设计用户控件时所使用的编程技术与设计 Web 页面的技术完全相同，甚至只需要对 Web 窗体（.aspx）进行简单的修改即可使之成为 Web 用户控件。所以，创建用户控件有两种方法，一是创建用户控件，二是把已有的 Web 窗体页转换为用户控件。

2.2.1 创建用户控件

一个 Web 用户控件与一个完整的 Web 窗体相似，都包含一个用户界面和一个代码文件。在用户控件上可以使用标准 Web 窗体上相同的 HTML 控件和 Web 服务器控件。

【演练 2-14】 使用用户控件设计一个网页中常见的导航栏。使用用户控件来实现页面导航栏制作的好处在于，站点中所有页面都可以方便地调用该用户控件，使所有页面具有相同风格的外观。

（1）新建用户控件

新建空网站"C:\ex2_14"。在解决方案资源管理器中，右击项目名称，在快捷菜单中单击"添加新项"，显示"添加新项"对话框，选择模板为"Web 用户控件"，在"名称"框中输入新的名称，如 NavigationBar.ascx，然后单击"添加"按钮，如图 2-39 所示。

图 2-39 "添加新项"对话框

用户控件创建后，可以像对待其他 Web 窗体一样向用户控件界面中添加各种 HTML 或 Web 标准控件，双击用户控件中的标准控件可自动切换到代码窗口，创建事件处理程序。

切换到设计视图。向该用户控件中添加一个固定宽度为 800 像素的、1 行 5 列的 HTML 表格。向表格中添加 5 个 LinkButton 控件，设置各控件在单元格中居中对齐，如图 2-40 所示。

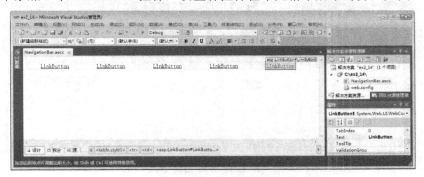

图 2-40 用户控件的外观

在用户控件窗体设计视图中的空白处双击，打开 NavigationBar.ascx.cs 窗口，编写用户控件加载时执行的事件代码如下：

```
protected void Page_Load(object sender, EventArgs e)
{
    LinkButton1.Text = "首页";
    LinkButton1.PostBackUrl = "Default.aspx";
    LinkButton2.Text = "腾讯网";
    LinkButton2.PostBackUrl = "http://www.qq.com/";
    LinkButton3.Text = "MSN 网";
    LinkButton3.PostBackUrl = "http://cn.msn.com/";
    LinkButton4.Text = "TOM 网";
    LinkButton4.PostBackUrl = "http://www.tom.com/";
    LinkButton5.Text = "凤凰网";
    LinkButton5.PostBackUrl = "http://www.ifeng.com/";}
```

（2）把用户控件添加到 Web 窗体中

用户控件的界面和事件处理程序设计完毕后，还必须将其放置在 Web 窗体中才能使用。注意：一定要将窗体切换到设计视图，然后把用户控件拖动到 Web 页面中。

添加 Web 窗体 Default.aspx，切换到设计视图，添加一个用于页面布局的固定宽度为 810 像素的、3 行 1 列的 HTML 表格。从解决方案资源管理器窗口中，向表格第 1 行中拖入一张 logo.jpg 图片，第 3 行中添加一个 Label 控件。

把用户控件 NavigationBar.ascx 拖动到页面中表格的第 2 行中，如图 2-41 所示。

编写 Web 窗体 Default.aspx 装入时执行的事件过程代码如下：

```
protected void Page_Load(object sender, EventArgs e)
{
    this.Title = "使用用户控件示例";
    Label1.Text = "使用用户控件制作的 Web 导航栏";
    Label1.Font.Name = "楷体_GB2312";
    Label1.Font.Size = 18;
}
```

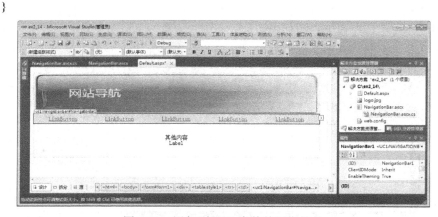

图 2-41　添加到 Web 窗体的用户控件

运行 Default.aspx，显示如图 2-42 所示。

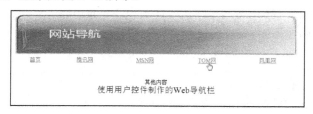

图 2-42　运行结果

2.2.2　把 Web 窗体转换成用户控件

如果已经开发了 Web 窗体，并且该窗体会被访问多次，则可以将该 Web 窗体改成用户控件。如果需要将 Web 窗体更改为用户控件，则首先需要对比 Web 窗体与用户控件的区别。打开演练 2-14 中的创建网站，在解决方案资源管理器中分别双击 Default.aspx 和 NavigationBar.ascx，切换到源视图，查看其代码的不同，如图 2-43 所示。

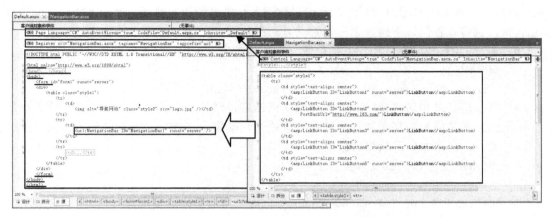

图 2-43 Default.aspx 和 NavigationBar.ascx 在源视图中显示的代码

其主要区别如下：
- Web 窗体中有<body>、<html>、<head>、<form>等结构标记，而用户控件没有，这些元素应位于宿主页（用户控件所在的 Web 窗体页）中；
- Web 窗体和用户控件所声明的方法不同，用户控件文件只能以.ascx 为扩展名。

在了解以上区别后，就可以很容易地把 Web 窗体转换成用户控件。

① 在源视图中，将 HTML 标记<body>、<html>、<head>、<form>删除。

② 对两种窗体的声明方式进行更改：将@ Page Language 更改为@ Control Language，这样就完成了 Web 窗体向用户控件的转换过程。

③ 在解决方案资源管理器中，为该控件指定一个文件名，并将文件扩展名改成.ascx。

④ 把 CodeFile 属性修改为引用用户控件的后台代码文件.ascx.cs：

    <%@ Control Language="C#" AutoEventWireup="true" CodeFile="NavigationBar.ascx.cs" Inherits="NavigationBar" %>

同样道理，也可以方便地将一个设计完成的用户控件改成一个独立的 Web 窗体页面。

向 Web 窗体添加用户控件后，Web 窗体中将自动添加@Register 页面指示符，此时用户控件成为 Web 窗体的一个部分：

    <%@ Register src="NavigationBar.ascx" tagname="NavigationBar" tagprefix="uc1" %>

2.3 ASP.NET 网站中资源的路径

使用网站中的资源时，通常必须指定资源的路径。例如，可以使用 URL 路径引用页面中的图像文件或网站中其他位置处的页面的 URL。同样，Web 应用程序中的代码可以使用基于服务器的文件的物理文件路径对文件进行读/写操作。ASP.NET 提供用于引用资源并确定应用程序中的页面或其他资源的路径的方法。

在许多情况下，页面中的元素或控件必须引用外部资源，如文件。ASP.NET 支持引用外部资源的各种方法。根据使用的是客户端元素还是 Web 服务器控件，选择的引用方法将有所不同。

1. 客户端元素

客户端元素是页面上的非 Web 服务器控件元素，它们将按原样被传递给浏览器。因此，从客户端元素中引用资源时，应根据 HTML 中 URL 的标准规则构造路径。可以使用完全限定的

URL 路径（又称为绝对 URL 路径），也可以使用各种类型的相对路径。例如，如果页面中包含 img 元素，则可以使用以下路径之一设置其 src 属性。

- 绝对 URL 路径。要引用其他位置（例如外部网站）中的资源，绝对 URL 路径非常有用。例如：

    <img src="http://www.uutuu.com/fotolog/photo/250976.jpg" />

- 网站根目录相对路径。此路径将根据网站根目录（而非应用程序根目录）进行解析。如果将跨应用程序的资源（例如图像或客户端脚本文件）保留在网站根目录下的文件夹中，则网站根目录相对路径非常有用。

此示例路径假定 Images 文件夹位于网站根目录下：

<img src="/Images/SampleImage.jpg" />

如果网站地址为 http://www.uutuu.com，则此路径将解析为以下形式：

http://www.uutuu.com/Images/SampleImage.jpg

下面是一个根据当前页面路径解析的相对路径：

<img src="Images/SampleImage.jpg" />

解析为当前页面路径对等的相对路径：

<img src="../Images/SampleImage.jpg" />

说明：在默认情况下，浏览器使用当前页面的 URL 作为解析相对路径的基准。但是，可以在页面中包含 HTML base 元素，以指定替代基路径。

2．服务器控件

在引用资源的 ASP.NET 服务器控件中，可以使用绝对路径或相对路径，这一点与客户端元素一样。如果使用相对路径，则相对于页面、用户控件或包含该控件的主题的路径进行解析。例如，假设 Controls 文件夹中包含一个用户控件。该用户控件包含一个 Image 服务器控件，此服务器控件的 ImageUrl 属性被设置为以下路径：Images/SampleImage.jpg。

当该用户控件运行时，上述路径将解析为以下形式：/Controls/Images/SampleImage.jpg。无论承载该用户控件的页面位于何处，结果都是如此。

服务器控件中的绝对路径引用和相对路径引用具有以下缺点。

- 绝对路径在应用程序之间是不可移植的。如果移动绝对路径指向的是应用程序，则链接将会中断。
- 如果将资源或页面移动到不同的文件夹中，则可能很难维护采用客户端元素样式的相对路径。

为克服这些缺点，ASP.NET 提供了 Web 应用程序根目录运算符（~），当在服务器控件中指定路径时可以使用该运算符。ASP.NET 会将"~"运算符解析为当前应用程序的根目录。可以结合使用"~"运算符和文件夹来指定基于当前根目录的路径，例如"~/路径"。

下面的示例演示了使用 Image 服务器控件时用于为图像指定根目录相对路径的"~"运算符：

<asp:image runat="server" id="Image1" ImageUrl="~/Images/SampleImage.jpg" />

在此示例中，无论页面位于网站中的什么位置，都将从位于 Web 应用程序根目录下的 Images 文件夹中直接读取图像文件。

可以在服务器控件中的任何与路径有关的属性中使用"~"运算符。"~"运算符只能为服务器控件所识别，并且位于服务器代码中。不能将"~"运算符用于客户端元素。

2.4 ASP.NET 控件的类型和通用属性

控件是 Web 窗体上执行任务的工具，是一种可重用的组件或对象，这个组件不但有自己的外观，还有自己的属性和方法，大部分控件还能响应系统或用户事件。ASP.NET Web 服务器控件是 ASP.NET 网页上的对象，包含多种功能的控件，具备编程功能，这些对象在请求网页时在服务器端运行窗体，然后把运行结果（网页静态）发送到客户浏览器中。

1．控件的类型

在 ASP.NET 中，将页面中所有元素都看成一个对象，Web 窗体就是承载这些对象的一个容器类对象。Visual Studio 系统中内置了大量控件，显示在工具箱中。这些显示在工具箱中的控件，严格地讲，只能将其称为"控件类"。只有将工具箱中的控件添加到 Web 页面中，也就是将控件类实例化之后，它们才真正变成页面中的对象。

ASP.NET 的类库中包含有大量的控件，可划分为 HTML 控件和服务器控件两大类。服务器控件又可从类型上分为标准控件、验证控件、用户自定义控件和数据库控件。在 VS 工具箱中分为标准控件、数据控件、验证控件、导航控件、登录控件、WebParts 控件、Ajax Extensions 控件、报表控件、HTML 控件等。

在 VS 的工具箱中，只有"HTML"选项卡中的控件是客户端控件（也称为浏览器控件），其他所有控件都是服务器端控件。在应用时可根据需要来进行选择，一般来说，如果 HTML 控件能够满足需要，就不使用服务器控件。在同一个页面中可以混合使用 HTML 控件和服务器控件。

2．服务器控件的重要属性

服务器控件的设计侧重点不同。它们不必一对一地映射为 HTML 标记，而是定义为抽象控件。在抽象控件中，控件所呈现的实际标记与编程所使用的模型可能截然不同。服务器控件包括传统的窗体控件（如：按钮、文本框和表等复杂控件），还包括提供常用窗体功能的控件（如：在网格中显示数据、选择日期、显示菜单等）。

"标准"选项卡中的控件是最常用的服务器控件。在类库中，所有 Web 服务器控件都是从 System.Web.UI.WebControls 直接或间接派生而来的。

在 ASP.NET 中，几乎所有的 HTML 控件都可以被"标准"选项卡或其他选项卡中功能更强大的 Web 服务器控件所取代。因此，在本教材中将主要使用 Web 服务器控件作为程序设计的基本元素。

在 ASP.NET 页面元素中，除了 HTML 标记外，所有控件都是在服务器端运行的，因此将这些控件称为服务器控件。所有的服务器控件都必须放在 <form id="窗体标识名称" runat="server"> 与 </form> 之间。

服务器控件有两个重要的属性：runat 属性和 ID 属性。用 runat="server" 声明该控件是服务器控件（run at server，在服务器中运行）。每个服务器控件都有一个唯一的 ID 名。

3．服务器控件的格式

添加到 Web 窗体中的每个控件都会生成相应的 HTML 语句，其格式如下：

    <asp:控件类型名称 ID="控件标识名" runat="server" 其他属性 />

或

<asp:控件类型名称 ID="控件标识名" runat="server" 其他属性><asp:/控件类型名称>

其中，asp 代表命名空间，所有 Web 服务器控件的命名空间都是 asp。Web 服务器控件的命名空间来源于 System.Web.UI.WebControls，控件的很多属性都是相同的。

ID 属性是服务器控件的唯一标识，当向 Web 窗体中添加一个控件时，会以控件类型名称后加数字序号的形式来表示，如 TextBox1、TextBox2 等。程序员可以根据需要更改 ID 的名称。runat="server"属性表示本控件是一个服务器控件。

控件的属性可以在控件的"属性"窗口中设置，也可以在源视图中用代码设置。

4．添加服务器控件的事件

ASP.NET 使用事件驱动的模型，某对象的程序代码只在特定事件发生时执行。ASP.NET 编程模型中常用的事件有页面的 Page_Load 事件、按钮的 Button_Click 事件等。

要添加一个 Page_Load 事件，在设计视图中双击页面窗体中的空白区域，将自动创建一个 Page_Load 事件过程框架，程序员只需在其中输入程序代码即可，如下所示：

```
protected void Page_Load(object sender, EventArgs e)
{
}
```

Page_Load 程序结构是在网页空白区双击时默认创建的事件结构。要创建网页的其他事件，如 Page_Init 事件，双击不能实现。

同样，按钮也有许多事件，在设计视图中双击 Button 控件只能创建 Button 控件的单击事件过程 Button1_Click 的框架，如下所示：

```
protected void Button1_Click(object sender, EventArgs e)
{
}
```

通常，在设计视图中双击某个服务器控件，将创建该控件最常用的事件过程框架。但是，由于服务器控件都有多个事件，为了创建其他事件过程的框架，可采用如下方法。

① 在页面的设计视图中，选中要创建事件的服务器控件，该控件的属性就会出现在"属性"窗口中。在"属性"窗口的工具栏中有一个"事件"按钮 ，单击 按钮将显示该控件的可用事件列表。如图 2-44 所示是选中 Button 控件后，单击"事件"按钮 后显示的事件列表。

② 双击其中的事件名称，就会在服务器代码中创建该事件的过程框架。如图 2-45 所示是在图 2-44 中双击 Init 事件后显示的 Button1_Init 事件过程框架。

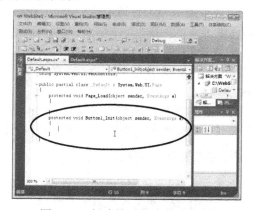

图 2-44 "属性"窗口中的事件列表　　　　图 2-45 创建的对象事件过程框架

③ 在该控件的事件过程框架中输入触发该事件时执行的过程代码。

切换到 Default.aspx 的源视图，可看到添加到代码中的事件过程 oninit="Button1_Init"，这个事件过程名称与 Default.aspx.cs 中创建的该事件过程名称相同：

    <asp:Button ID="Button1" runat="server" Text="Button" **oninit="Button1_Init"** />

5．服务器控件的基本属性

添加到页面上的服务器控件都显示为默认的样式，要改变页面上控件的外观，一种方法是更改该控件的属性，另一种方法是使用层叠样式表改变控件的样式。也就是在页面的设计视图中选中该控件，如果在源视图中，则把光标放置在该控件的代码中。然后在"属性"窗口中设置所选控件的外观和行为。如果看不到"属性"窗口，可在设计视图中右击，在快捷菜单中单击"属性"。

在"属性"窗口中，如果显示的不是属性列表，则单击"属性"窗口工具栏中的"属性"按钮 ，如图 2-46（a）所示。分别单击"字母顺序"按钮 或"按分类顺序"按钮 ，可以按不同顺序排列属性列表，如图 2-46（b）和（c）所示。在属性列表中单击某属性后，在"属性"窗口下方会显示该属性的说明，如图 2-46（c）所示。

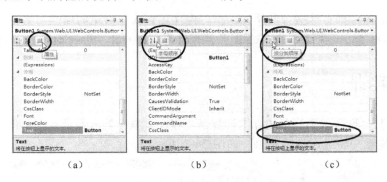

图 2-46 "属性"窗口

在 ASP.NET 中，许多服务器控件都派生于 WebControl 类，拥有许多公共属性。表 2-25 中列出的属性适用于所有从 WebControl 类派生的 Web 服务器控件。

表 2-25 服务器控件的公共属性

属　　性	说　　明
ID	设置或获取控件的唯一标识
AccessKey	控件的键盘快捷键（AccessKey）。此属性指定用户在按下 Alt 键的同时可以按下的单个字母键或数字键。例如，如果希望用户按下 Alt+U 组合键以访问控件，则指定 U 键
BackColor	控件的背景色。BackColor 属性可以使用标准的 HTML 颜色标识符来设置：颜色名称（"black"或"red"）或者以十六进制数形式（"#ffffff"）表示的 RGB 值
ForeColor	控件的前景色，设置控件中所有文本的颜色。可以是颜色名称或十六进制数形式表示的 RGB 值
BorderColor	控件的边框颜色。可以是颜色名称或十六进制数形式表示的 RGB 值
BorderWidth	控件边框（如果有的话）的宽度（以像素为单位）
BorderStyle	控件的边框样式（如果有的话）。边框默认为直线。可能的值包括：NotSet、None、Dotted、Dashed、Solid、Double、Groove、Ridge、Inset、Outset
CssClass	分配给控件的级联样式表（CSS）类
Style	作为控件的外部标记上的 CSS 样式属性呈现的文本属性集合

续表

属性	说明
Enabled	设置为 true（默认值）时，使控件起作用；设置为 false 时，禁用控件。禁用控件将使该控件变灰并使之处于非活动状态，但不会隐藏控件
Visible	设置为 true（默认值）时，控件在页面上可见；设置为 false 时，不可见
EnableViewState	设置为 true（默认值）时，对控件启用主题；设置为 false 时，对该控件禁用主题
Font	为正在声明的 Web 服务器控件提供字体信息。此属性包含子属性，可以在 Web 服务器控件元素的开始标记中使用"属性-子属性"语法来声明这些子属性。例如，可以通过在 Web 服务器控件文本的开始标记中包含 Font-Bold 属性来使该文本以粗体显示
Height	控件的高度。可能的单位包括：像素（px）、磅（pt）、派卡（pc）、英寸（in）、毫米（mm）、厘米（cm）、百分比（%）、大写字母 M 的宽度（em）、小写字母 x 的高度（ex）。例如，以声明方式设置 100 磅宽就是 100pt。默认单位是像素
Width	控件的宽度。单位与 Height 相同
TabIndex	控件的位置（按 Tab 键顺序）。如果未设置此属性，则控件的位置索引为 0。具有相同选项卡索引的控件可以按照它们在网页中的声明顺序用 Tab 键导航
ToolTip	当鼠标指针停留在控件上一小段时间后，出现在鼠标指针下方的提示文本

许多服务器控件都有这些公共属性。一些控件还有其他特定的属性，将在后面介绍。

不是从 WebControl 类继承的 Web 服务器控件有：Literal、PlaceHolder、Repeater 和 Xml。

2.5 实训

【实训 2-1】 设计一个简单的算术计算器，在文本框中输入数值后，单击运算符按钮，在下面的只读文本框中将显示计算结果，如图 2-47 所示。

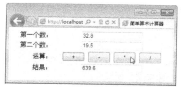 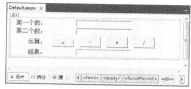

图 2-47 简单的算术计算器

在 Visual Studio 中编写程序时，如果在设计视图中不小心双击了文本框，这时将进入该文本框的 TextChanged 事件代码，如下所示：

```
protected void TextBox1_TextChanged(object sender, EventArgs e)
{
}
```

因为本实训不需要编写该文本框的 TextChanged 事件代码，一般应把上面的事件过程框架删掉，此时按 F5 键或 Ctrl+F5 组合键运行网站，将会显示如图 2-48 所示的错误提示，同时"输出"窗格中显示出错来源为"ASP.default_aspx 不包含 TextBox1_TextChanged 的定义……"。

单击"Default.aspx"选项卡，切换到源视图，找到该文本框的 HTML 代码，能看到其中有一个属性 ontextchanged="TextBox1_TextChanged"，如图 2-49 所示，把它删掉后，就可以正常运行了。

【实训 2-2】 常用标准控件应用示例，制作用户注册页面，如图 2-50 所示。用户填写注册内容后，单击"提交"按钮，在页面下方显示填写的内容；单击"重置"按钮，清空内容。

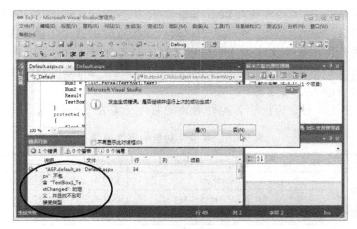

图 2-48 错误提示

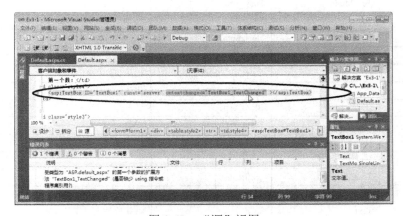

图 2-49 "源"视图

图 2-50 注册页面

① 设计页面。新建一个 ASP.NET 网站,在解决方案资源管理器中右击 Default.aspx,在快

捷菜单中单击"重命名",将其改名为 Login.aspx。在 Login.aspx 页面中,按图 2-50 所示添加一个用于布局的 HTML 表格。注意,在插入表格时,要指定宽度并采用像素为单位。向表格中添加用于表示各控件作用的说明文字。向表格中添加 5 个 TextBox 控件、一个 RadioButtonList 控件、3 个 DropDownList 控件、一个 CheckBoxList 控件、两个 Button 控件、一个 Label 控件。适当调整表格、各控件的大小和位置。

② 设置对象属性。设置页面中各控件对象的属性,见表 2-26。

表 2-26 各控件对象的属性设置

控 件	属 性	值	说 明
TextBox	ID	UserName	用户名文本框在程序中使用的名称
TextBox	ID	PassWordFirst	第 1 次输入密码的文本框在程序中使用的名称
	TextMode	Password	设置为密码方式
TextBox	ID	PassWordSecond	第 2 次输入密码的文本框在程序中使用的名称
	TextMode	Password	设置为密码方式
RadioButtonList	ID	Sex	性别
	RepeatDirection	Horizontal	横向排列
TextBox	ID	DateOfBirthYear	出生日期中的年
DropDownList	ID	DateOfBirthMonth	出生日期中的月
DropDownList	ID	DateOfBirthDay	出生日期中的日
DropDownList	ID	BloodType	血型
CheckBoxList	ID	Taste	爱好
	RepeatDirection	Horizontal	横向排列
TextBox	ID	Synopsis	简介
	TextMode	MultiLine	设置为多行方式
Button	ID	OK	按钮控件在程序中使用的名称
	Text	提交	按钮控件上显示的文本
Button	ID	Reset	按钮控件在程序中使用的名称
	Text	重置	按钮控件上显示的文本
Label	ID	UserInfo	标签控件在程序中使用的名称
	Text	注册内容:	标签控件在初始状态时显示的文本

对于列表框控件,在设计时通过 ListItem 集合编辑器添加选项。对于有些必选项,为了防止漏选,也为了简化程序,可设定一个默认选项,即在设置 ListItem 时,将该成员控件的 Selected 属性值设置为 true,使之成为默认选项。

③ 编写事件代码。

编写 Page_Load 事件代码如下:

```
protected void Page_Load(object sender, EventArgs e)
{
    UserInfo.Text = null;
    this.Title = "新用户注册";      //浏览器标题栏中显示的名称
    UserName.Focus();              //设置初始焦点为用户名框
}
```

编写"提交"按钮的 OK_Click 事件代码如下:

```
protected void OK_Click(object sender, EventArgs e)
{
```

```csharp
        if(UserName.Text == "")                                 //如果用户没有输入用户名
        {
            UserInfo.Text = "<b>必须输入用户名！</b>";          //显示出错提示
            return;                                             //退出事件过程，不再执行后续代码
        }
        UserInfo.Text += UserName.Text;                         //用户名
        if(PassWordFirst.Text != PassWordSecond.Text)
        {
            UserInfo.Text = "<b>两次输入的密码不同！重新输入!</b>"; //显示出错提示
            return;
        }
        UserInfo.Text += PassWordFirst.Text;                    //密码
        UserInfo.Text+= Sex.SelectedItem.Text;                  //性别
        UserInfo.Text += DateOfBirthYear.Text+"年"+DateOfBirthMonth.SelectedItem.Text+"月"+
            DateOfBirthDay.SelectedItem.Text+"日";              //出生日期
        UserInfo.Text += BloodType.SelectedItem.Text+"<br />";  //血型
        string Taste1=null;
        for (int i = 0; i < Taste.Items.Count; i++)             //使用 for 循环检查哪些复选框被选中
        {
            if (Taste.Items[i].Selected)                        //若复选框处于被选中状态
            {
                Taste1 += Taste.Items[i].Text + ",";            //将其说明文本累加到变量中
            }
        }
        if (Taste1 == null)
        {
            Taste1 = "没有爱好";
        }
        else
        {
          Taste1 = Taste1.Remove(Taste1.Length – 1, 1);         //移除累加结果中最后一个字符
          Taste1 = "爱好为：" + Taste1;
        }
        UserInfo.Text += Taste1+"<br />";                       //爱好
        UserInfo.Text += Synopsis.Text;
    }
```

编写"重置"按钮的 Reset_Click 事件代码如下：

```csharp
    protected void Reset_Click(object sender, EventArgs e)
    {
        UserName.Text = null;
        PassWordFirst = null;
        PassWordSecond = null;
        Sex.SelectedIndex = –1;
        DateOfBirthYear.Text = null;
```

```
            DateOfBirthMonth.SelectedIndex = –1;
            DateOfBirthDay.SelectedIndex = –1;
            BloodType.SelectedIndex = –1;
            Taste.SelectedIndex = –1;
            Synopsis.Text = null;
        }
```

【实训2-3】 设计一个可以在网页中动态更改文本框中字体、字形和字号的程序。如图2-51所示，页面打开后，用户可使用程序提供的单选按钮、复选框和下拉列表框更改文字样式。

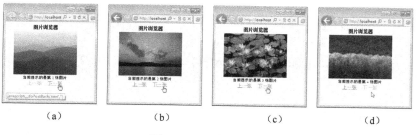

图2-51 动态更改字体、字形和字号的网页

【实训2-4】 使用Image控件和LinkButton控件设计一个简单图片浏览器。程序启动后显示如图2-52所示的页面，图片下方显示有当前图片的序号。要求：当页面中显示第1张图片时，"上一张"按钮不可用，当页面中显示第2、3张图片时两个按钮均可用，当显示最后一张（第4张）图片时，"下一张"按钮不可用。

图2-52 图片浏览器

【实训2-5】 设计发表评论网页，如图2-53所示。要求：如果未选中"匿名"复选框，则"登录"和"密码"文本框可见，如图2-54所示；如果选中"匿名"复选框，则"登录"和"密码"文本框不可见，如图2-55所示。单击"提交"按钮在页面下部显示输入的内容。

图2-53 动态添加控件　　图2-54 未选中"匿名"复选框　　图2-55 选中"匿名"复选框

【实训2-6】 设计简易在线测验程序，如图2-56所示，要求在页面打开时显示一组模拟的测试题，每题均由一个单选按钮组控件提供4个选项，用户可以使用鼠标选择自己认为正确的答案。所有题目完成后，单击"提交"按钮，页面中将显示答对题的数量，所有答错题目的标题均添加一个淡蓝色底色，突出显示出来。要求所有题目及分隔线均以动态的方式在程序运行

时通过代码添加到页面中。

图 2-56　动态添加控件

【实训 2-7】　如图 2-57 所示是某网页的信息反馈或网络调查，试用服务器控件实现。

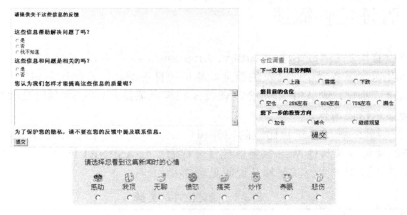

图 2-57　信息反馈或网络调查

【实训 2-8】　创建如图 2-58 所示的用户控件。

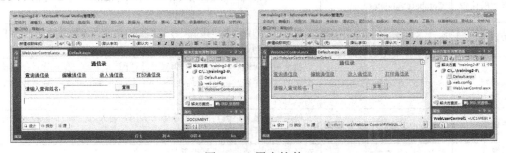

图 2-58　用户控件

第 3 章 ASP.NET 验证控件

本章内容：验证控件概述，必须项验证控件，比较验证控件，范围验证控件，正则表达式验证控件，自定义验证控件，验证摘要控件，指定验证组，禁用验证控件。

本章重点：验证控件的使用，包括 RequiredFieldValidator、CompareValidator、RangeValidator、RegularExpressionValidator、CustomValidator、ValidationSummary。

3.1 验证控件概述

验证控件检查用户在 TextBox、ListBox、DropDownList 和 RadioButtonList 控件中的输入或选择，在窗体发送到服务器中时会发生验证。验证控件可测试用户的输入内容，如果输入没有通过任何一项验证测试，则 ASP.NET 会将该页发回客户端设备。发生这种情况时，检测到错误的验证控件会显示错误消息。

验证控件包括 5 种用于进行比较的控件和一种用于显示所有验证控件错误信息的摘要控件。数据验证控件可以像其他 Web 服务器控件一样添加到 ASP.NET 网页中，这些控件位于"工具箱"的"验证"选项卡中，其名称及说明见表 3-1。

表 3-1 验证控件的类型

验证类型	使用的控件	说明
必填项	RequiredFieldValidator	用于指定输入控件为必填控件，以确保用户不会跳过输入
与某值的比较	CompareValidator	将用户输入与一个常数值或者另一个控件或特定数据类型的值进行比较（使用小于、等于或大于比较运算符）
范围检查	RangeValidator	检查用户的输入是否在指定的上下限内。可以检查数字对、字母对和日期对限定的范围
模式匹配	RegularExpressionValidator	检查项与正则表达式定义的模式是否匹配。此类验证使程序员能够检查可预知的字符序列，如电子邮件地址、电话号码、邮政编码等内容中的字符序列
用户定义	CustomValidator	使用程序员自己编写的验证逻辑检查用户输入。此类验证能检查在运行时派生的值
显示摘要	ValidationSummary	在页面中以摘要的形式显示所有验证控件产生的错误信息

当显示窗体时，验证控件通常不可见。如果验证控件检测到错误，它将按指定的形式显示错误消息。每个验证控件都可以单独地显示错误消息，在这种情况下，错误消息会显示在窗体上验证控件所处的位置；或者验证错误可以收集到验证摘要控件中并显示在一个位置。

表 3-2 可以被验证的 Web 服务器控件

被验证的控件	被验证的属性
TextBox	Text
ListBox	SelectedItem.Value
DropDownList	SelectedItem.Value
RadioButtonList	SelectedItem.Value

可以被验证的 Web 服务器控件见表 3-2，这些可以被验证的控件都是用于输入数据的控件。

通常，每个验证控件仅执行一种测试。如果希望检查多个条件，可将多个验证控件附加到 TextBox 或 ListBox、DropDownList 和 RadioButtonList 控件上。在这种情况下，各验证测试间的关系为逻辑 AND，即用户输入的数据必须通过所有的测试才能视为有效。需要使用逻辑 OR 操作时，可使用 RegularExpressionValidator 控件中的模式。例如，在提示输入电话号码时，允许用户输入本地号码、长途号码或国际长途号码。

注意：无法使用多个验证控件执行逻辑 OR 操作。对 TextBox 或选择列表控件的多重验证总是使用逻辑 AND 执行。

3.2 必须项验证控件

如果要求用户必须在某个输入控件中输入信息，而不可以保持空白，则使用必须项验证控件 RequiredFieldValidator。通过在页中添加 RequiredFieldValidator 控件并将其连接到必须的控件上，可以指定某个用户在 ASP.NET 网页上的特定控件中必须提供信息。在页面布局时，一般可将验证控件放置在被验证控件的旁边。RequiredFieldValidator 控件的语法格式为：

<asp:RequiredFieldValidator ID="控件的 ID" runat="server"
　　ControlToValidate="被验证控件的 ID"
　　Text="验证控件本身显示的提示"
　　ErrorMessage="在 ValidationSummary 控件中显示的提示"
　　InitialValue="指定验证控件提供的初始值">
</asp:RequiredFieldValidator>

RequiredFieldValidator 控件的常用属性，见表 3-3。

表 3-3 RequiredFieldValidator 控件的常用属性

属　　性	说　　明
ControlToValidate	指定要对哪个控件进行验证，其属性值是被验证的控件的 ID，也就是说，通过本属性连接到被验证的控件上
Text	指定被验证的控件没有通过验证时，验证控件本身所显示的错误提示信息
ErrorMessage	指定被验证的控件没有通过验证，并且在 Web 窗体中添加了 ValidationSummary 控件时，在 ValidationSummary 控件中显示的错误提示信息
InitialValue	指定验证控件提供的初始值，初始值并不显示在被验证的字段中。如果设置 InitialValue 属性为非空值，在被验证的字段为空的情况下提交表单，将通过验证。但是，如果被验证控件的字段中的值与 InitialValue 属性相同，则不通过验证。初始默认值为空字符串。也就是说，只有 InitialValue 属性值与被验证的字段值不同时才会通过验证

为了避免用户输入若干个空格来通过验证，系统会在验证前自动调用 Trim()方法，将字符串前后多余的空格移除。也就是说，被验证控件中不能输入完全由空格组成的字符串。

说明：必须项的验证常与其他类型的验证结合使用。可以根据需要对一个用户输入字段使用多个验证控件，因为除了必须项验证控件外，其他所有验证控件都会把空白视为正确而通过验证。

【演练 3-1】 使用 RequiredFieldValidator 控件对文本框和下拉列表框进行必须项验证。程序运行后显示如图 3-1 所示的页面；若用户没有在文本框中输入学号并且没有在下拉列表框中选择专业，则显示出错提示；程序正常运行时显示如图 3-2 所示。

① 设计页面。新建一个空网站，添加 Web 窗体，切换到设计视图，插入一个 5 行 2 列、宽度为 450px 的表格，添加一个 Button 控件、一个 TextBox 控件、一个 DropDownList 控件、两个 RequiredFieldValidator 控件。为了让用户看到错误原因，将验证控件放置在被验证控件的右侧，如图 3-3 所示。

图 3-1 未通过验证时显示的出错提示   图 3-2 正常运行结果

② 设置对象属性。页面中各控件的初始属性设置见表 3-4。

表 3-4 各控件的初始属性设置

控件	属性	值	说明
TextBox1	ID	TextBox1	"学号"文本框控件的 ID 属性
DropDownList1	ID	DropDownList1	"专业"下拉列表框控件的 ID 属性
Button1	ID	Button1	"提交"按钮控件的 ID 属性
	Text	提交	显示在按钮上的文本
Label1	ID	Label1	用于显示输出信息的标签的 ID 属性
	Text		在初始状态下,标签中不显示任何内容
RequiredFieldValidator1	ID	RequiredFieldValidator1	RequiredFieldValidator1 控件的 ID 属性
	ControlToValidate	TextBox1	指定验证控件的验证对象
	Text	必须输入学号	验证失败时显示的信息
	ErrorMessage	没有输入学号	本例因没有添加 ValidationSummary 控件,可不设置本属性
RequiredFieldValidator2	ID	RequiredFieldValidator2	RequiredFieldValidator2 控件的 ID 属性
	ControlToValidate	DropDownList1	指定验证控件的验证对象
	Text	必须选择一个专业	验证失败时显示的信息
	ErrorMessage	没有选择专业	在 ValidationSummary 控件中显示的提示
	InitialValue	-请选择专业-	验证控件的初始值,注意要与代码中的相同

设置 RequiredFieldValidator 控件的 ControlToValidate 属性时,可在选中控件后单击 ControlToValidate 属性右侧的下拉按钮,在下拉列表中显示了当前页面中所有输入控件的名称,选择希望连接的控件的 ID。设置属性后的页面如图 3-4 所示。

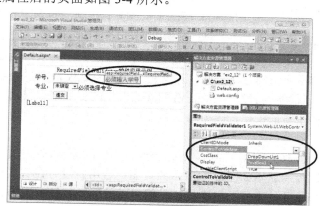

图 3-3 设计页面   图 3-4 设置属性后的页面

③ 编写事件代码。

在设计视图中双击窗体的空白区域,输入页面加载时执行的事件过程代码如下:

```csharp
protected void Page_Load(object sender, EventArgs e)
{
    if (!IsPostBack)   //第一次显示页面时生成选项
    {
        this.Title = "必须项验证控件应用示例";                //设置 Web 窗体的标题
        DropDownList1.Items.Add("-请选择专业-");             //要与验证控件的初始值相同
        DropDownList1.Items.Add("网络技术专业");             //在运行时添加选项
        DropDownList1.Items.Add("软件技术专业");             //也可通过 ListItem 集合编辑器添加
        DropDownList1.Items.Add("多媒体技术专业");
        DropDownList1.Items.Add("计算机应用专业");
    }
}
```

双击"提交"按钮，输入单击时执行的事件过程代码如下：

```csharp
protected void Button1_Click(object sender, EventArgs e)
{
    Label1.Text = "学号：" + TextBox1.Text + "<br />" + "专业：" + DropDownList1.Text;
}
```

④ 运行网站。单击"启用调试"按钮 ▶，运行当前 Web 窗体。如果在浏览器中显示如图 3-5 所示的提示，则说明没有设置 RequiredFieldValidator1 控件的 ControlToValidate 属性。

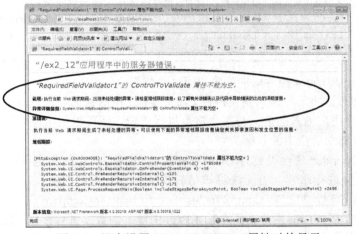

图 3-5　没有设置 ControlToValidate 属性时的显示

程序运行后，如果在学号文本框中没有输入数据或在下拉列表中没有选择专业，当单击"提交"按钮时，控件将不会通过验证，并在验证控件处显示验证控件的 Text 属性设置的提示文本；反之，将通过验证。

请读者设置 RequiredFieldValidator1 控件的 InitialValue 属性值（如 111），然后在 TextBox1 中输入 111 后提交，看看结果是什么？并理解 InitialValue 属性的作用。

3.3　比较验证控件

CompareValidator 控件　CompareValidator 将输入控件的值与常数或其他输入控件中的值进行比较，以确定这两个值是否与由比较运算符（==、!=、<、>等）指定的关系相匹配。

CompareValidator 控件的语法格式为:

```
<asp:CompareValidator ID="控件的 ID" runat="server"
    ControlToValidate="被验证控件的 ID"
    ControlToCompare="与被验证控件比较的控件的 ID"
    Operator="比较操作符"
    Type="用于比较的值的数据类型"
    Text="验证控件本身显示的提示"
    ErrorMessage="在 ValidationSummary 控件中显示的提示">
</asp:CompareValidator>
```

通过设置 CompareValidator 控件的属性来设置要比较的值,常用属性见表 3-5。

表 3-5 CompareValidator 控件的常用属性

属 性	说 明
ValueToCompare 或 ControlToCompare	若要与常数值进行比较,可设置 ValueToCompare 属性。对于以字符串形式输入的表达式,该值要与用户输入到被验证控件中的值进行比较。 若要与另一个控件的值进行比较,则将 ControlToCompare 属性设置为另一个控件的 ID。 如果同时设置 ValueToCompare 和 ControlToCompare,则 ControlToCompare 优先
Type	要比较的两个值的数据类型。类型使用 ValidationDataType 枚举指定,该枚举允许使用:String(默认值)、Integer、Double、Date 或 Currency 类型名。在执行比较之前,值将转换为此类型
Operator	验证中使用的比较操作符,该运算符使用 ValidationCompareOperator 枚举中定义的下列值之一:Equal(等于,默认值)、NotEqual(不等于)、GreaterThan(大于)、GreaterThanEqual(大于等于)、LessThan(小于)、LessThanEqual(小于等于)或 DataTypeCheck(检查两个控件的数据类型是否匹配)

在使用 CompareValidator 控件时应注意以下 3 个问题。

① 使用该控件可以将用户输入到某控件(如文本框)中的数据与用户输入到另一控件中的数据进行比较,或将用户输入的数据与某个常数进行比较。还可以用来检验用户输入的数据是否可以转换为 Type 属性所指定的数据类型。

② 将控件的 Operator 属性设置为 DataTypeCheck 运算符时,将指定用户输入数据与 Type 属性指定的数据类型进行比较,若无法将该值转换为 Type 指定的类型,则验证失败。使用 DataTypeCheck 运算符时,将忽略 ControlToCompare 和 ValueToCompare 属性设置。

③ 使用该控件,既可以对用户在两个输入控件中输入的数据进行比较,也可以对用户输入的数据与某个常数进行比较。但应注意,不要同时设置 ControlToCompare 属性和 ValueToCompare 属性。若同时设置了这两个属性,则 ControlToCompare 属性优先。

说明:如果用户将控件保留为空白,则此控件将通过比较验证。要强制用户输入值,还要添加 RequiredFieldValidator 控件。

【演练 3-2】 设计一个模拟的用户注册页面,要求使用比较验证控件(CompareValidator),对用户输入密码和确认密码的一致性、日期数据格式的正确性进行比较验证,使用必须项验证控件(RequiredFieldValidator)设置用户名及密码为必填字段。程序运行结果分别如图 3-6 和图 3-7 所示。

① 设计页面。新建空网站,添加 Web 窗体,切换到设计视图下向 Default.aspx 中添加一个用于布局的 6 行 2 列 600px 宽度的 HTML 表格,向表格中添加必要的说明文字。添加 4 个用于接收用户输入数据的 TextBox 控件、一个 Button 控件、一个显示通过验证信息的 Label 控件,再添加 3 个必须项验证控件 RequiredFieldValidator、两个比较验证控件 CompareValidator。一般将

验证控件分别放置在需要验证控件的右侧，适当调整各控件的大小及位置，如图 3-8 所示。

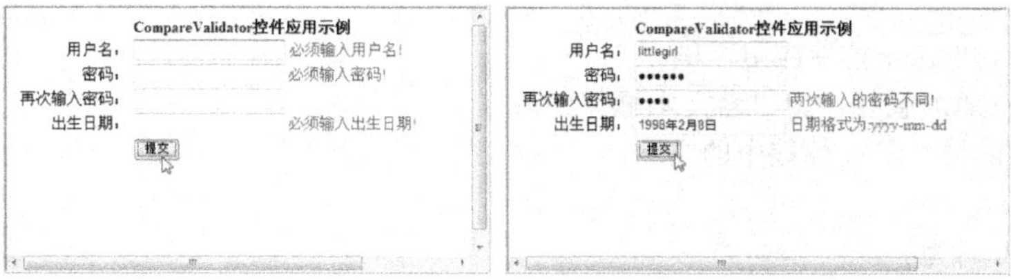

图 3-6　验证提示 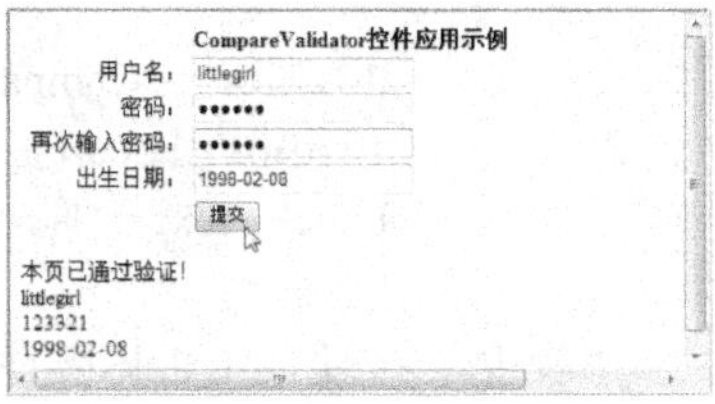　　　　　　　　　　　　　　　　　　　图 3-7　通过验证

② 设置对象属性。各验证控件的初始属性设置见表 3-6，设置属性后显示如图 3-9 所示。

图 3-8　添加控件后的显示 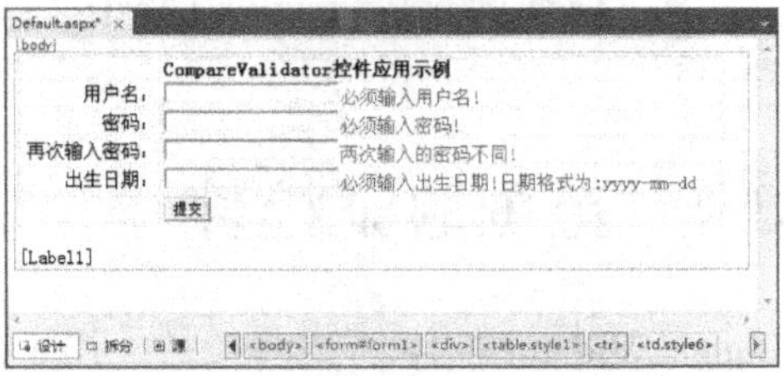　　　　　　　　　图 3-9　设置属性后的显示

表 3-6　各验证控件的初始属性设置

控　　件	属　　性	值	说　　明
TextBox1	ID	TextBox1	"用户名"文本框的 ID
TextBox2	ID	TextBox2	"密码"文本框的 ID
TextBox3	ID	TextBox3	"再次输入密码"文本框的 ID
TextBox4	ID	TextBox4	"出生日期"文本框的 ID
Button1	ID	Button1	"提交"按钮的 ID
Label1	ID	Label1	用于显示输出信息的标签的 ID
RequiredFieldValidator1	ControlToValidate	TextBox1	指定验证控件的验证对象的 ID
	Text	必须输入用户名！	验证失败时显示的信息
	ForeColor	Red	把显示信息的颜色设置为红色
RequiredFieldValidator2	ControlToValidate	TextBox2	指定验证控件的验证对象的 ID
	Text	必须输入密码！	验证失败时显示的信息
CompareValidator1	ControlToValidate	TextBox3	指定要控制的控件的 ID
	ControlToCompare	TextBox2	指定要与之比较的控件的 ID
	Text	两次输入的密码不同！	验证失败时显示的信息
RequiredFieldValidator3	ControlToValidate	TextBox4	指定验证控件的验证对象的 ID
	Text	必须输入出生日期！	验证失败时显示的信息
	Display	Dynamic	验证控件将不会占用窗体上固定位置
CompareValidator2	ControlToValidate	TextBox4	指定要控制的控件的 ID
	Operator	DataTypeCheck	指定操作方式为：数据类型比较
	Type	Date	指定数据类型为日期型
	Text	日期格式应为：yyyy-mm-dd	验证失败时显示的信息

③ 编写事件代码。

Page 的 Load 事件代码为：

```
protected void Page_Load(object sender, EventArgs e)
{
    this.Title = "CompareValidator 控件应用示例";
    TextBox1.Focus(); //页面加载时，用户名文本框得到焦点
    Label1.Text = ""; //清除通过验证标签中的文本
}
```
"提交"按钮的 Click 事件代码为：
```
protected void Button1_Click(object sender, EventArgs e)
{
    Label1.Text = "本页已通过验证！" + "<br />"; //通过验证后在标签中显示的信息
    Label1.Text += TextBox1.Text + "<br />" + TextBox2.Text + "<br />" + TextBox4.Text;
}
```

3.4 范围验证控件

RangeValidator 控件 RangeValidator 用于确定用户输入是否介于特定的取值范围内，例如，介于两个数字、两个日期或两个字符之间。可以将取值范围的上、下限设置为 RangeValidator 控件的属性。该控件必须指定控件要验证的值的数据类型，如果用户输入无法被转换为指定的数据类型，例如，无法转换为日期，则验证失败。RangeValidator 控件的语法格式为：

<asp:RangeValidator ID="控件的 ID" runat="server"
　　ControlToValidate="被验证控件的 ID"
　　MaximumValue="上限值"
　　MinimumValue="下限值"
　　Type="用于比较的值的数据类型"
　　Text="验证控件本身显示的提示"
　　ErrorMessage="在 ValidationSummary 控件中显示的提示">
</asp:RangeValidator>

RangeValidator 控件的常用属性见表 3-7。

表 3-7 RangeValidator 控件的常用属性

属 性	说 明
MaximumValue	设置或返回验证范围的最大（上限）值
MinimumValue	设置或返回验证范围的最小（下限）值
Type	设置或返回用于指定范围设置的数据类型，可以指定下列类型：String、Integer、Double、Date、Currency

说明：如果用户将控件保留为空白，则此控件将通过范围验证。要强制用户输入值，还要添加 RequiredFieldValidator 控件。

【演练 3-3】 使用 RangeValidator 控件验证用户输入学生成绩的数值范围。如果用户没有输入学号或输入了不合逻辑的成绩值，则显示如图 3-10 所示的出错提示信息；如果用户输入数据被验证通过，则页面中显示如图 3-11 所示的结果。

图 3-10　未通过验证时显示的出错提示　　　　图 3-11　通过验证后的显示

① 设计页面。新建空网站，添加 Web 窗体，切换到设计视图下向 Default.aspx 中添加一个用于布局的 5 行 2 列 550px 宽度的 HTML 表格，向表格中添加必要的说明文字。添加两个 TextBox 控件、一个 Button 控件。在学号文本框后添加一个 RequiredFieldValidator 和一个 RangeValidator 控件，在成绩文本框后添加一个 RequiredFieldValidato 和一个 RangeValidator 控件，如图 3-12 所示。

② 各验证控件的初始属性设置见表 3-8，设置属性后的显示如图 3-13 所示。

图 3-12　添加控件后的显示　　　　　　　图 3-13　设置属性后的显示

表 3-8　各验证控件的初始属性设置

控　件	属　性	值	说　明
TextBox1	ID	TextBox1	"学号"文本框控件的 ID
TextBox2	ID	TextBox2	"成绩"文本框控件的 ID
Button1	ID	Button1	"确定"按钮控件的 ID
Label1	ID	Label1	用于显示输出信息的标签的 ID
RequiredFieldValidator1	ControlToValidate	TextBox1	指定被验证的控件 ID
	Text	必须输入学号！	验证失败时显示的信息
	Display	Dynamic	验证控件将不会占用窗体上固定位置
RangeValidator1	ControlToValidate	TextBox1	指定被验证的控件 ID
	Text	学号超出范围！	验证失败时显示的信息
	MaximumValue	800000	范围的上限，假设学号的上限为 800000
	MinimumValue	100000	范围的下限，假设学号的下限为 100000
	Type	Integer	指定数据类型为整型
RequiredFieldValidator2	ControlToValidate	TextBox2	指定被验证的控件 ID
	Text	必须输入成绩！	验证失败时显示的信息
	Display	Dynamic	验证控件将不会占用窗体上固定位置
RangeValidator2	ControlToValidate	TextBox2	指定要控制的控件 ID
	Text	成绩应在 0～100 之间！	验证失败时显示的信息
	MaximumValue	100	设置范围的上限
	MinimumValue	0	设置范围的下限
	Type	Double	指定数据类型为双精度

③ 编写事件代码。页面装入时执行的事件过程代码如下：

```
protected void Page_Load(object sender, EventArgs e)
{
```

```
            this.Title = "范围验证控件应用示例";
            TextBox1.Focus();    //页面加载时,学号文本框得到焦点
        }
```
"确定"按钮被单击时执行的事件过程代码如下:
```
        protected void Button1_Click(object sender, EventArgs e)
        {
            Label1.Text = "学号:" + TextBox1.Text + "    ";
            Label1.Text += "成绩:" + TextBox2.Text;
        }
```

3.5 正则表达式验证控件

RegularExpressionValidator 控件 ![RegularExpressionValidator] 可以检查用户输入是否与预定义的模式相匹配,例如,电话号码、邮编、电子邮件地址等。要进行这一验证,需要使用正则表达式。RegularExpressionValidator 控件的语法格式为:

<asp:RegularExpressionValidator ID="控件的 ID " runat="server"
　　ControlToValidate="被验证控件的 ID "
　　Text="验证控件本身显示的提示"
　　ErrorMessage="在 ValidationSummary 控件中显示的提示"
　　ValidationExpression="正则表达式">
</asp:RegularExpressionValidator>

通过将 ValidationExpression 属性设置为正则表达式来设置要比较的模式。
RegularExpressionValidator 控件的常用属性见表 3-9。

表 3-9　RegularExpressionValidator 控件的常用属性

属　　性	说　　明
ControlToValidate	设置或返回需要验证的控件
ValidationExpression	设置或返回验证输入控件的正则表达式

正则表达式由两种基本字符类型组成:正常字符和元字符,后者也称为"通配符"。常用正则表达式元字符见表 3-10。

表 3-10　常用正则表达式元字符

元　字　符	说　　明	示　　例
[ ]	设置一个字符集	[0-9]表示只能输入 0~9 之间的单个字符;[a-c][a-z]表示可以输入两个字符,其中第一个字符只能是 a~c 之间的字符,第二个只能是 a~z 之间的字符
[^]	不与[]内的字符集相匹配	[^0-9]表示不与 0~9 之间的任意字符相匹配,[^a-c]表示不与 a~c 之间的任意字符相匹配
{ }	设置字符个数	设 m, n 为大于零的整数,且 m<=n,则{n}表示只能输入 n 个字符,{n,}表示至少要输入 n 个字符,{m, n}表示可以输入 m~n 个字符。例如,[A-Z]{1,6}表示可以输入 1~6 个大写英文字母
.	表示任意一个字符	{3,6}表示可以输入 3~6 个任意字符
|	表示多选一	com | net | gov 表示可以是 com、net 或 gov 三者之一

续表

元字符	说　　明	示　　例
\	表示只能输入其后的字符	\Y 表示只能输入大写 Y 字符
\d	与[0-9]的含义相同	\d{8}表示只能输入 8 个数字
\w	表示包括下画线的任何单词字符	等价于[A-Za-z0-9_]
?	匹配前面的子表达式零次或一次	例如，"do(es)?" 可以匹配 "do"或"does"中的"do"

正则表达式的元字符还有许多，使用方法也很灵活。对初学者来说，编辑一个正则表达式可能是一件比较困难的事。为了解决这一问题，在 Visual Studio 中，可以从 RegularExpressionValidator 控件的预定义模式中进行选择。选中已添加到页面中的正则表达式控件（RegularExpressionValidator），在"属性"窗口中单击 ValidationExpression 属性右侧的按钮，打开如图 3-14 所示的"正则表达式编辑器"对话框。可以直接在列表框中选择希望的数据格式后单击"确定"按钮。

图 3-14 "正则表达式编辑器"对话框

在使用 RegularExpressionValidator 控件时应注意以下两个问题。

① 如果输入控件的值为空，则不调用任何验证函数且可以通过验证，这通常需要配合使用必须项验证控件，以避免用户跳过某项的输入。

② 除非浏览器不支持客户端验证，或禁用了客户端验证，否则客户端验证和服务器端验证都要被执行。客户端的正则表达式验证语法与服务器端的略有不同。在客户端使用的是 JScript 正则表达式语法，在服务器端使用的是 Regex 语法。由于 JScript 正则表达式语法是 Regex 语法的子集，因此最好使用 JScript，以便使客户端和服务器端得到相同的结果。

说明：如果用户将控件保留为空白，则此控件将通过比较验证。要强制用户输入值，还要添加 RequiredFieldValidator 控件。

【演练 3-4】　使用 RegularExpressionValidator 控件验证用户输入信息，如图 3-15 所示。

图 3-15　程序运行结果

新建空网站，添加 Web 窗体，在窗体中添加控件及相关说明，如图 3-16 所示。设置属性后的显示如图 3-17 所示。

图 3-16　添加控件后的显示

图 3-17　设置属性后的显示

选中身份证号码后面的 RegularExpressionValidator1 控件，在"属性"窗口中单击 ValidationExpression 属性右侧的按钮，显示如图 3-14 所示的"正则表达式编辑器"对话框，在列表中单击"中华人民共和国身份证号码（ID 号）"项，然后单击"确定"按钮。

由于在"正则表达式编辑器"对话框中没有手机号码，因此需要用户自己输入正则表达式。选中手机号码后面的 RegularExpressionValidator2 控件，在"属性"窗口中 ValidationExpression 属性右侧的文本框中输入正则表达式"\d{11}"（请参考表 3-10）。运行网页，显示如图 3-15 所示。

3.6 自定义验证控件

如果现有的验证控件无法满足需要，可以使用自定义函数对服务器控件进行验证，然后使用 CustomValidator 控件来调用它。还可以通过编写 ECMAScript（JavaScript）函数，重复服务器端方法的逻辑，从而添加客户端验证，在提交页面之前检查用户输入内容。即使使用了客户端检查，也应该执行服务器端的验证。服务器端的验证有助于防止用户通过禁用或更改客户端脚本来避开验证。CustomValidator 控件的语法格式为：

```
<asp:CustomValidator ID="控件的 ID" runat="server"
    ControlToValidate="被验证控件的 ID "
    Text="验证控件本身显示的提示"
    ErrorMessage="在 ValidationSummary 控件中显示的提示"
    OnServerValidate="服务器端的事件过程名">
</asp:CustomValidator>
```

在服务器端执行验证时，页面中的 CustomValidator 控件将产生一个 ServerValidate 事件，该事件接收一个 ServerValidateEventArgs 类型参数 args。args 参数具有下列属性。

● args.Value 属性：用于获取来自被验证输入控件的值。
● args.IsValid 属性：用于获取或设置由上述 Value 属性指定的值是否通过了验证。

说明：如果用户将控件保留为空白，则此控件将通过比较验证。要强制用户输入值，还要添加 RequiredFieldValidator 控件。

Page.IsValid 属性：该属性为 Web 窗体页中的一个属性，用于检查页面中的所有验证控件是否均已成功地进行验证。如果页面验证成功，则其值为 true，否则其值为 false。

1. 使用自定义函数在服务器上验证

使用自定义函数在服务器上验证的方法如下。

① 将一个 CustomValidator 控件添加到页面中并设置 ControlToValidate、Text、Display 等属性。

② 为控件的 ServerValidate 事件创建一个基于服务器的事件处理程序。这一事件将被调用来执行验证。方法具有如下签名：

```
protected void CustomValidator1_ServerValidate(object source,ServerValidateEventArgs args)
{
}
```

其中，source 参数是对引发此事件的自定义验证控件的引用。属性 args.Value 将包含要验证的用户输入内容。如果值是有效的，则将 args.IsValid 设置为 true，否则设置为 false。

下面的代码示例显示了如何创建自定义验证。事件处理程序确定用户输入是否为 8 个字符或更长：

```
protected void CustomValidator1_ServerValidate(object source,ServerValidateEventArgs args)
{
    args.IsValid = (args.Value.Length >= 8);
}
```

③ 使用如下代码将事件处理程序绑定到方法：

```
<asp:TextBox ID="TextBox1" runat="server"></asp:TextBox>
<asp:CustomValidator ID="CustomValidator1" runat="server"
    ControlToValidate="TextBox1" ErrorMessage="CustomValidator"
    OnServerValidate="CustomValidator1_ServerValidate">
</asp:CustomValidator>
```

④ 在 ASP.NET 网页代码中添加测试代码，以检查有效性。

【演练 3-5】 设计一个用户注册提交页面，要求使用验证控件限制用户名不能为空，用户名中不能含有汉字，密码长度为 6～12 位，并且邮箱地址格式正确。通过验证后的显示如图 3-18 所示，验证失败时显示的页面分别如图 3-19、图 3-20 和图 3-21 所示。

图 3-18 通过验证

图 3-19 不输入内容

图 3-20 邮件地址格式不正确

图 3-21 用户名、密码格式不正确

① 新建空网站，添加 Web 窗体，向默认页面中添加一个 HTML 表格，向表格中添加需要的说明文字。向表格中添加 TextBox、Button、Label 控件，分别在 3 个文本框的右侧添加 3 个必须项验证控件 RequiredFieldValidator，添加两个自定义验证控件 CustomValidator，在电子邮件文本框右侧添加一个正则表达式验证控件 RegularExpressionValidator。如图 3-22 所示。

② 各控件的初始属性设置见表 3-11。设置属性后的页面如图 3-23 所示。

图 3-22 添加控件

图 3-23 设置属性后的页面

表 3-11 各控件的初始属性设置

控 件	属 性	值
TextBox1～TextBox3	ID	UserName、PassWord、Email
Button1	ID	Ok
	Text	确定
Label1	ID	Message
RequiredFieldValidator1	ID	RequiredFieldValidatorUserName
	ControlToValidate	UserName
	Text	必须输入用户名！

续表

控 件	属 性	值
RequiredFieldValidator2	ID	RequiredFieldValidatorPassWord
	ControlToValidate	PassWord
	Text	必须输入密码!
RequiredFieldValidator3	ID	RequiredFieldValidatorEmail
	ControlToValidate	Email
	Text	必须输入邮箱
CustomValidator1	ID	CustomValidatorUserName
CustomValidator2	ID	CustomValidatorPassWord
RegularExpressionValidator1	ID	RegularExpressionValidatorEmail
	ControlToValidate	Email
	Text	电子邮件地址格式错误!
	ValidationExpression	通过正则表达式编辑器设置邮件格式

③ 页面装入时执行的事件过程代码如下：

```
protected void Page_Load(object sender, EventArgs e)
{
    this.Title = "自定义验证控件使用示例";
    UserName.Focus();
}
```

"用户名"自定义验证控件的 ServerValidate 事件过程的创建方法为：选中 CustomValidator1 控件，在"属性"窗口中单击"事件"按钮 ⚡ 切换到事件列表，双击列表中的 ServerValidate，如图 3-24 所示。显示 CustomValidator1 控件对象的事件过程框架，如图 3-25 所示。

在 CustomValidator1 控件的事件过程框架中输入如下代码：

```
protected void CustomValidatorUserName_ServerValidate(object source, ServerValidateEventArgs args)
{
    string name = UserName.Text.Trim();        //保存用户名
    int n = name.Length;                       //得到用户输入的用户名的长度（字符数）
    args.IsValid = true;                       //将控件置于验证通过状态
    for (int i = 0; i < n; i++)                //通过循环来逐个测试用户名中每个字符的 ASCII 值
    {
        string midstr = name.Substring(i, 1);
        char str = Convert.ToChar(midstr);
        if ((int)str > 255)                    //若字符的 ASCII 值大于 255，则表示包含有非 ASCII 字符
        {
            CustomValidatorUserName.Text = "用户名中不能包含汉字！";
            args.IsValid = false;
            break;
        }
    }
}
```

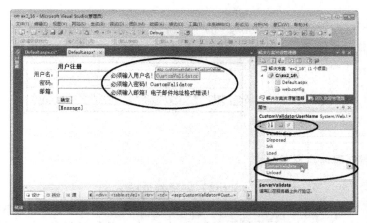

图 3-24 创建 ServerValidate 事件过程

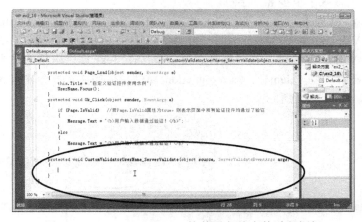

图 3-25 CustomValidator1 控件对象的事件过程框架

同样方法，建立"密码"自定义验证控件的 ServerValidate 事件过程，代码如下：

```
protected void CustomValidatorPassWord_ServerValidate(object source, ServerValidateEventArgs args)
{
    string word = PassWord.Text.Trim();
    args.IsValid = true;   //将控件置于验证通过状态
    //若用户输入的密码长度小于 6 个字符或大于 12 个字符
    if (word.Length < 6 || word.Length > 12)
    {
        CustomValidatorPassWord.Text = "密码长度必须在 6～12 之间!";
        args.IsValid = false;
    }
}
```

"提交"按钮被单击时执行的事件过程代码如下：

```
protected void Ok_Click(object sender, EventArgs e)
{
    if (Page.IsValid)    //若 Page.IsValid 属性为 true，则表示页面中所有验证控件均通过验证
```

```
        {
            Message.Text = " <strong>用户输入数据通过验证！</strong>";
        }
        else
        {
            Message.Text = "<strong>用户输入数据未通过验证！</strong>";
        }
    }
```

2．在客户端创建自定义验证

使用 ECMAScript（JavaScript、JScript）创建验证函数。

【演练 3-6】 下面的代码示例解释了自定义客户端验证的方法。由 CustomValidator1 控件验证 TextBox1 控件，验证控件调用过程名为"validateLength"的客户端脚本函数，以确认用户在 TextBox1 控件中输入了至少 8 个字符。

新建空网站，添加 Web 窗体，在页面上添加一个 TextBox 控件和一个 CustomValidator 控件，然后设置 CustomValidator 控件的 ControlToValidate 属性为 TextBox1。如图 3-26 所示。

选中 CustomValidator 控件，在"属性"窗口中，在 Text 属性右侧的文本框中输入"必须至少输入 8 个字符！"，在 ClientValidationFunction 属性右侧的文本框中输入客户端脚本函数名"validateLength"，如图 3-27 所示。

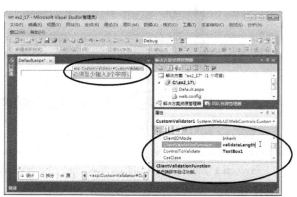

图 3-26　添加控件　　　　　　　　图 3-27　输入客户端脚本函数名

切换到源视图，输入如下 JavaScript 验证函数：

```
<script type="text/javascript">
    function validateLength(oSrc, args){
        args.IsValid = (args.Value.length >= 8);
    }
</script>
```

在源视图下，JavaScript 验证函数代码的位置如图 3-28 所示。

运行 Web 窗体，在文本框中输入字符后，当焦点离开文本框后（单击网页空白处）将验证文本框中的字符，显示如图 3-29 所示。

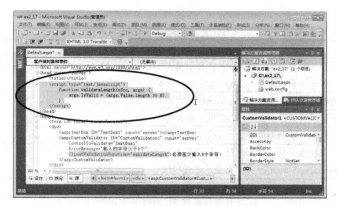

图 3-28 在源视图下添加客户端脚本

图 3-29 客户端验证

3.7 验证摘要控件

前面介绍的各种验证控件都可以在用户输入数据未通过验证时，在控件所在位置显示预设的出错提示信息。若页面中存在有很多验证控件，则可能出现大量提示信息占用较多页面的情况，这对 Web 页面的美观性十分不利。

ValidationSummary 控件 ValidationSummary 可以将页面中所有验证控件的提示信息集中起来，在指定区域中或以一个弹出信息框的形式显示给用户。

ValidationSummary 控件为页面中各验证控件显示的错误信息是由各验证控件的 ErrorMessage 属性确定的。如果某验证控件没有设置 ErrorMessage 属性，则在 ValidationSummary 控件中将不显示该控件的错误信息。

ValidationSummary 控件必须与其他验证控件一起使用，分别将各验证控件的 Display 属性设置为 None，而通过 ValidationSummary 控件来收集所有验证错误，并在指定的网页区域中或以信息框的形式显示给用户。

ValidationSummary 控件的语法格式为：

<asp:ValidationSummary ID="控件的 ID" runat="server"
    DisplayMode="显示方式"
    HeaderText="标题文本"
    ShowMessageBox="true|false"
    ShowSummary="false|true"/>

ValidationSummary 控件的常用属性见表 3-12。

表 3-12 ValidationSummary 控件的常用属性

属性	说明
DisplayMode	获取或设置验证摘要控件的显示模式；BulletList（默认），在项目符号列表中显示摘要；List 表示在列表中显示摘要；SingleParagraph 表示在单个段落内显示摘要
EnableClientScript	获取或设置一个布尔值，以确定是否使用客户端脚本更新自身
HeaderText	获取或设置显示在摘要上方的标题文本
ShowMessageBox	获取或设置一个布尔值，以确定是否在消息框中显示摘要，默认 false
ShowSummary	获取或设置一个布尔值，以确定是否内联显示验证摘要，默认 true。通过设置该属性可以控制 ValidationSummary 控件是显示还是隐藏

【演练 3-7】 对演练 3-5 进行修改，改为用 ValidationSummary 控件显示页面中所有验证控件的出错提示信息。修改步骤如下。

① 创建一个空网站，使用 Windows 资源管理器把演练 3-5 网站文件夹中的所有文件和文件夹都复制到新建的网站文件夹中。在解决方案资源管理器中，右击网站名称，从快捷菜单中单击"刷新文件夹"，就能看到复制到本网站中的文件了。

② 修改对象属性。在解决方案资源管理器中双击 Default.aspx。在设计视图中，分别选中各个验证控件，在其 ErrorMessage 属性右侧的文本框中写入该控件的错误文本信息。

如果验证控件的 Display 属性为 Static 或 Dynamic，错误信息将通过该验证控件的 Text 属性显示在该验证控件上，同时通过 ErrorMessage 属性显示在 ValidationSummary 控件上。如果验证控件的 Display 属性为 None，则错误信息不再显示在验证控件上，而只显示在 ValidationSummary 控件上。

③ 添加 ValidationSummary 控件和设置属性。在"工具箱"的"验证"选项卡中把 ValidationSummary 控件添加到页面的下方，如图 3-30 所示。设置该控件的 HeaderText 属性为 "下列输入不符合要求："，ShowMessageBox 属性为 false，ShowSummary 属性为 true。设置后显示如图 3-31 所示。

图 3-30 添加摘要控件

图 3-31 设置摘要控件的属性

④ 运行网页，不输入任何数据或填入错误数据，单击"确定"按钮，将显示如图 3-32 所示的提示。若将 ShowMessageBox 属性设置为 true，将 ShowSummary 属性设置为 false，运行网页将显示如图 3-33 所示。

还可以把验证控件的 Display 属性设置为 None，把 DisplayMode 属性分别设置为 SingleParagraph 或 List，以观察提示信息的布局样式。

图 3-32 以固定区域形式显示出错信息

图 3-33 以信息框形式显示出错信息

3.8 指定验证组

使用验证组可以将页面上的验证控件归为一组。可以对每个验证组执行验证，该验证与同一页的其他验证组无关。把要分组的所有控件的 ValidationGroup 属性设置为同一个名称（字符串）即可创建验证组。可以为验证组分配任何名称，但必须对该组的所有成员使用相同的名称。

在回发过程中，只根据当前验证组中的验证控件来设置 Page 类的 IsValid 属性。当前验证组是由导致验证发生的控件确定的。例如，如果单击验证组为 LoginForm 的按钮控件，并且其 ValidationGroup 属性设置为 LoginForm 的所有验证控件都有效，则 IsValid 属性将返回 true。对于其他控件（如 DropDownList 控件），如果控件的 CausesValidation 属性设置为 true（而 AutoPostBack 属性设置为 true），则也可以触发验证。

若要以编程方式进行验证，可以调用 Validate 方法重载，使其采用 ValidationGroup 参数来强制只为该验证组进行验证。请注意，在调用 Validate 方法时，IsValid 属性反映了到目前为止已验证的所有组的有效性。这可能包括作为回发结果验证的组以及以编程方式验证的组。如果某一组中的任何控件无效，则 IsValid 属性返回 false。

【演练 3-8】 本例演示在 Button 控件回发到服务器时，如何使用 ValidationGroup 属性指定要验证的控件。按图 3-34、图 3-35 向页面添加 3 个 TextBox 和 3 个 RequiredFieldValidator 控件（用于确保不会有文本框为空白）。设置前两个文本框的 RequiredFieldValidator 控件的 ValidationGroup 属性为 PersonalInfoGroup，使它们在一个验证组中；设置第 3 个文本框的 RequiredFieldValidator 控件的 ValidationGroup 属性为 LocationInfoGroup。在单击"验证 1"按钮时，只验证 PersonalInfoGroup 验证组中的控件。在单击"验证 2"按钮时，只验证 LocationInfoGroup 验证组中的控件。

图 3-34 第 1 个验证组显示的出错信息

图 3-35 第 2 个验证组显示的出错信息

3.9 禁用验证控件

在某些情况下，可能不需要验证。例如，可能有一个页面，即使用户没有正确填写所有验证字段，也应该可以发送页。可以通过设置 ASP.NET 服务器控件来避开客户端和服务器的验证，还可以禁用验证控件,以使它根本不在页面上呈现并且不进行使用该控件的验证。

禁用服务器控件验证的方法介绍如下。

1. 在特定控件中禁用验证

将该控件的 CausesValidation 属性设置为 false。

例如,下面的代码演示如何创建"取消"按钮,以便避开验证检查:

<asp:Button id="Button1" runat="server" Text="Cancel" **CausesValidation="false"**></asp:Button>

在程序中可使用代码:

Button1.CausesValidation=false

2. 禁用验证控件

将验证控件的 Enabled 属性设置为 false。

例如,禁用 RequiredFieldValidator1 验证控件,使用如下代码:

RequiredFieldValidator1.Enabled=false

3. 禁用客户端验证

将验证控件的 EnableClientScript 属性设置为 false。

3.10 实训

【实训 3-1】 设计一个管理员登录页面,要求使用验证控件,密码不能为空,如图 3-36(a)所示;当验证失败和通过验证时显示的页面如图 3-36(b)、(c)所示,密码为"ADMINISTRATOR"。

(a)

(b)

(c)

图 3-36 管理员登录页面

【实训 3-2】 要求在文本框中输入的必须是偶数,且数值范围在 2~1000 之间,若验证通过则显示"验证通过!",如图 3-37(b)所示;否则不能通过验证并显示"必须输入偶数!",同时在页面上显示"验证失败!",如图 3-37(c)所示;或者显示"超出范围 2~1000!",如图 3-37(d)所示。

图 3-37 输入偶数验证

【实训 3-3】 验证控件的综合应用,注册页面如图 3-38 所示。要求如下:

- 对姓名、密码、确认密码、联系地址进行必须验证。
- 对密码和确认密码进行比较验证,要求密码与确认密码相同。
- "年"的范围在 1900 年至当前年份之间,月、日使用下拉列表框。
- 对邮件地址、邮政编码、联系电话进行正则表达式验证。

● 将所有验证的错误信息综合显示在页面下方。

图 3-38 验证控件综合应用

【实训 3-4】 使用用户控件设计一个注册界面。具体要求如下。

① 用户控件公开 Username 和 Password 两个属性，分别对应用户控件界面中两个文本框的 Text 属性。通过验证时在页面中显示公开属性的值，如图 3-39 所示。

② 使用验证控件对用户输入数据进行验证（用户名不能为空、密码不能为空、两次密码必须相同），验证失败时显示出错提示信息，如图 3-40 所示。

图 3-39 通过验证时显示公开属性值　　图 3-40 验证失败时显示出错提示

第 4 章 ASP.NET 常用内置对象

本章内容：ASP.NET 常用内置对象，包括 Page、Response、Request、Server 对象等。
本章重点：Page、Response、Request 和 Server 对象的使用。

4.1 Page 对象

在 ASP.NET 中内置了大量用于获得服务器或客户端信息、实现页面跳转、实现跨页传递数据的对象，使用这些对象可以方便地实现一些网站设计中常用的技术需要。其实，在早期的 ASP 中就包含有这些对象（如 Page、Response、Request、Server 等）。而在 ASP.NET 中，这些对象仍然存在，使用的方法也大致相同。不同的是，这些对象改由.NET Framework 中封装好的类来实现，并且由于这些内置对象是全局的，它们在 ASP.NET 页面初始化请求时自动创建，因此能在应用程序的任何地方直接调用，而无须对所属类进行实例化操作。

Page 对象是由 System.Web.UI 命名空间中的 Page 类来实现的。Page 类与 ASP.NET 网页文件（.aspx）相关联。ASP.NET 网页也称为"Web 窗体"或"Web 页面"，这些文件在运行时被编译成 Page 对象，并缓存在服务器中。

4.1.1 Page 对象的常用属性、方法和事件

1. Page 对象的属性

Page 对象提供的常用属性见表 4-1。

表 4-1 Page 对象的常用属性

属 性 名	说　明
Controls	获取 ControlCollection 对象，该对象表示 UI（User Interface，用户接口）层次结构中指定服务器控件的子控件
IsPostBack	该属性返回一个逻辑值，表示页面是首次加载的，还是响应客户端回发而再次加载的，false 表示首次加载，true 表示是再次加载的
IsValid	该属性返回一个逻辑值，表示页面是否通过验证
EnableViewState	获取或设置一个值，用来指示当前页请求结束时，是否保持其视图状态
Validators 属性	获取请求的页上包含的全部验证空间的集合

在访问 Page 对象的属性时可以使用 this 关键字。例如，Page.IsValid 可以写成 this.IsValid。在 C#中，this 关键字表示当前在其中执行代码的类的特定实例，可以在代码中省略。例如，this.IsValid 可以直接写成 IsValid，this.IsPostBack 可以直接写成 IsPostBack。

Page 对象的 IsPostBack 属性是最常用的属性之一，它用于获取一个布尔值，该值指示当前页面是否为响应客户端回发而触发的 Page_Load 事件（加载）。其值为 true 时，表示页面是为响应客户端回发而加载；其值为 false，则表示页面是首次加载的。通过对 IsPostBack 属性的判断，

可以有选择地处理页面信息。

【演练 4-1】 下列代码实现了在页面首次加载时,填充列表框 ListBox1 中的各选项,而回发刷新时不重复加载。

```
protected void Page_Load(object sender, EventArgs e)
{
    Button1.Text = "引起回发"; //设置按钮控件上显示的文本
    if (!IsPostBack)     //如果页面的加载不是回发引起的,则执行下列代码
    {
        ListBox1.Items.Add("教务处"); //填充列表框中的选项
        ListBox1.Items.Add("学生处");
        ListBox1.Items.Add("财务处");
    }
}
```

如图 4-1 所示,用户单击页面中"引起回发"按钮时,会因回发而导致页面刷新(再次执行 Page_Load 事件处理程序),但列表框中的选项仍可正常显示。

如果将代码中对 IsPostBack 属性的判断语句去掉,再次运行程序时将看到如图 4-2 所示的错误结果。代码如下:

```
protected void Page_Load(object sender, EventArgs e)
{
    Button1.Text = "引起回发"; //设置按钮控件上显示的文本
    ListBox1.Items.Add("教务处"); //只要页面加载就填充列表框中的选项
    ListBox1.Items.Add("学生处");
    ListBox1.Items.Add("财务处");
}
```

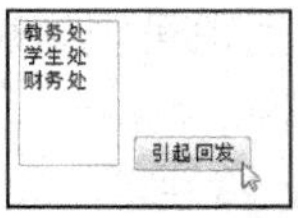

图 4-1 回发时不执行列表框填充代码 　　图 4-2 由于回发导致的列表框填充重复

2. Page 对象的常用方法和事件

Page 对象的常用方法见表 4-2。

表 4-2 Page 对象的常用方法

方　法　名	说　　明
DataBind	将数据源绑定到被调用的服务器控件及所有子控件
FindControl(id)	在页面上搜索标识符为 id 的服务器控件,返回值为找到的控件,若控件不存在则返回 Null
ParseControl(content)	将 content 指定的字符串解释成 Web 页面或用户控件的构成控件,该方法的返回值为生成的控件
RegisterClienScripBlock	向页面发出客户端脚本块
Validate 方法	指示页面中所有验证控件进行验证

Page 对象的常用事件见表 4-3。

表 4-3　Page 对象的常用事件

事件名	说　　明
Init	当服务器控件初始化时发生，这是控件生存期的第一步
Load	当服务器控件加载到 Page 对象上触发的事件
Unload	当服务器控件从内存中卸载时发生

4.1.2　Web 页面的生命周期

Web 页面的生命周期代表着 Web 页面从生成到消亡所经历的各阶段，以及在各阶段执行的方法、使用的消息、保持的数据、呈现的状态等。掌握这些知识，对理解和分析程序设计中出现的问题十分有利。Web 页面的生命周期及各阶段执行的内容如下。

① 初始化：该阶段将触发 Page 对象的 Init 事件，并执行 OnInit 方法。该阶段在 Web 页面的生存周期内仅此一次。

② 加载视图状态：该阶段主要执行 LoadViewState()方法，也就是从 ViewState 属性中获取上一次的状态，并依照页面的控件树结构，用递归来遍历整个控件树，将对应的状态恢复到每个控件上。

③ 处理回发数据：该阶段主要执行 LoadPostData()方法，用来检查客户端发回的控件数据的状态是否发生了变化。

④ 加载：该阶段将触发 Load 事件，并执行 Page_Load 方法。该阶段在 Web 页面的生命周期内可能多次出现（每次回发都将触发 Load 事件）。

⑤ 预呈现：该阶段要处理在最终呈现之前所做的各种状态更改。在呈现一个控件之前，必须根据它的属性来产生页面中包含的各种 HTML 标记。例如，根据 Style 属性设置 HTML 页面的外观。在预呈现之前可以更改一个控件的 Style 属性，当执行预呈现时就可以将 Style 值保存下来，作为呈现阶段显示 HTML 页面的样式信息。

⑥ 保存状态：该阶段的任务是将当前状态写入 ViewState 属性。

⑦ 呈现：该阶段将对应的 HTML 代码写入最终响应的流中。

⑧ 处置：该阶段将执行 Dispose 方法，释放占用的系统资源（如变量占用的内存空间、数据库连接）等。

⑨ 卸载：这是 Web 页面生命周期的最后一个阶段，在这个阶段中将触发 UnLoad 事件，执行 OnUnLoad 方法，以完成 Web 页面在消亡前的最后处理。在实际应用中，页面占用资源的释放一般都放在 Dispose 方法中完成，所以 OnUnLoad 方法也就变得不那么重要了。

4.1.3　Page 对象的 Load 事件与 Init 事件比较

【演练 4-2】　设计一个 ASP.NET 网站，向 Web 窗体中添加两个列表框控件 ListBox1 和 ListBox2，添加一个按钮控件 Button1。在 Page 对象的 Load 事件和 Init 事件中分别向 ListBox1 和 ListBox2 中填充若干数字作为选项。按钮控件无须编写任何代码，只是要在用户单击按钮时引起一个服务器端回发。

切换到代码编辑窗口，编写 Page_Load 和 Page_Init 事件代码如下（Page_Init 要手工输入，可复制 Page_Load 代码后修改）：

```
protected void Page_Init(object sender, EventArgs e)
{
    for (int i = 1; i < 4; i++)
    {
        ListBox1.Items.Add(i.ToString());
    }
}
protected void Page_Load(object sender, EventArgs e)
{
    for(int i=1;i<4;i++)
    {
        ListBox2.Items .Add (i.ToString());
    }
}
```

运行程序页面初次加载后，如图 4-3 所示，ListBox1 和 ListBox2 两个列表框中填充的数据完全相同。但是，单击按钮引起回发后可以看到，在 Page_Load 事件中填充的 ListBox2 控件的选项出现了重复，如图 4-4 所示。

图 4-3　页面初次加载时的状况

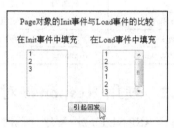

图 4-4　页面回发后的状况

Page 对象的 Init 事件和 Load 事件都发生在页面加载的过程中。但是，在 Page 对象的生存周期中，Init 事件只有在页面初始化时被触发一次，而 Load 事件在初次加载，包括回发引起的加载中都会被触发。当用户单击页面中按钮引起回发时，使 Load 事件处理代码再次被执行，故 ListBox2 中的列表项出现了重复。

如果希望初始化页面时的事件处理代码只在页面首次加载时被执行，则将代码放在 Init 事件中或使用 Page 对象的 IsPostBack 属性进行判断后有选择地执行相关代码。

4.2　Response 对象

Response 对象是从 System.Web 命名空间中的 HttpResponse 类中派生出来的。当用户访问应用程序时，系统会根据用户的请求信息创建一个 Response 对象，该对象被用于回应客户浏览器，告诉浏览器回应内容的报头、服务器端的状态信息以及输出指定的内容等。

4.2.1　Response 对象的常用属性和方法

Response 对象常用的属性见表 4-4。

表 4-4　Response 对象的常用属性

属性名	说　　明
Cache	获取 Web 页的缓存策略（过期时间、保密性、变化子句）
Charset	获取或设置输出流的 HTTP 字符集
ContentEncoding	获取或设置输出流的 HTTP 字符，该属性值是包含有关当前响应的字符集信息的 Encoding 对象
ContentType	获取或设置输出流的 HTTP MIME 类型，默认值为 text/html
Cookies	获取响应 Cookie 集合，通过该属性可将 Cookie 信息写入客户端浏览器
Expires	获取或设置在浏览器上缓存的页过期之前的分钟数。若用户在页面过期之前返回该页，则显示缓存版本
ExpiresAbsolute	获取或设置从缓存中移除缓存信息的绝对日期和时间
IsClientConnected	获取一个值，通过该值指示客户端是否仍连接在服务器上

Response 对象的常用方法见表 4-5。

表 4-5　Response 对象的常用方法

方法名	说　　明
ClearContent()	清除缓冲区流中的所有内容输出
End()	将当前所有缓冲的输出发送到客户端，停止该页的执行，并引发 EndRequest 事件
Redirect(URL)	将客户端浏览器重定向到参数 URL 指定的目标位置
Write(string)	将信息写入 HTTP 输出内容流，参数 string 表示要写入的内容
WriteFile(filename)	将 filename 指定的文件写入 HTTP 内容输出流

4.2.2　使用 Response 对象输出信息到客户端

在编写 ASP.NET 应用程序代码时经常会用到 Response 对象，其中最常用的应用之一就是使用 Response 对象的 Write()方法或 WriteFile()方法，将信息写入 HTML 流，并显示到客户端浏览器。

1．使用 Write 方法输出信息

Write 方法的语法格式如下：

　　Response.Write(string);

其中，参数 string 表示希望输出到 HTML 流的字符串，string 不但可以是字符串常量或变量，也可以包含用于修饰输出信息的 HTML 标记或脚本。如果希望在字符串常量中包含英文双引号（"），则应使用 C#转义符"\""。

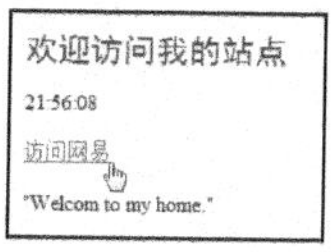

图 4-5　Response.Write()方法示例

【演练 4-3】 Response.Write()方法的使用示例，如图 4-5 所示。

```
protect void Page_Load(object sender, EventArgs e)
{
    //向浏览器输出带有 HTML 标记的字符串常量，<br />标记表示换行
    Response.Write("<font face=黑体  size=5 color=blue>欢迎访问我的站点</font><br /><br />");
    //向浏览器输出变量的值
    Response.Write(DateTime.Now.ToLongTimeString()+"<br /><br />");//显示服务器时间
    //向浏览器写入带有超链接的文字信息
    Response.Write("<a href='http://www.163.com'>访问网易</a><br /><br />");
    //向浏览器输出带有双引号的文字信息，输出为："Welcome to my home."
    Response.Write("\"" + "Welcome to my home." + "\"<br /><br />");
}
```

2. 使用 Write 方法向客户端输出脚本

任何一个脚本都可以被认为是一组字符串，可以通过 Write 方法将其发送到客户端浏览器中执行。

例如，下列语句向浏览器写入脚本，使之弹出一个如图 4-6 所示的信息框：

Response.Write("<script language=javascript>alert('操作成功！');</script>");

图 4-6　弹出信息框

下列语句向浏览器写入包含有脚本的超链接文字信息，当用户单击该超链接时可实现无确认直接关闭当前窗口：

Response.Write("<a href='javascript:window.opener=null;window.close()'>关闭窗口</a>");

3. 使用 WriteFile 方法

使用 Response 对象的 WriteFile 方法可以将指定的文件内容直接写入 HTML 输出流。其语法格式如下：

Response.WriteFile(filename);

其中，filename 参数用于说明文件的名称及路径。

在使用 WriteFile 方法将文件写入 HTML 流之前，应使用 Response 对象的 ContentType 属性说明文件的类型或标准 MIME 类型。该属性值是一个字符串，通常以如下格式表示：

类型/子类型

常用的类型及子类型包括：text/html（默认值）、image/gif、image/jpeg、application/msword、application/vnd.ms-excel 和 application/vnd.ms-powerpoint 等。

例如，希望将一个保存在服务器端根站点下的文本文件"1.txt"的内容输出到客户端浏览器中，可使用如下代码：

Response.ContentType = "text/html";
Response.ContentEncoding = System.Text.Encoding.GetEncoding("GB2312");
Response.WriteFile("1.txt");

说明：代码中使用 Response 对象的 ContentEncoding 属性指定了以"GB2312"为输出内容的编码方案。若没有这条语句，输出时可能会在浏览器中出现乱码。

此外，WriteFile 方法常用于提供文件下载的应用中。例如，当用户单击页面中按钮控件时弹出"文件下载"对话框，允许用户在客户端打开或保存站点根文件夹下 data 文件夹中的"1.xls"文件，代码如下：

```
protected void Button1_Click(object sender, EventArgs e)
{
    Response.ContentType = "application/vnd.ms-excel";     //设置文件类型
    //设置文件内容编码
    Response.ContentEncoding = System.Text.Encoding.GetEncoding("GB2312");
    Response.WriteFile(MapPath("~/data/1.xls")); //输出 Microsoft Excel 文件
}
```

说明：代码中使用 MapPath 方法指定了输出文件在服务器端的路径。语句中"~/data/1.xls"是 MapPath 的参数，表示当前站点根文件夹下 data 文件夹中的"1.xls"文件；符号"~"（主键盘区左上角的上档键位）表示站点根文件夹。

4.2.3 使用 Redirect 方法实现页面跳转

Response 对象的 Redirect 方法用于将客户端重定向到新的 URL，实现页面间的跳转。该方法的语法格式如下：

Response.Redirect(url [,endResponse])

其中，字符串参数 url 表示新的目标 URL 地址，可选布尔参数 endResponse 表示是否终止当前页的执行。

例如，下列语句将使客户端浏览器重定向到"百度"搜索引擎的主页：

Response.Redirect("http://www.baidu.com")

该方法常被用来根据某条件将用户引向不同页面的情况。例如，如果用户正确回答了口令，则可看到诸如视频点播、软件下载、资料阅读等页面，否则将被跳转到另一页面，看到拒绝进入的说明信息。

使用 Response 对象的 Redirect 方法时应注意如下问题：

① 使用该方法实现跳转时，浏览器地址栏中将显示目标 URL。

② 执行该方法时，重定向操作发生在客户端，涉及两个不同页面，甚至是两个 Web 服务器之间的通信，第一阶段是对原页面的请求，第二阶段是对目标 URL 的请求。

③ 该方法执行后内部控件保存的所有信息将丢失，因此当从 A 页面跳转到 B 页面后，在页面 B 中无法访问 A 页面提交的数据。若需从 A 页面传递数据到 B 页面，只能通过 url 参数中的"?"来实现。例如：

  string MyName = UserName.Text;   //将文本框中的文本存入变量
  //将变量值以 Name 为形参变量（也称为"查询字符串"）传送给目标页面 welcome.aspx
  Response.Redirect("welcome.aspx?Name=" + MyName);

目标页面被打开后，可以使用 Request 对象的 QueryString 属性读取上一页传递来的数据。Request 对象及 QueryString 属性将在后面进行详细介绍。

4.3 Request 对象

Request 对象是 ASP.NET 中常用对象之一，主要用于获得客户端浏览器的信息。例如，使用 QueryString 属性可以接收用户通过 URL 地址中"?"传递给服务器的数据；使用 Request 对象的 UserHostAddress 属性可以得到用户的 IP 地址；使用 Browser 属性集合中的成员可以读取客户端浏览器的各种信息（如：用户使用的浏览器名称及版本、客户机使用的操作系统、是否支持 HTML 框架、是否支持 Cookie 等）；使用 Form 属性可以处理 HTML 表单。

4.3.1 Request 对象的常用属性和方法

Request 对象的常用属性见表 4-6。

表 4-6　Request 对象的常用属性

属 性 名	说　　明
Browser	获取或设置有关正在请求的客户端的浏览器功能的信息。该属性实际上是 Request 对象的一个子对象，包含有很多用于返回客户端浏览器信息的子属性
ContentLength	指定客户端发送的内容长度（以字节为单位）
FilePath	获取当前请求的虚拟路径
Form	获取窗体变量集合
Headers	获取 HTTP 头集合
HttpMethod	获取客户端使用的 HTTP 数据传输方法（如 GET、POST 或 HEAD）
QueryString	获取 HTTP 查询字符串变量集合
RawUrl	获取当前请求的原始 URL
UserHostAddress	获取远程客户端的 IP 主机地址
UserHostName	获取远程客户端的 DNS 名称

Request 对象的常用方法有两个。

① MapPath(VirtualPath)：该方法将当前请求的 URL 中的虚拟路径 VirtualPath 映射到服务器上的物理路径。参数 VirtualPath 用于指定当前请求的虚拟路径（可以是绝对路径，也可以是相对路径）。返回值为与 VirtualPath 对应的服务器端物理路径。

② SaveAs(filename, includeHeaders)：该方法将客户端的 HTTP 请求保存到磁盘中。参数 filename 用于指定文件在服务器中保存的位置；布尔型参数 includeHeaders 用于指示是否同时保存 HTTP 头。

例如，将用户请求页面的服务器端物理路径显示到页面中，将用户的 HTTP 请求信息（包括 HTTP 头数据）保存到服务器磁盘中，代码如下：

```
//在页面中显示请求文件在服务器中的物理路径
Response.Write( Request.MapPath("Default.aspx"));
//将用户的 HTTP 请求保存到 abc.txt 文件中
Request.SaveAs("D:\\abc.txt", true); //在 C#中"\"表示转义符，所以在表示路径时应使用"\\"
```

4.3.2　通过查询字符串实现跨页数据传递

Request 对象的 QueryString 属性用于接收来自用户请求 URL 地址中"？"后面的数据，通常将这些数据称为"查询字符串"，也称为"URL 附加信息"，常被用来在不同网页中传递数据。

使用 Response 对象的 Redirect 属性可以同时传递多个参数，其语法格式如下：

Response.Redirect("目标网页?要传递的参数 1 &要传递的参数 2&…&要传递的参数 n");

例如：

```
string Var1 = "zhangsan";
string Var2 = "zhangsan@163.com";
Response.Redirect("result.aspx?Var=" + Var1); //传递一个参数
```

或

```
Response.Redirect("result.aspx?VarA=" + Var1 + "&VarB=" + Var2);    //传递两个参数
```

上述语句等效于：

```
Response.Redirect("result.aspx?VarA=zhangsan&VarB=zhangsan@163.com");
```

在目标网页中使用 Request 对象的 QueryString 属性接收参数的语法格式如下：

string 接收参数的变量 = Request.QueryString["包含参数的变量"];

例如：

string MyVar = Request.QueryString["Var"]; //提取参数变量 Var 的值赋给变量 MyVar

使用"?"可以在页面间方便地传递数据，但在使用时也存在如下问题：

① 用户在浏览器地址栏中可以直接看到传递的数据，不适合传递敏感数据。

② 用户可以在浏览器地址栏中自行编写"?"后面的参数值，存在安全隐患，如 SQL 注入等。

4.4 Server 对象

Server 对象派生自 HttpServerUtility 类，该对象提供了访问服务器的一些属性和方法，帮助程序判断当前服务器的各种状态。

4.4.1 Server 对象的常用属性和方法

Server 对象的常用属性如下。

MachineName 属性：该属性用于获取服务器的计算机名称。

ScriptTimeout 属性：该属性用于获取或设置请求超时的时间（秒）。

Server 对象的常用方法见表 4-7。

表 4-7 Server 对象的常用方法

方 法 名	说　　明
Execute(path)	跳转到 path 指定的另一页面，在另一页面执行完毕后返回当前页
Transfer(path)	终止当前页的执行，并为当前请求开始执行 path 指定的新页
MapPath(path)	返回与 Web 服务器中的指定虚拟路径（path）相对应的物理文件路径
HtmlEncode(str)	将字符串中包含的 HTML 标记直接显示出来，而不是将其表现为字符串的格式
HtmlDecode(str)	对为消除无效 HTML 字符而被编码的字符串进行解码（还原 HtmlEncode 的操作）
UrlDecode(str)	对 URL 字符串进行解码，该字符串为了进行 HTTP 传输而进行编码并在 URL 中发送给服务器
UrlEncode(str)	以便通过 URL 从 Web 服务器到客户端进行可靠的 HTTP 传输，对 URL 字符串（str）进行编码

4.4.2 Execute 和 Transfer 方法

Server 对象的 Execute 方法和 Transfer 方法都可以实现从当前页面跳转到另一页面的功能。但需要注意的是，Execute 方法在新页面中的程序执行完毕后自动返回原页面，继续执行后续代码；而 Transfer 方法在执行了跳转后不再返回原页面，后续语句也永远不会被执行。在跳转过程中，Request、Session 等对象中保存的信息不变，也就是说，从 A 页面使用 Transfer 方法跳转到 B 页面后，可以继续使用 A 页面中提交的数据。

此外，由于 Execute 方法和 Transfer 方法都是在服务器端执行的，客户端浏览器并不知道已进行了一次页面跳转，因此其地址栏中的 URL 仍然是原页面的数据。这一点与 Response 对象 Redirect 方法实现的页面跳转是不同的。

Execute()方法的语法格式为：

Server.Execute(url [,write]);

其中，参数 url 表示希望跳转到的页面路径；可选参数 write 是 StringWrite 或 StreamWrite 类型的变量，用于捕获跳转到的页面的输出信息。

Transfer()方法的语法格式为：

  Server.Transfer(url [,saveval]);

其中，参数 url 表示希望跳转到的页面路径；可选参数 saveval 是一个布尔型参数，用于指定在跳转到目标页面后，是否保存当前页面的 QueryString 和 Form 集合中的数据。注意：写在 Transfer()方法语句之后的任何语句都将永不被执行。

需要说明的是，Execute()方法和 Transfer()方法中的 url 参数中都可以使用"?"在页面间传递参数，参数值同样可使用 Request.QueryString 属性进行提取。

4.4.3 MapPath 方法

在 ASP.NET 网站执行时可能需要访问存放在服务器中的某一文件，此时就需要将文件的虚拟路径转换成服务器端对应的物理路径。而 Server 对象的 MapPath 方法就是用来完成这一任务的。MapPath()方法的语法格式为：

  Server.MapPath(虚拟路径);

例如，设 D:\ASP.NET\WebSite1 是某站点在服务器上的主目录（物理路径），返回 D:\ASP.NET\WebSite1\admin\page1.aspx 的语句如下：

  Server.MapPath("admin/page1.aspx");

在描述虚拟路径时，通常使用符号"~/"表示网站的根目录（相对虚拟路径）；使用符号"./"表示当前目录（相对虚拟路径），使用符号"../"表示当前目录的上级目录（相对虚拟路径）。也可以使用 Request 对象的 FilePath 属性返回当前页面的虚拟路径。

4.4.4 对字符串编码和解码

使用 Server 对象的 HtmlEncode()和 HtmlDecode()方法，可以实现对字符串的编码和解码操作；使用 Server 对象的 UrlEncode()和 UrlDecode()方法，可以实现对 URL 字符串的编码和解码操作。

在某些情况下，可能希望将输出信息中包含的 HTML 标记符号直接显示出来，而不是将其体现为信息文字的格式。另外，若在使用"?"通过 URL 地址传送给下一页面的查询字符串中包含除字母、数字之外的符号（如"#"、"&"、空格、逗号等），也需要对 URL 进行编码处理。对于经过编码处理的字符串数据，若希望将其内容正确地显示到页面中，自然需要进行一次解码处理。

1. HtmlEncode()和 HtmlDecode()方法

HtmlEncode()和 HtmlDecode()方法用于对包含 HTML 标记的字符串进行编码和解码操作，二者互为反操作。HtmlEncode()方法的语法格式为：

  Server.HtmlEncode(string);

其中，string 参数为包含 HTML 标记的字符串。

HtmlDecode()方法的语法格式为：

  Server.HtmlDecode(string);

其中，string 参数为使用 HtmlDecode()方法编码后的字符串。

如图 4-7 所示的是包含 HTML 标记的一个字符串，如图 4-8 所示的是经过 HtmlEncode()方法编码后的输出结果。

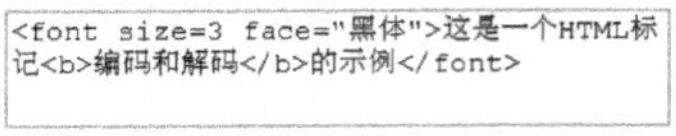

图 4-7 包含 HTML 标记的字符串 　　　图 4-8 使用 HtmlEncode()方法编码后的结果

从编码后得到的结果可以看出，所谓 HtmlEncode 编码实际上就是将 HTML 标记中的一些特殊符号（如左/右尖括号、双引号、分号等）用特定的标记表示。经过这样的处理后，包含 HTML 标记的字符串可以在浏览器中原样输出，而不是将其表现为标记所代表的格式。

2. UrlEncode()和 UrlDecode()方法

UrlEncode()和 UrlDecode()方法用于对 URL 中的特殊符号进行编码和解码操作。与 HtmlEncode()和 HtmlDecode()方法一样，二者也是互为反操作。

UrlEncode()方法的语法格式为：

Server.UrlEncode(url);

其中，url 参数为表示 URL 字符串。

UrlDecode()方法的语法格式为：

Server.UrlDecode(string);

其中，string 参数为使用 UrlDecode()方法编码后的 URL 字符串。

例如，Server.UrlEncode("http://www.abc.com/default.aspx?文件=1")的输出结果为：

　　http%3a%2f%2fwww.abc.com%2fdefault.aspx%3f%e6%96%87%e4%bb%b6%3d1

可以看出，UrlEncode()方法将 URL 中的特殊符号（如反斜杠、冒号、问号、等号）和中文等进行了重新编码处理。UrlEncode()方法在 URL 地址中存在中文变量名或变量值时特别有用。

4.5　实训

【实训 4-1】　设计一个包含两个页面的 ASP.NET 网站。在 Default.aspx 页面中设计一个由两个文本框和一个按钮组成的登录界面，单击按钮时可将用户输入到文本框中的用户名和密码，通过 Response 对象将其递给下一页面 Info.aspx。如果收到的用户名数据为"zhangsan"，密码为"123456"，则显示"欢迎访问本网站"，不显示"返回"按钮；否则，显示"用户名或密码错误！"，单击"返回"按钮后重新显示 Default.aspx 页面。程序运行结果分别如图 4-9、图 4-10 和图 4-11 所示。提示：Info.aspx 页面显示后，请注意观察浏览器地址栏中的信息。

图 4-9 登录界面 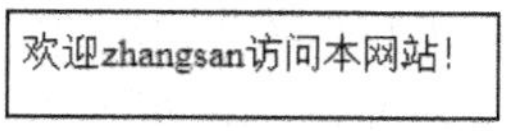　　　图 4-10 登录成功 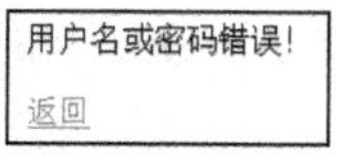　　　图 4-11 登录失败

① 设计 Web 页面。新建一个 ASP.NET 空网站，向其中添加两个 Web 窗体，分别将其命名为 Default.aspx 和 Info.aspx。

向 Default.aspx 页面中添加一个 3 行 2 列的表格，使之显示边框线。向表格中添加必要的说明文字及两个文本框和一个按钮控件。向 Info.aspx 页面中添加一个 LinkButton 控件。

② 设置对象属性。设置 Default.aspx 页面中用户名文本框的 ID 属性为"txtUserName"；密

码文本框的ID属性为"txtPassword"，TextMode属性为"Password"；设置按钮控件的ID属性为"btnLogin"，Text属性为"登录"。

设置Info.aspx页面中的LinkButton控件的ID属性为"lbtnBack"，Text属性为"返回"，PostBackUrl属性指向Default.aspx。

③ 编写程序代码。Default.aspx页面中"登录"按钮被单击时执行的代码如下：

```
protected void btnLogin_Click(object sender, EventArgs e)
{
    string val1, val2; //声明两个字符串变量，用于存放用户名和密码值
    val1 = txtUserName.Text;
    val2 = txtPassword.Text;
    //跳转到Info.aspx页面，并传递用户名和密码值
    Response.Redirect("Info.aspx?n=" + val1 + "&p=" + val2);
}
```

Info.aspx页面中的代码如下：

```
protected void Page_Load(object sender, EventArgs e)   //页面装入时执行的代码
{
    //如果传递过来的用户名或密码参数为空，则返回登录页面
    if (Request.QueryString["n"] == null || Request.QueryString["p"] == null)
    {
        Response.Redirect("Default.aspx");
    }
    string UserName = Request.QueryString["n"]; //提取用户名参数值
    string UserPwd = Request.QueryString["p"]; //提取密码参数值
    //如果用户名为"zhangsan"且密码为"123456"，则隐藏链接按钮显示欢迎信息
    if (UserName == "zhangsan" && UserPwd == "123456")    // = =
    {
        lbtnBack.Visible = false;
        Response.Write("欢迎" + UserName + "访问本网站！ ");
    }
    else   //否则显示出错信息
    {
        Response.Write("用户名或密码错误！ ");
    }
}
```

【实训4-2】 设计一个包含两个Web页面的ASP.NET网站。在默认主页Default.aspx中显示有一个超链接控件，单击超链接，将在新窗口中打开File.aspx页面，要求在该页面中使用Response对象的WriteFile方法将一个文本文件的内容写入到当前Web页面中。

① 设计Default.aspx页面。新建一个ASP.NET空网站并向其中添加一个Default.aspx页面。切换到Default.aspx的设计视图。向页面中添加一个超链接控件HyperLink1，设置其ID属性为LinkView，Text属性为"查看文件内容"，NavigateUrl属性为"~/File.aspx"（链接到根目录下的File.aspx文件），Target属性为"_blank"（在新窗口中打开链接文件）。

切换到代码视图编写页面装入时执行的事件过程代码如下：

```
protected void Page_Load(object sender, EventArgs e)
{
```

```
            this.Title = "WriteFile 方法应用示例";
        }
```
② 创建文本文件并将其添加到网站中。使用 Windows 附件中的"记事本"程序任意输入一些文字，将文件保存到网站所在的文件夹中，并注意将文件命名为"1.txt"。

③ 设计 File.aspx 页面。在解决方案资源管理器中，右击网站项目名称，在弹出的快捷菜单中执行"添加新项"命令，在"添加新项"对话框中选择模板为"Web 窗体"，将文件命名为 File.aspx。

切换到 File.aspx 的代码视图，编写页面装入时执行的事件过程代码如下：

```
        protected void Page_Load(object sender, EventArgs e)
        {
            this.Title = "显示文本文件内容";
            Response.ContentType = "text/html"; //设置文件类型
            //设置文件内容编码
            Response.ContentEncoding = System.Text.Encoding.GetEncoding("gb2312");
            Response.WriteFile(MapPath("1.txt")); //输出文本文件
        }
```

如图 4-12 和图 4-13 所示的是程序运行结果。

图 4-12　Default.aspx 页面

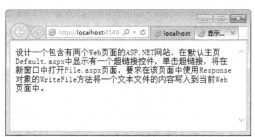

图 4-13　File.aspx 页面中显示的文本文件内容

第 5 章　ASP.NET 的状态管理

本章内容：ASP.NET 的状态管理包括使用 Cookie、Session、Application 对象实现状态管理，跨页存取数据，全局数据共享等。

本章重点：使用 Cookie 对象实现状态管理，使用 Session 对象存、取数据，使用 Application 对象共享数据。

5.1　状态管理概述

所谓"状态管理"，是指使用 ASP.NET 中的 ViewState、Cookie、Session 和 Application 等对象实现页面数据缓存和传递的技术。

ASP.NET 是一种无状态的网页连接机制，服务器处理客户端请求的网页后，与该客户端的连接就中断了。此外，到服务器端的每次往返都将销毁并重新创建网页，因此，如果超出了单个网页的生存周期，网页中的信息将不复存在。也就是说，在默认情况下，服务器不会保存客户端再次请求页面和本次请求之间的关系和相关数据。这种无法记忆先前请求的问题，使得程序员在实现某些功能时产生了困难。例如，可能需要将用户请求本页面时产生的某些变量数据保存下来，并传送给下一网页。在常见的登录页面中，这一问题就十分突出，用户首先需要访问登录页面，输入用户名和相应的密码后，登录页面根据保存在数据库中的信息判断用户是否为合法用户，用户的级别如何等。这些判断结果全部需要保存下来，以便跳转到下一网页时作为用户是否成功登录的依据。

在 C/S 架构的应用程序中，使用全局变量即可很好地解决这个问题，而在 ASP.NET 环境中则需要使用与状态管理相关的对象来保存用户数据。

5.2　创建和使用 ViewState 对象

ViewState 对象是 ASP.NET 状态管理中常用的一个对象，它通常被用来保存 Web 页信息及所含控件的值。

5.2.1　ViewState 对象概述

在 Web 应用程序执行时，通常需要用户将数据填写到呈现在客户端浏览器中的 Web 页中，并将页面提交给服务器进行计算、处理，服务器最后将处理完毕的 Web 页面重新回发给客户端。使用 ViewState 对象可以十分方便地在这一过程中保留当前页面中所包含的数据。

Web 页面默认是具有"form runat=server"特性的，ASP.NET 会自动在输出时给页面添加一个隐含字段。打开一个 aspx 页面后，在浏览器中右击，在弹出的快捷菜单中单击"查看源"，即可看到经服务器转换成 HTML 格式后的页面源代码。如图 5-1 所示的是包含在源代码中的 ViewState 隐含字段及其值。

图 5-1　包含在 Web 页面中的隐含字段

有了这个隐含字段，页面中其他所有的控件状态，包括页面本身的一些状态都会保存到这个隐含字段的值里面。并且，每次页面提交时会一起提交到服务器。当服务器将处理完毕的页面回发给客户端时，ASP.NET 会根据这个值来恢复页面到各个控件提交前的状态。

需要说明的是，从外观上看，ViewState 隐含字段的值是加密的信息，其实不是，ASP.NET 仅仅是将页面中各个控件和页面的状态保存到适当的对象里面，然后把该对象序列化，再做一次 Base64 编码，最后直接赋值给 ViewState 对象。在客户端，用户能十分容易地利用 Base64 编辑工具对这些信息进行解码。

5.2.2　使用 ViewState

1. 使用 ViewState 对象时的注意事项

使用 ViewState（视图状态）对象可以带来很多方便，但仍需要注意以下问题。

① ViewState 对象仅能提供当前页面对象的状态信息，而且这些信息不能跨页使用。也就是说，不能在 B 页面中使用 A 页面 ViewState 对象中保存的信息。

② ViewState 对象被序列化为 XML 的形式，然后再进行 Base64 编码。如果 Web 页面包含众多控件，则这个过程可能会产生大量的数据，影响页面的响应速度，甚至形成整个应用程序的"瓶颈"。

③ 若页面中包含有一些用于分页显示数据的控件（如 GridView），最好不要使用 ViewState 对象。因为，进行分页切换后（此时页面并未切换，只是控件进行了分页切换），当前页中显示的已不再是原有数据了，如果逐一进行保存可能会严重影响程序运行效率。

④ ViewState 对象的 MaxPageStateFieldLength 属性用来指定隐含字段的最大长度。若隐含字段值超过这个值，将会被拆分成多个隐含字段。

2. 启用或禁用 ViewState

启用或禁止 ViewState 保存某控件的信息，可以通过设置控件的 EnableViewState 属性来实现。该属性值指示服务器控件是否向发出请求的客户端，保持自己的视图状态以及它所包含的任何子控件的视图状态。如果允许控件维护自己的视图状态，则应设置为 true（默认值）；否则，应设置为 false。

可以使用 ViewStateMode 属性启用 Web 页中单个控件的视图状态。若希望 Web 页中只有某个控件的 ViewState 有效，可将该页和控件的 EnableViewState 属性都设置为 true，将该页的 ViewStateMode 属性设置为 Disabled，将该控件的 ViewStateMode 属性设置为 Enabled。

ViewStateMode 属性对于 Web 页面的默认值为 Enabled，页面中控件的 ViewStateMode 属性的默认值为 Inherit（继承），因此，如果不在页面或控件级别设置属性，则 EnableViewState 属性的值将确定视图状态是否被禁用。

仅当 EnableViewState 属性设置为 true 时，页面或控件的 ViewStateMode 属性才起作用。如果 EnableViewState 属性设置为 false，则即使 ViewStateMode 属性设置为 Enabled，视图状态也将关闭。

3. 使用 ViewState 对象

ViewState 对象以"键/值对"的方式保存控件的名称和对应的值，以便在回发时还原控件的原始状态。对于控件的值保存和回发恢复，可由系统自动完成，一般不必为此编写专门的代码。若用户希望将一些特殊的数据保存到 ViewState 对象中，则可以使用 ViewState 对象的 Add() 方法。其语法格式为：

ViewState.Add(键名称, 值)

从 ViewState 中读取值的语法格式为：

ViewState[键名称]

【演练 5-1】 本例将示范如何将一个字符串保存到 ViewState 中以及从 ViewState 中提取出来的编程方法。如图 5-2 所示，程序启动后，用户可在文本框中随意输入一些字符后单击"保存到 ViewState"按钮，将其保存起来。需要读取时，可单击"从 ViewState 中读取"按钮，将 ViewState 中保存的指定数据显示到标签控件中，如图 5-3 所示。

图 5-2 将字符串保存到 ViewState

图 5-3 从 ViewState 对象中读取数据

新建一个 ASP.NET 空网站，向其中添加一个 Web 窗体 Default.aspx。向页面中添加一个文本框、一个标签和两个按钮控件。

设置文本框的 ID 属性为 txtString，设置标签控件的 ID 属性为 lblShow，设置两个按钮的 ID 属性分别为 btnSave 和 btnRead，设置两个按钮控件的 Text 属性分别为"保存到 ViewState"和"从 ViewState 中读取"。

切换到页面的代码视图，编写两个按钮控件的 Click 事件处理代码。

"保存到 ViewState"按钮被单击时执行的处理程序代码如下：

```
protected void btnSave_Click(object sender, EventArgs e)
{
    if (txtString.Text == "")    //判断是否填写了要保存的数据
    {
        Response.Write("<script language=javascript>alert('请填写要保存的数据！');</script>");
        return; //不再执行后续代码
    }
    if (ViewState["MyString"] == null)//若键名为 MyString 的对象不存在，则创建该对象并赋值
    {
        ViewState.Add("MyString", txtString.Text);
    }
    else
    {
        ViewState["MyString"] = txtString.Text; //若对象已存在，则重新赋值
    }
    lblShow.Text = "已将字符串保存到 ViewState 对象！"; //在标签中显示提示信息
}
```

"从 ViewState 中读取"按钮被单击时执行的处理程序代码如下：
```
protected void btnRead_Click(object sender, EventArgs e)
{
    if (ViewState["MyString"] != null)    //若键名为 MyString 的对象存在
    {
        lblShow.Text = ViewState["MyString"].ToString();  //将对象的值显示到标签中
    }
    else
    {
        lblShow.Text = "要查看的数据不存在！";  //显示出错提示
    }
}
```

5.3 创建和使用 Cookie 对象

Cookie 是由服务器发送给客户机，并保存在客户机中的一些记录用户数据的文本文件。当用户访问网站时，Web 服务器会发送一小段资料存放在客户机中，它会把用户在网站上所打开的网页内容、在页面中进行的选择或者操作步骤逐一记录下来。当用户再次访问同一网站时（可能并不是相同的网页），Web 服务器会首先查找客户机中是否存在有上次访问网站时留下的 Cookie 信息。若有，则会根据具体 Cookie 信息发送特定的网页给用户。

在保存用户信息和维护浏览器状态方面，使用 Cookie 无疑是一种很好的方法。例如，可以将用户的登录信息（用户名、密码、是否登录成功的状态等）存放在 Cookie 中，方便应用程序对用户的合法性进行快速检查。

在绝大多数的网站中普遍使用 Cookie 技术，通过 Cookie 信息来判断使用者身份，以便提供个性化的服务。

当然，为了保护用户的权益，大多数浏览器对 Cookie 的大小进行了限制，一般 Cookie 总量不能超过 4096B。除此之外，一些浏览器还限制了每个网站在客户机中保存的 Cookie 数量不能超过 20 个，超过时最早的 Cookie 将被自动删除。

更关键的是，用户也可能出于安全的考虑，自行设置自己的计算机使其拒绝接收由被访问网站发送来的 Cookie 数据。当用户关闭了 Cookie 功能之后可能导致很多网站的个性化服务就不能使用了，但这对于在公共环境中使用计算机是很必要的。

5.3.1 创建 Cookie

浏览器负责管理客户机中的 Cookie，Cookie 需要通过 Response 对象发送到浏览器中，发送前需要将其添加到 Cookie 集合中。

Cookie 有 3 个重要的参数：名称、值和有效期。如果没有设置 Cookie 的有效期，它仍可被创建，但不会被 Response 对象发送到客户端，而是将其作为用户会话的一部分进行维护，当用户关闭浏览器（会话结束）时该 Cookie 将被释放。这种非永久性 Cookie 十分适合用来保存只需要短暂保存或由于安全原因不能保存在客户机中的信息。

创建 Cookie 的语法格式如下：

Response.Cookies["名称"].Value = 值；

例如,创建一个名为"MyCookie"的Cookie并为其赋值"OK",语句如下:
  Response.Cookies["MyCookie"].Value = "OK";
设置Cookie有效期的语法格式如下:

  Response.Cookies["名称"].Expires = 到期时间;

例如,设置名为"MyCookie"的Cookie有效期为1天,语句如下:
  Response.Cookies["MyCookie"].Expires = DateTime.Now.AddDays(1);

5.3.2 读取Cookie

使用Request对象的Cookies属性可以读取保存在客户机中指定Cookie的值,其语法格式如下:

  变量 = Request.Cookies["名称"].Value;

例如,将名为"MyCookie"的Cookie值读出,并赋给变量GetCookie,语句如下:
```
string GetCookie = ""        //声明一个字符串变量
if (Request.Cookies["MyCookie"] != null)     //判断目标Cookie是否存在
{
    GetCookie = Request.Cookies["MyCookie"].Value;   //读取指定Cookie的值,赋给变量
}
```
应当注意的是,Cookie一旦过期或被用户从客户机中删除,读取Cookie值的语句将出错(读取了一个不存在对象的属性值),所以通常在读取前应判断目标Cookie是否还存在。

5.3.3 使用多值Cookie

前面介绍过对同一网站,客户端存储的Cookie数量不能超过20个。若需要存储较多的数据,可考虑使用多值Cookie。

例如,创建一个名为"Person"的Cookie集合,其中包含有3个子属性(对于浏览器来说,只相当于一条Cookie),语句如下:
  Response.Cookies["Person"]["P_Name"].Value = "zhangsan";
  Response.Cookies["Person"]["P_Email"].Value = "zs@163.com";
  Response.Cookies["Person"]["P_Home"].Value = "北京";
使用下列语句可从上述多值Cookie中读取数据:
  yr_name = Request.Cookies["Person"]["P_Name"].Value;
  yr_email = Request.Cookies["Person"]["P_Email"].Value;
  yr_home = Request.Cookies["Person"]["P_Home"].Value;
或
  string yr_name = Request.Cookies["Person"].Values[0];
  string yr_name = Request.Cookies["Person"].Values[1];
  string yr_name = Request.Cookies["Person"].Values[2];

【演练5-2】 使用Cookie设计一个简单的网上投票管理程序,要求客户机在10分钟内不能再次投票。访问网站时首先显示如图5-4所示的页面,用户在选择了"最喜欢的书"后单击"提交"按钮,弹出如图5-5所示的信息框。如果用户在10分钟内再次执行投票操作,将弹出如图5-6所示的信息框,提醒用户在10分钟之内不允许再次投票。单击"查看结果"按钮,弹出如图5-7所示的信息框,显示各书的得票百分比。

图 5-4 投票页面

图 5-5 投票成功

如果用户在无任何人投票前单击了"查看结果"按钮,将弹出如图 5-8 所示的出错提示信息框。注意,若没有进行这种情况的判断,单击按钮时可能会因分母为零而导致整个程序运行出错。

图 5-6 10 分钟内禁止再次投票

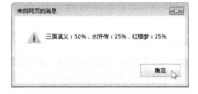
图 5-7 显示统计数据

图 5-8 出错提示

① 设计指导思想。用户首次访问网站并投票成功后,系统创建一个有效期为 10 分钟的 Cookie 保存在用户计算机中。如果用户再次执行投票操作,系统会判断是否存在前面创建的有效 Cookie。若有,则表明距上次投票操作没有超过 10 分钟,用户的投票操作无效,并给出提示信息;否则投票有效,进行票数累加。

② 设计 Web 页面。新建一个 ASP.NET 网站,向页面中添加一个单选按钮组控件 RadioButtonList1 和两个按钮控件 Button1、Button2,并向页面中添加必要的文字信息。

③ 设置对象属性。设置 RadioButtonList1 的 ID 属性为 SelectBook,并通过其 Items 属性添加 3 本书的名称;设置 Button1 的 ID 属性为 ButtonOK,Text 属性为 "提 交";设置 Button2 的 ID 属性为 btnResult,Text 属性为 "查看结果"。各控件的其他初始属性,在页面装入事件中通过代码进行设置。

④ 编写事件代码。

在所有事件过程之外声明静态变量:

```
//声明双精度静态变量使之在所有事件过程中均可使用
//Num1、Num2、Num3 分别用于存放各书得票数,NumSum 用于存放总投票数
static double Num1, Num2, Num3, NumSum;
```

页面装入时执行的事件代码如下:

```
protected void Page_Load(object sender, EventArgs e)
{
    this.Title = "Cookie 使用示例";
    OK.Text = "提 交";
}
```

"提交"按钮被单击时执行的事件代码如下:

```
protected void ButtonOK_Click(object sender, EventArgs e)
{
    if (Request.Cookies["Vote"] == null)    //若 Cookie 不存在,则说明用户在 10 分钟内没有投票
    {
        switch (SelectBook.SelectedIndex)
```

```csharp
            {
                case 0: //如果被选中的是第 1 个单选按钮
                    Num1 = Num1 + 1;
                    break;
                case 1: //如果被选中的是第 2 个单选按钮
                    Num2 = Num2 + 1;
                    break;
                case 2: //如果被选中的是第 3 个单选按钮
                    Num3 = Num3 + 1;
                    break;
            }
            NumSum = NumSum + 1;
            Response.Cookies["Vote"].Value = "yes"; //向客户端写入 Cookie
            //设置 Cookie 的有效期为 10 分钟
            Response.Cookies["Vote"].Expires = DateTime.Now.AddMinutes(10);
            Response.Write("<script language=javascript>alert('投票成功，感谢你的参与！
                        ');</script>");
        }
        else   //如果 Cookie 已存在，则说明用户在 10 分钟内已进行过投票
        {
            Response.Write("<script language=javascript>alert('每次投票至少应间隔 10 分钟！');
                        </script>");
        }
    }
```

"查看结果"按钮被单击时执行的事件代码如下：

```csharp
    protected void btnResult_Click(object sender, EventArgs e)
    {
        if (NumSum != 0)
        {
            double NumPecent1 = (Num1 / NumSum) * 100;
            NumPecent1 = Math.Round(NumPecent1, 2); //计算结果保留 2 位小数
            double NumPecent2 = (Num2 / NumSum) * 100;
            NumPecent2 = Math.Round(NumPecent2, 2);
            double NumPecent3 = (Num3 / NumSum) * 100;
            NumPecent3 = Math.Round(NumPecent3, 2);
            string VoteInfo = "三国演义：" + NumPecent1.ToString() + "%，" +
                        "水浒传：" + NumPecent2.ToString() + "%，" +
                        "红楼梦：" + NumPecent3.ToString() + "%";
            Response.Write("<script language=javascript>alert('" + VoteInfo + "')</script>");
        }
        else
        {
            Response.Write("<script language=javascript>alert('尚无人进行投票！');</script>");
        }
    }
```

需要说明的是，存放在本地计算机中的 Cookie 可以缓存数据，但也存在明显的安全隐患。用户可以删除包含 Cookie 信息的文件，或找到并直接修改 Cookie 文件中的数据。例如，本例中限制用户在 10 分钟内不能进行再次投票，但若用户在第一次投票后，在 IE 浏览器的"Internet 选项"对话框的"常规"选项卡中清除当前所有 Cookie，10 分钟的限制就不会存在了。

5.4 创建和使用 Session 对象

使用 ViewState 时只能保存当前页面中的数据，而且这些数据不能跨页使用。而 Cookie 虽然可以跨页使用，但也只能应用在一些简单的、数据量较小的场合。另外，ViewState 和 Cookie 的数据安全性较差。在要求保存较多跨页数据或对数据安全性要求较高时，可以使用 ASP.NET 提供的 Session 对象。

与 Cookie 和 ViewState 不同，Session 对象没有对存储数据量的限制，其中可以保存更复杂的数据类型，甚至可以在 Session 中保存一个 DataSet（离线数据集）等。与 Cookie 对象一样，保存在 Session 中的数据可以跨网页使用，因此它常用来在不同网页中传递数据。此外，Session 是一个存储在服务器端的对象集合，避免了 Cookie 信息保存在客户端的不安全因素，非常适合用户保存用户名、密码等敏感信息。

在 ASP.NET 中使用 Session 对象时，必须保证页面的@Page 指令中 EnableSessionState 属性的值被设置为 true（默认）或 ReadOnly，并且在 web.config 文件中对 Session 进行了正确的设置（默认设置为开启 Session）。

5.4.1 Session 的工作原理

当用户请求一个 ASP.NET 页面时，系统将自动创建一个 Session（会话）；当退出应用程序或关闭服务器时，该会话撤销。系统在创建会话时将为其分配一个长长的字符串（SessionID）标识，以实现对会话进行管理和跟踪。该字符串中只包含 URL 中所允许的 ASCII 字符。SessionID 具有的随机性和唯一性保证了会话不会冲突，也不会被怀有恶意的人利用新 SessionID 推算出现有会话的 SessionID。

通常，SessionID 会存放在客户端的 Cookie 内，当用户访问 ASP.NET 网站中任何一个页面时，SessionID 将通过 Cookie 传递到服务器端，服务器根据 SessionID 的值对用户进行识别，以返回对应于该用户的 Session 信息。通过配置应用程序，可以在客户端不支持 Cookie 时将 SessionID 嵌套在 URL 中，服务器可以通过请求的 URL 获得 SessionID 值。

Session 信息可以存放在 ASP.NET 进程、状态服务器或 SQL Server 数据库中。在默认情况下，Session 的生存周期为 20 分钟，可以通过 Session 的 Timeout 属性更改这一设置。在 Session 的生存周期内，Session 是有效的，超过了这个时间 Session 就会过期，Session 对象将被释放，其中存储的信息也将丢失。

5.4.2 Session 对象的常用属性及方法

Session 对象的常用属性见表 5-1。

表 5-1　Session 对象的常用属性

属 性 名	说　　明
Count	获取 Session 对象集合中子对象的数量
IsCookieless	获取一个布尔值，该值表示 SessionID 存放在 Cookie 中还是嵌套在 URL 中，true 表示嵌套在 URL 中
IsNewSession	获取一个布尔值，该值表示 Session 是否与当前请求一起创建，若是一起创建的，则表示是一个新会话
IsReadOnly	获取一个布尔值，该值表示 Session 是否为只读
SessionID	获取唯一标识 Session 的 ID 值
Timeout	获取或设置 Session 对象的超时时间（以分钟为单位）

Session 对象的常用方法见表 5-2。

表 5-2　Session 对象的常用方法

方 法 名	说　　明
Abandon()	取消当前会话
Clear()	从会话状态集合中移除所有的键和值
Remove()	删除会话状态集合中的项
RemoveAll()	删除会话状态集合中所有的项
RemoveAt(index)	删除会话状态集合中指定索引处的项

Session 对象有以下两个事件。

① Start 事件：在创建会话时发生。

② End 事件：在会话结束时发生。需要说明的是，当用户在客户端直接关闭浏览器退出 Web 应用程序时，并不会触发 Session_End 事件，因为关闭浏览器的行为是一种典型的客户端行为，是不会被通知到服务器端的。Session_End 事件只有在服务器重新启动、用户调用了 Session_Abandon()方法或未执行任何操作达到了 Session.Timeout 设置的值（超时）时才会被触发。

5.4.3　使用 Session 对象

在 ASP.NET 中使用 Session 对象的核心技术就是如何将数据存入 Session 及如何从 Session 中读取数据。

1. 将数据保存到 Session 对象中

向 Session 对象中存入数据的方法十分简单，下面的语句使用户单击按钮时将两个字符串分别存入两个 Session 对象中：

```
protected void Button1_Click(object sender, EventArgs e)
{
    Session["MyVal1"] = "这是 Session 中保存的数据 1";
    string Val2 = "这是 Session 中保存的数据 2";
    Session["MyVal2"] = Val2;
}
```

由于 Session 对象中可以同时存放多个数据，因此需要用一个标识加以区分，如本例使用的 MyVal1 和 MyVal2。需要注意的是，如果在此之前已存在 MyVal1 或 MyVal2，则再次执行赋值语句将更改原有数据，而不会创建新的 Session 对象。

2. 从 Session 对象中取出数据

当目标页面装入时，从 Session 对象中取出数据的语句如下：

```
protected void Page_Load(object sender, EventArgs e)
{
    Label1.Text = (string)(Session["MyVal1"]);
    Label2.Text = (string)(Session["MyVal2"]);
}
```

【演练 5-3】 设计一个包含 Default.aspx 和 Welcome.aspx 两个页面的网站。要求用户只能进入如图 5-9 所示的 Default.aspx 页面，输入合法的用户名和密码后，才能打开 Welcome.aspx 页面，此时页面中将显示用户名及欢迎信息。如果用户级别为 admin（管理员），则该页面中显示"管理所有用户"和"修改个人信息"两个链接按钮；如果用户级别为 normal（普通用户），则该页面中只显示"修改个人信息"链接按钮，如图 5-10 所示。

图 5-9 登录页面　　　图 5-10 Welcome.aspx 页面（管理员和普通用户）

设网站中有 3 个合法用户：zhangsan、lisi 和 wangwu，其中：zhangsan 的级别为 admin，其他为 normal。

如果登录时用户输入了错误的用户名或密码，屏幕上将弹出如图 5-11 所示的提示框。如果用户试图绕过登录页面，在浏览器地址栏中输入 Welcome.aspx 的 URL 想要直接调用第 2 个页面，屏幕上将弹出如图 5-12 所示的提示框，单击"确定"按钮后自动返回 Default.aspx 登录页面。

图 5-11 用户名或密码错　　　图 5-12 拒绝直接调用页面

① 设计指导思想。创建一个结构数组，用于保存用户名、密码和用户级别数据（在实际应用中这些数据是保存在数据库中的）。

用户输入了登录数据（用户名和密码）后，使用循环语句逐一比较是否与预设用户名相匹配，若匹配，则进一步比较对应的密码是否相同，若相同则创建一个用于表示登录成功的 Session 对象和一个存放用户级别的 Session 对象，并跳转到 Welcome.aspx 页面，同时使用"?"将用户名传递给下一网页；否则，弹出信息框提示用户名或密码错。

在打开 Welcome.aspx 网页时，首先检测 Session 对象中存储的值是否与约定值相同，若相同，则表示用户是通过首页正确登录后跳转至此的，程序从查询字符串中读取用户名后，在页面中显示欢迎信息，并根据从 Session 中取出的用户级别决定显示几个链接按钮；否则，弹出信息框提示用户在没有正确登录前不能直接调用本页面。

② 创建一个 ASP.NET 网站，并向其中添加一个空白 Web 窗体 Default.aspx。向 Default.aspx

中添加一个用于布局的 HTML 表格，适当调整表格的行列数。向表格中添加需要的说明文字，添加两个文本框控件 TextBox1 与 TextBox2 和一个按钮控件 Button1。

③ 设置 TextBox1 的 ID 属性为 txtName；设置 TextBox2 的 ID 属性为 txtPwd，TextMode 属性为 Password，表现为密码框；设置 Button1 的 ID 属性为 btnLogin，Text 属性为"登录"。

④ 向网站中添加新网页。在"解决方案资源管理器"中右击项目文件夹，在快捷菜单中执行"添加新项"命令，打开"添加新项"对话框。选择模板为"Web 窗体"并指定其名称为"Welcome.aspx"后单击"添加"按钮。从工具箱中添加两个链接按钮 LinkButton1 和 LinkButton2，分别设置其 Text 属性为"管理所有用户"和"修改个人信息"。

⑤ 编写程序代码。

在所有事件过程之外声明并实例化一个用于存放用户名和密码的结构数组：

```
struct User //声明一个结构用于存放用户信息
{
    public string Name; //存放用户名
    public string Password; //存放密码
    public string Level;
}
User[] MyInfo = new User[10]; //声明结构数组，最多可存放 10 条用户信息
```

Default.aspx 页面装入时执行的事件过程代码如下：

```
protected void Page_Load(object sender, EventArgs e)
{
    this.Title = "Session 对象应用示例";
    //为结构数组赋值（添加 3 个用户的用户名和密码信息，实际应用时这些数据保存在数据库中）
    MyInfo[0].Name = "zhangsan"; MyInfo[0].Password = "123456"; MyInfo[0].Level = "admin";
    MyInfo[1].Name = "lisi"; MyInfo[1].Password = "234567"; MyInfo[1].Level = "normal";
    MyInfo[2].Name = "wangwu"; MyInfo[2].Password = "345678"; MyInfo[2].Level = "normal";
}
```

Default.aspx 页面中"登录"按钮被单击时执行的事件过程代码如下：

```
protected void btnLogin_Click(object sender, EventArgs e)
{
    for (int i = 0; i < 3; i++)
    {
        if (MyInfo[i].Name == txtName.Text)
        {
            if (MyInfo[i].Password == txtPwd.Text)
            {
                Session["Pass"] = "yes"; //创建一个会话，并赋以约定值
                Session["Level"] = MyInfo[i].Level; //保存用户级别
                //跳转到 Welcome.aspx 页面，并通过查询字符串传递用户名
                Response.Redirect("Welcome.aspx?Name=" + txtName.Text);
            }
        }
    }
    //若未能匹配任何一个用户数据，则提示用户名或密码错
```

```
            Response.Write("<script language=javascript>alert('用户名或密码错！');</script>");
        }
Welcome.aspx 页面装入时执行的事件过程代码如下：
        protected void Page_Load(object sender, EventArgs e)
        {
            LinkButton1.Visible = false;  //设置链接按钮不可见
            LinkButton2.Visible = false;
            if ((string)(Session["Pass"]) != "yes")    //判断会话 Pass 中的值是否为约定值
            {
                //若不能匹配约定值，则弹出信息框提示出错
                Response.Write("<script language=javascript>alert('拒绝直接调用本页面！');</script>");
                Server.Transfer("Default.aspx"); //跳转到登录页面
            }
            else //若会话值匹配约定值
            {
                this.Title = "欢迎光临"; //设置页面标题属性
                //通过 QueryString 属性接收 Default.aspx 使用 "?" 传递过来的数据
                Response.Write("欢迎 " + Request.QueryString["Name"] + " 光临本站");
                LinkButton2.Visible = true; // "修改个人信息"链接按钮可见
            }
            if ((string)(Session["Level"]) = = "admin")         //如果用户级别为管理员
            {
                LinkButton1.Visible = true; // "管理所有用户"链接按钮可见
            }
        }
```

5.5 创建和使用 Application 对象

Application 对象与 Session 对象的作用十分相似，都是用来在服务器端保存会话信息的对象。但与 Session 对象的不同点在于，Application 对象是一个公有对象，所有用户都可以对某个特定的 Application 对象值进行读取或修改。

5.5.1 Application 对象与 Session 对象的区别

Application 对象和 Session 对象都可在服务器端保存数据或对象，它们的使用方法和常用属性、事件、方法也基本相同。但 Application 对象中保存的信息是为所有来访的客户端浏览器共享的，而 Session 对象保存的数据则是仅为特定的来访者使用的。

例如，在河南的 A 用户和在河北的 B 用户同时访问某一服务器，若 A 用户修改了 Application 对象中存放的信息，B 用户在刷新页面后就会看到修改后的内容；但若 A 用户修改了 Session 对象中存放的数据，则 B 用户是感觉不到的。此时只有 A 用户可以看到和使用这些数据。也就是说，Session 对象中存放的是专用信息。

5.5.2 Application 对象的属性、方法和事件

Application 对象的常用属性、方法和事件与前面介绍过的 Session 对象的属性、方法和事件基本相同。

1. Application 对象的常用属性和方法

由于 Application 对象中存放的信息是共有的，有可能发生在同一时间内多个用户同时操作同一个 Application 对象的情况。为了避免此类问题导致的出错，Application 对象增加了 Lock() 方法和 UnLock() 两个方法，用于在使用 set 方法更改 Application 对象值时将其锁定，在更改完毕后再解除锁定。

2. Application 事件的常用事件

Application 对象的常用事件有如下两个。

Start 事件：该事件在应用程序启动时被触发。当第一次启动应用程序时会触发 Session_Start 事件，不过 Application_Start 事件在 Session_Start 事件之前发生。它在应用程序的整个生命周期中仅发生一次，此后除非 Web 服务器重新启动才会再次触发该事件。

End 事件：Application_End 事件在应用程序结束时被触发，即 Web 服务器关闭或重新启动时被触发。同样，在应用程序结束时也会触发 Session_End 事件，但 Application_End 事件发生在 Session_End 事件之后。在 Application_End 事件中，常放置用于释放应用程序所占资源的代码段。

5.5.3 使用 Application 对象

使用 Application 对象的属性和方法可方便地读取、写入或修改对象中保存的共享数据。

1. 向 Application 对象写入数据

在向 Application 对象中保存数据时可使用如下语法格式：

    Application["对象名"] = 对象值;

或

    Application.Add("对象名", 值);

2. 修改 Application 对象中的数据

修改已存在 Application 对象中的数据，需要使用 Set 方法并配合 Lock() 和 UnLock() 方法，即修改数据前"锁定"对象，修改数据后再"解锁"对象。例如，下列语句实现了对名为"Test"的 Application 对象中保存数据的自身加 1 操作：

    Application.Lock(); //锁定 Application 对象，以防止其他用户对其进行操作
    Application.Set("Test", Application("Test") + 1); //修改已存在 Application 对象 Test 的值为自身+1
    Application.UnLock(); //解锁 Application 对象

3. 读取 Application 对象中的数据

读取 Application 对象中数据的方法如下：

```
string User;
    User = Application("UserName").ToString();
```

注意：Application("对象名")的返回值是一个 Object 类型的数据，操作时应注意数据类型的转换。

【演练 5-4】 使用 Application 对象和 Session 对象，结合全局配置文件 Global.asax 和站点配置文件 Web.config，设计一个能统计当前在线人数的 Web 应用程序。程序运行时显示如图 5-13 所示的页面，当有新用户打开网页，或有用户退出时，页面中在线人数能自动更新。

① 编写全局配置文件。网站的全局配置文件 Global.asax 是一个可选文件，创建站点时系统并未自动生成该文件。在站点创建后，用户可在解决方案资源管理器中右击项目名称，在弹出的快捷菜单中执行"添加新项"命令，弹出如图 5-14 所示的"添加新项"对话框，选择"全局应用程序类"模板后，单击"添加"按钮。

图 5-13 统计在线人数　　　　　　图 5-14 添加 Global.asax 文件

Global.asax 文件一旦被添加到站点中，系统自动将其在代码窗口中打开，可以看到系统已在该文件中创建了关于 Application、Session 对象的 Start 和 End 的空事件过程，在各事件过程中添加相应的代码即可。

Application 对象的 Start 事件被触发时执行的事件过程代码如下：

```
void Application_Start(object sender, EventArgs e)
{
    //在应用程序启动时运行的代码
    Application["online"] = 0; //初始化在线人数变量值
}
```

Session 对象的 Start 事件被触发时执行的事件过程代码如下：

```
void Session_Start(object sender, EventArgs e)
{
    //在新会话启动时运行的代码，新会话开始表示有新用户加入
    Application.Lock(); //锁定 Application 对象
    int iNum = (int)Application["online"] + 1;
    Application.Set("online",iNum); //修改对象的值，为自身加 1
    Application.UnLock();        //解除对象的锁定
}
```

Session 对象的 End 事件被触发时执行的事件过程代码如下：

```
void Session_End(object sender, EventArgs e)
{
    //在会话结束时运行的代码
```

```
            //注意：只有在 Web.config 文件中的 sessionState 模式设置为 InProc 时
            //才会引发 Session_End 事件
            //如果会话模式设置为 StateServer 或 SQLServer，则不会引发该事件
            Application.Lock();
            int iNum = (int)Application["online"] – 1;
            Application.Set("online",iNum);
            Application.UnLock();
        }
```

② 修改网站配置文件。在解决方案资源管理器窗口中，双击打开 Web.config 文件，在 <system.web>标记和</system.web>标记之间添加下列配置语句（一般可添加在</system.web>标记的上一行）：

```
<sessionState mode ="InProc" timeout ="1" cookieless ="false"/>
```

该配置表示，设置 session 的模式为 InProc（在进程中）；超时时间为 1 分钟；SessionID 值写入客户端 Cookie 中，而不是 URL 中。

③ 编写 Default.aspx 的事件代码。Default.aspx 页面装入时执行的事件过程代码如下：

```
protected void Page_Load(object sender, EventArgs e)
{
    this.Title = "使用 Application 和 Session 对象统计在线人数"; //设置页面标题
    Response.Write("<b>当前在线人数为：" + Application["online"]+"</b>"); //显示在线人数
    Response.AddHeader("Refresh", "30"); //设置页面每 30 秒刷新一次
}
```

说明：

① 无论是有新用户加入，还是有老用户退出，显示在页面中 Application 对象的值只有在页面被刷新后才能更新。

② 用户在客户端直接关闭浏览器并不能立即触发 Session 对象的 End 事件，该事件只能在用户调用了 Session.Abandon()方法、服务器重新启动或用户连接超时的情况下被触发。用户直接在客户端关闭浏览器是一种客户端行为，这种行为是不会被提交到服务器端的。

③ 本例中设置超时时间为 30 秒，这意味着用户若在 30 秒内没有进行任何操作，将被视为离线，在实际应用中可将超时时间设置得更长一些。

5.6 实训

【**实训 5-1**】 设计一个模拟的电影网站，用户访问网站时需要在首页 Default.aspx 进行登录，登录成功后可以跳转到显示有电影链接的 Films.aspx。Films.aspx 页面拒绝未登录用户直接访问，并且可根据用户级别显示"普通电影"和"VIP 电影"两个栏目。如图 5-15 所示的是网站登录页面 Default.aspx，如图 5-16 和图 5-17 所示的是不同级别用户登录后看到的 Film.aspx 页面的不同内容。

图 5-15 网站登录界面

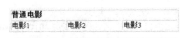

图 5-16 VIP 用户看到的页面　　图 5-17 普通用户看到的页面

① 设计指导思想。创建一个结构数组，用于保存用户名、密码和用户级别数据，本实训预设两个用户：zhangsan/123456 和 lisi/234567（在实际应用中这些数据是保存在数据库中的）。

用户输入了登录数据（用户名和密码）后，使用循环逐一比较是否与预设用户名相匹配，若匹配，则进一步比较对应的密码是否相同，若相同，则创建一个用于存放用户级别的 Session 对象，并跳转到 Film.aspx 页面；否则，弹出信息框提示用户名或密码错。

在打开 Film.com 网页时首先检测 Session 对象中存储的值是否为 Null。若不是，则表示用户通过首页正确登录后跳转至此，程序从查询字符串中读取用户级别后，根据级别不同决定是否隐藏 Panel2 容器控件（VIP 电影栏目）；否则，弹出信息框提示用户在没有正确登录前不能直接调用本页面。

② 设计程序界面。创建一个 ASP.NET 空网站，向其中添加一个 Web 窗体 Default.aspx，向页面中添加一个用于布局的 HTML 表格，适当调整表格的行列数。向表格中添加需要的说明文字，添加两个文本框控件 TextBox1 与 TextBox2 和一个按钮控件 Button1。

③ 设置对象属性。设置 TextBox1 的 ID 属性为 UserName；设置 TextBox2 的 ID 属性为 Password，TextMode 属性为 Password，使之表现为密码框；设置 Button1 的 ID 属性为 btnLogin，Text 属性为"登录"。

④ 向网站中添加新网页。在"解决方案资源管理器"中右击项目文件夹，在弹出的快捷菜单中执行"添加新项"命令，打开"添加新项"对话框。选择模板为"Web 窗体"并指定其名称为"Film.aspx"后单击"添加"按钮。从工具箱中添加两个容器控件 Panel1 和 Panel2，分别向两个容器控件中添加两个表格，表示普通电影和 VIP 电影栏目。

⑤ 编写程序代码。

在所有事件过程之外声明并实例化一个用于存放用户名和密码的结构数组：

```
struct User    //声明一个结构用于存放用户信息
{
    public string Name; //存放用户名
    public string Password; //存放密码
    public string Level;
}
User[] MyInfo = new User[10]; //声明结构数组，最多可存放 10 条用户信息
```

Default.aspx 页面装入时执行的程序代码如下：

```
protected void Page_Load(object sender, EventArgs e)
{
    this.Title = "Session 对象应用示例";
    //为结构数组赋值
    MyInfo[0].Name = "zhangsan"; MyInfo[0].Password = "123456"; MyInfo[0].Level = "VIP";
    MyInfo[1].Name = "lisi"; MyInfo[1].Password = "234567"; MyInfo[1].Level = "normal";
}
```

Default.aspx 页面中"登录"按钮被单击时执行的程序代码如下：

```
protected void btnLogin_Click(object sender, EventArgs e)
{
    for (int i = 0; i < 2; i++)
    {
        if (MyInfo[i].Name == UserName.Text)
        {
```

```
                if (MyInfo[i].Password == Password.Text)
                {
                    Session["Level"] = MyInfo[i].Level; //保存用户级别
                    Response.Redirect("Film.aspx");
                }
            }
        }
        //若未能匹配任何一个用户数据,则提示用户名或密码错
        Response.Write("<script language=javascript>alert('用户名或密码错!');</script>");
    }
```

Film.aspx 页面装入时执行的程序代码如下：

```
    protected void Page_Load(object sender, EventArgs e)
    {
        if (Session["Level"]) == null)
        {
            //弹出信息框说明出错
            Response.Write("<script language=javascript>alert('拒绝直接调用本页面!');</script>");
            Server.Transfer("Default.aspx");
        }
        if ((string)(Session["Level"]) == "VIP")
        {
            Panel1.Visible = true;
            Panel2.Visible = true;
        }
        else
        {
            Panel1.Visible = true;
            Panel2.Visible = false;
        }
    }
```

【实训 5-2】 设计一个 ASP.NET 网站,向页面中添加一个按钮控件和一个标签控件。页面首次加载时创建一个名为"MyCookie"且有效期为 1 分钟的 Cookie,并为其赋值"OK",在标签中显示 Cookie 到期时间和值,如图 5-18 所示。若在 Cookie 有效期内单击按钮,则标签中显示"Cookie 有效"和 Cookie 值,如图 5-19 所示。若在 Cookie 过期后单击按钮,则标签中显示"Cookie 已过期!",如图 5-20 所示。

图 5-18　页面加载时

图 5-19　Cookie 有效

图 5-20　Cookie 失效

新建一个 ASP.NET 空网站,向其中添加一个 Web 窗体 Default.aspx,向页面中添加一个命令按钮控件 Button1 和一个标签控件 Label1。设置按钮控件的 ID 属性为 btnOK,标签控件的 ID 属性为 ShowCookie。

页面装入时执行的程序代码如下：
```
protected void Page_Load(object sender, EventArgs e)
{
    this.Title = "Cookie 使用示例";
    if (!IsPostBack)      //如果页面是首次加载
    {
        Response.Cookies["MyCookie"].Value ="OK"; //为 Cookie 赋值
        //设置 Cookie 的有效期为当前时间后的 1 分钟
        Response.Cookies["MyCookie"].Expires = DateTime.Now.AddMinutes(1);
        //显示 Cookie 信息
        ShowCookie.Text = "Cookie 已创建，有效期为：" + DateTime.Now.AddMinutes(1) +
                "，其值为：" + Request.Cookies["MyCookie"].Value;
    }
}
```

"确定"按钮被单击时执行的程序代码如下：
```
protected void btnOK_Click(object sender, EventArgs e)
{
    if (Request.Cookies["MyCookie"] == null)
    {
        ShowCookie.Text = "Cookie 已过期！";
    }
    else
    {
        ShowCookie.Text = "Cookie 有效，其值为：" + Request.Cookies["MyCookie"].Value;
    }
}
```

图 5-21 使用 Session 设计站点计数

【实训 5-3】 如图 5-21 所示，使用 Session 对象设计一个站点计数器。要求将来访人数存放在站点内的 Counter.txt 文件内，该数字不会因服务器或网站重新启动而丢失，刷新页面也不会引起数字变化。程序运行时，要求将当前会话的 ID 值显示在页面中，并注意比较 SessionID 值的变化情况。

新建一个 ASP.NET 空网站，向其中添加一个 Web 窗体 Default.aspx。使用 Windows 附件中的记事本程序创建一个名为 Counter.txt 的文本文件，该文件用于存放当前站点访问量数字，创建文件时，可在其中写入初始值 0。将文件保存到站点文件夹内。

添加读/写文本文件需要的引用：
```
using System.IO;      //书写在代码窗口最上方的引用区中
```
在页面的装入事件处理程序中添加如下代码：
```
protected void Page_Load(object sender, EventArgs e)
{
    this.Title = "使用 Session 对象设计网站计数器";
    string FilePath = Server.MapPath("Counter.txt"); //取得 Counter.txt 文件的物理路径
    StreamReader sr = new StreamReader(FilePath); //创建一个指向 Counter.txt 的读取流对象 sr
    int Count = int.Parse(sr.ReadLine()); //从 Counter.txt 中读取一行数据
```

```
        sr.Close();  //关闭 sr 对象
        //如果尚未创建 Session 对象 counter，则表示初次加载页面，而不是回发引起的页面重加载
        if (Session["counter"]==null)
        {
            Session["counter"] = "";  //创建 Session 对象 counter
            Count = Count + 1;        //访问量数字加 1
            //创建一个指向 Counter.txt 的写入流对象 sw
            StreamWriter sw = new StreamWriter(FilePath);
            sw.WriteLine(Count);  //将新的访问量数字写入 Counter.txt 中，覆盖原来的数字
            sw.Close();  //关闭 sw 对象
        }
        //在页面中显示当前会话的 ID 值
        Response.Write("<h3>当前 SessionID 值为：" + Session.SessionID+"</h3><br>");
        //在页面中显示网站访问量数字
        Response.Write("<h3>你是本站第  " + Count.ToString() + "  位访问者</h3>");
    }
```

说明：

① 程序中用到了通过 StreamReader 对象和 StreamWriter 对象从文本文件中读取数据和写入数据的方法，更详细的介绍请参阅有关资料。

② 如果使用图片表示访问量数字，可将从文本文件中读取的字符串逐位截取并以此作为图片文件名按顺序显示即可。要求事先将表示 0～9 数字的 0.jpg、1.jpg、2.jpg、……、9.jpg 图片文件保存到网站中。

第 6 章 SQL Server 数据库基础

本章内容：SQL Server 使用基础，包括数据库、表、记录的操作等内容。
本章重点：数据库和表的创建、常用 T-SQL 语句的使用、数据库的分离和附加。

6.1 数据库的操作

SQL Server 是微软公司的关系数据库产品，本章介绍在 SQL Server 2008 中创建数据库的方法，本方法同样适合 SQL Server 2005、SQL Server 2012。

SQL Server 数据库是存储数据的容器，即数据库是一个由存放数据的表及支持这些数据的存储、检索、安全性和完整性的逻辑成分所组成的集合。

1．数据库文件

SQL Server 数据库有 3 种类型的文件。

（1）主数据文件（Primary）

主数据文件是数据库的起点，指向数据库中文件的其他部分，包含数据库的启动信息，并且存储部分或全部数据。每个数据库都包含也只能包含一个主数据文件。主数据文件的推荐扩展名是.mdf。

（2）二级数据文件（Secondary）

二级数据文件也称辅助数据文件，用于存储未包含在主数据文件内的其他数据。辅助数据文件不是必选的，即一个数据库可以有一个或有多个辅助数据文件，也可以没有辅助数据文件。辅助数据文件的推荐扩展名是.ndf。

（3）事务日志文件

事务日志文件用来记录事务对数据库的更新操作。每个数据都有一个相关的事务日志。事务日志记录了 SQL Server 所有的事务以及与这些事务相关的数据库的变化。

每个数据库至少有一个日志文件，也可以拥有多个日志文件。日志文件推荐扩展名是.ldf。

2．创建数据库

在 SQL Server Management Studio 中创建数据库主要有两种方式：一种是在对象资源管理器中创建数据库，另一种是在查询编辑器中用 T-SQL 语句创建数据库。数据库名采用 Pascal 命名规则，以名词命名，直观、可读性强。

（1）在对象资源管理器中创建数据库

可以在对象资源管理器中的图形界面环境下创建数据库。

【演练 6-1】 下面以创建名为 TestDB 数据库为例，介绍在 SQL Server Management Studio 中使用对象资源管理器创建数据库的过程。

① 执行菜单命令"开始"→"所有程序"→"Microsoft SQL Server 2008"→"SQL Server Management Studio"。

② 显示"连接到服务器"对话框，如图 6-1 所示，在"服务器类型"框中选择"数据库引

擎",在"服务器名称"框中选择 SQL Server 的实例名称(会有所不同),在"身份验证"框中选择"Windows 身份验证",最后单击"连接"按钮。

③ 连接成功后,显示 SQL Server Management Studio 主窗口,在"对象资源管理器"窗格中,右击"数据库"节点,从快捷菜单中单击"新建数据库"命令,如图 6-2 所示。

图 6-1 "连接到服务器"对话框

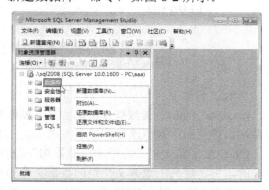
图 6-2 数据库的快捷菜单

④ 显示"新建数据库"窗口,在"数据库名称"框中输入 TestDB,如图 6-3 所示。数据库保存的路径默认为 C:\Program Files\Microsoft SQL Server\MSSQL10.MSSQLSERVER2008\MSSQL\DATA。如果要更改保存路径,可单击路径后的 ┅ 按钮,在打开的"定位文件夹"对话框中选定路径。其他选项采用默认设置,单击"确定"按钮完成创建。

⑤ 在"对象资源管理器"窗格中展开"数据库"节点后,右击,从快捷菜单中单击"刷新"命令,可以看到新建的 TestDB 数据库,如图 6-4 所示。

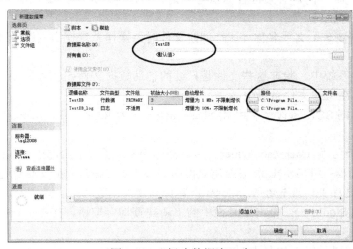
图 6-3 "新建数据库"窗口

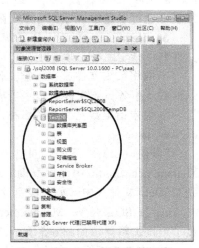
图 6-4 新建的数据库

(2) 在查询编辑器中用 T-SQL 语句创建数据库

在 SQL Server Management Studio 中,可以在查询编辑器中输入 T-SQL 语句,运行这些语句就可以实现对数据库和表等项目的创建、修改、删除、查询和增加等操作。

创建数据库的 T-SQL 语句是 CREATE DATABASE,其基本语法格式如下:

CREATE DATABASE database_name
  [ON
   PRIMARY

· 117 ·

```
        (
            NAME = 'logical_file_name' ,
            FILENAME = 'os_file_name'
        )
    [ LOG ON
        (
            NAME = 'logical_file_name' ,
            FILENAME = 'os_file_name'
        ) ] ] ;
```
参数说明如下。

database_name：新数据库的名称。数据库名称在 SQL Server 服务器中必须唯一，并且必须符合标识符规则。数据库名称最多可以包含 128 个字符。

ON：指定显式定义的用来存储数据库数据部分的磁盘文件（数据文件）。当后面是以逗号分隔的、用于定义主数据文件组的数据文件的列表时，需要使用 ON 参数。

PRIMARY：定义主数据文件。一个数据库只能有一个主数据文件。如果没有指定 PRIMARY，则 CREATE DATABASE 语句中列出的第一个文件将成为主数据文件。

LOG ON：指定显式定义的用来存储数据库日志的磁盘文件（事务日志文件）。LOG ON 后跟以逗号分隔的、用于定义日志文件的文件属性项列表。如果没有指定 LOG ON，系统将自动创建一个事务日志文件，其大小为该数据库中所有数据文件大小总和的 25%或 512KB，取两者之中的较大者。

logical_file_name：指定文件的逻辑名称。引用文件时，在 SQL Server 中使用的是逻辑名称。logical_file_name 在数据库中必须是唯一的，必须符合标识符规则。名称可以是字符或 Unicode 常量，也可以是常规标识符或分隔标识符。

os_file_name：指定操作系统（物理）文件名称。这是创建文件时由操作系统使用的路径和文件名，指定路径必须存在。

不应将数据文件放在压缩文件系统中，除非这些文件是只读的辅助数据文件或者数据库是只读的。事务日志文件一定不能放在压缩文件系统中。

如果未指定数据文件的名称，则 SQL Server 使用 database_name 作为 logical_file_name 和 os_file_name。

【演练 6-2】 下面以创建一个名为 UserManagement 的数据库为例，介绍在 SQL Server Management Studio 中使用查询编辑器，用 T-SQL 语句创建数据库的过程。把磁盘数据文件创建到 C:\Data 文件夹中（如果没有该文件夹，要先在 Windows 资源管理器中创建）。

① 在 SQL Server Management Studio 中，单击工具栏中的"新建查询"按钮，在右侧窗格显示查询编辑器，如图 6-5 所示。

② 在查询编辑器中输入如下代码，以创建名为 UserManagement 的数据库，并按默认值创建相应的主数据文件和事务日志文件：

```
CREATE DATABASE UserManagement    --数据库名
    ON
        PRIMARY
        (
            NAME = 'UserManagement_data' ,   --主数据文件逻辑名
            FILENAME = 'C:\Data\UserManagement_data.mdf'   --主数据文件物理名
        )
```

```
    LOG ON
    (
        NAME = 'UserManagement_log',    --日志文件逻辑名
        FILENAME = 'C:\Data\UserManagement_log.ldf'    --日志文件物理名
    );
    GO
```

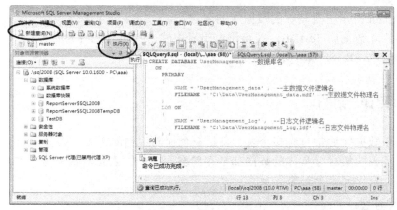

图 6-5　执行创建数据库命令

在上面代码中，GO 命令不是 Transact-SQL 语句，它是 SQL Server Management Studio 代码编辑器识别的命令。SQL Server 应用程序可以将多个 Transact-SQL 语句作为一个批处理发送到 SQL Server 中的实例来执行，使用 GO 命令作为批处理结束的信号。

当前批处理语句由上一条 GO 命令后输入的所有语句组成。如果是第一条 GO 命令，则由即席会话或脚本开始后输入的所有语句组成。GO 命令和 Transact-SQL 语句不能在同一行中。

在单个批处理中提交多条语句时，可以用关键字 GO 分隔各语句。当批处理中只包含一条语句时，GO 命令是可选的。

③ 单击查询编辑器上方的"执行"按钮 !执行(X) 或按 F5 键，开始执行创建数据库的操作，在"消息"窗格中将显示"命令已成功完成。"的提示，如图 6-5 所示。

最好在执行代码前先单击"分析"按钮 ✓ 或按 Ctrl+F5 组合键，对输入的代码进行分析检查，检查通过后，再执行命令。

在对象资源管理器中刷新后，可以看到创建的 UserManagement 数据库。在 Windows 资源管理器中，可以看到 C:\Data 文件夹下创建的两个磁盘数据库文件（UserManagement_data.mdf 和 UserManagement_log.ldf）。

要关闭查询编辑器，可单击查询编辑器右上角的关闭按钮 ✗，将弹出是否保存查询提示框。如果不需要保存，则单击"否"按钮；如果单击"是"按钮，将弹出"另存为"对话框。

3．删除数据库

执行删除数据库操作将从 SQL Server 实例中删除数据库，并删除该数据库使用的物理磁盘文件。注意，不能删除系统数据库。

（1）在对象资源管理器中删除数据库

使用 SQL Server Management Studio 中的对象资源管理器删除用户定义的数据库，操作步骤如下。

① 在对象资源管理器中，连接到 SQL Server 数据库引擎实例，然后展开该实例。

② 展开"数据库"节点，右击要删除的数据库，从快捷菜单中执行"删除"命令。
③ 显示"删除对象"窗口，确认选择了正确的数据库后，再单击"确定"按钮。
（2）在查询编辑器中用 T-SQL 语句删除数据库

删除数据库的 T-SQL 语句是 DROP DATABASE，其基本语法格式如下：

  DROP DATABASE database_name ;

参数说明如下。

database_name：指定要删除的数据库的名称。

例如，要删除数据库 TestDB，在查询编辑器中输入如下代码并执行：

  DROP DATABASE TestDB;

6.2 表的操作

SQL Server 数据库通常包含多个表。表是一个存储数据的实体，具有唯一的名称。可以说，数据库实际上是表的集合，具体的数据都是存储在表中的。表是对数据进行存储和操作的一种逻辑结构，每个表代表一个对象。

1．数据类型类别

表中字段的数据类型可以是 SQL Server 提供的系统数据类型，也可以是用户定义的数据类型。SQL Server 2008 提供了丰富的系统数据类型，见表 6-1。

表 6-1　系统数据类型

数 据 类 型	符 号 标 识
整数型	bigint, int, smallint, tinyint
精确数值型	decimal, numeric
浮点型	float, real
货币型	money, smallmoney
位型	bit
字符型	char, varchar, varchar(MAX)
Unicode 字符型	nchar, nvarchar, nvarchar(MAX)
文本型	text, ntext
二进制型	binary, varbinary, varbinary(MAX)
日期时间类型	datetime, smalldatetime, date, time, datetime2, datetimeoffset
时间戳型	timestamp
图像型	image
其他	cursor, sql_variant, table, uniqueidentifier, xml, hierarchyid

2．设计表

对于具体的某个表，在创建之前，需要确定表的下列特征：
① 表中要包含的数据的类型。
② 表中的列数，每列中数据的类型和长度（如果必要）。
③ 哪些列允许为空值。
④ 是否要使用以及何处使用约束、默认设置和规则。
⑤ 所需索引的类型，哪里需要索引，哪些列是主键，哪些是外键。

表的命名也采用 Pascal 命名规则，应以完整单词命名，避免使用缩写。

例如，用户会员管理的数据库名为 UserManagement。用户注册功能需要用两个数据表，一个用于保存用户的会员资料，表名为 UserInfo，表中记录唯一；另一个表保存每次登录时的时间等信息，表名为 UserLogin，对于一个会员，表中记录可能有多条。UserInfo 表与 UserLogin 表的关系是一对多。

列名也建议采用 Pascal 命名规则。数据表 UserInfo 中的列名及其意义见表 6-2。

表 6-2 UserInfo 表结构

列 名	类型和长度	说 明
UserID	int	用于标识用户的 ID 号，自动增 1，主键，不允许为空
UserName	varchar(30)	会员名，表中唯一，只能是字母和数字，不允许为空
UserPassword	varchar(32)	密码，只能是字母和数字，不允许为空
UserGender	nvarchar(2)	性别，单选，值可为"男"、"女"或"保密"（默认）
UserEmail	varchar(30)	邮件地址
UserAsk	nvarchar(30)	用户提示信息的问题
UserAnswer	nvarchar(30)	用户提示信息的答案
CreatedTime	datetime	用户创建日期和时间
IsPass	bit	用户状态，true 为通过审核（默认），false 为停用

对于 UserID 这类设为自动增长的主键，在向表中添加、修改记录时，不用向该字段进行数据操作。

数据表 UserLogin 中的列名及其意义见表 6-3。

表 6-3 UserLogin 表结构

列 名	类型和长度	说 明
UserLoginID	int	用于标识用户的 ID 号，自动增 1，主键，不允许为空
UserID	int	用于标识用户的 ID 号，不允许为空
LoginDate	smalldatetime	会员登录时的日期时间（DateTime.Now.Date.ToShortDateString()）
LoginIP	char(20)	会员登录 IP（Request.UserHostAddress.ToString()）

注意，User 是系统关键字，所以 User 不能作为表名。

3．创建表

在当前打开的数据库中创建表。

（1）在对象资源管理器中创建表

【演练 6-3】用对象资源管理器，在 UserManagement 数据库中按表 6-2 创建表 UserInfo。

① 在对象资源管理器中，在"数据库"节点下展开 UserManagement 数据库。

② 右击"表"节点，从快捷菜单中执行"新建表"命令。

③ 右侧显示表设计窗格，如图 6-6 所示。在"列名"栏下输入字段名，在"数据类型"栏下的下拉列表中选择字段类型，在"允许 Null 值"栏下根据需要取消或选中复选框。

在"列属性"选项卡中设置或修改列的属性，如列名、长度、默认值、数据类型等。由于 UserID 是自动增 1 的主键，因此"数据类型"设置为 int，在下部的"列属性"区中，展开"标识规范"，在"（是标识）"后选定"是"，默认标识增量为 1，如图 6-6 所示。

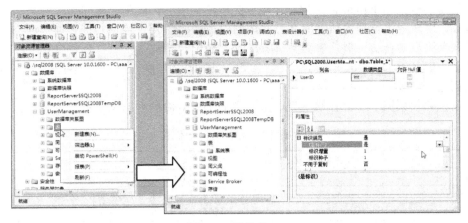

图 6-6 新建表

按表 6-2 依次输入或设置列名、数据类型、长度和允许 Null 值等表的基本属性,完成后的表的基本结构如图 6-7 所示。

④ 设置主键。右击列名左侧的区域,从快捷菜单中单击"设置主键"命令,如图 6-8 所示。在设置为主键的列的左侧将显示钥匙图标 ♀ 。务必设置 UserID 为主键。

⑤ 保存或关闭表设计窗格。单击该窗格右上角的 × 按钮,弹出保存表对话框,单击"是"按钮。之后弹出"选择名称"对话框,输入表名,例如 UserInfo,单击"确定"按钮。创建表后,在对象资源管理器中展开该表,可以看到表的各个属性,如列、键等,如图 6-9 所示。

图 6-7 创建完成的表结构　　　图 6-8 设置主键　　　图 6-9 创建好的表及其属性

(2) 在查询编辑器中用 T-SQL 语句创建表

创建表的 T-SQL 语句是 CREATE TABLE,其基本语法格式如下:

```
CREATE TABLE table_name
  (
   column_name type_name [PRIMARY KEY | UNIQUE] [NULL | NOT NULL] ,
   column_name type_name [NULL | NOT NULL] ,
   …
  );
```

参数说明如下。

table_name：新表的名称。表名必须遵循标识符规则。table_name 最多可包含 128 个字符。

column_name：表中列的名称。列名必须遵循标识符规则，并且在表中是唯一的。column_name 最多可包含 128 个字符。

type_name：指定列的数据类型。

PRIMARY KEY：通过唯一索引对给定的一列或多列强制进行实体完整性的约束。每个表只能创建一个 PRIMARY KEY 约束。

UNIQUE：约束。该约束通过唯一索引为一个或多个指定列提供实体完整性。一个表可以有多个 UNIQUE 约束。

NULL | NOT NULL：确定列中是否允许使用空值。严格来讲，NULL 不是约束，但可以像指定 NOT NULL 那样指定它。

【演练6-4】 用 T-SQL 语句，在 UserManagement 数据库中按表 6-3 创建表 UserLogin。

① 在 SQL Server Management Studio 中，单击工具栏中的"新建查询"按钮，在右侧窗格中显示查询编辑器。

② 在查询编辑器中输入如下代码：

```
USE UserManagement          --打开数据库 UserManagement
CREATE TABLE UserLogin      --表名 UserLogin
(
    UserLoginID int PRIMARY KEY IDENTITY(1,1) NOT NULL, --主键，增 1，非空
    UserID int NOT NULL,
    LoginTime datetime NULL,
    LoginIP char(20) NULL,
);
GO
```

③ 单击查询编辑器上方的"执行"按钮或按 F5 键，执行创建的表代码。

④ 在"对象资源管理器"中刷新后可以看到 UserManagement 数据库下已经创建的 UserLogin 表。

⑤ 单击查询编辑器右上角的"关闭"按钮✖，关闭查询编辑器。

4．修改表

在 SQL Server Management Studio 中，可以修改表的结构（如添加列、修改列的数据类型等）。

（1）设置阻止保存的选项

在修改表结构时，可能会弹出如图 6-10 所示的对话框，提示无法保存修改。如果希望在修改表时不出现此对话框，执行菜单命令"工具"→"选项"，在打开的"选项"对话框中选择"Designers"类别下的"表设计器和数据库设计器"项，在右侧取消选中"阻止保存要求重新创建表的更改"复选框，如图 6-11 所示，完成操作后单击"确定"按钮，接下来就可以对表进行更改了。

（2）修改表结构

在对象资源管理器中，右击需要修改表的表名，在快捷菜单中执行"设计"命令，如图 6-12 所示，右侧窗格将显示表设计视图，可以像创建表一样输入表各列的属性。注意设置 UserLoginID 为主键。

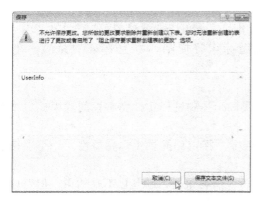

图 6-10 提示对话框　　　　　图 6-11 解除阻止保存的选项

图 6-12 表的快捷菜单

（2）修改表名

在对象资源管理器中，右击需要修改表的表名，从快捷菜单中执行"重命名"命令，该表名处出现插入点光标，允许输入新的表名。

5．删除表

在对象资源管理器中，右击需要删除的表名，从快捷菜单中执行"删除"命令，将删除该表。

6.3 记录的操作

记录操作包括向表中插入新记录、修改记录和删除记录。

1．通过表记录视图操作记录

在对象资源管理器中，右击要操作记录的表，从快捷菜单中执行"编辑前 200 行"命令，在右侧窗格中将显示记录视图，在其中输入记录即可。如图 6-13 所示是在 UserInfo 表中输入记录后的显示。

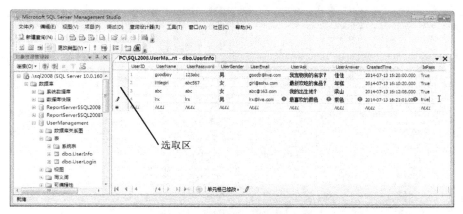

图 6-13 在表视图中输入记录

要修改记录，可单击要修改的字段，然后直接输入新值。

要删除记录，首先在要删除的行左端的选取区中单击，如图 6-13 所示，选中该行，然后右击，从快捷菜单中单击"删除"命令。

注意，由于 UserID 列属性为自动增加，所以该列不用输入或修改。

2．用 T-SQL 添加记录

将新行添加到表中的 T-SQL 语句是 INSERT INTO，其基本语法格式如下：

  INSERT INTO table_name
    [(column_name, column_name…)] VALUES (expression, expression…)；

参数说明如下。

table_name：要添加数据的表的名称。

column_name：要在其中插入数据的一列或多列的列名。必须用圆括号将列名表括起来，并且用逗号分隔。

VALUES：要插入的数据值的列表。VALUES 列表的顺序必须与表中各列的顺序相同，且此列表中必须包含与表中各列或 column 对应的值。必须用圆括号将值列表括起来。

expression：一个常量、变量或表达式。可为 Null 值。

【演练 6-5】 用 T-SQL 语句，在 UserManagement 数据库中，向 UserInfo 表中添加行记录。

① 在 SQL Server Management Studio 中，单击工具栏中的"新建查询"按钮，在右侧窗格中显示查询编辑器。

② 在查询编辑器中输入如下代码：

  USE UserManagement --打开数据库 UserManagement
  INSERT INTO UserInfo --添加到 UserInfo 表，指定列名和列值
  (UserName, UserPassword, UserGender, UserEmail, UserAsk, UserAnswer, CreatedTime, IsPass)
  values ('oldcat','catcat','女','liucat@163.com','最喜欢吃的动物？','老鼠','2014-8-10 9:12','true');
  GO
  SELECT * FROM UserInfo --显示 UserInfo 表中的所有记录
  GO

③ 首先单击工具栏中的"分析"按钮 ✓，在代码正确的前提下再单击"执行"按钮执行代码，如图 6-14 所示。

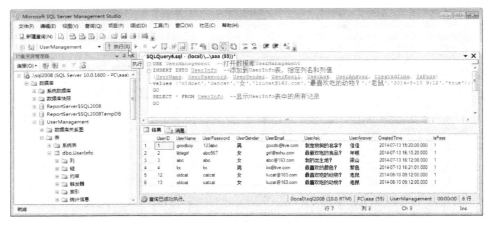

图 6-14 执行代码

有两种方法查看表记录，一是在对象资源管理器中右击 dbo.UserInfo 节点，从快捷菜单中执行"编辑前 200 行"命令，将以编辑方式显示记录；二是在快捷菜单中执行"选择前 1000 行"命令，在"结果"窗格中显示记录。

3. 用 T-SQL 修改记录

使用 UPDATE 语句可以按照某个条件修改表中的现有行的列值。修改表中行的列值的 T-SQL 语句是 UPDATE，其基本语法格式如下：

  UPDATE table_name
    SET column_name = expression, column_name = expression …
    [WHERE search_condition] ;

参数说明如下。

table_name：要更新行的表的名称。

SET：指定要更改的列和这些列的新值。对所有符合 WHERE 子句搜索条件的行，将使用 SET 子句中指定的值更新指定列中的值。

column_name：包含要更改的数据的列。column_name 必须已存在于 table_name 中。

expression：返回单个值的变量、文字值、表达式或嵌套 SELECT 语句（加括号）。expression 返回的值将替换 column_name 中的现有值。

WHERE：指定条件来限定所更新的行。如果没有指定 WHERE 子句，则更新所有行。

search_condition：为要更新的行指定需要满足的条件。

【演练 6-6】 用 T-SQL 语句，在 UserManagement 数据库中，修改表 UserInfo 中的数据。

下面代码将 UserInfo 表中 UserName（用户名）为"oldcat"的 UserPassword（密码）改为"abc123"，IsPass 改为"false"。

```
    USE UserManagement    --打开数据库 UserManagement
    UPDATE UserInfo
        SET UserPassword = 'abc123', IsPass = 'false'
        WHERE UserName = 'oldcat';
    GO
    SELECT * FROM UserInfo    --显示 UserInfo 表中的所有记录
    GO
```

执行的结果如图 6-15 所示，可以看到，3 行满足条件的记录都被修改了。

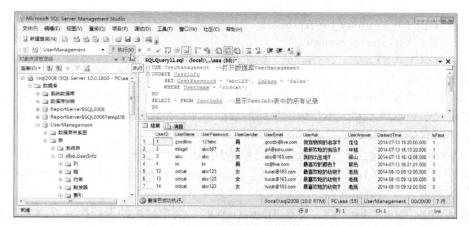

图 6-15　更新满足条件的行的指定列的值

4．用 T-SQL 删除记录

使用 DELETE 语句可以按照某个指定条件删除表中的行。删除表中行的 T-SQL 语句是 UPDATE，其基本语法格式如下：

DELETE
　FROM table_name
　[WHERE search_condition]；

参数说明如下。

table_name：要删除行的表的名称。

WHERE：指定用于限制删除行数的条件。如果没有提供 WHERE 子句，则 DELETE 删除表中的所有行。

search_condition：指定删除行的限定条件。例如，基于 WHERE 子句中所指定的条件，指定条件以限定要删除的行，其形式为 WHERE column_name = value。如果搜索条件不能唯一地标识单行，则 DELETE 语句将删除多行。

【演练 6-7】　使用 T-SQL 语句从 UserInfo 表中删除 UserName 为"oldcat"的所有行。

　　USE UserManagement　--打开数据库 UserManagement
　　DELETE FROM UserInfo
　　　　WHERE UserName = 'oldcat';

6.4　查询的操作

1．SELECT 语句

查询操作用于从数据库中检索行，并从一个或多个表中选择一个或多个行或列。使用 SELECT 语句实现查询操作，SELECT 语句主要用于从数据库中返回需要的数据集。SELECT 语句的完整语法较复杂，其基本语法格式如下：

　　SELECT select_list
　　　[INTO new_table]
　　　FROM table_source_list
　　　[WHERE search_condition]

```
    [ GROUP BY group_by_expression]
    [ HAVING search_condition]
    [ ORDER BY order_expression [ ASC | DESC ] ] ;
```
参数的说明如下。

select_list：选择列表用来描述数据集的列，它是一个用逗号分隔的表达式列表。在每个表达式中都定义了数据类型和大小及数据集列的数据来源。在选择列表中可以使用"*"符号指定返回源表中所有的列（字段）。

INTO new_table：根据选择列表中的列和 WHERE 子句选择的行，指定要创建的新表名。new_table 中的列按选择列表指定的顺序创建。new_table 中的每列与选择列表中的相应表达式具有相同的名称、数据类型和值。

FROM table_source_list：指定要在 Transact-SQL 语句中使用的表、视图或派生表源列表。各个表源在 FROM 关键字后的顺序不影响返回的结果集。在 SELECT 语句中，FROM 子句是必需的。

WHERE search_condition：指定查询返回的行的搜索条件。

GROUP BY group_by_expression：按一个或多个列或表达式的值将一组选定行组合成一个摘要行集，针对每一组返回一行。

HAVING search_condition：指定组或聚合的搜索条件。HAVING 只能与 SELECT 语句一起使用。HAVING 通常在 GROUP BY 子句中使用。如果不使用 GROUP BY 子句，则 HAVING 的行为与 WHERE 子句一样。

ORDER BY order_by_expression：指定在 SELECT 语句返回的列中所使用的排序顺序。order_by_expression 指定要排序的列。使用 ASC（默认）或 DESC 指定排序是升序还是降序。

2．WHERE、GROUP BY 和 HAVING 子句的处理顺序

带 WHERE 子句、GROUP BY 子句和 HAVING 子句的 SELECT 语句的处理顺序如下。
① FROM 子句返回初始结果集。
② WHERE 子句排除不满足搜索条件的行。
③ GROUP BY 子句将选定的行收集到 GROUP BY 子句中各个唯一值的组中。
④ 选择列表中指定的聚合函数可以计算各组的汇总值。
⑤ 此外，HAVING 子句排除不满足搜索条件的行。

3．数据库查询需要注意的问题

（1）字符串中的单引号

SQL 语句中的字符串（字符型常量）一定要用单引号"'"括起来。例如：
　　SELECT * FROM UserInfo WHERE UserName LIKE '%g%' ;
如果要查询的关键字本身含有单引号，则要用两个连续的单引号表示一个单引号。

（2）数据库空值的处理

在程序中，p_str=""与 p_str IS Null 是不同的。在读取数据库时，如果返回值是 Null，则把它赋值给 String 型的变量时会出错，需要另外判断它是否为空值。为了减少出错，在设计数据库时尽量指定字段为非空并设定默认值。

（3）ORDER BY 子句的使用

对查询结果使用 ORDER BY 子句进行排序时，用来排序的列必须在查询中列出。例如：
　　SELECT **UserID**,LoginTime,LoginIP FROM UserLogin ORDER BY **UserID**;

（4）多表连接查询时的问题

在对数据库中的多张表进行查询时，如果有列名重名，则一定要指定该列的表名或别名。

4．SELECT 语句示例

（1）使用简单 FROM 子句

【演练 6-8】 从 UserManagement 数据库的 UserInfo、UserLogin 表中检索数据。在查询编辑器中可以执行代码，查看运行结果。

① 返回 UserInfo 表中的所有行（未指定 WHERE 子句）和所有列（使用*），语句如下：

```
USE UserManagement    --打开数据库 UserManagement
SELECT * FROM UserInfo;
GO
```

② 返回 UserInfo 表的所有行（未指定 WHERE 子句）和列子集（UserID、UserName），此外，还添加了一个列标题，并按 UserID 升序排列显示，语句如下：

```
SELECT UserID, UserName AS '用户名'
    FROM UserInfo
    ORDER BY UserID ASC ;
```

③ 仅返回 UserLogin 表中包含 2014 年 8 月 17 日之后登录的 UserID 为 2 的那些行，语句如下：

```
SELECT *
    FROM UserLogin
    WHERE LoginTime>='2014-8-17' AND UserID=2 ;
```

④ 按 UserID 将 UserLogin 表分组，每个 UserID 返回一行，并显示登录次数，语句如下：

```
SELECT UserID, COUNT(UserID) AS '登录次数'
    FROM UserLogin
    GROUP BY UserID ;
```

⑤ 如果要在查询结果显示 UserID 对应的 UserName，则要采用多表连接，代码如下：

```
SELECT L.UserID, U.UserName, COUNT(L.UserID) AS '登录次数'
    FROM UserLogin L    --L 为 UserLogin 别名
    INNER JOIN UserInfo U ON L.UserID = U.UserID    --U 为 UserInfo 的别名
    GROUP BY L.UserID, U.UserName
    ORDER BY L.UserID ;
```

⑥ 显示带聚合函数的 HAVING 子句，该子句按 UserID 将 UserLogin 表中的行进行分组，并查找 UserID 等于 2 的行，语句如下：

```
SELECT UserID, COUNT(UserID) AS '登录次数'
    FROM UserLogin
    GROUP BY UserID
    HAVING UserID = 2;
```

6.5 数据表脚本的生成和执行

采用脚本可以备份数据库，或者从一台服务器迁移到另一台服务器。

1. 生成数据表脚本

SQL Server 2008 除了导出表的定义外，还支持将表中的数据导出为脚本。

【演练 6-9】 生成 UserManagement 数据库的脚本文件。

① 在对象资源管理器中右击需要生成脚本的数据库 UserManagement，从快捷菜单中执行"任务"→"生成脚本"命令。

② 打开"脚本向导"对话框，单击"下一步"按钮。在"选择数据库"页面中，选中 UserManagement 数据库，并选中"为所选数据库中的所有对象编写脚本"复选框，如图 6-16 所示，单击"下一步"按钮。

③ 显示"选择脚本选项"页面，将"编写数据的脚本"选项设置为 true（见图 6-17），"为服务器版本编写脚本"选项可以设置为 SQL Server 2008（默认）、SQL Server 2005 或 SQL Server 2000。用户还可以根据需要设置其他选项。单击"下一步"按钮。

图 6-16 "选择数据库"页面　　　　　图 6-17 "选择脚本选项"页面

④ 显示"输出选项"页面，可将脚本模式设置为"将脚本保存到文件"或"将脚本保存到'新建查询'窗口"。本例选择默认设置，将脚本保存到"新建查询"窗口。单击"下一步"按钮。

⑤ 单击"完成"按钮，生成脚本。单击"关闭"按钮，关闭"脚本向导"对话框，生成的脚本出现在查询编辑器中，如图 6-18 所示。

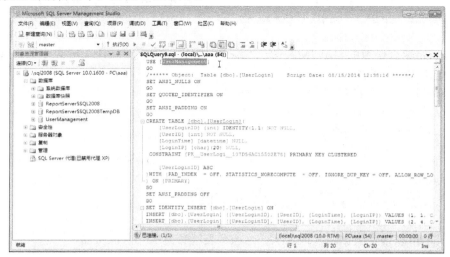

图 6-18 在查询编辑器中生成的脚本

2．执行数据表脚本

执行数据表脚本可以生成数据表及其记录。

【演练 6-10】 执行如图 6-18 所示查询编辑器中生成的脚本，生成数据表及其记录。

① 由于在如图 6-17 所示的"选择脚本选项"页面中没有选中"编写数据库的脚本"，所以在生成的脚本中不包含创建数据库的脚本。我们可以在 SQL Server Management Studio 中，通过对象资源管理器手工创建一个新的数据库 UserManagementTemp。

② 修改生成的脚本中的 USE [UserManagement]为 USE [UserManagementTemp]。

③ 单击工具栏中的"执行"按钮，运行脚本。

④ 在对象资源管理器中展开 UserManagementTemp 数据库中的"表"节点，可以看到表 UserInfo、UserLogin 及表中的行。

6.6 数据库的分离和附加

如果要把在某台 SQL Server 服务器中运行的用户数据库迁移到另外一台 SQL Server 服务器中运行，可用分离和附加数据库操作。

1．分离数据库

分离数据库是指将数据库从 SQL Server 实例中删除，但组成该数据库的数据文件和事务日志文件仍然存放在磁盘中。之后，可以使用这些文件将数据库附加到任何 SQL Server 实例中。

【演练 6-11】 下面以分离 UserManagement 为例，介绍使用分离数据库的操作方法。

① 在对象资源管理器中，连接到 SQL Server 数据库引擎实例，再展开该实例。

② 展开"数据库"节点，并选择要分离的用户数据库的名称 UserManagement。

③ 右击数据库名称 UserManagement，从快捷菜单中执行"任务"→"分离"命令。

④ 弹出"分离数据库"对话框，如图 6-19 所示。选中"删除连接"栏下的复选框，单击"确定"按钮。新分离的数据库 UserManagement 将从对象资源管理器的"数据库"节点下消失。

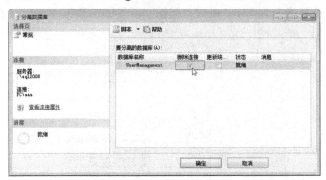

图 6-19 "分离数据库"对话框

现在,可以把 C:\Data 文件夹中的 UserManagement 数据库对应的两个文件复制到其他位置，例如复制到 C:\DataBak 文件夹，或者移动存储器中。

2．附加数据库

可以附加复制的或分离的 SQL Server 数据库。通常，附加数据库后会将数据库重置为它分离或复制时的状态。附加后，该数据库会启动。

对于从网上下载或从其他计算机复制到本地磁盘上的 SQL Server 数据库文件，要先附加到 SQL Server 中。

附加数据库时，所有数据文件（MDF 文件和 NDF 文件）都必须可用。如果任何数据文件的路径不同于首次创建数据库或上次附加数据库时的路径，则必须指定文件的当前路径。

【演练 6-12】　下面把 C:\Data 文件夹中的数据库附加到当前的 SQL Server 实例中。

① 在对象资源管理器中，连接到 Microsoft SQL Server 数据库引擎实例，然后展开该实例。
② 右击"数据库"节点，从快捷菜单中执行"附加"命令，如图 6-20 所示。
③ 弹出"附加数据库"对话框，如图 6-21 所示，单击"添加"按钮。

图 6-20　数据库的快捷菜单

图 6-21　"附加数据库"对话框

④ 弹出"定位数据库文件"对话框，选择数据库所在的磁盘驱动器并展开目录树以查找并选择数据库的 .mdf 文件，例如，C:\Data\UserManagement_data.mdf，如图 6-22 所示，单击"确定"按钮。

⑤ 返回"附加数据库"对话框，将显示添加的数据库，如图 6-23 所示。

要为附加的数据库指定不同的名称，需要在"附加数据库"对话框的"要附加的数据库"列表框的"附加为"列中输入名称。

⑥ 准备好附加数据库后，单击"确定"按钮，新附加的数据库将出现在"数据库"节点下。

图 6-22　"定位数据库文件"对话框

图 6-23　返回"附加数据库"对话框

6.7 实训

【实训 6-1】 在 SQL Server 中创建数据库 Employee，其中包含两个表，并向表中添加记录，见表 6-4、表 6-5。

表 6-4 职工基本情况表（EmployeeInfo）

编号	姓名	性别	年龄	部门	职务
0001	张三	男	30	办公室	主任
0002	李四	女	28	办公室	副主任
0003	王五	男	24	财务处	科员
0004	赵六	女	21	教务处	科员

表 6-5 职工工资表（EmployeeWage）

编号	基本工资	职务工资	补贴	奖金	扣税
0001	900.00	400.00	74.00	300.00	78.00
0002	870.00	300.00	68.00	300.00	45.00
0003	500.00	200.00	60.00	200.00	19.00
0004	500.00	200.00	50.00	200.00	12.00

【实训 6-2】 使用实训 6-1 创建的数据库和表中的记录，写出实现下列要求的 T-SQL 语句：
① 查询所有男职工的记录。
② 查询所有收入在 1500 元以上的所有记录。
③ 多表连接查询，查询所有收入在 1500 元以上的记录，同时在记录中显示姓名。

【实训 6-3】 在 SQL Server Management Studio 中分离和附加保存在不同磁盘中的数据库。

【实训 6-4】 从网上下载一个 SQL Server 数据库应用系统（如 ASP.NET 数据库网站 BBS 等），将其中的 SQL Server 数据库附加到当前 SQL Server 实例中。

第 7 章　使用.NET 数据提供程序访问数据库

本章内容：.NET 数据提供程序概述，数据库的连接字符串，连接数据库的 Connection 对象，执行数据库命令的 Command 对象，读取数据的 DataReader 对象，数据读取器的 DataAdapter 对象。
本章重点：Connection 对象，Command 对象，DataReader 对象。

7.1　ADO.NET 简介

ADO.NET 是 Microsoft 发布的一种数据访问技术，作为.NET Framework 的一部分，ADO.NET 提供了一组.NET Framework 数据访问的类，这些类提供了对关系数据、XML 和应用程序数据的访问。

7.1.1　ADO.NET 的数据模型

ASP.NET 使用 ADO.NET 数据模型来实现对数据库的连接和各种操作。ADO.NET 数据模型由 ADO 发展而来，其主要特点如下。

① ADO.NET 不再采用传统的 ActiveX 技术，是一种与.NET 框架紧密结合的产物。
② ADO.NET 包含对 XML 标准的全面支持，这对于实现跨平台的数据交换具有十分重要的意义。
③ ADO.NET 既能在数据源连接的环境下工作，也能在断开数据源连接的条件下工作。特别是后者，非常适合网络环境多用户应用的需要。因为在网络环境中，若持续保持与数据源的连接，不但效率低下而且占用系统资源也是很大的，常常会因多个用户同时访问同一资源而造成冲突。ADO.NET 较好地解决了在断开网络连接的情况下正确进行数据处理的问题。

应用程序和数据库之间保持连续的通信，称为"已连接环境"。这种方法能及时刷新数据库，安全性较高。但是，由于需要保持持续的连接，因此需要固定的数据库连接。如果使用在 Internet 上，对网络的要求较高，并且不宜多个用户共同使用同一个数据库，所以扩展性差。一般，数据库应用程序使用该类型的数据连接。

随着网络的发展，许多应用程序要求能在与数据库断开的情况下进行操作，于是出现了非连接环境。这种环境中，应用程序可以随时连接到数据库获取相应的信息。但是，由于与数据库的连接是间断的，因此获得的数据可能不是最新的，并且对数据进行更改时可能引发冲突，因为在某一时刻可能有多个用户同时对同一数据操作。

ADO.NET 采用了层次管理的结构模型，各部分之间的逻辑关系如图 7-1 所示。该结构的顶层是应用程序（ASP.NET 网站或 Windows 应用程序），中间是数据层（ADO.NET）和数据提供器（Provider），在这个层次中，数据提供器起到了关键的作用。

数据提供器（也称为"数据提供程序"）相当于 ADO.NET 的通用接口，各种不同类型的数据源需要使用不同的数据提供器。它相当于一个容器，包括一组类及相关的命令，它是数据源（DataSource）与数据集（DataSet）之间的桥梁，负责将数据源中的数据读入到数据集（内存）中，也可将用户处理完毕的数据集保存到数据源中。

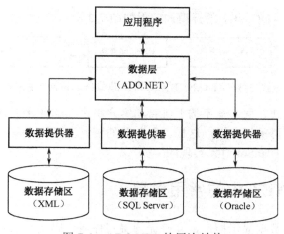

图 7-1 ADO.NET 的层次结构

7.1.2 ADO.NET 的两种访问数据的方式

在.NET 框架的 System.Data 命名空间及其子空间中有一些类，这些类被统称为 ADO.NET。使用 ADO.NET 可以方便地从 Microsoft Access、Microsoft SQL Server 或其他数据库中检索、处理数据，并能更新数据库中的数据表。

ADO.NET 提供了两种访问数据的方式：连接式数据访问方式和断开式数据访问方式。ADO.NET 相应地提供了两个用于访问和操作数据的主要组件：.NET Framework 数据提供程序（连接式数据访问方式）和 DataSet（断开式数据访问方式）。

1．.NET Framework 数据提供程序（.NET Framework Data Provider）

.NET Framework 数据提供程序是专门为数据操作以及快速、只进、只读访问数据而设计的组件，包括 Connection、Command、DataReader 以及 DataAdapter 等对象。通过这些对象，可以实现连接数据源、数据的维护等操作。

在连接模式下，客户机一直保持与数据库服务器的连接。这种模式适合数据传输量小、要求响应速度快、占用内存少的系统。典型的 ADO.NET 连接模式如图 7-2 所示。

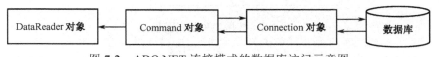

图 7-2 ADO.NET 连接模式的数据库访问示意图

作为.NET Framework 的数据提供程序的一部分，在 ADO.NET 的连接模式下，DataReader 对象只能返回向前的、只读的数据，这是由 DataReader 对象的特性所决定的。

2．DataSet

DataSet 是专门为独立于任何数据源的数据访问而设计的，因此，它可以用于多种不同的数据源，例如，用于 XML 数据，或者用于管理应用程序本地的数据，包括 DataSet、DataTable、DataRelation 等对象。DataSet 包含一个或多个 DataTable 对象的集合，这些对象由数据行和数据列以及有关 DataTable 对象中数据的主键、外键、约束和关系信息组成。

断开模式适合网络数据量大、系统节点多、网络结构复杂，尤其是通过 Internet/Intranet 进行连接的网络。典型的 ADO.NET 断开模式应用如图 7-3 所示。

图 7-3　ADO.NET 断开模式的数据库访问示意图

由于使用了断开模式，服务器不需要维持与客户机之间的连接，只有当客户机需要将更新的数据传回到服务器时再重新连接，这样，服务器的资源消耗较少，可以同时支持更多并发的客户机。断开模式是由 DataSet 对象实现的。

7.1.3　ADO.NET 中的常用对象

数据源控件及各类数据显示控件，几乎无须编写任何代码就可以方便地完成对数据库的一般操作。但是，若希望修改各类控件的外观设计或执行特殊的数据库操作，就显得有些困难了。

在 ASP.NET 中，除了可以使用控件完成数据库信息的浏览和操作外，还可以使用 ADO.NET 提供的各种对象，通过编写代码自由地实现更复杂、更灵活的数据库操作功能。

ADO.NET 对象主要指包含在数据集（DataSet）和数据提供器（Provider）中的对象。使用这些对象可通过代码自由地创建符合用户需求的数据库 Web 应用程序。

在 ADO.NET 中，数据集与数据提供器是两个非常重要而又相互关联的核心组件。它们二者之间的关系如图 7-4 所示。

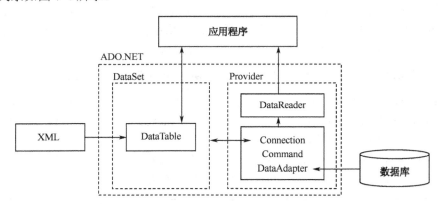

图 7-4　数据集与数据提供器

DataSet 对象用于以数据表形式在程序中放置一组数据，它不关心数据的来源。DataSet 是实现 ADO.NET 断开式连接的核心，应用程序从数据源读取的数据暂时被存放在 DataSet 中，程序再对其中的数据进行各种操作。

Provider 中包含许多针对数据源的组件，开发人员通过这些组件可以使程序与指定的数据源进行连接。Provider 主要包括 Connection 对象、Command 对象、DataReader 对象以及 DataAdapter 对象。Provider 用于建立数据源与数据集之间的连接，它能连接各种类型的数据源，并能按要求将数据源中的数据提供给数据集，或者将应用程序编辑后的数据发送回数据库。

本章主要介绍 Provider 中包含的对象以及使用这些对象实现数据库操作的基本步骤和方法，关于 DataSet 对象及其使用方法将在后续章节中单独介绍。

7.1.4 .NET 数据提供程序概述

1．.NET 数据提供程序简介

.NET Framework 中的数据提供程序（Data Provider）组件用于同数据源打交道，其功能是连接到数据库、执行命令和检索结果。它在数据源和代码之间创建最小的分层，并在不降低功能性的情况下提高性能。表 7-1 列出了.NET Framework 中所包含的数据提供程序。

表 7-1 .NET Framework 中所包含的数据提供程序

.NET Framework 数据提供程序	说 明
用于 SQL Server 的数据提供程序	提供对 SQL Server 7.0 或更高版本中数据的访问，使用 System.Data.SqlClient 命名空间
用于 OLE DB 的数据提供程序	提供对使用 OLE DB 公开的数据源中数据的访问，使用 System.Data.OleDb 命名空间
用于 ODBC 的数据提供程序	提供对使用 ODBC 公开的数据源中数据的访问，使用 System.Data.Odbc 命名空间
用于 Oracle 的数据提供程序	提供对使用 Oracle 8.1.7 和更高版本中数据的访问，使用 System.Data.OracleClient 命名空间
EntityClient 提供程序	提供对实体数据模型（EDM）应用程序的数据访问，使用 System.Data.EntityClient 命名空间

.NET Framework 数据提供程序提供了 4 个核心对象，这些对象及其功能见表 7-2。

表 7-2 组成.NET Framework 数据提供程序的 4 个核心对象

对 象	说 明
Connection	建立与特定数据源的连接。所有 Connection 对象的基类均为 DbConnection 类
Command	对数据源执行命令。公开 Parameters，并可在 Transaction 范围内从 Connection 执行。所有 Command 对象的基类均为 DbCommand 类
DataReader	从数据源中读取只进且只读的数据流。所有 DataReader 对象的基类均为 DbDataReader 类
DataAdapter	使用数据源填充 DataSet 并解决更新。所有 DataAdapter 对象的基类均为 DbDataAdapter 类

由于数据源不同，因此上述 4 个对象分别针对不同的数据源做了不同的实现。例如，对于 SQL Server 数据库，它们的具体实现是 SqlConnection、SqlCommand、SqlDataReader 和 SqlDataAdapter；对于 Access 数据库，它们的实现是 OleDbConnection、OleDbCommand、OleDbDataReader 和 OleDbDataAdapter。

除核心对象外，.NET Framework 数据提供程序提供的对象还有非核心对象，表 7-3 中列出了部分对象。

表 7-3 .NET Framework 数据提供程序的部分非核心对象

对 象	说 明
Transact	事务对象，在 AOD.NET 中使用事务
CommandBuilder	当与 DataAdapter 关联时，CommandBuilder 会自动生成 DataAdapter 的 InsertCommand、UpdateCommand 和 DeleteCommand 属性
Parameter	参数对象，定义命令和存储过程的输入、输出和返回值参数
Exception	例外对象，在 ADO.NET 遇到错误时返回
Error	错误对象，获取错误或者警告信息

本教材以访问 SQL Server 数据库为例来讲解这些对象。

2. 使用.NET 对象访问数据库的步骤

使用.NET Framework 数据提供程序的连接模式的对象，访问数据库的步骤如下：
① 使用 Connection 对象建立与数据库的连接。
② 使用 Command 对象执行 SQL 命令，向数据库索取数据。
③ 使用 DataReader 对象读取 Command 对象取得的数据。
④ 使用 DataReader 对象，利用 Web 控件以及相应的数据绑定，显示数据。
⑤ 完成读取操作后，关闭 DataReader 对象。
⑥ 关闭 Connection 对象。

7.2 数据库的连接字符串

为了连接到数据源，需要一个连接字符串。连接字符串提供了数据库服务器的位置、要使用的特定数据库及身份验证等信息。连接字符串由分号隔开的"属性=值;"组成，它指定数据库运行库的设置。关键字不区分大小写。但是，由于数据源的不同，值可能是区分大小写的。任何包含分号、单引号或双引号的值都必须用双引号引起来。连接字符串的参数经常会出现一些同等有效的同义词，其功能相同。有些参数由多个单词组成，单词之间的空格不能省略。

7.2.1 数据库连接字符串的常用参数

表 7-4 列出了数据库连接字符串的常用参数及说明。

表 7-4 数据库连接字符串的常用参数及说明

参 数	说 明
Provider	设置或返回连接提供程序的名称，仅用于 OleDbConnection 对象
Data Source 或 Serve 或 Address 或 Addr 或 Network Address	要连接的 SQL Server 实例的名称或网络地址
Initial Catalog 或 Database	要连接的数据库名称
User ID 或 Uid	SQL Server 登录账户（建议不要使用，为了保证最高级别的安全性，强烈建议改用 Integrated Security 或 Trusted_Connection 关键字）
Password 或 Pwd	SQL Server 账户登录的密码（建议不要使用，为了保证最高级别的安全性，强烈建议改用 Integrated Security 或 Trusted_Connection 关键字）
Integrated Security 或 Trusted_Connection	此参数决定连接是否为安全连接。当其值为 false（默认值）或 No 时，将在连接中指定用户 ID 和密码；当其值为 true、Yes、SSPI（强烈推荐）时，将使用当前的 Windows 账户凭据进行身份验证
Persist Security Info	当其值设置为 false（默认值）或 No（强烈推荐）时，如果连接是打开的或者一直处于打开状态，那么安全敏感信息（如密码）将不会作为连接的一部分返回。重置连接字符串将重置包括密码在内的所有连接字符串值。可识别的值为 true 和 false、Yes 和 No
Connection Timeout	在终止尝试并产生异常前，等待连接到服务器的连接时间长度（以秒为单位）。默认值是 15 秒

对于密码（Password 或 Pwd）和登录账户（User ID 或 Uid），其说明为：建议不要使用，为了保证最高级别的安全性，强烈建议改用 Integrated Security 或 Trusted_Connection 关键字。因为把密码和登录账户保存在连接字符串中，很容易被恶意用户获得，从而给数据库带来危害，

这种方式称为标准安全连接或非信任连接。通过使用信任连接来连接数据库，可以避免这一问题。本方法通过连接字符串的 Integrated Security 或 Trusted_Connection 属性，通知 SQL Server 使用当前用户的 Windows 登录信息进行登录。

7.2.2 连接到 SQL Server 的连接字符串

SQL Server 的.NET Framework 数据提供程序，通过 SqlConnection 对象的 ConnectionString 属性，设置或获取连接字符串，可以连接 Microsoft SQL Server 7.0 或更高版本。

有两种连接数据库的方式：信任连接和标准安全连接。

1．信任连接（Trusted Connection）

SQL Server 的集成安全性（也称为信任连接）有助于在连接到 SQL Server 时提供保护，使用 Windows 集成的安全性验证在访问数据库时安全性更高，因为它不会在连接字符串中公开用户 ID 和密码，是对连接进行身份验证的建议方法。

采用"Windows 身份验证模式"的 SQL Server 2005/2008，其连接字符串的一般形式如下：

"Data Source=服务器名; Initial Catalog=数据库名; Integrated Security=true"

如果要连接到本地的 SQL Server 命名实例，则 Data Source 使用"服务器名\实例名"语法（有的 SQL Server 服务器没有实例名，则使用"服务器名"语法）。例如，本机的 SQL Server 命名实例名称为"PC\SQL2008"（这个名称就是启动 SQL Server Management Studio 时，显示在"连接到服务器"对话框中"服务器名称"框中的内容），使用信任连接，连接到 UserManagement 数据库的连接字符串为：

"Data Source= PC\SQL2008; Initial Catalog=UserManagement; Integrated Security=true"

如果连接本地的 SQL Server 数据库且定义了实例名，则 Data Source 参数也可以写为".\实例名"或"localhost\实例名"；如果是远程服务器，则将"."或"localhost"替换为远程服务器的名称或 IP 地址。这样，上面的连接字符串可以改为：

"Data Source=.\SQL2008; Initial Catalog=UserManagement; Integrated Security=true"

因为把 SQL Server 数据库附加到数据库服务器后就可以用信任连接，不需要对附加后的数据库添加密码，所以信任连接是本教材采用的连接数据的主要方式。

2．标准安全连接（Standard Security Connection），也称非信任连接

标准安全连接把登录账户（User ID 或 Uid）和密码（Password 或 Pwd）写在连接字符串中。标准安全连接方式的连接字符串的一般形式如下：

"Data Source=服务器名; Initial Catalog=数据库名; User ID=用户名; Password=密码"

若数据库名为 UserManagement，用户名为 sa，用户密码为 123，则连接字符串如下：

"Data Source=PC\SQL2008; Initial Catalog=UserManagement; User ID=sa; Password=123"

如果要使用标准安全连接，把 SQL Server 数据库附加到数据库服务器后，还要更改 sa 的密码。有关更改 sa 的密码或更改身份验证模式的方法，请参考相关资料。

7.2.3 连接字符串的存放位置

1．把连接字符串写在程序中

一般的初级教程多采用这种方法。这样写当然没有错误，但是要在许多页面中写入连接字

符串，如果需要改动连接字符串（如更换用户名和密码），就得逐个修改。

在应用程序代码中嵌入连接字符串可能导致安全漏洞和维护问题。此外，如果连接字符串发生更改，则必须重新编译应用程序。最佳做法是将连接字符串放在 web.config 文件中。

2．把连接字符串放在 web.config 文件中

（1）web.config 文件中连接字符串的常用属性

web.config 中的关键字遵循 CamelCase 命名约定。

在.NET Framework 2.0 及以上版本中，ConfigurationManager 类新增了 ConnectionStrings 属性，专门用来获取 web.config 配置文件中<configuration>元素的<connectionStrings>中的数据。<connectionStrings>中有 3 个重要的部分：字符串名、字符串的内容和数据提供器名称。

下面的 web.config 配置文件片段说明了用于存储连接字符串的架构和语法。在<configuration>元素中，创建一个名为<connectionStrings>的子元素并将连接字符串置于其中：

```
<connectionStrings>
    <add name="连接字符串名"
         connectionString="数据库的连接字符串"
         providerName="System.Data.SqlClient />
</connectionStrings>
```

子元素 add 用来添加属性。add 有 3 个属性：name、connectionString 和 providerName。
- name 属性是唯一标识连接字符串的名称，以便在程序中检索到该字符串。
- connectionString 属性是描述数据库的连接字符串。
- providerName 属性是描述.NET Framework 数据提供程序的固定名称，其名称为 System.Data.SqlClient（默认值）、System.Data.OldDb 或 System.Data.Odbc。

在应用程序中，任何页面上的任何程序代码或数据源控件都可以引用此连接字符串项。将连接字符串信息存储在 web.config 文件中的优点是，程序员可以方便地更改服务器名称、数据库或身份验证信息，而无须编辑各个网页。

Connection 对象的连接字符串保存在 ConnectionString 属性中，在程序中可以使用 ConnectionString 属性来获取或设置数据库的连接字符串。在程序中获得<connectionStrings>连接字符串的方法为：

System.Configuration.ConfigurationManager.ConnectionStrings["连接字符串名"].ConnectionString;

如果在程序中引入 ConfigurationManager 类的命名空间"using System.Configuration;"，则在程序中获得<connectionStrings>连接字符串的方法可简写为：

ConfigurationManager.ConnectionStrings["连接字符串名"].ConnectionString;

其中，ConnectionString 也可写为 ToString()。

（2）打开和修改 web.config 文件

【演练 7-1】 SQL Server 服务器名为 PC\SQL2008，数据库名为 UserManagement，要求采用信任连接。

在 web.config 文件中创建连接字符串的步骤如下。

① 在 Visual Studio 中新建一个空网站，如"C:\ex7_1"。

② 在解决方案资源管理器中，双击 web.config 文件名。

③ 打开 web.config 文件，把插入点设置到<configuration>元素中，如图 7-5 所示。

④ 输入子元素"<connectionStrings>"，这时将自动填充"</connectionStrings>"。把插入点设置到"<connectionStrings>"与"</connectionStrings>"之间，按 Enter 键插入空行。在空行

处输入下面代码（如图 7-6 所示）：

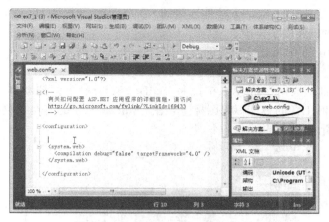

图 7-5　修改前的 web.config 文件

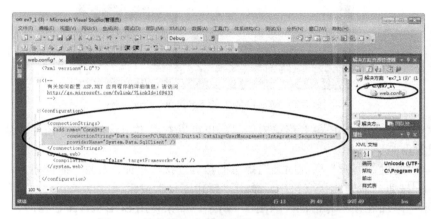

图 7-6　输入连接字符串后的 web.config 文件

<add name="ConnStr"
　　connectionString="Data Source=PC\SQL2008;Initial Catalog=UserManagement;Integrated Security=true"
　　providerName="System.Data.SqlClient" />

注意，要把"服务器名"更换为用户在自己计算机中安装的 SQL Server 的实例名称。

当 SQL Server 的"账户设置"为"混合模式"时，数据库连接字符串可使用"标准安全连接"或"信任连接"；为"Windows 身份验证模式"时，只能使用"信任连接"。所以，读者在练习时要根据需要和 SQL Server 的"账户设置"来选择数据库连接字符串。

7.2.4　用数据源控件生成连接字符串

"数据源"表示可用于应用程序的数据，数据源可从数据库（包括本地数据库文件）、Web 服务以及对象生成。数据源控件就是管理连接到数据源以及读取和写入数据等任务的 ASP.NET 控件。数据源控件不呈现任何用户界面，而是充当特定数据源（如数据库、XML 文件）与 ASP.NET 网页上的其他控件之间的中间方。

可以使用 SqlDataSource 控件连接到 Microsoft SQL Server 数据库。配置 SqlDataSource 控件

时,将在 web.config 文件中生成连接字符串,该字符串包含连接至数据库所需的信息。

【演练 7-2】 用 SqlDataSource 控件连接到 SQL Server 数据库 UserManagement,以实现在 web.config 中自动生成连接字符串。

① 在 Visual Studio 中新建一个空网站(如 C:\ex7_2),添加一个 Web 窗体,并切换到设计视图。

② 从工具箱的"数据"选项卡中,将 SqlDataSource 控件拖动到 Web 窗体上。单击 SqlDataSource 控件右上角的智能标记图标 ▷,在"SqlDataSource 任务"菜单中单击"配置数据源"项,如图 7-7 所示。

图 7-7 Web 窗体上的 SqlDataSource 控件

如果"SqlDataSource 任务"菜单未显示,也可以右击 SqlDataSource 控件,从快捷菜单中执行"配置数据源"命令。

③ 显示"配置数据源"向导的"选择您的数据连接"页面,如图 7-8 所示。单击"连接字符串"前的 + 按钮,展开连接字符串,单击"新建连接"按钮。

④ 显示"添加连接"对话框,如图 7-9 所示。如果使用 SQL Server 数据库,则"数据源"框中显示"Microsoft SQL Server(SqlClient)",因此不用单击"更改"按钮。

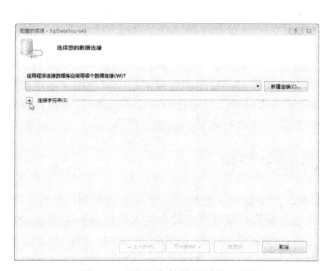

图 7-8 "选择您的数据连接"页面

图 7-9 "添加连接"对话框

单击"服务器名"组合框的下拉按钮，从下拉列表中选取服务器名，如"PC\SQL2008"。如果没有出现运行 SQL Server Management Studio 时显示在"连接到服务器"对话框中的"服务器名称"，可单击"刷新"按钮后再次查看，或者在该框中输入服务器名称。

在"登录到服务器"区中设置登录凭据。对于登录凭据，应选择适合访问和运行该 SQL Server 数据库的选项。本例选用"使用 Windows 身份验证"。如果选用"使用 SQL Server 身份验证"，则要输入用户名和密码（如输入用户名 sa 和密码）。

在"连接到一个数据库"区中，单击"选择或输入一个数据库名"组合框后的下拉按钮，从下拉列表中选取一个数据库名（如 UserManagement），或者输入该服务器中的一个有效数据库的名称。

单击"测试连接"按钮验证该连接是否有效。如果连接成功，则显示"测试连接成功"提示框，如图 7-10 所示。单击"确定"按钮关闭提示框。

单击"添加连接"对话框中的"确定"按钮，关闭"添加连接"对话框。

⑤ 回到"选择您的数据连接"页面，如图 7-11 所示，可以看到"连接字符串"框中已经生成连接字符串。单击"下一步"按钮。

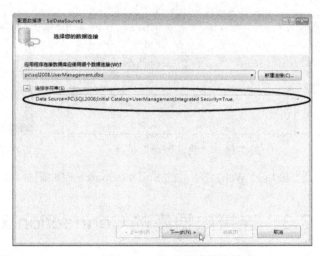

图 7-10　配置后的"添加连接"对话框　　　　图 7-11　生成的连接字符串

⑥ 显示"配置数据源"向导的下一个页面，如图 7-12 所示。选中"是，将此连接另存为"复选框，在其下的文本框中输入在应用程序配置文件中保存该连接时使用的名称（也可不改），将连接字符串保存到程序配置文件 web.config 中。单击"下一步"按钮。

⑦ 显示"配置 Select 语句"页面，如图 7-13 所示。这里使用默认设置，直接单击"下一步"按钮。

⑧ 显示"测试查询"页面，如图 7-14 所示，直接单击"完成"按钮。

⑨ 这样就准确无误地生成了连接字符串，而不用手工输入连接字符串。在解决方案资源管理器中，双击 web.config 文件名，可以看到生成的连接字符串，如图 7-15 所示。

图 7-12 连接字符串名

图 7-13 "配置 Select 语句"页面

图 7-14 "测试查询"页面

图 7-15 web.config 中生成的连接字符串

⑩ 最后把 Web 窗体上的 SqlDataSource 控件删掉。

7.3 连接数据库的 Connection 对象

数据库连接负责处理数据存储与.NET 应用程序之间的通信。因为 Connection 对象是数据提供程序的一部分，所以每个数据提供程序都使用自己的 Connection 对象。

7.3.1 Connection 对象概述

Connection 对象的功能是创建与指定数据源的连接，并完成初始化工作。它的一些属性描述数据源和用户身份验证。Connection 对象还提供一些方法允许程序员与数据源建立连接或者断开连接。

使用的 Connection 对象取决于数据源的类型，随.NET Framework 提供的每个.NET Framework 数据提供程序都具有一个 DbConnection 对象。微软提供了 4 种数据库连接对象：
- 要连接到 Microsoft SQL Server 7.0 或更高版本，使用 SqlConnection 对象。
- 要连接到 OLE DB 数据源，或者连接到 Microsoft SQL Server 6.x 或更低版本，或者连接到 Access，使用 OleDbConnection 对象。
- 要连接到 ODBC 数据源，使用 OdbcConnection 对象。
- 要连接到 Oracle 数据源，使用 OracleConnection 对象。

7.3.2 创建 Connection 对象

可以使用 Connection 对象的构造函数创建连接到 SQL Server 的 Connection 对象，并通过构造函数的参数来设置 Connection 对象的特定属性值，其语法格式如下：

SqlConnection 连接对象名 = new SqlConnection(连接字符串);

也可以首先使用构造函数创建一个不含参数的 Connection 对象实例，然后再通过连接对象的 ConnectionString 属性，设置连接字符串，其语法格式如下：

SqlConnection 连接对象名 = new SqlConnection();
连接对象名.ConnectionString = 连接字符串;

以上两种方法在功能上是等效的。选择哪种方法取决于个人喜好和编码风格。第二种方法对属性进行明确设置，能够使代码更易理解和调试。

创建其他类型的 Connection 对象时，仅需将上述语法格式中"SqlConnection"替换成相应的类型即可。例如，创建一个用于连接 Access 数据库的 Connection 对象，语法格式如下：

OleDbConnection 连接对象名 = new OleDbConnection();
连接对象名.ConnectionString = 连接字符串;

7.3.3 Connection 对象的属性和方法

1. Connection 对象的属性

Connection 对象用来与数据源建立连接，它有一个重要属性 ConnectionString，用于设置打开数据库的字符串。Connection 对象的常用属性见表 7-5。

表 7-5　Connection 对象的常用属性

属　　性	说　　明
ConnectionString	执行 Open()方法连接数据源的字符串
ConnectionTimeout	尝试建立连接的时间，若超过时间则产生异常
Database	要打开数据库的名称
DataSource	数据源，包含数据库的位置和文件名称
Provider	OLE DB 数据提供程序的名称
ServerVersion	OLE DB 数据提供程序提供的服务器版本
State	显示当前 Connection 对象的状态

注意：除了 ConnectionString 外，其他属性都是只读属性，只能通过连接字符串的参数来配置数据库的连接。后面将详细介绍 ConnectionString 属性。

2. Connection 对象的方法

Connection 对象的方法见表 7-6。

表 7-6 Connection 对象的方法

方　　法	说　　明
Open()	打开一个数据库连接
Close()	关闭数据库连接，使用该方法将关闭一个打开的连接
Dispose()	调用 Close()方法，与 Close()方法相同
CreateCommand()	创建并返回一个与该连接关联的 SqlCommand 对象
ChangeDatabase()	改变当前连接的数据库，需要一个有效的数据库名称
BeginTransaction()	开始一个数据库事务，允许指定事务的名称和隔离级别
GetSchema()	检索指定范围（表、数据库）的模式信息。ADO.NET 1.x 不支持该方法
ResetStatistics()	复位统计信息服务。ADO.NET 1.x 不支持该方法
RetrieveStatistics()	获得一个用关于连接的信息进行填充的散列表。ADO.NET 1.x 不支持该方法

下面介绍 Connection 对象的常用方法。

（1）Open()方法

使用 Open()方法打开一个数据库连接。为了减轻系统负担，应该尽可能晚地打开数据库。语法格式如下：

　　连接对象名.Open()

其中，"连接对象名"是创建的 Connection 对象的名称。

（2）Close()方法

使用 Close()方法关闭一个打开的数据库连接。为了减轻系统负担，应该尽可能早地关闭数据库。语法格式如下：

　　连接对象名.Close()

注意：如果连接超出范围，并不会自动关闭，而是会浪费一定的系统资源。因此，必须在连接对象超出范围之前，通过调用 Close()或 Dispose()方法，显式地关闭连接。

（3）CreateCommand()方法

使用 CreateCommand()方法创建并返回一个与该连接关联的 Command 对象。语法格式如下：

　　连接对象名.CreateCommand()

返回值：返回一个 Command 对象。

例如，创建一个连接到 SQL Server，Connection 对象名为 conn 的 Command 对象 cmd，代码如下：

　　　　SqlCommand cmd = conn.CreateCommand();

7.3.4 连接到数据库的基本步骤

在 ADO.NET 中连接到数据库的基本步骤如下。

① 根据连接的数据源，添加相应的命名空间。例如，若要连接 SQL Server 2005/2008/2012 数据库，则添加命名空间如下：

　　　　using System.Data.SqlClient; //数据提供程序访问 SQL Server 数据库需要此命名空间
　　　　using System.Configuration; //获取连接字符串需要此命名空间

② 设置（例如在 web.config 中）和获取连接字符串（在程序中）。

③ 创建 Connection 对象，并设置 Connection 对象的 ConnectionString（连接字符串）属性。

④ 使用 Open()方法打开连接。

⑤ 创建 Command 对象，执行 Command 对象的方法。
⑥ 使用 Close()方法关闭连接。

【演练 7-3】 创建并打开与 SQL Server 数据库 UserManagement 的连接。在 Label 控件中显示连接字符串和打开、关闭当前数据库的连接状态，页面显示如图 7-16 所示。

① 新建一个空网站（如网站名"C:\ex7_3"），添加一个 Web 窗体，窗体名为 Default.aspx，切换到设计视图，在 Default.aspx 中添加一个 Label 控件。

② 按照演练 7-1 在 web.config 文件中添加连接字符串，代码如下：

```
<connectionStrings>
    <add    name="ConnStr"
            connectionString="Data Source=PC\SQL2008;Initial Catalog=UserManagement;
                              Integrated Security=true"
            providerName="System.Data.SqlClient"/>
</connectionStrings>
```

③ 编写事件代码。打开 Default.aspx.cs，在命名空间区域中添加对所需命名空间的引用，如下（见图 7-17）：

```
using System.Data.SqlClient;
using System.Configuration;
```

Default.aspx 页面装入时执行的事件代码如下（编辑代码时按 Ctrl+K+D 组合键格式化文档）：

```
protected void Page_Load(object sender, EventArgs e)
{
    //获取连接字符串，注意下面代码中的 ConnStr 要与 web.config 中的 name="ConnStr"一致
    string connString = ConfigurationManager.ConnectionStrings["ConnStr"].ConnectionString;
    SqlConnection conn = new SqlConnection(connString); //创建连接对象 conn
    Label1.Text= connString +"<br />"; //显示连接字符串
    Label1.Text = Label1.Text+"打开连接前:"+conn.State.ToString()+"<br />"; //显示连接状态
    conn.Open(); //打开连接
    Label1.Text = Label1.Text+"打开连接后:"+conn.State.ToString()+"<br />"; //显示连接状态
    conn.Close(); //关闭连接
    Label1.Text = Label1.Text+"关闭连接后:"+conn.State.ToString(); //显示连接状态
}
```

④ 运行网站，显示如图 7-16 所示。

图 7-16 演练 7-3 运行的显示

图 7-17 编写事件代码

如果数据库已经存在，但无法连接，主要有两个原因：一是连接字符串中的"服务器名\实例名"不正确；二是连接数据库的方式不正确，可以更换为"信任连接"试试。

7.3.5 关闭连接

建议在使用完连接后立即关闭连接。在实际应用中，为了避免因忘记使用 Close()方法关闭数据库连接而造成资源浪费，常使用 using 语句块的方法建立数据库的连接。

```
string connString = ConfigurationManager.ConnectionStrings["ConnStr"].ConnectionString;
using (SqlConnection conn = new SqlConnection(connString))
{
    ...
    conn.Open();
    ...
}
```

上述代码中无论程序块是如何退出的，using 语句块都会自动关闭数据库连接。如果在 using 语句块中出现了异常，就会自动调用 IDisposable.Dispose 方法释放占用的资源。这样做与必须确保在异常子句中关闭连接相比，代码的可读性更高。因此，在创建数据库连接时，推荐使用 using 语句块。

7.4 执行数据库命令的 Command 对象

使用 Connection 对象与数据源建立连接后，可使用 Command 对象对数据源执行各种操作命令，并从数据源中返回结果。Command 对象代表在数据源上执行的 SQL 语句或存储过程，它有一个 CommandText 属性，用于设置针对数据源执行的 SQL 语句或存储过程。

7.4.1 Command 对象概述

在连接好数据源后，就可以对数据源执行一些命令操作，包括对数据的检索、插入、更新、删除、统计等。在 ADO.NET 中，对数据库的命令操作是通过 Command 对象来实现的。从本质上讲，ADO.NET 的 Command 对象就是 SQL 命令或者对存储过程的引用。除了检索或更新数据命令之外，Command 对象还可用来对数据源执行一些不返回结果集的查询命令，以及用来执行改变数据源结构的数据定义命令。

根据所用的.Net Framework 数据提供程序的不同，Command 对象也分为 4 种：SqlCommand 对象、OleDbCommand 对象、OdbcCommand 对象和 OracleCommand 对象。在编程时应根据访问的数据源的不同，选用相应的 Command 对象。

7.4.2 创建 Command 对象

Command 对象有两种创建方式。

1. 使用 Command 对象的构造函数创建 Command 对象

执行 SQL 字符串时，使用构造函数创建 SqlCommand 对象，并通过该对象的构造函数参数来设置特定属性值，其语法格式如下：

  SqlCommand 命令对象名 = new SqlCommand("SQL 字符串", 连接对象名);

命令对象名：创建的 Command 对象的名称。

例如：

  SqlCommand cmd = new SqlCommand("SELECT * FROM UserInfo", conn);

也可以先使用构造函数创建一个空 Command 对象，然后设置属性值。这种方法对属性进行明确设置，能够使代码更易理解和调试。其语法格式如下：

  SqlCommand 命令对象名 = new SqlCommand(); //创建一个空的命令对象
  命令对象名.Connection = 连接对象名； //设置连接对象
  命令对象名.CommandType = CommandType.Text; //定义为使用 SQL 语句，可省略
  命令对象名.CommandText = "SQL 字符串"; //定义要执行的 SQL 语句

例如，下面的代码片段在功能上与第一种方法是等效的：

  SqlCommand cmd = new SqlCommand(); //创建一个空的命令对象 cmd
  cmd.Connection = conn; //设置连接对象，conn 是前面创建的连接对象名
  cmd.CommandText = "SELECT * FROM UserInfo"; //定义要执行的 SQL 语句

2. 使用 Connection 对象的 CreateCommand()方法创建 Command 对象

也可以使用 Connection 对象的 CreateCommand()方法创建用于特定连接的 Command 对象。Command 对象执行的 SQL 语句可以使用 CommandText 属性进行配置。

使用 Connection 对象的 CreateCommand()方法创建 SqlCommand 对象的语法格式如下：

  SqlCommand 命令对象名 = 连接对象名.CreateCommand();
  命令对象名.CommandType = CommandType.Text 或 .StoredProcedure; //SQL 命令或存储过程
  命令对象名.CommandText = "SQL 字符串" 或 "存储过程名";

例如，通过 Command 对象的 CommandText 属性来执行一条 SQL 语句，代码如下：

  string connString = ConfigurationManager.ConnectionStrings["ConnStr"].ConnectionString;
  SqlConnection conn = new SqlConnection(connString); //创建 Connection 对象：conn
  string sqlString="SELECT * FROM UserInfo"; //SQL 字符串
  SqlCommand cmd = new SqlCommand(sqlString, conn); //创建 cmd 对象，并初始化 SQL 字符串

或者使用 Connection 对象的 CreateCommand()方法，将上面最后一行代码改为如下两行代码：

  SqlCommand cmd = conn.CreateCommand(); //创建 Command 对象：cmd
  cmd.CommandText= sqlString; //初始化 Command 对象的 SQL 字符串

7.4.3 Command 对象的属性和方法

1. Command 对象的属性

Command 对象的常用属性及说明见表 7-7。

表 7-7　Command 对象的常用属性及说明

属　　性	说　　明
CommandType	获取或设置 Command 对象要执行命令的类型。 类型值有：Text（默认）、StoredProcedure 或 TableDirect。 1．Text：定义要使用 SQL 命令。 2．StoredProcedure：定义要使用存储过程。可以使用某一命令的 Parameters 属性访问输入参数和输出参数，并返回值（无论调用哪种 Execute 方法）。当使用 ExecuteReader()方法时，在关闭 DataReader 对象后才能访问返回值和输出参数。 当设置为 StoredProcedure 时，应将 CommandText 属性设置为存储过程的名称。当调用 Execute 方法之一时，该命令将执行此存储过程。 3．TableDirect：定义要使用表
CommandText	获取或设置对数据源执行的 SQL 语句或存储过程名或表名。CommandText 也称为查询字符串
Connection	获取或设置此 Command 对象使用的 Connection 对象的名称
CommandTimeOut	获取或设置在终止对执行命令的尝试并生成错误之前的等待时间，即等待命令执行的时间（以秒为单位）

2．Command 对象的方法

Command 对象的方法统称为 Execute 方法，其常用方法及说明见表 7-8。

表 7-8　Command 对象的常用方法及说明

方　　法	返　回　值
ExecuteScalar()	返回一个标量值。例如，需要返回 COUNT()、SUM()或 AVG()等聚合函数的结果
ExecuteNonQuery()	执行 SQL 语句并返回受影响的行数。用于执行不返回任何行的命令，如 INSERT、UPDATE 或 DELETE
ExecuteReader()	执行 SELECT 语句，返回多行的结果集，返回一个 DataReader 对象
ExecuteXMLReader	返回 XmlReader 对象，只用于 SqlCommand 对象

对数据库的操作分为：查询操作和非查询操作。

对于查询操作，又有两种情况：一是查询单个值，二是查询若干条记录。要查询单个值，可使用 Command 对象的 ExecuteScalar()方法；要查询多条记录，可使用 Command 对象的 ExecuteReader()方法。

对数据库执行的非查询操作包括增加、修改、删除记录，都使用 Command 对象的 ExecuteNonQuery()方法。

7.4.4　增加、修改、删除记录操作

使用.NET Framework 数据提供程序，可以通过执行数据定义语句或存储过程来处理那些修改数据但不返回行的 SQL 语句，例如，修改数据的 SQL 语句（INSERT、UPDATE 和 DELETE）、修改数据库或编录架构的语句（如 CREATE TABLE 和 ALTER COLUMN）。这些命令不会像查询一样返回行，因此 Command 对象提供了 ExecuteNonQuery()方法来处理这些命令。

Command 对象的 ExecuteNonQuery()方法的语法格式如下：

　　命令对象名.ExecuteNonQuery();

使用 ExecuteNonQuery()方法的步骤如下。

如果要执行对数据库中的数据进行修改的命令或存储过程（如 INSERT、UPDATE 或

DELETE），则需要使用相应 SQL 命令和 Connection 对象创建一个 Command 对象，包括所有必需的 Parameters，然后使用 Command 对象的 ExecuteNonQuery()方法来执行该命令。

ExecuteNonQuery()方法执行更新操作，ExecuteNonQuery()方法返回一个整数，表示受已执行的语句或存储过程影响的行数。如果执行了多条语句，则返回的值为受所有已执行语句影响的记录的总数。对于其他类型的语句，诸如 SET 或 CREATE 语句，则返回值为–1；如果发生回滚，则返回值也为–1。

以下代码示例执行一条 INSERT 语句，然后使用 ExecuteNonQuery()方法将一条记录插入数据库中：

```
conn.Open(); //假设连接是一个有效的 SqlConnection
string sqlString = "INSERT INTO UserInfo (UserName, UserPassword) Values('John', '321cba')";
SqlCommand cmd = new SqlCommand(sqlString, conn);
Int32 recordsAffected = command.ExecuteNonQuery(); //执行方法并保存受影响的记录个数
```

更新数据源中数据的示例如下。

【演练 7-4】 创建到 UserManagement 数据库的连接，如果创建的 Connection 对象有效，则打开该连接，并创建和执行 Command 对象，实现对 UserInfo 表记录的增、改、删操作。效果如图 7-18 所示。

① 设计页面。新建一个空网站（如 C:\ex7_4），添加 Web 窗体 Default.aspx。在 Default.aspx 窗体中添加 3 个 Button 控件，一个 Label 控件。3 个 Button 控件的 Text 属性分别改为"插入记录"、"修改记录"、"删除记录"，ID 分别改为 ButtonInsert、ButtonUpdate、ButtonDelete。

② 按照演练 7-3 在 web.config 文件中添加连接字符串。

③ 在 Default.aspx.cs 中编写事件代码。

图 7-18 插入记录

在 Default.aspx.cs 命名空间区域中添加对所需命名空间的引用：

```
using System.Data.SqlClient;
using System.Configuration;
```

"插入记录"按钮的 Click 事件过程代码如下：

```
protected void ButtonInsert_Click(object sender, EventArgs e)
{
    string connString = ConfigurationManager.ConnectionStrings["ConnStr"].ToString();
    SqlConnection conn = new SqlConnection(connString); //创建连接 connection 对象:conn
    if (conn != null)   //检查 conn 对象
    {
        conn.Open();    //打开这个连接
        SqlCommand cmd = new SqlCommand();  //创建一个空的 Command 对象:cmd
        cmd.Connection = conn;  //设置连接对象
        //定义要执行的 SQL 语句
        cmd.CommandText = "INSERT INTO UserInfo (UserName, UserPassword,
        UserGender, UserEmail, UserAsk, UserAnswer, CreatedTime, IsPass)
        values ('littlecat','catcat','女','Johncat@163.com','最喜欢吃的动物？',
        '小鱼','2014-8-18 8:23','true')";
        int rows = cmd.ExecuteNonQuery(); //执行 SQL 语句并返回受影响的行数
        Label1.Text = "插入记录的行数：" + rows; //显示插入记录受影响的行数
    }
```

```
        else
        {
            Label1.Text = "连接失败: 连接为空.";
        }
    }
```
"修改记录"按钮的 Click 事件过程代码如下:
```
    protected void ButtonUpdate_Click(object sender, EventArgs e)
    {
        string connString = ConfigurationManager.ConnectionStrings["ConnStr"].ToString();
        SqlConnection conn = new SqlConnection(connString); //创建连接 connection 对象:conn
        if (conn != null)    //检查 conn 对象
        {
            conn.Open();    //打开这个连接
            SqlCommand cmd = conn.CreateCommand(); //创建 command 对象:cmd
            //定义要执行的 SQL 语句
            cmd.CommandText = "UPDATE UserInfo SET UserPassword = 'abc123', IsPass = 'false'
                            WHERE UserName = 'littlecat' ";
            int rows = cmd.ExecuteNonQuery(); //执行 SQL 语句并返回受影响的行数
            Label1.Text = "修改记录的行数: " + rows; //显示插入记录受影响的行数
        }
        else
        {
            Label1.Text = "连接失败: 连接为空.";
        }
    }
```
"删除记录"按钮的 Click 事件过程代码如下:
```
    protected void ButtonDelete_Click(object sender, EventArgs e)
    {
        string connString = ConfigurationManager.ConnectionStrings["ConnStr"].ToString();
        SqlConnection conn = new SqlConnection(connString); //创建连接 connection 对象:conn
        if (conn != null)    //检查 conn 对象
        {
            conn.Open();    //打开这个连接
            //定义要执行的 SQL 语句
            string sqlString = "DELETE FROM UserInfo WHERE UserName = 'littlecat' ";
            //创建 Command 对象,并初始化 SQL 字符串
            SqlCommand cmd = new SqlCommand(sqlString, conn);
            int rows = cmd.ExecuteNonQuery(); //执行 SQL 语句并返回受影响的行数
            Label1.Text = "删除记录的行数: " + rows; //显示插入记录受影响的行数
        }
        else
        {
            Label1.Text = "连接失败: 连接为空.";
        }
    }
```
④ 运行程序。在运行 Default.aspx 前,先启动 SQL Server Management Studio,在对象资源管理器中展开 UserManagement 数据库。右击 UserInfo 表,在快捷菜单中执行"选择前 1000 行"

命令，以显示 UserInfo 表中的记录，如图 7-19 所示。

切换到 Visual Studio 窗口，运行 Default.aspx，单击 3 次"插入记录"按钮。为了看到添加记录后的表中数据，切换到 SQL Server Management Studio，右击 UserInfo 表，在快捷菜单中执行"选择前 1000 行"命令，以显示插入 3 条记录后的记录，如图 7-20 所示。

图 7-19　插入记录前的记录　　　　　　　　图 7-20　插入记录后的记录

7.4.5　统计数据库信息操作

如果需要返回的只是单个值的数据库信息，而不需要返回表或数据流形式的数据库信息，例如，需要返回 COUNT()、SUM()、AVG()、MAX()或 MIN()等聚合函数的结果，或 INSERT、UPDATE、DELETE、SELECT 受影响的行数，这时，就要使用 Command 对象的 ExecuteScalar()方法，返回一个标量值。如果在一条常规查询语句中调用该方法，则只读取第 1 行第 1 列的值，而丢弃所有其他值。Command 对象的 ExecuteScalar()方法的语法格式如下：

命令对象名.ExecuteScalar();

使用 ExecuteScalar()方法的步骤如下。

创建一个 Connection 对象，再创建一个 Command 对象，然后使用 ExecuteScalar()方法执行（sqlString 代表 SQL 语句，SELECT 语句使用 COUNT、SUM()或 AVG()等聚合函数返回指定表中的行数的单个值），代码如下：

```
SqlConnection conn = new SqlConnection(connString); //创建 Connection 对象:conn
conn.Open(); //打开 conn 对象
string sqlString=SQL 字符串;
SqlCommand cmd = new SqlCommand(sqlString, conn); //创建 cmd 对象，并初始化 SQL 字符串
cmd.ExecuteScalar(); //执行 Command 命令
conn.Close(); //关闭 conn 对象
```

返回数据库中单个值的示例如下。

【演练 7-5】　返回表中记录的数目和女生所占比例（SELECT 语句使用 COUNT 聚合函数返回指定表中的行数的单个值）。

① 设计页面。新建一个空网站（如 C:\ex7_5），添加 Web 窗体 Default.aspx。
② 按照演练 7-3 在 web.config 文件中添加连接字符串。
③ 在 Default.aspx.cs 中编写事件代码。

在 Default.aspx.cs 命名空间区域中按演练 7-3 添加相关命名空间。

Default.aspx 页面装入时执行的事件过程代码如下：

· 153 ·

```csharp
protected void Page_Load(object sender, EventArgs e)
{
    string connString = ConfigurationManager.ConnectionStrings["ConnStr"].ToString();
    Int32 countAll = 0; //统计表中的所有人数
    Int32 countFemale = 0; //统计表中 UserGender 为"女"的人数
    SqlConnection conn = new SqlConnection(connString); //创建 Connection 对象 conn
    //SQL 字符串，统计 UserInfo 表中的行数
    string sqlStringAll = "SELECT COUNT(*) FROM UserInfo";
    //SQL 字符串，统计 UserInfo 表中 UserGender 为"女"的行数
    string sqlStringFemale = "SELECT COUNT(*) FROM UserInfo WHERE UserGender = '女' ";
    //创建统计 UserInfo 表中的所有行数的 Command 对象：cmdAll
    SqlCommand cmdAll = new SqlCommand(sqlStringAll, conn);
    //创建统计 UserInfo 表中 UserGender 为"女"的行数的 Command 对象：cmdFemale
    SqlCommand cmdFemale = new SqlCommand(sqlStringFemale, conn);
    conn.Open();
    countAll = (Int32)cmdAll.ExecuteScalar(); //将返回的值强制转换成 32 位整型
    countFemale = (Int32)cmdFemale.ExecuteScalar();
    conn.Close();
    Response.Write("总人数为" + countAll.ToString() + "人，女生比例为" + (countFemale * 100 /
            countAll).ToString() + "%");
}
```

7.5 读取数据的 DataReader 对象

在与数据库的交互中，要获得数据访问的结果可用两种方法来实现：① 通过 DataReader 对象从数据源中获取数据并进行处理；② 通过 DataSet 对象将数据放置在内存中进行处理。

7.5.1 DataReader 对象概述

DataReader 对象用于从数据源获取只进的（只能向前，不能倒退看后面的数据，只能按存储顺序）、只读（只能进行读取数据操作）的数据流，它是一种快速的、低开销的对象，特别适合"遍历"这样的操作。当只需要顺序读取数据而不需要其他操作时，可以使用 DataReader 对象。由于 DataReader 在读取数据时限制每次以只读的方式读取一条记录，并且不允许做其他的操作，因此使用 DataReader 不但节省资源，而且效率很高。

作为.NET Framework 的数据提供程序的一部分，DataReader 对象对应着特定的数据源，例如，适用于 SQL Server 的 SqlDataReader 对象。

注意，DataReader 类是抽象类，因此不能直接用实例化创建，只能通过执行 Command 对象的 ExecuteReader()方法返回 DataReader 实例来获得。

7.5.2 创建 DataReader 对象

使用 DataReader 对象检索数据的步骤为：首先，创建 Command 对象的实例，然后通过调用 Command.ExecuteReader()方法创建一个 DataReader 对象，以便从数据源检索行。要创建 DataReader 对象，必须调用 Command 对象的 ExecuteReader()方法，而不能直接使用构造函数。

创建用于 SQL Server 的 SqlDataReader 对象的语法格式如下：

SqlDataReader 数据阅读器对象名 = 命令对象名.ExecuteReader();

或者，先创建 DataReader 对象的实例，然后再调用 Command 对象的 ExecuteReader()方法，并把返回的 DataReader 对象赋值给 DataReader 对象的实例，语法格式如下：

SqlDataReader 数据阅读器对象名;
数据阅读器对象名 = 命令对象名.ExecuteReader();

数据阅读器对象名：创建的 DataReader 对象的名称。
命令对象名：使用构造函数创建的 Command 对象。

7.5.3 DataReader 对象的属性和方法

1. DataReader 对象的属性

DataReader 对象的常用属性及说明，见表 7-9。

表 7-9 DataReader 对象的常用属性及说明

属性	说明
Connection	获取与 DataReader 相关联的 Connection
FieldCount	获取当前行的列数
Item	索引器属性，获取以本机格式表示的某列的值
IsClosed	检索一个布尔值，该值指示是否已关闭指定的 DataReader 实例
RecordsAffected	获取执行 SQL 语句所更改、添加或删除的行数
HasRows	获取一个值，该值指示 DataReader 是否包含一行或多行

当 DataReader 对象关闭后，IsClosed 和 RecordsAffected 属性是可以调用的属性。尽管当 DataReader 对象存在时可以访问 RecordsAffected 属性，但是为了保证返回精确的值，应在关闭 DataReader 对象后再获取 RecordsAffected 的值。

2. DataReader 对象的方法

DataReader 对象的常用方法及说明，见表 7-10。

表 7-10 DataReader 对象的常用方法及说明

方法	说明
Read()	使 DataReader 对象前进到下一条记录（如果有的话）
Close()	关闭 DataReader 对象。注意，关闭 DataReader 对象并不会自动关闭底层连接
Get()	用来读取数据集的当前行的某一列的数据
NextResult()	当读取批处理 SQL 语句的结果时，使数据读取器前进到下一个结果
GetName()	获取指定列的名称
GetValue()	获取以本机格式表示的指定列的值
GetOrdinal()	在给定列名称的情况下获取列序号

（1）Read()方法

Read()方法的语法格式如下：

数据阅读器对象名.Read()

返回值：如果存在多个行，则为 true；否则为 false。

DataReader 对象的默认位置在第一条记录前面。读取数据的第一个操作是调用 DataReader 对象的 Read()方法。若 Read()方法返回 true，则表示已经成功读取到一行记录；若返回 false，则表示已经到记录尾，没有数据可读了。

使用 DataReader 对象的 Read()方法来遍历整个结果集时，不需要显式地向前移动指针，或者检查文件的结束。当没有要读取的记录时，Read()方法返回 false。

（2）访问返回行的列

使用 DataReader 对象的 Read()方法可从查询结果中获取行。

通过向 DataReader 对象传递列的序号（如 reader[0]或 reader.GetValue(0)，列的索引从 0 开始）或列名（如 reader["UserID"]）的引用，可以返回某行该列的值。例如，创建的 DataReader 对象 reader，要得到某行第 1、2、3 列的值，可用 reader[0]、reader[1]、reader[2]（或用 reader.GetValue(0)、reader.GetValue(1)、reader.GetValue(2)），注意，这里的 0、1、2、3 等序号是 SELECT 语句中给出的列名排列的序号，而不是表中的序号。也可以用列名指定，例如，reader["UserID"]、reader["UserName"]表示某行的列名为 UserID、UserName 的值。

取出的值要进行类型转换，例如，(string)reader["UserID"]、reader["UserID"].ToString()、reader.GetValue(3).ToString()、(Int32)reader.GetValue(5)。

通过 DataReader 对象的方法获得 DataReader 对象中的所有行和列的代码如下：

```
While(reader.Read())
{
    for(int i=0; i<reader.FieldCount; i++)
    {
        Response.Write(reader.GetName(i)+":"+reader.GetValue(i)+"<br />");
    }
    Response.Write("<br />");
}
```

FieldCount 属性获取当前行的列数。GetName(i)和 GetValue(i)方法分别获取某行第 i 列的列名和列值。

（3）关闭 DataReader 对象

当 DataReader 对象工作时，该 DataReader 对象将以独占方式使用与之相关联的 Connection 对象。在该 DataReader 对象关闭之前，将无法对该 Connection 对象执行任何命令（包括创建另一个 DataReader 对象）。如果 Command 包含输出参数或返回值，那么在 DataReader 对象关闭之前，将无法访问这些输出参数或返回值。

因此，在使用完 DataReader 对象后，程序员必须显式地调用 DataReader 对象的Close()方法来关闭 DataReader 对象。但是，关闭 DataReader 对象并不会自动关闭与之相关联的 Connection 对象与数据源的连接。最后，如果 Connection 对象所建立的连接不再使用，要调用该 Connection 对象的Close()方法来断开与数据源的连接。

举例如下：

```
reader.Close();
conn.Close();
```

7.5.4 查询记录操作

ExecuteReader()方法执行 CommandText，返回一个 DataReader（数据阅读器）对象。CommandText 通常是查询命令，其结果是包含多行的结果集。当 Command 对象返回结果集时，需要使用 DataReader 对象来检索数据。DataReader 对象是一种只读的、只能向前移动的游标，客户端代码向前移动游标并从中读取数据。因为 DataReader 每次只能在内存中保留一行，所以其开销非常小。如果通过 ExecuteReader()方法执行一个更新语句，则该命令能够成功地执行，但是不会返回任何受影响的数据行。

SELECT 语句分为不带参数的语句和带参数的语句两种，所以在用构造函数创建 Command 对象时，分为构造不带参数的 Command 对象和构造带参数的 Command 对象两种。

1．构造不带参数的 Command 对象，用 ExecuteReader()方法创建 DataReader 对象

如果使用构造函数创建的 Command 对象不带参数，则使用 ExecuteReader()方法的步骤如下。

创建一个不带参数的 SqlCommand 对象，然后使用 ExecuteReader()方法创建 DataReader 对象来对数据源进行读取，代码如下：

```
SqlConnection conn = new SqlConnection(connString); //创建 conn 对象
conn.Open(); //打开 conn 对象
sqlString=SQL 字符串; //SQL 查询语句
//创建 cmd 对象，并初始化 SQL 字符串
SqlCommand cmd = new SqlCommand(sqlString, conn);
//通过 ExecuteReader()方法创建 DataReader 对象
SqlDataReader reader = cmd.ExecuteReader();
while (reader.Read())
{
    Response.Write(reader[0]+" "+reader[1]+" "+reader[2]+"<br />");   //显示第 1、2、3 列
}
reader.Close(); //当读完所有行后关闭 reader 对象
conn.Close(); //关闭 conn 对象
```

读取数据库中数据的示例如下。

【演练 7-6】 创建一个 SqlConnection 对象、一个 SqlCommand 对象和一个 SqlDataReader 对象，读取 UserManagement 数据库 UserInfo 表中女生的数据。循环访问一个 DataReader 对象，并从每行中返回 5 列，然后将这些数据显示到网页中。最后，先关闭 SqlDataReader 对象，再关闭 SqlConnection 对象。

① 设计页面。新建一个空网站（如 C:\ex7_6），添加 Web 窗体 Default.aspx。
② 按照演练 7-3 在 web.config 文件中添加连接字符串。
③ 在 Default.aspx.cs 中编写事件代码。

在 Default.aspx.cs 命名空间区域中按演练 7-3 添加相关命名空间。

Default.aspx 页面装入时执行的事件过程代码如下：

```
protected void Page_Load(object sender, EventArgs e)
{
    string connString = ConfigurationManager.ConnectionStrings["ConnStr"].ToString();
    SqlConnection conn = new SqlConnection(connString); //创建 conn 对象
    SqlCommand cmd = conn.CreateCommand(); //创建 cmd 对象
    string sqlString = "SELECT UserName,UserGender,UserEmail,UserID FROM UserInfo
            WHERE UserGender = '女' "; //注意列名的顺序
    cmd.CommandText = sqlString; //初始化 SQL 字符串
    conn.Open(); //打开 conn
```

```
SqlDataReader reader = cmd.ExecuteReader(); //创建 DataReader 对象 reader
while (reader.Read()) //使用 DataReader 对象的 Read()方法读取表中的数据
{
    //reader[0]表示第 1 列，即 SELECT 中的 UserName
    Response.Write(reader[0].ToString() + ",  ");
    //reader["UserName"]即 UserName 列
    Response.Write((string)reader["UserName"]+",  ");
    //reader[2]表示第 3 列，即 SELECT 中的 UserEmail
    Response.Write(reader.GetValue(2).ToString() + ",  ");
    //reader[3]表示第 4 列，即 SELECT 中的 UserID
    Response.Write(reader[3].ToString() + "</br>");
}
reader.Close(); //当读完行后关闭 reader 对象
conn.Close(); //关闭 conn 对象
}
```

图 7-21 显示行数据

通过向 DataReader 对象传递列的序号（如 reader[0]或 reader.GetValue(0)，列的索引从 0 开始）或列名（如 reader["UserID"]）的引用，可以返回某行该列的值。取出的值要进行类型转换，如 reader["UserID"].ToString()。

④ 运行程序，Default.aspx 显示如图 7-21 所示。

【演练 7-7】 把演练 7-6 中的显示记录功能用 GridView 控件实现。

从工具箱的"数据"组中拖动一个 GridView 控件到窗体上，不要改动任何配置（不要添加数据源控件，也不要配置数据源）。本例通过 SqlCommand 对象的 ExecuteReader()方法执行 SQL 语句，并把执行结果返回到 SqlDataReader 对象中，然后把 SqlDataReader 对象绑定到 GridView 控件上显示出来。结果如图 7-22 所示。

图 7-22 用 GridView 控件

代码修改如下：

```
protected void Page_Load(object sender, EventArgs e)
{
    string connString = ConfigurationManager.ConnectionStrings["ConnStr"].ToString();
    SqlConnection conn = new SqlConnection(connString); //创建 conn 对象
    SqlCommand cmd = conn.CreateCommand(); //创建 cmd 对象
    string sqlString = "SELECT UserName,UserGender,UserEmail,UserID FROM UserInfo
                WHERE UserGender = '女' ";
    cmd.CommandText = sqlString; //初始化 SQL 字符串
    conn.Open(); //打开 conn
    SqlDataReader reader = cmd.ExecuteReader(); //创建 DataReader 对象 reader
    GridView1.DataSource = reader; //为 GridView1 控件指定数据源为 reader 对象
    //把 reader 对象绑定到 GridView 控件，以便在 GridView 控件中显示数据源中的数据
    GridView1.DataBind();
    reader.Close(); //关闭 reader 对象
    conn.Close(); //关闭 conn 对象
}
```

【演练 7-8】 创建 SqlCommand 对象，读取 UserManagement 数据库 UserInfo 表中的所有内容。使用 ExecuteReader 方法执行此命令，并创建一个 SqlDataReader 对象，将其读取的 3 列

内容以表格方式显示在页面上，最后关闭 SqlDataReader 对象。运行结果如图 7-23 所示。

① 设计页面。新建一个空网站（如 C:\ex7_8），添加 Web 窗体 Default.aspx。

② 按照演练 7-3 在 web.config 文件中添加连接字符串。

③ 在 Default.aspx.cs 中编写事件代码。

在 Default.aspx.cs 命名空间区域中按演练 7-3 添加相关命名空间。

Default.aspx 页面装入时执行的事件过程代码如下：

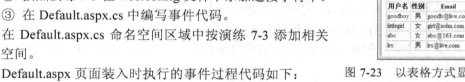

图 7-23　以表格方式显示查询结果

```
protected void Page_Load(object sender, EventArgs e)
{
    string connString = ConfigurationManager.ConnectionStrings["ConnStr"].ToString();
    SqlConnection conn = new SqlConnection(connString);
    conn.Open(); //打开数据库连接
    SqlCommand cmd = new SqlCommand("SELECT * FROM UserInfo", conn);
    SqlDataReader reader = cmd.ExecuteReader(); //创建 DataReader 对象
    Response.Write("<table border=1>"); //表格开始，表格线宽为 1
    Response.Write("<tr><th>用户名</th><th>性别</th><th>Email</th></tr>"); //表格的标题
    while (reader.Read()) //循环读取
    {
        Response.Write("<tr>"); //表格中一行的开始
        //把 UserName 的值显示在表格中
        Response.Write("<td>" + reader["UserName"].ToString() + "</td>");
        //把 UserGender 的值显示在表格中
        Response.Write("<td align='center'>" + reader["UserGender"].ToString() + "</td>");
        //把 UserEmail 的值显示在表格中
        Response.Write("<td align='left'>" + reader["UserEmail"].ToString() + "</td>");
        Response.Write("</tr>"); //表格中一行的结束
    }
    Response.Write("</table>"); //表格结束
    reader.Close(); //当读完所有行后关闭 reader 对象
    conn.Close(); //关闭数据库连接
}
```

请改写上面程序，用 using 代码块打开 Connection 对象。

2．构造带参数的 Command 对象，用 ExecuteReader()方法创建 DataReader 对象

使用构造函数创建 Command 对象时，构造函数可以采用参数。使用构造函数创建 SqlCommand 对象，并通过该对象的构造函数参数来设置特定属性值，其语法格式如下：

　　SqlCommand 命令对象名 = new SqlCommand("SQL 字符串", 连接对象名);

或者：

　　SqlCommand 命令对象名 = new SqlCommand(); //创建一个空的 Command 对象
　　命令对象名.Connection = 连接对象名; //设置 Command 对象的 Connection 属性
　　命令对象名.CommandText = "SQL 字符串"; //定义要执行的 SQL 语句

如果要添加参数，则在上面命令后添加参数，语法格式如下：

　　命令对象名.Parameters.Add("@参数名 1", Sql 数据类型, 长度).Value = 值; //添加参数 1

或者：

**SqlParameter 参数对象 1 = new SqlParameter("@参数名 1", Sql 数据类型, 长度); //添加参数
参数对象 1.Value = 值; //给参数赋值
命令对象名.Parameters.Add(参数对象 1); //添加参数 1**

以上语句添加了一个输入参数，还可以添加输出参数、返回值，请参考相关资料。

然后根据需要选择执行 Command 对象的 Execute 方法。

【演练 7-9】　根据用户输入的用户名，在程序运行中动态生成 SQL 语句，查询相应记录，如图 7-24 所示。

① 设计页面。新建一个空网站（如 C:\ex7_9），添加 Web 窗体 Default.aspx。在 Default.aspx 上添加一个 TextBox 控件、一个 Button 控件，从工具箱的"数据"组中添加一个 GridView 控件到窗体上，如图 7-25 所示。

图 7-24　查询记录

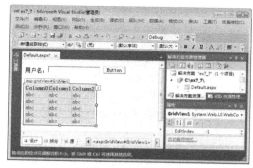

图 7-25　设计页面

② 按照演练 7-3 在 web.config 文件中添加连接字符串。

③ 在 Default.aspx.cs 中编写事件代码。

在 Default.aspx.cs 命名空间区域中按演练 7-3 添加相关命名空间。

在 Default.aspx 中双击"查找"按钮，编写其单击事件过程代码如下：

```
protected void Button1_Click(object sender, EventArgs e)
{
    string connString = ConfigurationManager.ConnectionStrings["ConnStr"].ToString();
    SqlConnection conn = new SqlConnection(connString); //创建 conn 对象
    SqlCommand cmd = new SqlCommand(); //创建一个空的 cmd 对象
    cmd.Connection = conn; //设置 Command 对象的 Connection 属性
    string sqlString = "SELECT UserName, UserGender, UserEmail FROM UserInfo WHERE
            UserName = @userName"; //定义要执行的 SQL 语句
    cmd.CommandText = sqlString; //初始化 SQL 字符串
    //把@userName 参数添加到 Parameters 中，并给参数赋值
    cmd.Parameters.Add("@userName", SqlDbType.VarChar, 30).Value = TextBox1.Text;
    conn.Open(); //打开 conn
    //执行 ExecuteReader()方法，从数据库取回数据到 DataReader 对象 reader
    SqlDataReader reader = cmd.ExecuteReader();
    GridView1.DataSource = reader; //为 GridView1 控件指定数据源为 reader 对象
    GridView1.DataBind();//把 reader 绑定到 GridView1 控件，在 GridView1 中显示绑定数据
    reader.Close(); //关闭 reader 对象
    conn.Close(); //关闭 conn 对象
}
```

参考演练7-9，设计用户登录页面UserLogin.aspx，要求：如果"用户名"和"密码"都输入正确，则显示"登录成功！"，并显示该用户的基本信息，如图7-26所示；如果输入的"用户名"或"密码"有一个错误，则显示"用户名或密码错误！"，如图7-27所示。

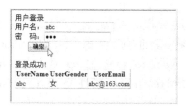

图7-26　"用户名"和"密码"都输入正确　　　　图7-27　"用户名"或"密码"输入错误

7.6　实训

【实训7-1】　使用ADO.NET对象创建一个用于学生考试成绩查询的Web应用程序。在SQL Server Management Studio中，创建数据库students，添加grade表，grade表的字段名分别为ID（int，主键，标识增量1）、StudentID（学号，char(10)）、StudentName（姓名，nvarchar(30)）、Math（数学，int）、ChineseLanguage（国语，int）、English（英语，int），共6个字段，然后在表中添加相应记录。

要求创建一个ASP.NET网站，启动时显示如图7-28所示的页面，填写学号后单击"确定"按钮，将在如图7-29所示的新页面中看到该学生所有课程的成绩及总分、平均分信息。

图7-28　输入学号　　　　　　　　　　图7-29　查询成绩

（1）创建网站文件夹

创建网站文件夹C:\training7_1，在网站文件夹中新建一个用于保存数据库文件的文件夹C:\training7_1\App_Data。

（2）创建数据库

在SQL Server Management Studio中创建数据库students，把保存数据库文件的路径指向C:\training7_1\App_Data。然后新建表grade，并添加一些记录。

（3）打开网站，添加Web配置文件

① 在Visual Studio中，执行菜单命令"文件"→"打开"→"网站"，打开网站"C:\training7_1"。

② 在"解决方案资源管理器"中，右击网站名"C:\training7_1"，从快捷菜单中执行"添加新项"命令，打开"添加新项"对话框，添加Web配置文件web.config。

在web.config文件中添加连接字符串。代码如下：

```
<connectionStrings>
    <add   name="ConnStr"
        connectionString="Data Source=PC\SQL2008;Initial Catalog=students;
            Integrated Security=true"
```

```
providerName="System.Data.SqlClient"/>
    </connectionStrings>
```
注意，应把代码中的"PC\SQL2008"更换成自己的 SQL Server 服务器名。

（4）设计 Default.aspx 窗体

① 添加 Web 窗体 Default.aspx。在 Default.aspx 上添加说明文字"请输入学号："，添加一个文本框控件 TextBox1、一个命令按钮控件 Button1、一个必须项验证控件 RequiredFieldValidator1。

② 设置 TextBox1 的 ID 属性为 TextBoxStudentID；设置 Button1 的 ID 属性为 ButtonOk，Text 属性为"确定"；设置 RequiredFieldValidator1 的 ControlToValidate 属性为 TextBoxStudentID，Text 属性为"必须输入学号！"。

③ 在 Default.aspx.cs 中编写事件代码。

在 Default.aspx.cs 命名空间区域中，添加对所需命名空间的引用：
```
using System.Data.SqlClient;
using System.Configuration;
```

Default.aspx 页面装入时执行的事件代码如下：
```
protected void Page_Load(object sender, EventArgs e)
{
    this.Title = "学生成绩查询系统";
    TextBoxStudentID.Focus();
}
```

"确定"按钮被单击时执行的事件代码如下：
```
protected void ButtonOk_Click(object sender, EventArgs e)
{
    string connString = ConfigurationManager.ConnectionStrings["ConnStr"].ToString();
    SqlConnection conn = new SqlConnection(connString); //创建 conn 对象
    SqlCommand cmd = new SqlCommand(); //创建一个空的 cmd 对象
    cmd.Connection = conn; //设置 Command 对象的 Connection 属性
    //定义要执行的 SQL 语句。StudentID=' " + TextBoxStudentID.Text + " ' "
    string sqlString = "SELECT * FROM grade WHERE StudentID='" + TextBoxStudentID.Text + "'";
    cmd.CommandText = sqlString; //初始化 SQL 字符串
    conn.Open(); //打开 conn
    SqlDataReader reader = cmd.ExecuteReader();
    if (!reader.Read())
    {
        Response.Write("<script language=javascript>alert('要查询的学号不存在！');</script>");
        reader.Close();
        return;
    }
    reader.Close(); //关闭 reader 对象
    conn.Close(); //关闭 conn 对象
    Response.Redirect("Result.aspx?stuID=" + TextBoxStudentID.Text); //打开 Result.aspx
}
```

（5）设计 Result.aspx 页面

① 向网站中添加一个新 Web 窗体，并将其命名为 Result.aspx。向 Result.aspx 页面中添加一个用于布局的 HTML 表格，指定宽度为 620px，边框粗细为 2，按照图 7-30 向页面中添加必要的说明文字和 7 个 Label 控件，并设置各 Label 控件的 ID 属性。

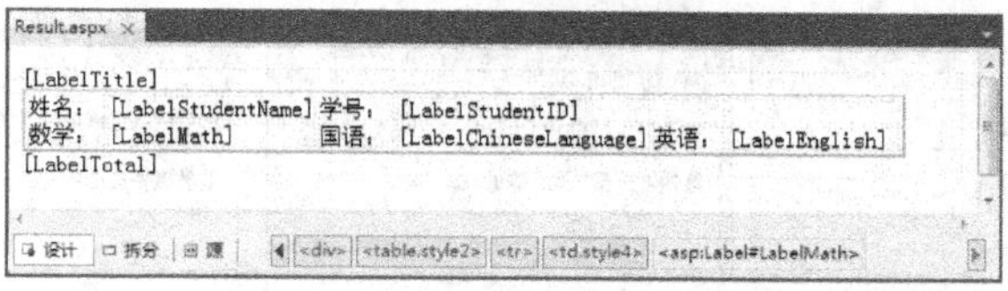

图7-30 设计Result.aspx页面

② 在Result.aspx.cs中编写事件代码。

在Result.aspx.cs命名空间区域中，添加对所需命名空间的引用：
```
using System.Data.SqlClient;
using System.Configuration;
```
Result.aspx页面装入时执行的事件代码如下：
```
protected void Page_Load(object sender, EventArgs e)
{
    this.Title = "学生成绩";
    LabelTitle.Text = "<b>考生 " + Request.QueryString["stuID"] + " 成绩</b>";
    string connString = ConfigurationManager.ConnectionStrings["ConnStr"].ToString();
    SqlConnection conn = new SqlConnection(connString); //创建 conn 对象
    SqlCommand cmd = new SqlCommand(); //创建一个空的 cmd 对象
    cmd.Connection = conn; //设置 Command 对象的 Connection 属性
    string sqlString = "SELECT * FROM grade WHERE StudentID='" +
                Request.QueryString["stuID"] + "'"; //StudentID=' " + Request.QueryString
                ["stuID"] + " ' "
    cmd.CommandText = sqlString; //初始化 SQL 字符串
    conn.Open();
    SqlDataReader reader = cmd.ExecuteReader();
    reader.Read(); //调用 Read()方法得到返回记录集
    LabelStudentName.Text = reader["StudentName"].ToString(); //姓名
    LabelStudentID.Text = reader["StudentID"].ToString(); //学号
    LabelMath.Text = reader["Math"].ToString(); //数学
    LabelChineseLanguage.Text = reader["ChineseLanguage"].ToString(); //国语
    LabelEnglish.Text = reader["English"].ToString(); //英语
    reader.Close();
    conn.Close(); //关闭 conn 对象
    float Total = float.Parse(LabelMath.Text) + float.Parse(LabelChineseLanguage.Text) +
                float.Parse(LabelEnglish.Text);
    float Agv = Total / 3;
    LabelTotal.Text = "总分:" + Total.ToString() + "    平均分:" +
                Agv.ToString("f");
}
```

（6）运行网站

切换到Default.aspx页面并运行，显示如图7-28所示。输入学号，单击"确定"按钮后，显示如图7-29所示的成绩信息。

【实训7-2】 使用DataReader对象设计一个用户登录身份验证页面，页面打开时如图7-31（a）所示，用户在输入了正确的用户名和密码后，程序将根据用户级别跳转到不同的页面，如图7-31（b）、（c）所示。

（a） （b） （c）

图7-31 成功登录后根据用户级别不同跳转到不同页面

（1）创建网站文件夹

创建网站文件夹 C:\training7_2，在网站文件夹中新建一个用于保存数据库文件的文件夹 C:\training7_2\App_Data。

（2）创建数据库

在 SQL Server Management Studio 中创建数据库 manager，把保存数据库文件的路径指向 C:\training7_2\App_Data。

图7-32 用户信息

新建用于存放用户信息的表 admin，字段名分别为：id（int，主键，标识增量1）、uname（用户名，nchar(30)）、upwd（密码，char(32)）、ulevel（用户级别，int，0 表示管理员，1 表示普通用户（游客））。然后添加一些记录，如图 7-32 所示。

（3）打开网站，添加 Web 配置文件

① 在 Visual Studio 中，执行菜单命令"文件"→"打开"→"网站"，打开网站"C:\training7_2"。

② 在"解决方案资源管理器"中，右击网站名"C:\training7_2"，从快捷菜单中执行"添加新项"命令。打开"添加新项"对话框，添加 Web 配置文件 web.config。

在 web.config 文件中添加连接字符串。代码如下：

```
<connectionStrings>
    <add  name="ConnStr"
        connectionString="Data Source=PC\SQL2008;Initial Catalog=manager;
                Integrated Security=true"
        providerName="System.Data.SqlClient"/>
</connectionStrings>
```

注意，应把代码中的"PC\SQL2008"更换成自己的 SQL Server 服务器名。

（4）设计 Default.aspx 窗体

① 添加 Web 窗体 Default.aspx。在 Default.aspx 上添加一个用于布局的 HTML 表格，4 行 2 列，指定宽度为 600px。向表格中添加必要的说明文字，添加两个文本框控件 TextBox1～TextBox2，添加一个按钮控件 Button1。适当调整各控件的大小及位置，如图 7-31 所示。

② 设置两个文本框的 ID 属性分别为 TextBoxUserName 和 TextBoxUserPassword，设置"密码"文本框的 TextMode 属性为 password；设置按钮 Button1 的 ID 属性为 ButtonLogin，Text 属性为"登录"，控件的其他初始属性将在页面装入事件中通过代码进行设置。

③ 在 Default.aspx.cs 中编写事件代码。

在 Default.aspx.cs 命名空间区域中，添加引用 SQL Server 数据库所需命名空间的引用：

```
using System.Data.SqlClient;
using System.Configuration;
```

Default.aspx 页面装入时执行的事件代码如下：

```csharp
protected void Page_Load(object sender, EventArgs e)
{
    this.Title = "用户登录";
    TextBoxUserName.Focus();}
```
"登录"按钮被单击时执行的事件过程代码如下：
```csharp
protected void ButtonLogin_Click(object sender, EventArgs e)
{
    string connString = ConfigurationManager.ConnectionStrings["ConnStr"].ToString();
    using (SqlConnection conn = new SqlConnection(connString))
    {
        conn.Open();
        string SqlString = "select ulevel from Admin where uname='" + TextBoxUserName.Text +
                    "'and upwd='" + TextBoxUserPassword.Text + "'";
        // 输入时注意区分单、双引号  "select  ='" +   + "'and upwd='" +   + "'"
        SqlCommand cmd = new SqlCommand(SqlString, conn);
        SqlDataReader reader = cmd.ExecuteReader();
        reader.Read();   //调用 Read()方法得到返回记录集
        string UserLevel;
        if (reader.HasRows)   //如果有返回记录存在
        {
            UserLevel = reader["ulevel"].ToString(); //获取返回记录中 ulevel 字段值
        }
        else   //如果 dr 中不包含任何记录，则表示数据库中没有符合条件的记录
        {
            Response.Write("<script language=javascript>alert('用户名或密码错！');</script>");
            return;
        }
        if (UserLevel == "0")
        {
            Session["pass"] = "admin"; //保存
            Response.Redirect("Manager.aspx?userName=" + TextBoxUserName.Text);
        }
        else
        {
            Session["pass"] = "guest"; //保存
            Response.Redirect("Guest.aspx?userName=" + TextBoxUserName.Text);
        }
    }
}
```
（5）添加 Manager.aspx 和 Guest.aspx 页面
① 向网站中添加两个新网页 Manager.aspx 和 Guest.aspx。
② Manager.aspx 页面装入时执行的事件过程代码如下。
```csharp
protected void Page_Load(object sender, EventArgs e)
{
    this.Title = "管理页面";
    string IsPass = (string)Session["pass"]; //取出
    if (IsPass != "admin")   //使用 Session 对象限制用户只能从 Default.aspx 跳转至此
```

```
        {
            Response.Redirect("Default.aspx");
        }
        Response.Write("这是管理员页面--");
        Response.Write("欢迎  " + Request.QueryString["userName"] + "  回来");
    }
```

③ Guest.aspx 页面装入时执行的事件代码如下。

```
    protected void Page_Load(object sender, EventArgs e)
    {
        this.Title = "游客页面";
        string IsPass = (string)Session["pass"]; //取出
        if (IsPass != "guest")
        {
            Response.Redirect("Default.aspx");
        }
        Response.Write("这是游客页面--");
        Response.Write("欢迎  " + Request.QueryString["userName"] + "  回来");
    }
```

（6）运行网站

切换到 Default.aspx 页面并运行，分别输入不同级别的用户名和密码，显示如图 7-31 所示。

【实训 7-3】 通过使用 Connection、Command、DataReader 等对象，设计一个网站，能够实现对 SQL Server 数据库 UserDB 中 userinfo 表进行增（用户和密码）、删（除用户）、改（该用户的密码）、查操作。要求：必须登录后才能实现对 userinfo 表的增、删、改、查操作。

（1）创建网站

① 在 Visual Studio 中，执行菜单命令"文件"→"新建"→"网站"，新建网站"C:\training7_3"。

② 在"解决方案资源管理器"中，右击网站名"C:\training7_3"，从快捷菜单中执行"添加 ASP.NET 文件夹"→"App_Data"命令。然后把数据库创建到这个文件夹中。

（2）创建数据库

在 SQL Server Management Studio 中创建数据库 UserDB，把保存数据库文件的路径设置为 C:\training7_3\App_Data。

新建用于存放学生信息的表，表名为 userinfo，本表只有 5 个字段：id（int，主键，标识增量 1）、name（nchar(20)）、password（nchar(32)）、phone(char(11))和 email（nchar(30)），其中，phone 和 email 允许为 Null。然后添加一些记录，如图 7-33 所示。

PC\SQL2008.UserDB - dbo.userinfo

	id	name	password	phone	email
▶	1	abc	abc	NULL	NULL
	2	aaa	111	NULL	NULL
	3	liu	liu	NULL	NULL
	4	qqq	qqq	NULL	NULL
*	NULL	NULL	NULL	NULL	NULL

图7-33 用户信息

（3）在 Web 配置文件中添加连接字符串

在 web.config 文件中添加连接字符串，代码如下：

```
    <connectionStrings>
      <add   name="ConnStr"
```

```
                connectionString="Data Source=PC\SQL2008;Initial Catalog=UserDB;
                        Integrated Security=true"
                providerName="System.Data.SqlClient"/>
        </connectionStrings>
```
注意，应把代码中的"PC\SQL2008"更换成自己的 SQL Server 服务器名。
（4）设计 Default.aspx 窗体
① 在 Default.aspx 中添加两个 TextBox 控件、6 个 Button 控件和一个 GridView 控件，如图 7-34 所示。

将用户名文本框 ID 改为 TextBoxUser，密码文本框 ID 改为 TextBoxPassword。

"登录"按钮的 ID 改为 ButtonLogin，"插入"按钮的 ID 改为 ButtonInsert，"删除"按钮的 ID 改为 ButtonDelete，"查找"按钮的 ID 改为 ButtonFind，"修改"按钮的 ID 改为 ButtonUpdate，"浏览"按钮的 ID 改为 ButtonBrow。

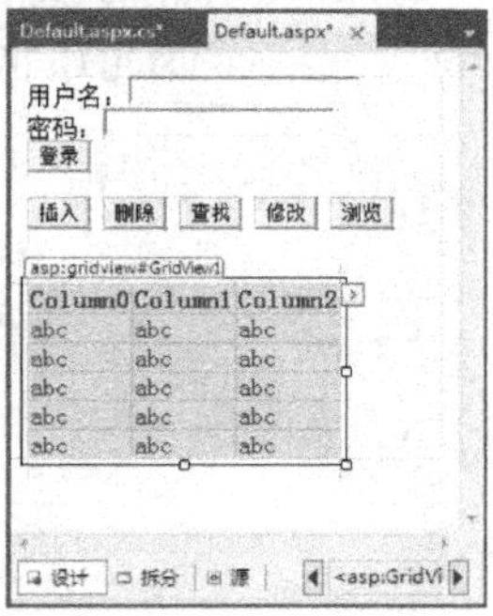

② 在命名空间区域中添加引用 SQL Server 数据库所需命名空间的引用：

```
                using System.Data;
                using System.Data.SqlClient;
                using System.Configuration;
```
③ 编写事件过程。

图7-34　Default.aspx窗体

"登录"按钮的单击事件过程代码如下：
```
        protected void ButtonLogin_Click(object sender, EventArgs e)
        {
            login(TextBoxUser.Text, TextBoxPassword.Text); //调用登录子过程
        }
```
"插入"按钮的单击事件过程代码如下：
```
        protected void ButtonInsert_Click(object sender, EventArgs e)
        {
            insert(TextBoxUser.Text, TextBoxPassword.Text); //调用插入子过程
        }
```
"删除"按钮的单击事件过程代码如下：
```
        protected void ButtonDelete_Click(object sender, EventArgs e)
        {
            delete(TextBoxUser.Text); //调用删除子过程
        }
```
"查找"按钮的单击事件过程代码如下：
```
        protected void ButtonFind_Click(object sender, EventArgs e)
        {
            find(TextBoxUser.Text); //调用查找子过程
        }
```
"修改"按钮的单击事件过程代码如下：
```
        protected void ButtonUpdate_Click(object sender, EventArgs e)
        {
            update(TextBoxUser.Text, TextBoxPassword.Text);   //调用修改子过程
        }
```

"浏览"按钮的单击事件过程代码如下：
```
protected void ButtonBrow_Click(object sender, EventArgs e)
{
    brow(); //浏览所有记录
}
```
（5）在 Default.aspx.cs 中编写子过程

登录子过程，传递参数 userName 和 userPassword，代码如下：
```
public void login(string userName, string userPassword)
{
    string connString = ConfigurationManager.ConnectionStrings["ConnStr"].ToString();
    using (SqlConnection sqlConnection = new SqlConnection(connString))
    {
        try
        {
            string sqlString = "select * from userinfo where name='" + userName + "'and
                                password='" + userPassword + "'"; //"select * from   name=' " +   + "
                                'and password='" +   + " ' "
            sqlConnection.Open();
            SqlCommand sqlCommand = new SqlCommand(sqlString, sqlConnection);
            using (SqlDataReader reader =
                sqlCommand.ExecuteReader(CommandBehavior.CloseConnection))
            {
                string name = string.Empty;
                string pwd = string.Empty;
                while (reader.Read())
                {
                    name = reader["name"].ToString(); //取表中的用户名
                    pwd = reader["password"].ToString(); //取表中的密码
                }
                if (name.Trim() == userName.Trim() && pwd.Trim() == userPassword.Trim())
                {
                    Response.Write("<script>alert('Login OK!');</script>");
                }
                else
                {
                    Response.Write("<script>alert('Login error!');</script>");
                }
            }
        }
        catch (Exception)
        {
            throw;
        }
    }
}
```
插入子过程，传递参数 userName 和 userPassword，代码如下：

```csharp
public void insert(string userName, string userPassword)
{
    string connString = ConfigurationManager.ConnectionStrings["ConnStr"].ToString();
    string userPhone = "222333";
    string userEmail = "aaa@163.com";
    using (SqlConnection sqlConnection = new SqlConnection(connString))
    {
        try
        {
            string sqlString = "insert into userinfo values('" + userName + "','" + userPassword +
                                "','"+userPhone+"','"+userEmail+"')";
            // "insert into userinfo values(' " + userName + " ',' " + userPassword + " ')"
            sqlConnection.Open();
            SqlCommand sqlCommand = new SqlCommand(sqlString, sqlConnection);
            sqlCommand.ExecuteNonQuery();
            Response.Write("<script>alert('Insert OK!');</script>");
        }
        catch (Exception)
        {
            throw;
        }
    }
}
```

删除子过程，传递参数 userName，代码如下：

```csharp
public void delete(string userName)
{
    string connString = ConfigurationManager.ConnectionStrings["ConnStr"].ToString();
    using (SqlConnection sqlConnection = new SqlConnection(connString))
    {
        try
        {
            string sqlString = "delete from userinfo where name='" + userName + "'";
            // string sqlString = "delete from userinfo where name=' " + userName + " ' ";
            sqlConnection.Open();
            SqlCommand sqlCommand = new SqlCommand(sqlString, sqlConnection);
            sqlCommand.ExecuteNonQuery();
            Response.Write("<script>alert('Delete OK!');</script>");
        }
        catch (Exception)
        {
            throw;
        }
    }
}
```

查找子过程，传递参数 userName。本过程用 DataSet 对象保存查找到的记录并作为数据源，然后通过数据显示控件显示出来。代码如下：

```csharp
public void find(string userName)
{
    string connString = ConfigurationManager.ConnectionStrings["ConnStr"].ToString();
    using (SqlConnection sqlConnection = new SqlConnection(connString))
```

```csharp
        {
            try
            {
                string sqlString = "select * from userinfo where name='" + userName + "'";
                // string sqlString = "select * from userinfo where name=' " + userName + " ' "
                sqlConnection.Open();
                SqlDataAdapter da = new SqlDataAdapter(sqlString, sqlConnection);
                //通过 SqlDataAdapter 接收 SQL 语句的执行结果
                DataSet ds = new DataSet(); //创建数据集
                da.Fill(ds, "User"); //把 da 中的数据填充到 ds 中
                //设置 GridView 控件的数据源为 ds，以便用 GridView 控件显示 ds 中的数据
                GridView1.DataSource = ds.Tables["User"].DefaultView;
                GridView1.DataBind(); //绑定数据源
            }
            catch (Exception)
            {
                throw;
            }
        }
    }
```

修改密码子过程，传递参数 userName 和 userPassword，代码如下：

```csharp
    public void update(string userName, string userPassword)
    {
        string connString = ConfigurationManager.ConnectionStrings["ConnStr"].ToString();
        using (SqlConnection sqlConnection = new SqlConnection(connString))
        {
            try
            {
                string sqlString = "update userinfo set password='" + userPassword + "'" +
                                "where name='" + userName + "'";
                //"update  set password=' " + userPassword + " ' " + "where name=' " + userName + " ' "
                SqlCommand sqlCommand = new SqlCommand(sqlString, sqlConnection);
                sqlConnection.Open();
                sqlCommand.ExecuteNonQuery();
                Response.Write("<script>alert('Update password OK!');</script>");
            }
            catch (Exception)
            {
                throw;
            }
        }
    }
```

浏览记录子过程，无参数。本子过程把 SqlDataReader 对象绑定到数据显示控件 GridView，以便在该数据控件中显示该数据源中的数据。如果显示只读记录，则用本方法实现比较简单；如果显示的记录可以编辑，则要用 DataSet 对象。代码如下：

```csharp
    public void brow()
    {
```

```csharp
string connString = ConfigurationManager.ConnectionStrings["ConnStr"].ToString();
using (SqlConnection sqlConnection = new SqlConnection(connString))
{
    try
    {
        string sqlString = "select * from userinfo";
        SqlCommand sqlCommand = new SqlCommand(sqlString, sqlConnection);
        sqlConnection.Open();
        SqlDataReader da = sqlCommand.ExecuteReader(); //建立 da 对象
        GridView1.DataSource = da; //为 GridView1 控件指定数据源为 da
        GridView1.DataBind(); //绑定数据源
        da.Close(); //关闭 da 对象
    }
    catch (Exception)
    {
        throw;
    }
}
```

本程序还有许多问题，例如，"用户名"和"密码"的登录与插入、修改操作公用代码，这在实际的程序中是不允许的。请完善本网站的功能，要求登录后，对 userinfo 表进行增、删、改、查等操作，都会打开相应的页面。

第 8 章 使用 DataSet 访问数据库

本章内容：DataSet 的基本构成，访问和填充 DataSet，修改 DataSet 及数据更新。
本章重点：DataSet 的基本构成，常用子对象、属性和方法，使用 DataSet 与 DataAdapter 配合完成常规数据库操作。

8.1 DataSet 的基本构成

DataSet（数据集）对象是 ADO.NET 的核心构件之一，它是数据的内存表示形式，提供了独立于数据源的一致关系编程模型。DataSet 表示整个数据集，包括表、约束与表与表之间的关系。由于 DataSet 独立于数据源，故其中可以包含应用程序的本地数据，也可以包含来自多个数据源的数据。

可以把数据集理解为内存中的一个临时数据库，它把应用程序需要的数据临时保存在内存中。由于这些数据都缓存在本地计算机中，因此不需要与数据库服务器一直保持连接。当应用程序需要数据时，直接从内存中的数据集中读取数据；也可以修改数据集中的数据，然后把数据集中修改后的数据写回数据库。

8.1.1 DataSet、DataAdapter 和数据源之间的关系

数据集不直接与数据库联系，数据集与数据库之间的联系是通过 .NET 数据提供程序来实现的，因此数据集是独立于任何数据库的。

DataSet 是实现 ADO.NET 断开式连接的核心，它通过 DataAdapter 从数据源获得数据后就断开与数据源之间的连接（这一点与前面介绍过的 DataReader 对象完全不同），此后应用程序所有对数据源的操作（定义约束和关系、添加、删除、修改、查询、排序、统计等）均转向 DataSet。当所有这些操作完成后，可以通过 DataAdapter 提供的数据源更新方法将修改后的数据写入数据库。

图 8-1 表示了 DataSet、DataAdapter 和数据源之间的关系，从图中可以看到 DataSet 对象并没有直接连接数据源，它与数据源之间的连接是通过 DataAdapter 对象来完成的。

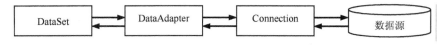

图 8-1 DataSet、DataAdapter 和数据源之间的关系

需要说明的是，对于不同的数据源，DataAdapter 对象也有不同的形式，例如，用于连接 Access 数据库的 OleDbDataAdapter、用于连接 SQL Server 数据库的 SqlDataAdapter、用于连接 ODBC 数据源的 OdbcDataAdapter、用于连接 Oracle 数据库的 OracleDataAdapter 等。

8.1.2 DataSet 的组成结构和工作过程

1. DataSet 的组成结构

数据集的结构与数据库的结构相似，数据集中也包含多个数据表，这些表构成了一个数据表的集合（DataTableCollection），其中的每个数据表都是一个 DataTable 对象。每个数据表都是由列组成的，所有列构成了一个列集合（DataColumnCollection），其中的列称为数据列（DataColumn）。数据表中的数据记录是由行组成的，所有的行构成行集合（DataRowCollection），其中的行称为数据行（DataRow）。

如图 8-2 所示，DataSet 主要由 DataTableCollection（数据表集合）、DataRelationCollection（数据关系集合）和 ExtendedProperties 对象组成。其中最基本，也是最常用的是 DataTableCollection。

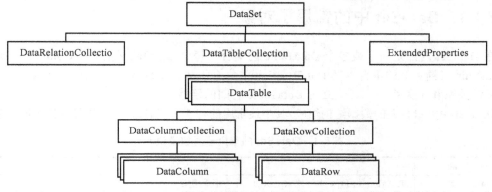

图 8-2 DataSet 组成结构简图

（1）DataTableCollection

在每个 DataSet 对象中都可以包含由 DataTable（数据表）对象表示的若干个数据表的集合，而 DataTableCollection 对象则包含了 DataSet 对象中的所有 DataTable 对象。

DataTable 在 System.Data 命名空间中定义，表示内存驻留数据的单个表，其中包含由 DataColumnCollection（数据列集合）表示的数据列集合以及由 ConstraintCollection 表示的约束集合，这两个集合共同定义表的架构。隶属于 DataColumnCollection 对象的 DataColumn（数据列）对象则表示了数据表中某一列的数据。

此外，DataTable 对象还包含有 DataRowCollection 所表示的数据行集合，而 DataRow（数据行）对象则表示数据表中某行的数据。除了反映当前数据状态之外，DataRow 还会保留数据的当前版本和初始版本，以标识数据是否曾被修改。

（2）DataRelationCollection

DataRelationCollection 对象用于表示 DataSet 中两个 DataTable 对象之间的父子关系，它使一个 DataTable 中的行与另一个 DataTable 中的行相关联，这种关联类似于关系数据库中数据表之间的主键列和外键列之间的关联。DataRelationCollection 对象管理 DataSet 中所有 DataTable 之间的 DataRelation 关系。

（3）ExtendedProperties

ExtendedProperties 对象其实是一个属性集合（PropertyCollection），用户可以在其中放入自定义的信息，如用于产生结果集的 Select 语句，或生成数据的时间/日期标志。

因为 ExtendedProperties 可以包含自定义信息，所以在其中可以存储额外的、用户定义的

DataSet(DataTable 或 DataColumn)数据。

2. DataSet 的基本工作过程

DataSet 的基本工作过程为:首先完成与数据库的连接,DataSet 在存放 ASP.NET 网站的服务器中为每个用户开辟一块内存,通过 DataAdapter(数据适配器),将得到的数据填充到 DataSet 中,然后把 DataSet 中的数据发送给客户端。ASP.NET 网站服务器中的 DataSet 使用完以后,将释放 DataSet 所占用的内存。

客户端读入数据后,在内存中保存一份 DataSet 的副本,随后断开与数据库的连接。客户端应用程序所有针对数据库的操作都是指向本地 DataSet 的。待数据库操作完毕后,可通过 DataSet、DataAdapter 提供的方法统一把更新后的 DataSet 发送到服务器中,服务器接收 DataSet 并修改数据库中的数据。

8.1.3 DataSet 中的常用子对象

在 DataSet 内部是一个或多个 DataTable 的集合。每个 DataTable 由 DataColumn、DataRow 和 Constraint(约束)的集合以及 DataRelation 的集合组成。DataTable 内部的 DataRelation 集合对应于父关系和子关系,二者建立了 DataTable 之间的连接。

DataSet 由大量相关的数据结构组成,其中最常用的有 5 个子对象,其名称及功能说明见表 8-1。

表 8-1 DataSet 的常用子对象及说明

对象	功能
DataTable	数据表,使用行、列形式来组织的一个矩形数据集
DataColumn	数据列,一个规则的集合,描述决定将什么数据存储到一个 DataRow 中
DataRow	数据行,由单行数据库数据构成的一个数据集合,该对象是实际的数据存储
Constraint	约束,决定能进入 DataTable 的数据
DataRelation	数据表之间的关联,描述了不同的 DataTable 之间如何关联

8.1.4 DataSet 对象常用属性和方法

DataSet 是数据的一种内存驻留表示形式,无论它包含的数据来自什么数据源,都会提供一致的关系编程模型。DataSet 表示整个数据集,包括对数据进行包含、排序和约束的表以及表间的关系。

1. DataSet 对象的常用属性

DataSet 对象的常用属性及说明见表 8-2。

表 8-2 DataSet 对象的常用属性及说明

名称	说明
DataSetName	获取或设置当前DataSet的名称
Tables	获取包含在 DataSet 中的表的集合

2. DataSet 对象的常用方法

DataSet 对象的常用方法,见表 8-3。

表 8-3　DataSet 对象的常用方法及说明

名　　称	说　　明
AcceptChanges()	提交自加载此DataSet或上次调用AcceptChanges以来对其进行的所有更改
Clear()	通过移除所有表中的所有行来清除任何数据的DataSet
Clone()	复制DataSet的结构，包括所有DataTable架构、关系和约束。不复制任何数据
Copy()	复制该DataSet的结构和数据
CreateDataReader()	为每个DataTable返回带有一个结果集的DataTableReader，顺序与Tables集合中表的显示顺序相同
HasChanges()	获取一个值，该值指示DataSet是否有更改，包括新增的行、已删除的行或已修改的行
Merge()	将指定的DataSet、DataTable或DataRow对象的数组合并到当前的 DataSet 或 DataTable 中

8.2　DataAdapter 对象

DataAdapter 对象在物理数据库表和内存数据表（结果集）之间起着桥梁的作用。它通常与 DataTable 对象或 DataSet 对象配合来实现对数据库的操作。关于 DataSet 对象的概念及使用方法将在后续章节中介绍，这里主要介绍 DataAdapter 对象与 DataTable 对象配合使用的情况。

8.2.1　创建 DataAdapter 对象

DataAdapter 对象是一个双向通道，用来把数据从数据源中读到一个内存表中，以及把内存中的数据写回到一个数据源中。这两种情况下使用的数据源可能相同，也可能不相同。而这两种操作分别称作填充（Fill）和更新（Update）。DataAdapter 对象通过Fill方法和 Update 方法来提供这个桥接器。

DataAdapter 对象可以使用 Connection 对象连接到数据源，并使用 Command 对象从数据源检索数据以及将更改写回数据源。

如果所连接的是 SQL Server 数据库，则需要将 SqlDataAdapter 与关联的 SqlCommand 和 SqlConnection 对象一起使用。

下面以创建 SqlDataAdapter 对象为例，介绍使用 DataAdapter 类的构造函数创建 DataAdapter 对象的方法。常用的创建 SqlDataAdapter 对象的语法格式如下：

SqlDataAdapter 对象名 = new SqlDataAdapter(sqlString, conn);

其中，sqlString 为 SELECT 查询语句或 SqlCommand 对象，conn 为 SqlConnection 对象。

8.2.2　DataAdapter 对象的属性和方法

1. DataAdapter 对象的常用属性

DataAdapter 对象的常用属性见表 8-4。

表 8-4　DataAdapter 对象的常用属性及说明

属　　性	说　　明
SelectCommand	获取或设置一个语句或存储过程，用于在数据源中选择记录
InsertCommand	获取或设置一个语句或存储过程，用于在数据源中插入新记录
UpdateCommand	获取或设置一个语句或存储过程，用于更新数据源中的记录
DeleteCommand	获取或设置一个语句或存储过程，用于从数据源中删除记录
UpdateBatchSize	获取或设置每次到服务器的往返过程中处理的行数
MissingSchemaAction	确定现有 DataSet 架构与传入数据不匹配时需要执行的操作

需要注意的是，DataAdapter 对象的 SelectCommand、InsertCommand、UpdateCommand 和 DeleteCommand 属性都是 Command 对象。

假设已创建了用于删除数据表记录的 SQL 语句 strDel，并且已建立了与 SQL Server 数据库的连接对象 conn，在程序中通过 DataAdapter 对象的 DeleteCommand 属性删除记录的代码如下：

```
SqlCommand delCmd = new SqlCommand(strDel, conn); //创建 Command 对象
SqlDataAdapter da = new SqlDataAdapter(); //创建 DataAdapter 对象
conn.Open();
da.DeleteCommand = delCmd; //设置 DataAdapter 对象的 DeleteCommand 属性
da.DeleteCommand.ExecuteNonQuery(); //执行 DeleteCommand 代表的 SQL 语句（删除记录）
conn.Close();
```

2．DataAdapter 对象的常用方法

DataAdapter 对象的常用方法见表 8-5。

表 8-5　DataAdapter 对象的常用方法及说明

方法	说明
Fill()	用从源数据读取的数据行填充至 DataSet 对象中
Update()	在 DataSet 对象中的数据有所改动后更新数据源，包括 DataSet 中每个已插入、已更新或已删除的行（调用相应的 INSERT、UPDATE 或 DELETE 语句），提交给数据库，使 DataSet 与数据库保持同步更新
FillSchema()	将一个 DataTable 加入指定的 DataSet 中，并配置表的模式
GetFillParameters()	返回一个用于 SELECT 命令的 DataParameter 对象组成的数组
Dispose()	删除该对象

（1）填充数据集

使用 DataAdapter 对象填充数据集的步骤如下。

① 创建数据库连接对象（Connection 对象）。

② 定义从数据库查询数据用的 Select SQL 语句。

③ 利用①、②步中创建的 Connection 对象和 Select SQL 语句，创建 DataAdapter 对象：

SqlDataAdapter da = new SqlDataAdapter("Select SQL 语句", Connection 对象);

④ 调用 DataAdapter 对象的 Fill()方法填充数据集，语法格式如下：

数据适配器对象名.Fill(数据集对象名, "数据表名称字符串");

如果数据集中没有"数据表名称字符串"这个数据表，则调用 Fill()方法后会创建该数据表。如果数据集中已经有这个数据表，则把现在查出的数据添加到该数据表中。

（2）保存数据集中的数据

就像查询数据需要使用查询命令一样，在更新数据时也需要有相关的命令。使用 SqlCommandBuilder 对象（构造 SQL 命令）可以自动生成需要的 SQL 命令。这样，把数据集中修改过的数据保存到数据库中，只需以下两个步骤。

① 使用 SqlCommandBuilder 对象为 DataAdapter 对象自动生成更新命令，语法格式如下：

SqlCommandBuilder 对象名=new SqlCommandBuilder(数据适配器对象名);

对象名：实例化一个 SqlCommandBuilder 类对象的名称。

数据适配器对象名：已创建的数据适配器对象名。

② 调用 DataAdapter 对象的 Update()方法更新数据库，语法格式如下：

数据适配器对象名.Update(数据集对象名, "数据表名称字符串")

8.3 使用 DataSet 访问数据库

DataSet 的基本工作过程为：首先完成与数据库的连接，DataSet 在存放 ASP.NET 网站的服务器上为每个用户开辟一块内存，通过 DataAdapter（数据适配器），将得到的数据填充到 DataSet 中，然后把 DataSet 中的数据发送给客户端。

ASP.NET 网站服务器中的 DataSet 使用完以后，将释放 DataSet 所占用的内存。客户端读入数据后，在内存中保存一份 DataSet 的副本，随后断开与数据库的连接。

在这种方式下，应用程序所有针对数据库的操作都是指向 DataSet 的，并不会立即引起数据库的更新。待数据库操作完毕后，可通过 DataSet、DataAdapter 提供的方法将更新后的数据一次性保存到数据库中。

8.3.1 创建 DataSet

创建数据集对象的语法格式为：
DataSet 数据集对象名 = new DataSet();
或：
DataSet 数据集对象名 = new DataSet("表名");
前一个语法格式表示要先创建一个空数据集，以后再将已经建立的数据表（DataTable）包含进来；后一个语法格式是先建立数据表，然后建立包含该数据表的数据集。

8.3.2 填充 DataSet

所谓"填充"，是指将 DataAdapter 对象通过执行 SQL 语句从数据源得到的返回结果，使用 DataAdapter 对象的 Fill 方法传递给 DataSet 对象。其常用语法格式如下：
Adapter.Fill(ds);
或
Adapter.Fill(ds, tablename);
其中，Adapter 为 DataSetAdapter 对象实例，ds 为 DataSet 对象，tablename 为用于数据表映射的源表名称。在第一种格式中仅实现了 DataSet 对象的填充，而第二种格式则实现了填充 DataSet 对象和指定一个可以引用的别名两项任务。

需要说明的是，Fill 方法的重载方式（语法格式）有很多种（共有 13 种），上面介绍的仅是最常用的两种，读者可查阅 MSDN 来了解其他重载方式。

填充 DataSet 的一般方法和步骤如下。
① 使用 Connection 对象建立与数据库的连接：
　　SqlConnection conn = new SqlConnection();　　//创建 SQL Server 连接对象
这里不需要建立 Command 对象。
② 创建 DataAdapter 对象：
　　SqlDataAdapter da = new SqlDataAdapter();　　//创建空的 DataAdapter 对象
③ 创建从数据库查询数据用的 Select SQL 语句：
　　string SelectSql = "select * from UserInfo";

④ 设置 DataAdapter 对象的 SelectCommand 属性，使用 conn 指定连接，执行 SelectSql 指定的 SQL 语句，从数据库中取出需要的数据。代码如下：

  SqlCommand cmd = new SqlCommand(SelectSql, conn);
  da.SelectCommand = cmd;

或合并为：

  da.SelectCommand = new SqlCommand(SelectSql, conn);

⑤ 创建一个空 DataSet 对象：

  DataSet ds = new DataSet();

⑥ 使用 DataAdapter 对象的 Fill 方法填充 DataSet：

  da.Fill(ds); //将 DataAdapter 执行 SQL 语句返回的结果填充到 DataSet 对象

⑦ 为 GridView 控件设置数据源，并绑定，以便在 GridView 控件中显示 DataSet 中的数据。

【演练 8-1】 使用 DataSet 对象浏览 SQL Server 数据库 UserManagement 中 UserInfo 表中所有记录并显示到 GridView 控件中。运行结果如图 8-3 所示。

图 8-3 使用 DataSet 浏览数据库

本例是一个典型的 DataSet 和 DataAdapter 配合使用的例子。程序功能的实现步骤如下。

① 建立与数据库的连接。
② 通过 DataAdapter 对象从数据库中取出需要的数据。
③ 使用 DataAdapter 对象的 Fill 方法填充 DataSet。
④ 通过 GridView 控件将 DataSet 中的数据输送到表示层显示出来。

（1）新建网站

新建一个空网站，如 C:\ex8_1。

（2）在 Web 配置文件中添加连接字符串

在 web.config 文件中添加连接字符串。连接到 SQL Server 服务器名为"PC\SQL2008"，数据库名为 UserManagement，采用信任连接，连接字符串为：

```
<connectionStrings>
    <add name="ConnStr"
        connectionString="Data Source=PC\SQL2008;Initial Catalog=UserManagement;
                Integrated Security=true"
        providerName="System.Data.SqlClient"/>
</connectionStrings>
```

注意，要把代码中的"PC\SQL2008"更换成用户自己的 SQL Server 服务器名。

（3）设计 Default.aspx 窗体

① 添加 Web 窗体 Default.aspx。在 Default.aspx 窗体中，从工具箱的数据组中添加一个 GridView 控件。

② 在 Default.aspx.cs 中编写事件代码。

在 Default.aspx.cs 命名空间区域中，添加引用 SQL Server 数据库所需命名空间的引用：

```
using System.Data; //提供对 DataSet 对象的支持
using System.Data.SqlClient; //访问 SQL Server 数据库
using System.Configuration; //获取连接字符串
```

Default.aspx 页面装入时执行的事件代码如下：

```csharp
protected void Page_Load(object sender, EventArgs e)
{
    string connString = ConfigurationManager.ConnectionStrings["ConnStr"].ToString();
    SqlConnection conn = new SqlConnection(connString); //创建 conn 对象
    SqlDataAdapter da = new SqlDataAdapter(); //创建 DataAdapter 对象
    string selectSql = "select * from UserInfo";
    //设置 DataAdapter 对象的 SelectCommand 属性，使用 conn 指定的连接
    //执行 selectSql 指定的 SQL 语句
    da.SelectCommand = new SqlCommand(selectSql, conn);
    DataSet ds = new DataSet(); //创建一个空 DataSet 对象
    da.Fill(ds); //将 DataAdapter 执行 SQL 语句返回的结果填充到 DataSet 对象
    GridView1.Caption = "<b>用户基本情况</b>";
    GridView1.DataSource = ds; //设置填充后的 DataSet 对象为 GridView 控件的数据源
    GridView1.DataBind();
    conn.Close();
}
```

8.3.3 多结果集填充

DataSet 对象支持多结果集的填充，也就是说，可以把来自同一数据表或不同数据表中不同的数据集合，同时填充到 DataSet 中。

【演练 8-2】 本例将来自同一数据表的不同数据集合（性别为"女"的所有记录和电子邮箱地址中包含"live"的所有记录），填充到同一个 DataSet 对象中。然后，通过 DataSet 对象的 Tables 属性分别把它们显示到两个不同的 GridView 控件中。

新建空网站 C:\ex8_2，添加数据库连接字符与演练 8-1 相同。

添加 Default.aspx 窗体，在其中添加两个 GridView 控件。添加 Default.aspx.cs 所需命名空间的引用。Default.aspx 的 Load 事件代码如下：

```csharp
protected void Page_Load(object sender, EventArgs e)
{
    string connString = ConfigurationManager.ConnectionStrings["ConnStr"].ToString();
    SqlConnection conn = new SqlConnection(connString); //创建 conn 对象
    SqlDataAdapter da = new SqlDataAdapter(); //创建 DataAdapter 对象
    string selectSql = "select * from UserInfo where UserGender = '女';" +
                       "select * from UserInfo where UserEmail like '%live%'";
    da.SelectCommand = new SqlCommand(selectSql, conn);
    DataSet ds = new DataSet(); //创建一个空 DataSet 对象
    da.Fill(ds);
    GridView1.Caption = "<b>性别为"女"的所有记录</b>";
    GridView1.DataSource = ds.Tables[0]; //使用第一个结果集为 GridView1 的数据源
    GridView1.DataBind();
    GridView2.Caption = "<b>电子邮箱地址中包含"live"的所有记录</b>";
    GridView2.DataSource = ds.Tables[1]; //使用第二个结果集为 GridView2 的数据源
    GridView2.DataBind();
    conn.Close();
}
```

Default.aspx 运行结果如图 8-4 所示。

图 8-4　向 DataSet 中填充多个结果集

8.3.4　添加新记录

DataAdapter 是 DataSet 与数据源之间的桥梁，它不但可以从数据源返回结果集并填充到 DataSet 中，还可以调用其 Update()方法将应用程序对 DataSet 的修改（添加、删除、更新）回传到数据源，完成数据库记录的更新。

当调用 Update()方法时，DataAdapter 将分析已做出的更改，并执行相应命令（如插入、更新或删除）。

DataAdapter 的 InsertCommand、UpdateCommand 和 DeleteCommand 属性也是 Command 对象，用于按照 DataSet 中数据的修改来管理对数据源相应数据的更新。

通过 DataSet 向数据表添加新记录的步骤如下。

① 建立与数据库的连接。
② 通过 DataAdapter 对象从数据库中取出需要的数据。
③ 实例化一个 SqlCommandBuilder 类对象，并为 DataAdapter 自动生成更新命令。
④ 使用 DataAdapter 对象的 Fill 方法填充 DataSet。
⑤ 使用 NewRow()方法向 DataSet 中填充的表对象中添加一个新行。
⑥ 为新行中各字段赋值。
⑦ 将新行添加到 DataSet 中填充的表对象中。
⑧ 调用 DataAdapter 对象的 Update()方法将数据保存到数据库。

【演练 8-3】　本例实现了向 UserManagement 数据库的 UserInfo 表中添加一条新记录。运行网站，首先显示表中所有记录，单击"添加指定记录"按钮，将添加一条指定记录，然后显示添加记录后的表中所有记录。运行结果如图 8-5 所示。

图 8-5　显示表记录

新建空网站 C:\ex8_3，添加数据库连接字符与演练 8-1 相同。

添加 Default.aspx 窗体，在其中添加一个 GridView 控件，一个 Button 控件（Text 属性改为

"添加指定记录",ID 改为 ButtonAdd)。添加 Default.aspx.cs 所需命名空间的引用。Default.aspx 的 Load 事件代码如下：

```csharp
protected void Page_Load(object sender, EventArgs e)
{
    string connString = ConfigurationManager.ConnectionStrings["ConnStr"].ToString();
    SqlConnection conn = new SqlConnection(connString); //创建 conn 对象
    SqlDataAdapter da = new SqlDataAdapter(); //创建 DataAdapter 对象
    string selectSql = "select * from UserInfo";
    da.SelectCommand = new SqlCommand(selectSql, conn);
    DataSet ds = new DataSet(); //创建一个空 DataSet 对象
    da.Fill(ds, "UserInfoDs");
    GridView1.Caption = "用户基本信息";
    GridView1.DataSource = ds; //设置填充后的 DataSet 对象为 GridView 控件的数据源
    GridView1.DataBind();
    conn.Close();
}
```

"添加指定记录"按钮的 Click 事件代码如下：

```csharp
protected void ButtonAdd_Click(object sender, EventArgs e)
{
    Response.Redirect("Add.aspx"); //打开 Add.aspx
}
```

添加一个 Web 窗体 Add.aspx。在 Add.aspx.cs 中添加引用 SQL Server 数据库所需命名空间。Add.aspx 的 Load 事件代码如下：

```csharp
protected void Page_Load(object sender, EventArgs e)
{
    string connString = ConfigurationManager.ConnectionStrings["ConnStr"].ToString();
    SqlConnection conn = new SqlConnection(connString); //创建 conn 对象
    SqlDataAdapter da = new SqlDataAdapter(); //创建 DataAdapter 对象
    string selectSql = "select * from UserInfo";
    da.SelectCommand = new SqlCommand(selectSql, conn); //取出数据库中需要的数据
    SqlCommandBuilder scb = new SqlCommandBuilder(da); //为 DataAdapter 自动生成更新命令
    DataSet ds = new DataSet();
    da.Fill(ds); //填充 DataSet 对象
    DataRow NewRow = ds.Tables[0].NewRow(); //向 DataSet 第一个表对象中添加一个新行
    NewRow["UserName"] = "Jenny"; //为新行的各字段赋值
    NewRow["UserPassword"] = "321";
    NewRow["UserGender"] = "女";
    NewRow["UserEmail"] = "Jenny@sohu.com";
    NewRow["UserAsk"] = "喜欢的玩具？";
    NewRow["UserAnswer"] = "芭比女士";
    NewRow["CreatedTime"] = " 2014-08-21 21:32";
    NewRow["IsPass"] = 1;
    ds.Tables[0].Rows.Add(NewRow); //将新建行添加到 DataSet 第一个表对象中
    da.Update(ds); //将 DataSet 中数据变化提交到数据库（更新数据库）
    conn.Close();
    Response.Redirect("Default.aspx"); //添加记录后打开 Default.aspx，以显示添加记录后的记录
}
```

需要说明的是，使用 SqlCommandBuilder 对象自动生成 DataAdapter 对象的更新命令（DeleteCommand、InsertCommand 和 UpdateCommand）时，填充到 DataSet 中的 DataTable 对象只能映射到单个数据表上或者从单个数据表生成，而且数据库表必须定义有主键，所以，经常把由 SqlCommandBuilder 对象自动生成的更新命令称为"单表命令"。

运行 Default.aspx，显示如图 8-5 所示。因为 UserInfo 表的主键 UserID 是自增的，不会重复，所以可以多次单击"添加指定记录"按钮。

8.3.5 修改记录

通过 DataSet 修改现有数据表记录的操作方法与添加新记录非常相似，唯一不同的地方是无须使用 NewRow()添加新行，而是在创建一个 DataRow 对象后，从表对象中获得需要修改的行并赋给新建的 DataRow 对象，再根据需要修改各列的值（为各字段赋予新值）。最后，仍需要调用 DataAdapter 对象的 Update()方法将更新提交到数据库。

【演练 8-4】 本例按照指定"用户名"返回需要修改的记录，修改记录后把修改结果提交到数据库中完成修改记录的操作。运行结果如图 8-6 所示。

图 8-6 显示表记录

打开演练 8-3 网站 C:\ex8_3。在 Default.aspx 中添加一个 Button 控件，Text 属性改为"修改指定记录"，ID 改为 ButtonEdit。

双击"修改指定记录"按钮，其按钮的 Click 事件代码如下：

```
protected void ButtonEdit_Click(object sender, EventArgs e)
{
    Response.Redirect("Edit.aspx"); //打开 Edit.aspx
}
```

添加一个 Web 窗体 Edit.aspx。在 Edit.aspx.cs 中添加引用 SQL Server 数据库所需命名空间。Edit.aspx 的 Load 事件代码如下：

```
protected void Page_Load(object sender, EventArgs e)
{
    string connString = ConfigurationManager.ConnectionStrings["ConnStr"].ToString();
    SqlConnection conn = new SqlConnection(connString); //创建 conn 对象
    SqlDataAdapter da = new SqlDataAdapter(); //创建 DataAdapter 对象
    //得到要修改的记录
    string selectSql = "select * from UserInfo where UserName = 'Jenny'"; //= 'Jenny' "
    da.SelectCommand = new SqlCommand(selectSql, conn);
    //添加一个条件，判断执行 selectSql 后受影响的行数，即得到要修改的记录
    SqlCommandBuilder scb = new SqlCommandBuilder(da); //为 DataAdapter 自动生成更新命令
    DataSet ds = new DataSet();
```

```
            da.Fill(ds); //将要修改的记录填充到 DataSet 对象中
            DataRow MyRow = ds.Tables[0].Rows[0]; //从 DataSet 中得到要修改的行
            MyRow[1] = "Smith"; //为第 2 个字段赋以新值,学号字段为主键不能修改
            MyRow[2] = "123"; //为第 3 个字段赋以新值
            MyRow[3] = "男";
            MyRow[4] = "Smith@163.com";
            MyRow[5] = "喜欢的宠物?";
            MyRow[6] = "牧羊犬";
            MyRow[7] = " 2014-08-25 11:23";
            MyRow[8] = 1;
            da.Update(ds); //将 DataSet 中数据变化提交到数据库(更新数据库)中
            conn.Close();
            Response.Redirect("Default.aspx"); //打开 Default.aspx,以显示记录
        }
```

运行 Default.aspx,显示如图 8-6 所示。如果单击"添加指定记录"多次,则添加多条用户名相同的记录。单击"修改指定记录"按钮一次,则修改一条指定的记录。本程序有一个严重问题,如果没有找到要修改的记录,则运行将出错,解决方法请参考 8.4 节。

另外,如果没有设置 UserID 为主键,单击"修改指定记录"按钮,执行 da.Update(ds)将出错,显示"对于不返回任何键列信息的 SelectCommand,不支持 UpdateCommand 的动态 SQL 生成"。

8.3.6 删除记录

使用 DataSet 从填充的表对象中删除行时需要创建一个 DataRow 对象,并将要删除的行赋值给该对象,然后调用 DataRow 对象的 Delete()方法将该行删除。当然,此时的删除仅是针对DataSet 对象的,若需要从数据库中删除该行,还要调用 DataAdapter 对象的 Update()方法将删除操作提交到数据库中。

【演练 8-5】 下列代码按照指定"用户名"返回需要删除的记录,删除记录后把结果提交到数据库中完成删除记录的操作。

打开演练 8-3 网站 C:\ex8_3。在 Default.aspx 中添加一个 Button 控件,Text 属性改为"删除指定记录",ID 改为 ButtonDelete。

双击"删除指定记录"按钮,其按钮的 Click 事件代码如下:

```
        protected void ButtonDelete_Click(object sender, EventArgs e)
        {
            Response.Redirect("Delete.aspx"); //打开 Delete.aspx
        }
```

添加一个 Web 窗体 Delete.aspx。在 Delete.aspx.cs 中添加引用 SQL Server 数据库所需命名空间。Delete.aspx 的 Load 事件代码如下:

```
        protected void Page_Load(object sender, EventArgs e)
        {
            string connString = ConfigurationManager.ConnectionStrings["ConnStr"].ToString();
            SqlConnection conn = new SqlConnection(connString); //创建 conn 对象
            SqlDataAdapter da = new SqlDataAdapter(); //创建 DataAdapter 对象
            //仅返回要删除的行
            string selectSql = "select * from UserInfo where UserName = ' Smith'"; //= ' Smith' "
            da.SelectCommand = new SqlCommand(selectSql, conn);
            SqlCommandBuilder scb = new SqlCommandBuilder(da); //为 DataAdapter 自动生成更新命令
            DataSet ds = new DataSet();
```

```
da.Fill(ds); //将要删除的记录填充到 DataSet 对象中
DataRow DeleteRow = ds.Tables[0].Rows[0]; //得到要删除的行
DeleteRow.Delete(); //调用 DataRow 对象的 Delete()方法,从数据表中删除行
da.Update(ds); //更新数据库
conn.Close();
Response.Redirect("Default.aspx"); //打开 Default.aspx,以显示记录
    }
```

本程序有一个严重问题,如果没有找到要删除的记录,则运行将出错,解决方法请参考 8.4 节。

8.3.7 DataTable 对象

DataTable 表示一个内存中的关系数据表,可以独立创建和使用,也可以由其他.NET Framework 对象使用,最常见的情况是作为 DataSet 的成员使用。DataTable 对象由 DataColumns 集合以及 DataRows 集合组成。

1. DataTable 对象的常用属性

DataTable 对象的常用属性见表 8-6。

表 8-6 DataTable 对象的常用属性及说明

属 性	说 明
CaseSensitive	指示在对表中的字符串进行比较时,是否区分大小写
Columns	获取属于该表的列的集合
Constraints	获取由该表维护的约束的集合
DataSet	获取此表所属的 DataSet
DefaultView	获取可能包括筛选视图或游标位置的表的自定义视图
PrimaryKey	获取或设置充当数据表主键的列的数组
Rows	获取属于该表的行的集合
TableName	获取或设置 DataTable 的名称

2. DataTable 对象的常用方法

DataTable 对象的常用方法见表 8-7。

表 8-7 DataTable 对象的常用方法及说明

方 法	说 明
AcceptChanges()	提交自上次调用 AcceptChanges()以来对该表进行的所有更改
Clear()	清除所有数据的 DataTable
NewRow()	创建与该表具有相同架构的新数据行

3. DataTable 成员:DataRow 对象

DataTable 是由一个个 DataRow 组合而成的,DataTable.Rows[i]即表示其中的第 i 行。

DataRow 有一个十分重要的状态:RowState,RowState 的值是枚举类型的,包括 Added、Modified、Unchanged、Deleted、Detached,分别表示 DataRow 被添加、修改、无变化、删除、从表中脱离。在调用一些方法或者进行某些操作之后,这些状态可以相互转化。如果不做判断就开始操作 DataRow,这就有可能导致某些状态为 Deleted 的行也同时被操作,这样就有可能

导致脏数据的产生。RowState 状态值及说明见表 8-8。

表 8-8 RowState 状态值及说明

RowState 值	说 明
Unchanged	自上次调用 AcceptChanges 之后，或自 DataAdapter.Fill 创建行之后，未做过任何更改
Added	已将行添加到表中，但尚未调用 AcceptChanges
Modified	已更改行的某个元素
Deleted	已将该行从表中删除，并且尚未调用 AcceptChanges
Detached	该行不属于任何 DataRowCollection。新建行的 RowState 设置为 Detached。通过调用 Add 方法将新的 DataRow 添加到 DataRowCollection 之后，RowState 属性的值设置为 Added 对于已经使用 Remove 方法（或是在使用 Delete 方法之后使用了 AcceptChanges 方法）从 DataRowCollection 中移除的行，也设置为 Detached

4．DataTable 成员：DataColumn 对象

DataColumn 表示 DataTable 中列的架构，即字段对象。DataColumn 对象的常见属性及其说明见表 8-9。

表 8-9 DataColumn 对象的常见属性及说明

属 性	说 明
AllowDBNull	DataColumn 对象是否接受 Null 值
AutoIncrement	加入 DataRow 时，是否自动增加字段
AutoIncrementSeed	DataColumn 对象的递增种子
Caption	DataColumn 对象的标题
ColumnName	DataColumns 集合对象中的字段名称
DataType	DataColumn 对象数据类型
DefaultValue	DataColumn 对象的默认值
Ordinal	字段集合中的 DataColumn 对象顺序
ReadOnly	DataColumn 对象是否只读
Table	DataColumn 对象所属的 DataTable 对象
Unique	设置 DataColumn 对象是否不允许重复的数据
Count	DataTable 对象中的字段数

5．创建 DataTable 对象

DataTable 对象是内存中一个关系数据库表，可以独立创建，也可以由 DataAdapter 来填充。声明一个 DataTable 对象的语法格式如下：

DataTable 对象名 = new DataTable();

一个 DataTable 对象创建后，通常需要调用 DataAdapter 的 Fill()对其进行填充，使 DataTable 对象获得具体的数据集，而不再是一个空表对象。

在实际应用中，使用 DataTable 对象一般步骤如下。

① 创建数据库连接。
② 创建 Select 查询语句或 Command 对象。
③ 创建 DataAdapter 对象。
④ 创建 DataTable 对象。
⑤ 调用 DataAdapter 对象的 Fill()方法填充 DataTable 对象。

需要注意的是，使用 DataTable 对象需要引用 System.Data 命名空间。

【演练 8-6】 按照上述步骤创建并填充 DataTable 对象，程序最终将 DataTable 对象作为 GridView 控件的数据源，并将数据显示到页面中。运行结果如图 8-7 所示。

图 8-7 显示填充表的记录

新建一个空网站，如 C:\ex8_6。按前面的演练在 web.config 文件中添加连接字符串。

添加 Web 窗体 Default.aspx。在 Default.aspx 窗体中，从工具箱的数据组中添加一个 GridView 控件。在 Default.aspx.cs 命名空间区域中，添加引用 SQL Server 数据库所需命名空间的引用。Default.aspx 页面装入时执行的事件代码如下：

```
protected void Page_Load(object sender, EventArgs e)
{
    string connString = ConfigurationManager.ConnectionStrings["ConnStr"].ToString();
    SqlConnection conn = new SqlConnection(connString);  //创建 conn 对象
    //仅返回要删除的行
    string selectSql = "select * from UserInfo";
    SqlDataAdapter da = new SqlDataAdapter(selectSql, conn);  //创建 DataAdapter 对象
    DataTable dt = new DataTable();  //创建 DataTable 对象
    da.Fill(dt);  //填充 DataTable 对象
    GridView1.Caption = "<b>用户基本信息</b>";
    GridView1.DataSource = dt;  //将 DataTable 对象作为 GridView 控件的数据源
    GridView1.DataBind();
}
```

8.4 实训

多数 ASP.NET 应用程序中都包含有一个用户管理模块，网站管理员或用户可以通过该模块实现用户登录（身份验证）、注册新用户、浏览用户、修改密码、找回遗忘的密码、改变用户级别或删除用户等操作。本节将配合使用 DataSet 和 DataAdapter 对象设计一个通用的网站用户管理模块。

8.4.1 用户管理模块应具有的功能

抽象地讲，通用网站用户管理模块的功能就是通过编程实现对用户数据表进行基本的增、删、改、查操作功能。本例使用存放在 SQL Server 中的 users 数据库，操作对象为 userinfo 表，其数据库结构如图 8-8 所示。数据表中包含 uname（用户名）、upwd（用户密码）、uemail（用户电子邮箱）和 ulevel（用户级别）、

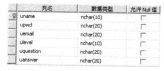

图 8-8 userinfo 表结构

uquestion（安全问题）、uanswer（安全问题的答案）6 个字段，uname 字段为主键。

向 userinfo 表中添加一条初始记录，其中各字段初始值见表 8-10。程序设计完毕后，可对这些初始值进行修改。

表 8-10 初始记录各字段的值

字 段	字 段 值
uname（用户名）	admin
upwd（MD5 加密后的密码）	C33367701511B4F6020EC61DED352059，对应明文为 654321
uemail（用户电子邮件）	adm@126.com（可任意填写）
ulevel（用户级别）	admin（管理员），若为 user 则表示普通用户
uquestion（安全问题）	你是哪里人？
uanswer（安全问题答案）	8FF1BF5F2845959D00BCE4799AA79A99，对应明文为"辽宁"

1. 用户登录

程序运行后显示图 8-9 所示的界面，输入用户名和密码后单击"登录"链接按钮，程序能判断是否为合法用户及用户级别，并通过弹出信息框显示出来，如图 8-10 所示。

图 8-9 用户登录页面　　　　　图 8-10 判断是否为合法用户及用户级别

2. 注册新用户

在用户登录页面（Default.aspx）中单击"注册"链接按钮，将打开如图 8-11 所示的新用户注册页面（Reg.aspx）。在页面中填写完整的注册信息后，单击"提交"链接按钮可向数据库中添加一条用户级别为 user（普通用户）的新用户记录。注意，通过本页面注册的所有用户都是普通用户，管理员级别用户需要在用户管理页面中进行设置。

在数据库中，用户名字段（uname）为表的主键，不允许有重复数据，因此单击"检查用户名"或"提交"链接按钮时，程序会首先检查用户名是否存在，并显示如图 8-12 所示的提示信息。此外，如果用户填写信息不完整（有任何一个文本框为空）或两次输入的密码不相同，则程序会给出相应的出错提示。

为提高程序安全性，要求将用户密码和安全问题答案数据以 MD5 加密的形式保存在数据库中。单击"返回"链接按钮可跳转到用户登录页面 Default.aspx。

图 8-11 用户注册界面　　　　　图 8-12 检查用户名

3．找回遗忘的密码

在用户登录页面中输入用户名。单击"忘记密码？"链接按钮，打开如图 8-13 所示的"找回被遗忘的密码"页面 Repwd.aspx。程序根据用户输入的用户名，在页面中显示注册时填写的安全问题，若用户能正确给出安全问题答案，程序将弹出如图 8-14 所示的信息框，显示一个临时的随机密码，使用该密码登录后可重新设置密码。如果用户输入的用户名不存在或安全问题答案错误，程序均能给出相应的提示。

单击"返回"链接按钮可返回登录页面 Default.aspx。

图 8-13　找回被遗忘的密码　　　　　　图 8-14　提示信息

4．修改用户信息

用户级别不同，其具有的管理权限也不同。普通用户可以修改自己的密码、电子邮箱信息。管理员用户除具有普通用户的权限外，还可以删除用户，也可以提升某用户为管理员或将某管理员降级为普通用户。

在用户登录页面中输入用户名和密码，单击"修改用户信息"链接按钮，将打开用户管理页面（Manage.aspx）。管理员用户可以使用页面中的所有功能，而普通用户则只能修改自己的密码、电子邮箱信息。如图 8-15 所示的是管理员用户登录后看到的页面，如图 8-16 所示的是普通用户登录后看到的页面。从图中可以看出，普通用户无法通过"用户名"下拉列表框和"用户级别"下拉列表框修改数据，也无法执行删除用户的操作。

图 8-15　管理员登录后看到的页面　　　　图 8-16　普通用户登录后看到的页面

管理员用户可以通过下拉列表框选择某个用户名，单击"删除"链接按钮实现删除用户的操作。为了安全起见，程序限制了密码修改权限，即便是管理员，也不能修改他人的密码。另外，安全问题和安全问题的答案只能在注册新用户时设定，不能修改。

8.4.2　模块功能的实现

1．用户登录功能的实现（Default.aspx）

（1）设计 Web 页面

新建一个 ASP.NET 网站，向 Default.aspx 页面中添加一个用于布局的 HTML 表格，向表格中添加两个文本框控件 TextBox1 和 TextBox2，添加 4 个链接按钮 LinkButton1～LinkButton4。添加必要的说明文字，适当调整各控件的大小及位置。

（2）设置对象属性

设置 TextBox1 的 ID 属性为"txtName"，TextBox2 的 ID 属性为"txtPwd"；设置 LinkButton1～LinkButton4 的 ID 属性分别为 lbtnLogin、lbtnReg、lbtnRePwd 和 lbtnEdit；设置 LinkButton1～LinkButton4 的 Text 属性分别为"登录"、"注册"、"忘记密码？"和"修改用户信息"；设置 LinkButton2（注册）链接按钮的 PostBackUrl 属性指向新用户注册页面 Reg.aspx。

（3）编写登录页面的程序代码

添加对如下命名空间的引用：

```
using System.Web.Security;//MD5
using System.Data;
using System.Data.SqlClient;
```

"登录"链接按钮被单击时执行的事件代码如下：

```
protected void lbtnLogin_Click(object sender, EventArgs e)
{
    //设置 Conn 对象的连接字符串
    string connString =System.Configuration.ConfigurationManager.
                ConnectionStrings["ConnStr"].ConnectionString;
    //声明 Conn 为一个 SQL Server 连接对象
    SqlConnection Conn = new SqlConnection(connString);
    Conn.Open();//打开连接
    //使用 MD5 算法加密用户口令
    string SecPwd=FormsAuthentication.HashPasswordForStoringInConfigFile(txtPwd.Text, "MD5");
    string SelectSql = "select * from userinfo where uname='" + txtName.Text +
                "' and upwd='" + SecPwd + "'"; // uname=' " + ' and =' " + SecPwd + " ' "
    SqlDataAdapter da = new SqlDataAdapter();//创建 DataAdapter 对象
    da.SelectCommand = new SqlCommand(SelectSql, Conn);
    DataSet ds = new DataSet();//创建一个空 DataSet 对象
    //将 DataAdapter 执行 SQL 语句返回的结果填充到 DataSet 对象中
    da.Fill(ds);
    Conn.Close();
    if (ds.Tables[0].Rows.Count = = 0)    //若果返回的记录条数为 0，则表示没有符合条件的用户
    {
        Response.Write("<script language=javascript>alert('用户名或密码错！');</script>");
        return;
    }
    DataRow MyRow = ds.Tables[0].Rows[0];//从 DataSet 中得到要修改的行
    if (MyRow[3].ToString().Trim() = = "admin") //如果索引值为 3 的列（第 4 列）的值为 admin
    {
        Response.Write("<script language=javascript>alert('你的级别是：管理员！');</script>");
    }
    else
    {
        Response.Write("<script language=javascript>alert('你的级别是：普通用户！');</script>");
```

        }
    }
"忘记密码？"链接按钮被单击时执行的事件代码如下：
    protected void lbtnRePwd_Click(object sender, EventArgs e)
    {
        if (txtName.Text = ="")
        {
            Response.Write("<script language=javascript>alert('请输入用户名！');</script>");
            return;
        }
        //通过查询字符串将用户名传递给目标页面
        Response.Redirect("Repwd.aspx?username=" + txtName.Text);
    }
"修改用户信息"链接按钮被单击时执行的事件代码如下：
    protected void lbtnEdit_Click(object sender, EventArgs e)
    {
        string connString = System.Configuration.ConfigurationManager.
                    ConnectionStrings["ConnStr"].ConnectionString;
        //声明 Conn 为一个 SQL Server 连接对象
        SqlConnection Conn = new SqlConnection(connString);
        Conn.Open();//打开连接
        //使用 MD5 算法加密用户口令
        string SecPwd=FormsAuthentication.HashPasswordForStoringInConfigFile(txtPwd.Text, "MD5");
        string SelectSql = "select * from userinfo where uname='" + txtName.Text +
                    "' and upwd='" + SecPwd + "'"; //=' " + + ' ' and upwd=' " + SecPwd + "' "
        SqlDataAdapter da = new SqlDataAdapter();//创建 DataAdapter 对象
        da.SelectCommand = new SqlCommand(SelectSql, Conn);
        DataSet ds = new DataSet();//创建一个空 DataSet 对象
        //将 DataAdapter 执行 SQL 语句返回的结果填充到 DataSet 对象中
        da.Fill(ds);
        Conn.Close();
        if (ds.Tables[0].Rows.Count = = 0)
        {
            Response.Write("<script language=javascript>alert('用户名或密码错！');</script>");
            return;
        }
        //用户身份经验证后，将用户级别和用户名保存到 Session 对象中
        Session["userlevel"] = ds.Tables[0].Rows[0][3].ToString().Trim();
        Session["username"] = txtName.Text;
        Response.Redirect("Update.aspx");//跳转到目标页面
    }

2．注册新用户（Reg.aspx）

（1）设计 Web 页面

通过解决方案资源管理器向网站中添加一个新 Web 窗体，并将其命名为 Reg.aspx。向页面

中添加一个用于布局的HTML表格，向表格中添加6个文本框TextBox1～TextBox6和3个链接按钮LinkButton1～LinkButton3。向页面中添加必要的说明文字，适当调整各控件的大小及位置。

（2）设置对象属性

设置6个文本框的ID属性分别为"txtName"、"txtPwd"、"txtRePwd"、"txtEmail"、"txtQuestion"和"txtAnswer"；设置txtPwd和txtRePwd文本框的TextMode属性为"Password"。

设置3个链接按钮的ID属性分别为"lbtnCheckName"、"lbtnSubmit"和"lbtnBack"，设置其Text属性分别为"检查用户名"、"提交"和"返回"；设置"返回"链接按钮的PostBackUrl属性为执行登录页面Default.aspx。

（3）编写注册页面的程序代码

添加对如下命名空间的引用：

```
using System.Web.Security;
using System.Data;
using System.Data.SqlClient;
```

"检查用户名"链接按钮被单击时执行的事件代码如下：

```
protected void lbtnCheckName_Click(object sender, EventArgs e)
{
    string connString = System.Configuration.ConfigurationManager.
                  ConnectionStrings["ConnStr"].ConnectionString;
    //声明Conn为一个SQL Server连接对象
    SqlConnection Conn = new SqlConnection(connString);
    Conn.Open();
    string SelectSql = "select * from userinfo where uname='" + txtName.Text + "'";
    SqlDataAdapter da = new SqlDataAdapter();//创建DataAdapter对象
    da.SelectCommand = new SqlCommand(SelectSql, Conn);
    DataSet ds = new DataSet();//创建一个空DataSet对象
    //将DataAdapter执行SQL语句返回的结果填充到DataSet对象中
    da.Fill(ds);
    Conn.Close();
    if (ds.Tables[0].Rows.Count != 0)   //返回记录条数不为0，表示用户名已在使用
    {
        Response.Write("<script language=javascript>alert('用户名已存在，
                          请重新输入！');</script>");
    }
    else
    {
        Response.Write("<script language=javascript>alert('用户名尚未使用，
                          可以注册！');</script>");
    }
}
```

"提交"链接按钮被单击时执行的事件代码如下：

```
protected void lbtnSubmit_Click(object sender, EventArgs e)
{
    if (txtName.Text == "" || txtPwd.Text == "" || TextRePwd.Text == "" ||
        txtEmail.Text == "" || txtQuestion.Text == "" || txtAnswer.Text == "")   //== " "
    {
        Response.Write("<script language=javascript>alert('请填写完整信息！');</script>");
```

```csharp
            return;
        }
        if (txtPwd.Text != txtRePwd.Text)
        {
            Response.Write("<script language=javascript>alert('两次输入的密码不相同！');</script>");
            return;
        }
        string connString = System.Configuration.ConfigurationManager.
                    ConnectionStrings["ConnStr"].ConnectionString;
        //声明 Conn 为一个 SQL Server 连接对象
        SqlConnection Conn = new SqlConnection(connString);
        Conn.Open();
        string SelectSql = "select * from userinfo where uname='" + txtName.Text + "'"; //'" + + "'"
        SqlDataAdapter da = new SqlDataAdapter();//创建 DataAdapter 对象
        da.SelectCommand = new SqlCommand(SelectSql, Conn);
        DataSet ds = new DataSet();//创建一个空 DataSet 对象
        //将 DataAdapter 执行 SQL 语句返回的结果填充到 DataSet 对象中
        da.Fill(ds);
        if (ds.Tables[0].Rows.Count != 0)    //检查用户名是否已在使用
        {
            Response.Write("<script language=javascript>alert('用户名已存在，
                        请重新输入！');</script>");
            return;
        }
        SelectSql = "select * from userinfo";
        da.SelectCommand = new SqlCommand(SelectSql, Conn);//取出数据库中需要的数据
        SqlCommandBuilder scb = new SqlCommandBuilder(da);//为 DataAdapter 自动生成更新命令
        da.Fill(ds);        //填充 DataSet 对象
        DataRow NewRow = ds.Tables[0].NewRow();//向 DataSet 第一个表对象中添加一个新行
        NewRow["uname"] = txtName.Text;//为新行的各字段赋值
        //使用 MD5 算法加密用户密码
        string SecPwd=FormsAuthentication.HashPasswordForStoringInConfigFile(txtPwd.Text, "MD5");
        NewRow["upwd"] = SecPwd;
        NewRow["uemail"] = txtEmail.Text;
        NewRow["uquestion"] = txtQuestion.Text;
        //使用 MD5 算法加密用户安全问题的答案
        string SecAnswer =
                FormsAuthentication.HashPasswordForStoringInConfigFile(txtAnswer.Text, "MD5");
        NewRow["uanswer"] = SecAnswer;
        NewRow["ulevel"] = "user";//通过注册页面添加的所有用户都是普通用户级别
        ds.Tables[0].Rows.Add(NewRow);//将新建行添加到 DataSet 第 1 个表对象中
        da.Update(ds);//将 DataSet 中数据变化提交到数据库（更新数据库）
        Conn.Close();
        Response.Write("<script language=javascript>alert('新用户注册成功！');</script>");
    }
```

3．找回被遗忘的密码

（1）设计 Web 页面

通过解决方案资源管理器向网站中添加一个新 Web 窗体，并将其命名为 Repwd.aspx。向页面中添加一个用于布局的 HTML 表格，向表格中添加两个标签控件 Label 和 Label2；添加一个文本框控件 TextBox1；添加两个链接按钮 LinkButton1 和 LinkButton2。向页面中添加必要的说明文字，适当调整各控件的大小及位置。

（2）设置对象属性

设置两个标签控件的 ID 属性分别为"lblName"和"lblQuestion"，设置它们的 Text 属性为空；设置文本框的 ID 属性为"txtAnswer"；设置两个链接按钮的 ID 属性分别为"lbtnOK"和"lbtnBack"，设置它们的 Text 属性分别为"确定"和"返回"；设置"返回"链接按钮的 PostBackUrl 属性指向登录页面 Default.aspx。

（3）编写 Repwd.aspx 页面的程序代码

添加对如下命名空间的引用：

```
using System.Web.Security;
using System.Data;
using System.Data.SqlClient;
```

Reg.aspx 页面装入时执行的事件代码如下：

```
protected void Page_Load(object sender, EventArgs e)
{
    if (!IsPostBack)   //如果页面是首次加载
    {
        if (Request.QueryString["username"] == null)   //==
        {
            Response.Redirect("Default.aspx");//若查询字符串值为 null，则返回登录页面
        }
    }
    //将登录页面传递来的用户名显示到标签控件中
    lblName.Text = Request.QueryString["username"];
    string connString = System.Configuration.ConfigurationManager.
                  ConnectionStrings["ConnStr"].ConnectionString;
    //声明 Conn 为一个 SQL Server 连接对象
    SqlConnection Conn = new SqlConnection(connString);
    Conn.Open();//打开连接
    string SelectSql = "select * from userinfo where uname='" + lblName.Text + "'";  //=' " + + " ' "
    SqlDataAdapter da = new SqlDataAdapter();//创建 DataAdapter 对象
    da.SelectCommand = new SqlCommand(SelectSql, Conn);
    DataSet ds = new DataSet();//创建一个空 DataSet 对象
    //将 DataAdapter 执行 SQL 语句返回的结果填充到 DataSet 对象中
    da.Fill(ds);
    Conn.Close();
    if (ds.Tables[0].Rows.Count == 0)    //== 未找到符合条件的记录
    {
        Response.Write("<script language=javascript>alert('用户名不存在！');</script>");
        return;
```

```
            }
            DataRow MyRow = ds.Tables[0].Rows[0];//得到用户名为指定值的记录
            //将记录的第 5 个字段（安全问题字段）值显示到标签控件中
            lblQuestion.Text = MyRow[4].ToString().Trim();
    }
```
"确定"链接按钮被单击时执行的事件代码如下：
```
        protected void lbtnOK_Click(object sender, EventArgs e)
        {
            string connString = System.Configuration.ConfigurationManager.
                                    ConnectionStrings["ConnStr"].ConnectionString;
            //声明 Conn 为一个 SQL Server 连接对象
            SqlConnection Conn = new SqlConnection(connString);
            Conn.Open();//打开连接
            string SelectSql = "select * from userinfo where uname='" + lblName.Text + "'"; //='" + + "'"
            SqlDataAdapter da = new SqlDataAdapter();//创建 DataAdapter 对象
            da.SelectCommand = new SqlCommand(SelectSql, Conn);
            DataSet ds = new DataSet();//创建一个空 DataSet 对象
            //将 DataAdapter 执行 SQL 语句返回的结果填充到 DataSet 对象中
            da.Fill(ds);
            string SecAnswer =
                    FormsAuthentication.HashPasswordForStoringInConfigFile(txtAnswer.Text, "MD5");
            DataRow MyRow = ds.Tables[0].Rows[0];
            if (SecAnswer = = MyRow[5].ToString().Trim())    // = = 若用户填写的安全问题答案正确
            {
                SqlCommandBuilder scb = new SqlCommandBuilder(da);
                Random r = new Random();
                string NewPwd = r.Next(100000, 999999).ToString();//产生一个 6 位随机数字密码
                Response.Write("<script language=javascript>alert('你的新密码是：" +
                                    NewPwd + "，请及时更改！');</script>");
                NewPwd = FormsAuthentication.HashPasswordForStoringInConfigFile(NewPwd, "MD5");
                MyRow["upwd"] = NewPwd;//将 MD5 加密后的新密码写入 DataSet
                da.Update(ds);//将 DataSet 中数据变化提交到数据库（更新数据库）
                Conn.Close();
            }
            else
            {
                Response.Write("<script language=javascript>alert('安全问题答案错！');</script>");
            }
        }
```

4．修改用户信息

（1）设计 Web 页面

通过解决方案资源管理器向网站中添加一个新 Web 窗体，并将其命名为 Update.aspx。向页面中添加一个用于布局的 HTML 表格，向表格中添加两个下拉列表框，3 个文本框和 3 个链接按钮控件。向页面中添加必要的说明文字，适当调整各控件的大小及位置。

（2）设置对象属性

设置两个下拉列表框的 ID 属性分别为"dropName"（用户名）和"dropLevel"（用户级别）；设置 dropName 的 AutoPostBack 属性为 true，为 dropLevel 添加"管理员"和"普通用户"两个供选项。

设置 3 个文本框的 ID 属性分别为"txtName"、"txtPwd"和"txtRePwd"，设置"txtPwd"和"txtRePwd"文本框的 TextMode 属性为"Password"；

设置 3 个链接按钮的 ID 属性分别为"lbtnEdit"、"lbtnDelete"和"lbtnBack"，设置它们的 Text 属性分别为"修改"、"删除"和"返回"。设置"返回"链接按钮的 PostBackUrl 属性为指向登录页面 Default.aspx。

（3）编写 Update.aspx 页面的程序代码

添加对如下命名空间的引用：

```
using System.Web.Security;
using System.Data;
using System.Data.SqlClient;
```

Update.aspx 页面装入时执行的事件代码如下：

```
protected void Page_Load(object sender, EventArgs e)
{
    if (!IsPostBack)
    {
        if (Session["username"] == null)
        {
            Response.Redirect("Default.aspx");
        }
        string connString = System.Configuration.ConfigurationManager.
                    ConnectionStrings["ConnStr"].ConnectionString;
        //声明 Conn 为一个 SQL Server 连接对象
        SqlConnection Conn = new SqlConnection(connString);
        Conn.Open();//打开连接
        string SelectSql = "";
        if (Session["userlevel"].ToString() == "admin")
        {
            SelectSql = "select * from userinfo";
        }
        else
        {
            SelectSql = "select * from userinfo where uname='" +
                    Session["username"].ToString() + "'";   // uname=' " +      .ToString() + " ' "
            dropName.Enabled = false;
            dropLevel.Enabled = false;
            lbtnDelete.Enabled = false;
        }
        SqlDataAdapter da = new SqlDataAdapter();//创建 DataAdapter 对象
        da.SelectCommand = new SqlCommand(SelectSql, Conn);
        DataSet ds = new DataSet();//创建一个空 DataSet 对象
        //将 DataAdapter 执行 SQL 语句返回的结果填充到 DataSet 对象中
```

```
            da.Fill(ds);
            Conn.Close();
            dropName.DataSource = ds.Tables[0].DefaultView;
            dropName.DataTextField = "uname";
            dropName.DataBind();
            txtEmail.Text = ds.Tables[0].Rows[0][2].ToString();
            if (ds.Tables[0].Rows[0][3].ToString().Trim() == "admin")
            {
                dropLevel.Text = "管理员";
            }
            else
            {
                dropLevel.Text = "普通用户";
            }
        }
    }
```

"用户名"下拉列表框选项改变时执行的事件代码如下：

```
    protected void dropName_SelectedIndexChanged(object sender, EventArgs e)
    {
        string connString = System.Configuration.ConfigurationManager.
                    ConnectionStrings["ConnStr"].ConnectionString;
        //声明 Conn 为一个 SQL Server 连接对象
        SqlConnection Conn = new SqlConnection(connString);
        Conn.Open();//打开连接
        string SelectSql = "select * from userinfo where uname='" + dropName.Text + "'" ;
        SqlDataAdapter da = new SqlDataAdapter();//创建 DataAdapter 对象
        da.SelectCommand = new SqlCommand(SelectSql, Conn);
        DataSet ds = new DataSet();//创建一个空 DataSet 对象
        //将 DataAdapter 执行 SQL 语句返回的结果填充到 DataSet 对象中
        da.Fill(ds);
        Conn.Close();
        txtEmail.Text = ds.Tables[0].Rows[0][2].ToString().Trim();
        if (ds.Tables[0].Rows[0][3].ToString().Trim() == "admin")
        {
            dropLevel.Text = "管理员";
        }
        else
        {
            dropLevel.Text = "普通用户";
        }
    }
```

"修改"链接按钮被单击时执行的事件代码如下：

```
    protected void lbtnEdit_Click(object sender, EventArgs e)
    {
        string connString = System.Configuration.ConfigurationManager.
                    ConnectionStrings["ConnStr"].ConnectionString;
```

```csharp
//声明 Conn 为一个 SQL Server 连接对象
SqlConnection Conn = new SqlConnection(connString);
Conn.Open();//打开连接
string SelectSql = "select * from userinfo where uname='" + dropName.Text + "'";
SqlDataAdapter da = new SqlDataAdapter();//创建 DataAdapter 对象
da.SelectCommand = new SqlCommand(SelectSql, Conn);
DataSet ds = new DataSet();//创建一个空 DataSet 对象
//将 DataAdapter 执行 SQL 语句返回的结果填充到 DataSet 对象中
da.Fill(ds);
DataRow MyRow = ds.Tables[0].Rows[0];
SqlCommandBuilder scb = new SqlCommandBuilder(da);
if (txtPwd.Text != "" )
{
    if (txtPwd.Text == txtRePwd.Text)
    {
        string NewPwd =
        FormsAuthentication.HashPasswordForStoringInConfigFile(txtPwd.Text, "MD5");
        MyRow["upwd"] = NewPwd;
    }
}
MyRow["uemail"] = txtEmail.Text;
if (dropLevel.Enabled)
{
    string userlevel = "";
    if (dropLevel.Text == "管理员")
    {
        userlevel = "admin";
    }
    else
    {
        userlevel = "user";
    }
    MyRow["ulevel"] = userlevel;
}
da.Update(ds);//将 DataSet 中数据变化提交到数据库（更新数据库）
Conn.Close();
Response.Write("<script language=javascript>alert('用户信息修改成功！');</script>");
}
```

"删除"链接按钮被单击时执行的事件代码如下：

```csharp
protected void lbtnDelete_Click(object sender, EventArgs e)
{
    if (dropName.Text == "admin")
    {
        Response.Write("<script language=javascript>alert('默认管理员用户不能被删除！');</script>");
        return;
    }
```

```
string connString = System.Configuration.ConfigurationManager.
                    ConnectionStrings["ConnStr"].ConnectionString;
//声明 Conn 为一个 SQL Server 连接对象
SqlConnection Conn = new SqlConnection(connString);
Conn.Open();//打开连接
string SelectSql = "select * from userinfo where uname='" + dropName.Text + "'";
SqlDataAdapter da = new SqlDataAdapter();//创建 DataAdapter 对象
da.SelectCommand = new SqlCommand(SelectSql, Conn);
DataSet ds = new DataSet();//创建一个空 DataSet 对象
//将 DataAdapter 执行 SQL 语句返回的结果填充到 DataSet 对象中
da.Fill(ds);
SqlCommandBuilder scb = new SqlCommandBuilder(da);
DataRow DeleteRow = ds.Tables[0].Rows[0];
DeleteRow.Delete();//调用 DataRow 对象的 Delete()方法，从数据表中删除行
da.Update(ds);//更新数据库
Conn.Close();
//跳转到自身，目的是调用本页面的 Page_Load 事件，以刷新页面中的数据
Response.Redirect("Update.aspx");
}
```

第 9 章 数据绑定与数据绑定控件

本章内容：数据绑定，GridView 控件，Details View 控件，FormView 控件，使用数据绑定表达式实现数据绑定，调用 DataBind()方法实现数据绑定。

本章重点：GridView 控件，DetailsView 控件，FormView 控件。

9.1 数据绑定

数据绑定（data binding）是一种把数据绑定到数据显示控件上的技术，使得服务器控件可以与数据源直接交互。在显示数据时，如果不采用数据绑定方法，程序员需要自己编写大量的用于显示数据的代码，非常烦琐。数据绑定将所有的这些步骤封装进一些组件，其中一些代码封装进数据绑定控件。数据绑定还提供一些容易使用的方式，可以很简单地将数据挂接到可以显示和编辑数据的控件上。

使用 ASP.NET 数据绑定，可以将任何服务器控件绑定简单的属性、集合、表达式和方法。使用数据绑定，当在数据库中或通过其他方法使用数据时，会具有更大的灵活性。

9.1.1 简单数据绑定和复杂数据绑定

数据绑定分为简单数据绑定和复杂数据绑定。

1．简单数据绑定

简单数据绑定就是将用户界面控件的属性绑定到数据源中的某个属性上，这个单个值在运行时确定。例如，可以把 Student 对象的 Name 属性绑定到一个 TextBox 的 Text 属性上，绑定后，对 TextBox 的 Text 属性的更改将传递给 Student 的 Name 属性，而对 Student 的 Name 属性的更改同样会传递给 TextBox 的 Text 属性。

简单数据绑定包括数据绑定表达式和 DataBind()方法两部分内容。

2．复杂数据绑定

复杂数据绑定就是把一个基于列表的控件（如 DropDownList、GridView）绑定到一个数据实例列表（如 DataTable）的方法上。这些控件通常称为数据绑定控件，如 ListBox、DropDownList、Repeater、GridView 等控件。这些数据绑定控件可以分为两类：列表控件和迭代控件。列表控件包括 BulletedList、CheckBoxList、RadioButtonList、ListBox 和 DropDownList 控件。迭代控件包括 Repeater、DataList 和 GridView 等控件。

与简单数据绑定一样，复杂数据绑定也是在用户界面控件发生改变时传递到数据列表上的，在数据列表发生改变时又传递回用户界面控件上。

9.1.2 数据绑定控件概述

若要在 ASP.NET 页上显示数据，则需要使用数据绑定控件（如 GridView、DetailsView 或

FormView 控件）或 ListBox 或 DropDownList 等控件。数据绑定 Web 服务器控件是指可绑定到数据源控件，以实现在 Web 应用程序中轻松显示和修改数据的控件。数据绑定控件使用由数据源控件检索到的数据。数据绑定控件可以自动利用数据源控件提供的数据服务。

数据源控件大大扩展了诸如 GridView、FormView 和 DetailsView 控件等数据绑定控件的功能。通过将数据源控件与数据绑定控件一起使用，无须编写代码或只需要编写少量代码即可对不同数据源中的数据进行检索、修改、分页、排序和筛选等数据操作。

数据绑定控件包括用于显示多条记录的 GridView 控件和用于显示一条记录的 DetailsView、FormView 控件。

数据绑定控件提供了两个用于绑定到数据的选项。

1．使用 DataSourceID 属性进行数据绑定

将数据绑定控件的 DataSourceID 属性设置为数据源控件（如 SqlDataSource）的 ID。当呈现页面时，数据源控件（如 SqlDataSource）将检索数据，并将数据提供给数据绑定控件，然后由数据绑定控件显示该数据。建议使用此方法，因为它允许数据绑定控件利用数据源控件的功能，并提供了内置的排序、分页和更新功能。

当使用 DataSourceID 属性绑定到数据源时，数据绑定控件支持双向数据绑定。除可以使该控件显示返回的数据之外，还可以使它自动支持对绑定数据的更新和删除操作。DataSourceID 属性写在.aspx 文件中。

2．使用 DataSource 属性进行数据绑定

此选项能够绑定包括 ADO.NET 数据集和数据读取器在内的各种对象。但是，使用此方法需要为所有附加功能（如排序、分页和更新）编写代码。

当指定数据绑定控件的 DataSource 属性或者 DataSourceID 属性之后，再调用 DataBind()方法才会显示绑定的数据。DataSource 属性写在.cs 文件中。

9.1.3 使用数据绑定表达式实现数据绑定

一般数据绑定表达式常常放在模板中循环显示数据，如 Repeater 和 DataList 等的模板。Repeater、DataList、FormView 等控件必须使用模板，如果不使用模板，这些控件将无法显示数据。而 GridView、DetailsView、Menu 等控件也支持模板，但显示数据时不是必须的。而 TreeView 控件不支持模板。

注意：在一般情况下，数据绑定表达式不会自动计算它的值，除非它所在的页或者控件显式调用 DataBind()方法。DataBind()方法能够将数据源绑定到被调用的服务器控件及其所有子控件上，同时分析并计算数据绑定表达式的值。

1．数据绑定语法

（1）数据绑定的语法格式

使用数据绑定语法，可以将控件属性值绑定数据，并指定值以便对数据进行检索、更新、删除和插入操作。

数据绑定表达式包含在"<%#"和"%>"分隔符之内，并使用 Eval 方法和 Bind 方法。Eval 方法用于定义单向（只读）绑定，Bind 方法用于定义双向（可更新）绑定。Eval 和 Bind 方法的语法格式如下：

```
<%# Eval("数据绑定表达式") %>
<%# Bind("数据绑定表达式") %>
```

除了通过在数据绑定表达式中调用 Eval 和 Bind 方法执行数据绑定外，还可以调用"<%#"和"%>"分隔符之内的任何公共范围代码，以便在页面处理过程中执行该代码并返回一个值。

```
<%# 数据绑定表达式 %>
```

上述语法允许程序员不仅可以绑定数据源，而且可以绑定简单属性、集合、表达式，甚至从方法调用返回的结果。数据绑定表达式可以作为一种独立的数据绑定方式，也可以与其他数据绑定方式配合，以更灵活地显示数据。

调用控件或 Page 类的 DataBind 方法时，会对数据绑定表达式进行解析。对于有些控件，如 GridView、DetailsView 和 FormView 控件，会在控件的 PreRender 事件期间自动解析数据绑定表达式，不需要显式调用 DataBind 方法。

（2）数据绑定表达式出现的位置

① 可以将数据绑定表达式包含在服务器控件或者普通的 HTML 元素的开始标记中，作为属性名和属性值对的值。例如：

```
<asp:TextBox ID="TextBox1" runat="server" Text='<%#数据绑定表达式%>' ></asp:TextBox>
```

此时数据的绑定表达式可以是一个变量，也可以是一个带返回值的 C#方法，也可以是某个控件的某个属性的值，也可以是 C#对象的某个字段或者属性的值等。当然也可以直接就是一个字符串，例如"hello"。

如果此时的数据绑定表达式是Eval("数据库中某个表的某个字段")等，那么必须把TextBox1放在某个循环显示的控件的模板中才正确，否则会提示："Eval()、XPath()和 Bind()这类数据绑定方法只能在数据绑定控件的上下文中使用"，意思是要把 TextBox1 放在像 Repeater、DataList、GridView 这样的控件的模板中。

② 数据绑定表达式可以包含在页面中的任何位置。例如：

```
<form id="form1" runat="server">
    <div>
        <%#Eval("数据绑定表达式 1")%>
        <%#Eval("数据绑定表达式 2")%>
    </div>
</form>
```

如果此时的数据绑定表达式是 Eval("数据库中某个表的某个字段")等，那么必须把<%#Eval("数据绑定表达式 1")%>、<%#Eval("数据绑定表达式 2")%>放在像 Repeater、DataList、GridView 这样的控件的模板中。

③ 可以将数据绑定表达式包含在JavaScript 代码中，从而实现在JavaScript 中调用C#的方法。

（3）数据绑定表达的类型

1）绑定变量。变量可以作为数据源来提供数据。注意，这个变量必须为公有字段或受保护字段，即访问修饰符为 public 或 protected。例如：

```
<%#变量名%>
<asp:TextBox ID=txt Text="<%#变量名%>" runat="server" />
<asp:Label ID="Label1" runat="server" Text="<%#变量名%>"></asp:Label>
```

【演练 9-1】 本例绑定变量的值并显示，运行结果如图 9-1 所示。

新建空网站 C:\ex9_1，添加 Web 窗体 Default.aspx。

图 9-1 绑定变量

在 Default.aspx.cs 中，输入下面代码：
```
public string name = "John";
public int age = 18;
public string address = "美国";
protected void Page_Load(object sender, EventArgs e)
{
    Page.DataBind(); //使页显示绑定的变量
}
```

在 Default.aspx 的源视图中，在<div>、</div>之间输入以下代码：

我叫 **<%# name %>**，今天 **<%# age %>** 岁。
来自 **<%# address %>**，请多多关照。

在.aspx 文件中，用<%# name %>来绑定对应.cs 中的变量 name。注意，只能绑定页面级范围的变量。本例在 Default.aspx.cs 中定义的 public string name 等，就是页面级范围的变量。

2）绑定服务器控件的属性值，可以是服务器控件的属性值。例如：

`<asp:Label ID="Label1" runat="server" Text="<%#`**`TextBox2.Text`**`%>"></asp:Label>`

【演练 9-2】 本例用 DataBind()方法绑定页面上所有控件的数据。

新建空网站 C:\ex9_2，添加 Web 窗体 Default.aspx。在设计视图中，向页面上添加一个 Button 控件和一个 TextBox 控件。切换到源视图中，把绑定表达式添加到 Button 和 TextBox 控件的 Text 属性中，参见如下代码粗体字部分：

`<asp:Button ID="Button1" runat="server" Text="`**`<%# DateTime.Now.ToString() %>`**`" />`
`<asp:TextBox ID="TextBox1" runat="server" Text="`**`<%# name %>`**`">`
`</asp:TextBox>`

为了绑定页面中的所有控件，在 Page_Load()事件中调用 DataBind()方法来绑定页的数据：

```
public string name = "John";
protected void Page_Load(object sender, EventArgs e)
{
    Page.DataBind();   //绑定页面上所有控件的数据
}
```

运行页面，显示如图 9-2 所示的系统日期和时间。

图 9-2 显示系统日期和时间

3）绑定方法。有返回值的方法可以作为数据源来提供数据。语法格式为：

<%# 方法名(参数表) %>

例如，getUserName()、getUserID()是已经定义的 C#方法，一般要求有返回值，得到方法结果：

<%# getUserName() %>
<%# getUserID(userID) %>

【演练 9-3】 本例绑定方法的值并显示，运行结果如图 9-3 所示。

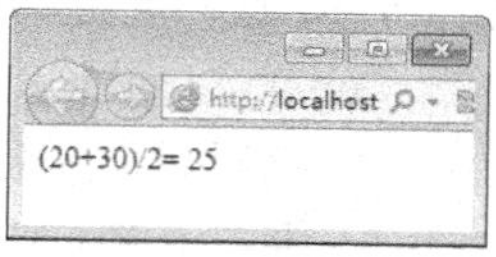

新建空网站 C:\ex9_3，添加 Web 窗体 Default.aspx。

在 Default.aspx.cs 中，输入下面代码：

图 9-3 绑定方法

```
protected void Page_Load(object sender, EventArgs e)
{
    Page.DataBind();
}
public int getAverage(int a, int b)
{
    return (a + b) / 2;
}
```

在 Default.aspx 的源视图中，在<div>、</div>之间输入以下代码：

  (20+30)/2= **<%# getAverage(20, 30) %>**

注意，在.cs 文件中定义的方法，也必须是页面级的 public。

4）绑定数组对象。数组对象可以作为数据源来提供数据。语法格式为：

  <%# 数组名 %>

例如，把一个数组绑定到列表控件上，如 ListBox 等，或者 Repeater、DataList、GridView 这样的控件等，此时只需要设置属性 DataSource='<%#数组名%>'。

【演练 9-4】 本例把数组绑定到 CheckBoxList 控件上并显示，运行结果如图 9-4 所示。

新建空网站 C:\ex9_4，添加 Web 窗体 Default.aspx。

在 Default.aspx.cs 中，输入下面代码：

```
public string[] like = new string[] {"旅游", "美食", "购物", "健身", "存款"};
protected void Page_Load(object sender, EventArgs e)
{
    Page.DataBind();
}
```

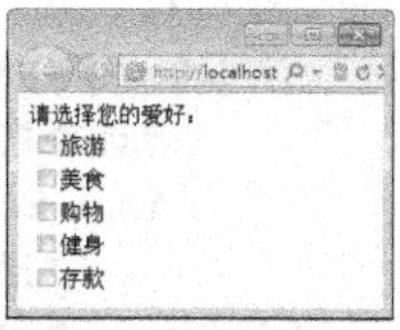

图 9-4 绑定数组

在 Default.aspx 的源视图中，在<div>、</div>之间输入下面代码：

  请选择您的爱好：
  <asp:CheckBoxList ID="CheckBoxList1" DataSource="<%# like %>" runat="server">
  </asp:CheckBoxList>

数组一般作为列表控件的数据源。列表控件有 CheckBoxList、DropDownList、ListBox、RadioButtonList，这些控件都有数据绑定功能，它们都有 DataSource（数据源）、DataTextField（数据源中显示的字段）和 DataValueField（数据源中显示字段的对应值字段）这 3 个属性。

DataSource 属性可以在.aspx 文件中设置，也可以在对应的.cs 文件中设置。

本例也可以采用下面方法实现。添加 Web 窗体 Default1.aspx。在 Default1.aspx.cs 中，输入下面代码：

```
public string[] like = new string[] { "旅游", "美食", "购物", "健身", "存款" };
protected void Page_Load(object sender, EventArgs e)
{
    CheckBoxList1.DataSource = like; //设置数据源
    CheckBoxList1.DataBind(); //调用绑定方法
}
```

在 Default1.aspx 的源视图中，在<div>、</div>之间输入以下代码：

  请选择您的爱好：
  <asp:CheckBoxList ID="CheckBoxList1" runat="server">
  </asp:CheckBoxList>

5）绑定集合或列表。列表控件、GridView 等服务器控件可用集合作为数据源，这些控件只能绑定到支持 IEnumerable、ICollection 或 IListSource 接口的集合上。常见的是绑定 ArrayList、Hashtable、DataView 和 DataReader。语法格式为：

  <%# 集合名 %>

例如，集合 myArray 作为 ListBox 控件的数据源：

  <asp:ListBox ID="List1" datasource='<%# myArray %>' runat="server">

【演练 9-5】 本例把 ArrayList 绑定到 ListBox 控件上并显示，运行结果如图 9-5 所示。

新建空网站 C:\ex9_5，添加 Web 窗体 Default.aspx。在 Default.aspx.cs 中，添加命名空间引用"using System.Collections;"，输入下面代码：

```
public ArrayList lst = new ArrayList();
protected void Page_Load(object sender, EventArgs e)
{       //向 ArrayList 添加项
        lst.Add("旅游");
        lst.Add("美食");
        lst.Add("购物");
        lst.Add("健身");
        lst.Add("存款");
        Page.DataBind();//显示绑定的值
}
```

图 9-5　绑定 ArrayList

在 Default1.aspx 的源视图中，在<div>、</div>之间输入以下代码：

```
请选择您的爱好(可多选)：
<asp:ListBox ID="ListBox1" DataSource="<%# lst %>" runat="server" SelectionMode="Multiple">
</asp:ListBox>
```

【演练 9-6】　本例通过绑定表达式绑定到 DropDownList 控件的属性上。

新建空网站 C:\ex9_5，添加 Web 窗体 Default.aspx。

设计页面。在设计视图中，在页面上放置一个 DropDownList 控件、一个 Button 控件和一个 Label 控件，如图 9-6 所示。

单击 DropDownList 控件的智能标记 ▶ 展开"DropDownList 任务"下拉菜单，单击"编辑项"项，显示"ListItem 集合编辑器"对话框，输入下拉列表成员：旅游、美食、购物、健身、存款。

图 9-6　运行页面

添加数据绑定表达式。切换到源视图，手工在 Label 控件的 Text 属性中输入数据绑定表达式<%# DropDown List1.SelectedItem.Text %>，用于显示用户在下拉列表框中选择的值，修改后的代码如下：

```
<asp:Label ID="Label1" runat="server" Text="<%# DropDownList1.SelectedItem.Text %>">
</asp:Label>
```

确定"按钮的单击事件代码如下：

```
protected void Button1_Click(object sender, EventArgs e)
{
    Page.DataBind(); //Page.DataBind()会绑定整个页面
}
```

运行页面，在下拉列表框中选中某项后，单击"确定"按钮，将显示选中的项目，如图 9-7 所示。

6）绑定表达式。语法格式为：

图 9-7　显示选中项目

```
<%# 表达式 %>
```

例如，Person 是一个对象，Name 和 City 是它的两个属性，则数据绑定表达式可以这样写：

```
<%#(Person.Name + " " + Person.City)%>
```

7）绑定数据表的字段。字段可以是用 Eval 取得的数据表的字段，相当于数据库中某个表或者视图中的一行记录，而一行可以有多列。例如：

```
<%# Eval("字段名")%>
<%# Eval("字段名", "{0:c}")%>
<%# Eval("字段名").ToString().Trim().Length>16?
        Eval("字段名").ToString().Trim().Substring(0,16):Eval("字段名").ToString().Trim() %>
<%# Eval("stuBirth", "{0:yyyy-MM-dd}")%>
<%# Eval("出生日期", "{0:d}")%>
```

```
<a href='<%# Eval("userId","Default.aspx?id={0}")%>'><%# Eval("userName") %></a>
<a href='<%# string.Format("Default.aspx?id={0}&role={1}",
        Eval("userId"),Eval("userRole"))%>'><%# Eval("userName") %></a>
<asp:Literal ID="litEval1" runat="server" Text='<%Eval("userName")%>' />
```
方法的重载
```
<a href='<%# Eval("userId","Default.aspx?id={0}")%>'><%# Eval("userName") %></a>
```
Eval 同时绑定两个值
```
<a href='<%# string.Format("Default.aspx?id={0}&role={1}",
        Eval("userId"),Eval("userRole"))%>'><%# Eval("userName") %></a>
```
使用三目运算符的例子，性别字段类型为：true/false, bit。
```
<%#(Eval("性别")).ToString()=="true"?"男":"女"%>
```
注意：如果数据绑定表达式作为属性的值，只要数据绑定表达式中没有出现双引号，那么<%#数据绑定表达式%>的最外层用双引号或者单引号都可以；如果数据绑定表达式中出现双引号，则<%#数据绑定表达式%>的最外层最好要用单引号。

2．使用 Eval 方法

Eval 方法可以分析和计算数据表达式的值，并返回计算的结果。Eval 方法可计算数据绑定控件（如 GridView、DetailsView 和 FormView 控件）的模板中的后期绑定数据表达式。在运行时，Eval 方法调用 DataBinder 对象的 Eval 方法，同时引用命名容器的当前数据项。命名容器通常是包含完整记录的数据绑定控件的最小组成部分，如 GridView 控件中的一行。因此，只能对数据绑定控件的模板内的绑定使用 Eval 方法。

Eval 方法以数据字段的名称作为参数，从数据源的当前记录返回一个包含该字段值的字符串。可以提供第二个参数来指定返回字符串的格式，该参数为可选参数。字符串格式参数使用为 string 类的 Format 方法定义的语法，其语法格式如下：

Eval(string expression, string format)

Bind 与 Eval 方法相比，它们最大的区别在于：Eval 方法只能够显示数据；Bind 方法不但可以显示数据，而且还能够修改数据。通常，Bind 方法被 GridView、DetailsView、FormView 等控件使用。

例如，带有格式符的 Eval 表达式如下：
```
<%# Eval("IntegerValue", "{0:c}") %>      <!-- {0:c}显示为字符 -->
<%# Eval("UnitPrice", "${0:F2}") %>       <!-- {0:c}显示二位小数 -->
<asp:Image Width="12" Height="12" Border="0" runat="server"
        AlternateText='<%# Eval("Discontinued", "{0:G}") %>'
        ImageUrl='<%# Eval("Discontinued", "~/images/{0:G}.gif") %>' />
<%# ((string)Eval("DataItem")).Substring(4,4) %>
<%#Eval("price","{0:￥#,##0.00}")%>
<%#Eval("Company_Ureg_Date","{0:yyyy-M-d}")%>
<%#bool.Parse(Eval("IsPass").ToString())?"有效":"<font color='red'>无效</font>"%>
```

3．使用 Bind 方法

Bind 方法与 Eval 方法有一些相似之处，但也存在很大的差异。虽然可以像使用 Eval 方法一样使用 Bind 方法来检索数据绑定字段的值，但当数据可以被修改时，还是要使用 Bind 方法。

在 ASP.NET 中，数据绑定控件（如 GridView、DetailsView 和 FormView 控件）可自动使用数据源控件的更新、删除和插入操作。例如，如果已为数据源控件定义了 SQL Select、Insert、

Delete 和 Update 语句，则通过使用 GridView、DetailsView 或 FormView 控件模板中的 Bind 方法，就可以使控件从模板中的子控件中提取值，并将这些值传递给数据源控件，然后，数据源控件将执行适当的数据库命令。出于这个原因，在数据绑定控件的 EditItemTemplate 或 InsertItemTemplate 中要使用 Bind 方法。

Bind 方法通常与输入控件一起使用，例如，由编辑模式中的 GridView 行所呈现的 TextBox 控件，当数据绑定控件将这些输入控件作为自身呈现的一部分创建时，该方法便可提取输入值。

Bind 方法采用数据字段的名称作为参数，从而与绑定属性关联。

有关使用 Eval、Bind 方法的示例，将在数据绑定控件中介绍。

9.1.4 调用 DataBind()方法实现数据绑定

在为.aspx 页上的对象设置了特定数据源之后，必须将数据绑定到这些数据源上。可以使用"Page.DataBind()"或"控件.DataBind()"方法将数据绑定到数据源上。

这两种方法的使用方式很相似。主要差别在于：调用 Page.DataBind()方法后，所有数据源都将绑定到它们的服务器控件上。在显式调用 Web 服务器控件的 DataBind()方法或在调用页面级的 Page.DataBind()方法之前，不会有任何数据呈现给控件。通常，可以从 Page_Load 事件调用 Page.DataBind()。

在一般情况下，数据绑定表达式不会自动计算它的值，除非它所在的页或者控件显式调用 DataBind()方法。DataBind()方法能够将数据源绑定到被调用的服务器控件及其所有子控件上，同时分析并计算数据绑定表达式的值。

通常使用 DataSource 属性进行数据源绑定的控件为列表控件（连接到数据源并把来自数据源的数据显示出来的 Web 服务器控件），列表控件有：CheckBoxList、DropDownList、ListBox、RadioButtonList、GridView、DataList、Repeater 等。

DataSet 可看成是内存中的一个虚拟的数据库，只要将列表控件的 DataSource 属性连接到数据源，ASP.NET 会自动给列表控件填充数据。把列表控件同一个 DataSet 绑定在一起，必须设置以下属性。

DataSource：指定包含数据的 DataSet。
DataMember：因为 DataSet 中可能有多个数据表，所以指定要显示的 DataTable 表名。
DataTextField：指定将在列表中显示的 DataTable 字段。
DataValueField：指定 DataTable 中某字段，此字段将成为列表中被选中的值。

使用 DataSource 数据源后，还需要显式调用列表控件的 DataBind()方法来连接 DataSet、DataReader 等数据源，例如 CheckBoxList.DataBind();，从而执行数据绑定和解析数据绑定表达式。

1. 与 DataSet 数据源的绑定

连接数据库 UserManagement，并从表中读取数据存入 DataSet 中，代码如下：

```
private void Page_Load(object sender, System.EventArgs e)
{
    if (!IsPostBack)   //防止重复绑定
    {
        string connString = ConfigurationManager.ConnectionStrings["connStr"].ToString();
        DataSet ds = new DataSet();
        SqlDataAdapter adapter = new SqlDataAdapter("SELECT * FROM UserInfo", connString);
```

```
                adapter.Fill(ds, "Table");
                //以下是数据绑定需要的代码
                DropDownList1.DataSource = ds;
                DropDownList1.DataMember = "Table";
                DropDownList1.DataTextField = "UserName";
                DropDownList1.DataValueField = "UserID";
                DropDownList1.DataBind();
            }
        }
```

DataTextFiled 和 DataValueField 两个属性值分别绑定不同的字段，前者表示的是控件显示出的字段，后者表示控件代表的值。当使用语句：

```
        Response.Write(DropDownList1.SelectedValue);
```

输出所选控件的值时，显示的是 DataValueField 属性中绑定的字段 UserID 的值。

2．与 DataReader 数据源的绑定

连接数据库 UserManagement，执行 SQL 语句，生成 DataReader，代码如下：

```
        protected void Page_Load(object sender, EventArgs e)
        {
            if (!IsPostBack)   //防止重复绑定
            {
                string connString = ConfigurationManager.ConnectionStrings["connStr"].ToString();
                SqlConnection conn = new SqlConnection(connString); //创建连接对象 conn
                string sqlString="SELECT UserID, UserName FROM UserInfo";
                SqlCommand cmd = new SqlCommand(sqlString, conn);
                conn.Open();
                SqlDataReader reader = cmd.ExecuteReader();
                DropDownList1.DataSource = reader;
                DropDownList1.DataTextField = "UserName";
                DropDownList1.DataValueField = "UserID";
                DropDownList1.DataBind();
                //绑定完成后才能关闭 DataReader 对象和连接对象
                reader.Close();
                cmd.Connection.Close();
            }
        }
```

3．DataSet 与 DataReader 的比较

DataSet 与 DataReader 的比较，见表 9-1。

表 9-1　DataSet 与 DataReader 的比较

DataSet	DataReader
读或写数据	只读
包含多个来自不同数据库的表	使用 SQL 语句从单个数据库中读取
非连接模式	连接模式
绑定到多个控件上	只能绑定到一个控件上
向前或向后浏览数据	只能向前浏览数据
较慢的访问速度	较快的访问速度

9.2 简单绑定控件

9.2.1 DropDownList 控件

DropDownList 控件是一个比较简单的数据绑定控件，它在客户端被解释成的 HTML 标记是<select>…</select>，也就是只能有一个选项处于选中状态。DropDownList 控件常用属性见表 9-2。有些属性在介绍基本控件时已经讲过。

表 9-2 DropDownList 控件的常用属性

属性	说明
AutoPostBack	用来设置当下拉列表项发生变化时是否主动向服务器提交整个表单，默认是 false，即不主动提交。如果为 true，则可以编写它的 SelectedIndexChanged 事件处理代码。注意，如果此属性为 false，即使编写了 SelectedIndexChanged 事件处理代码也不会起作用
DataTextField	设置列表项的可见部分的文字
DataValueField	设置列表项的值部分
Items	获取控件的列表项的集合
SelectedIndex	获取或设置 DropDownList 控件中的选定项的索引
SelectedItem	获取列表控件中索引最小的选定项
SelectedValue	获取列表控件中选定项的值，或选择列表控件中包含指定值的项

在实际应用系统中，用户可能希望直观地看到选中哪个选项，而在操作数据库的时候更希望直接以该值对应的编号来操作。利用 DataTextField 属性和 DataValueField 属性就可以很方便地做到这一点，这两个属性通常是数据源中的某个字段名（如果 DataSource 属性是 DataTable 或者是 DataView 的话）或者泛型集合中实体的属性。

【演练 9-7】 本例由两个简单控件绑定示例组成，一个以数组为数据源，绑定到 DropDownList 控件上的实例，另一个以数据库表为数据源，绑定到 DropDownList 控件上的实例。运行结果如图 9-8 所示。

新建一个空网站，如 C:\ex9_7。在 Default.aspx 中添加两个 DropDownList 控件及相关说明文字，如图 9-8 所示。数据库仍然使用第 8 章中的 UserManagement，其中的数据库连接字符串、命名空间的引用等，请参考演练 8-1。

图 9-8 DropDownList 控件绑定示例

Default.aspx 页面装入时执行的事件代码如下：

```
protected void Page_Load(object sender, EventArgs e)
{
    if (!Page.IsPostBack)
    {
        BindMonthList();//绑定月列表
        BindUserList();//绑定表
    }
}
```

以数组为数据源，绑定到 DropDownList 控件上的实例，BindMonthList()过程代码如下：

```
private void BindMonthList()
{
    int[] monthList = new int[12];
    for (int i = 0; i <= 11; i++)
    {
        monthList[i] = i + 1;
    }
    ddlMonthList.DataSource = monthList;//指定数据绑定控件的数据来源
    ddlMonthList.DataBind();//注意不能缺少这一句，否则下拉列表中没有数据
}
```

以表为数据源，绑定到DropDownList控件上的实例，BindUserList()过程代码如下：

```
private void BindUserList()
{
    string connString = ConfigurationManager.ConnectionStrings["ConnStr"].ToString();
    SqlConnection conn = new SqlConnection(connString); //实例化Connection对象
    string sqlString = "SELECT UserID, UserName FROM UserInfo";
    SqlCommand cmd = new SqlCommand(sqlString, conn); //实例化Command对象
    SqlDataAdapter adapter = new SqlDataAdapter(cmd);
    DataTable dt = new DataTable();
    adapter.Fill(dt);
    ddlUserList.DataTextField = "UserName";//指定下拉列表中的文字显示部分
    ddlUserList.DataValueField = "UserID";//指定下拉列表中的值部分
    ddlUserList.DataSource = dt;//指定数据绑定控件的数据来源
    ddlUserList.DataBind();//显示绑定的数据
}
```

在BindUserList()过程代码中，下面两条语句不可少：

ddlUserList.DataTextField = "UserName";//指定下拉列表中的文字显示部分

ddlUserList.DataValueField = "UserID";//指定下拉列表中的值部分

图9-9 绑定不正确时的显示

如果缺少上面这两条语句，将无法显示所有内容，而是显示如图9-9所示。

DropDownList控件默认第一个选项处于选中状态，如果在绑定数据后要让某个选项处于选中状态，可用DropDownList控件的Items属性。Items属性其实是一个ListItemCollection的实例。ListItemCollection类有两个重要方法。

public ListItem FindByText (string text)：在选项集合中查找指定文字的选项。

public ListItem FindByValue (string value)：在选项集合中查找指定值的选项。

利用这个方法，可以让某个选项在数据绑定后就处于选中状态。

例如，希望在BindUserList()过程中让"John"处于选中状态，则后面添加下面代码：

```
//根据指定文字找到了对应的选项
ListItem item = ddlUserListed.Items.FindByText("John");
//如果找到该项（即不为Null），则让该选项处于选中状态
//如果不判断，当选项集合中没有对应的选项时，则会抛出异常
if (item != Null)
{
```

                item.Selected = true;
        }
    修改代码后的运行结果如图 9-10 所示。

9.2.2 ListBox 控件

图 9-10　使某项选中

ListBox 控件与 DropDownList 控件非常类似，ListBox 控件也会提供一组选项供用户选择。二者区别是：DropDownList 控件只能有一个选项处于选中状态，并且每次只能显示一行；而 ListBox 控件可以设置为允许多选，并且还可以设置为显示多行。

除了与 DropDownList 具有很多相似的属性外，ListBox 控件还有其特有的属性，见表 9-3。

表 9-3　ListBox 控件特有的属性

属　　性	说　　　明
Rows	设置 ListBox 控件显示的行数
SelectionMode	设置 ListBox 的选择模式，是枚举值，有 Multiple 和 Single 两个值，分别代表多选和单选，默认是 Single。如果要实现多选，则设置 SelectionMode 属性为 Multiple。在使用时需要先按下 Ctrl 或 Shift 键，再单击选项

在程序中可用"列表控件名称.SelectedItem"或"列表控件名称.SelectedItem.Text"获取被选项的文本，用"列表控件名称.SelectedValue"或"列表控件名称.SelectedItem.Value"获取被选项的值。

需要说明的是，因为 ListBox 允许多选，所以如果 ListBox 的 SelectionMode 属性为 Multiple，那么 SelectedIndex 属性指的是被选中的选项中索引最小的那一个，SelectedValue 属性指的是被选中的选项集合中索引最小的那一个的值。

【演练 9-8】　本例以 UserManagement 数据库为数据源，绑定到 ListBox 控件上，实现多选，运行结果如图 9-11 所示。

　　　　(a)　　　　　　　　　　　　　(b)　　　　　　　　　　　　　(c)

图 9-11　ListBox 控件绑定示例

新建一个空网站，如 C:\ex9_8。在 Default.aspx 中添加一个 ListBox 控件、一个 Button 控件、一个 Label 控件，运行结果及设计页面如图 9-11 所示。

Default.aspx 页面装入时执行的事件代码如下：

        protected void Page_Load(object sender, EventArgs e)
        {
            if (!Page.IsPostBack)
            {
                BindUserList();//绑定表

        }
    }
BindUserList()过程代码如下:
    private void BindUserList()
    {
        //以表为数据源,绑定到 ListBox 控件上的实例
        string connString = ConfigurationManager.ConnectionStrings["ConnStr"].ToString();
        SqlConnection conn = new SqlConnection(connString); ////实例化 Connection 对象
        string sqlString = "SELECT UserID, UserName FROM UserInfo";
        SqlCommand cmd = new SqlCommand(sqlString, conn); //实例化 Command 对象
        SqlDataAdapter adapter = new SqlDataAdapter(cmd);
        DataTable dt = new DataTable();
        adapter.Fill(dt);
        listUsers.DataTextField = "UserName";//指定下拉列表中的文字显示部分
        listUsers.DataValueField = "UserID";//指定下拉列表中的值部分
        listUsers.DataSource = dt;//指定数据绑定控件的数据来源
        listUsers.DataBind();//显示绑定的数据
    }
"确定"按钮的单击事件代码如下:
    protected void btnOk_Click(object sender, EventArgs e)
    {
        string selectedUserName = string.Empty;//选中的用户名
        string selectedUserNo = string.Empty;//选中的用户的值
        //遍历 ListBox 中的每个选项,找出被选中的选项
        foreach (ListItem item in listUsers.Items)
        {
            if (item.Selected)   //如果选项被选中
            {
                selectedUserName += item.Text + ",";
                selectedUserNo += item.Value + ",";
            }
        }
        //如果至少有一个选项处于选中状态
        if (!string.IsNullOrEmpty(selectedUserName))
        {
            //删除最后一个","符号
            selectedUserName = selectedUserName.Remove(selectedUserName.Length - 1);
        }
        lblMsg.Text = "您选中的用户名有: " + selectedUserName + "<br />";
        lblMsg.Text += "对应用户的值为:" + selectedUserNo;
    }
```

说明:通过 Items 集合的 Count 属性,可以获取列表框控件中选项的总数;通过 Items 集合中元素的 Selected 属性,可以判断该选项是否被选中;通过 Items 集合的 Text 属性或 Value 属性,可以获取被选定项的文本或值。
```

9.3 Repeater 控件

Repeater 控件使用数据源返回的一组记录呈现只读列表。Repeater 控件是"无外观的",即它不具有任何内置布局或样式。因此,必须在控件的模板中明确声明所有 HTML 布局标记、格式标记和样式标记。模板(Template)就是预先定义好的显示格式。当该页运行时,Repeater 控件依次通过数据源中的记录,按照预先定义的模板,为每条记录呈现一个选项。

1. Repeater 控件的语法

Repeater 控件的语法格式为:

```
<asp:Repeater ID="Repeater1" runat="server">
    <HeaderTemplate>页眉模板</HeaderTemplate>
    <ItemTemplate>奇数行数据模板</ItemTemplate>
    <AlternatingItemTemplate>偶数行数据模板</AlternatingItemTemplate>
    <SeparatorTemplate>分隔模板</SeparatorTemplate>
    <FooterTemplate>页脚模板</FooterTemplate>
</asp:Repeater>
```

(1) Repeater 控件支持的模板属性

Repeater 控件支持以下 5 种模板,见表 9-4。

表 9-4 Repeater 控件支持的模板

模板属性	说明
ItemTemplate	对每个数据项进行格式设置
AlternatingItemTemplate	对交替数据项进行格式设置
HeaderTemplate	对页眉进行格式设置
SeparatorTemplate	对分隔符进行格式设置。典型的示例可能是一条直线(使用 hr 元素)
FooterTemplate	对页脚进行格式设置

如果 Repeater 控件没有指定数据源,它将不显示。当数据源有记录时,每取一条记录,Repeater 控件都按照 ItemTemplate 或 AlternatingItemTemplate 模板定义的格式显示。如果指定的数据源中没有数据,那么头、脚模板将继续显示。注意,Repeater 必须使用的是 ItemTemplate,其他类型的模板按需添加。

(2) Repeater 控件的事件处理

Repeater 控件有以下事件。

DataBinding:Repeater 控件绑定到数据源上时触发。要想为 Repeater 控件生成 HTML 代码,并将其添加到输出流中以显示到最终的浏览器中,必须调用 DataBind()方法。

ItemCommand:Repeater 控件中的子控件触发事件时触发。该事件是 Repeater 中最常用的一个事件,单击 Repeater 控件中的按钮(Button 或 LinkButton)时触发该事件。

ItemCreated:创建 Repeater 每个项目时触发。在创建一个 Repeater 项时触发该事件,DataItem 属性总是返回 Null。

ItemDataBound:Repeater 控件的每个项目绑定数据时触发。将 Repeater 控件中的某个项绑定基层数据后触发该事件,ItemTemplate 和 AlternatingItemTemplate 绑定项的 DataItem 属性不为 Null。

2．Repeater 控件的应用实例

【演练 9-9】 使用 Repeater 控件显示 UserManagement 数据库中的 UserInfo 表记录，显示的列有：用户名、性别、邮箱、注册日期和账户是否有效。

新建一个空网站，例如 C:\ex9_9。添加 Default.aspx，在 Default.aspx.cs 中添加对 SQL Server 数据库命名空间的引用。在 web.config 中添加数据库的连接字符串。

（1）以标签形式显示记录

① 在 Default.aspx 的设计视图中，从工具箱的"数据"组中向 Web 窗体中添加一个 Repeater 控件，添加 Repeater 控件后 Web 窗体显示如图 9-12 所示。可以看出，使用 Repeater 控件时没有办法在设计视图下编辑控件模板，编辑控件模板需要切换到源视图。

图 9-12 添加 Repeater 控件

② 确定 Repeater 控件要使用的数据源和字段。数据源本例在.cs 文件中绑定。使用的字段有：UserName、UserGender、UserEmail、CreatedTime 和 IsPass。

③ 要使用 Repeater 控件显示数据，必须创建 ItemTemplate。本例使用 DIV 等标记，用 <ItemTemplate>模板来分隔内容。切换到源视图，在<asp:Repeater>与</asp:Repeater>之间输入下面前台页面的代码（见图 9-13）：

图 9-13 在源视图中输入前台代码

```
<asp:Repeater ID="Repeater1" runat="server">
    <ItemTemplate>
        <div>
            <h1><%#Eval("UserName") %></h1>
        </div>
        <b>性别：</b><%#Eval("UserGender") %><br />
        <b>邮箱：</b><%#Eval("UserEmail") %><br />
        <b>注册日期：</b><%#Eval("CreatedTime") %><br />
        <b>账户是否有效：</b><%#Eval("IsPass") %>
    </ItemTemplate>
</asp:Repeater>
```

④ 打开 Default.aspx.cs，输入后台代码。按第 8 章的方法，输入 SQL Server 数据库命名空间的引用，并在 web.config 文件中添加数据库连接字符串。

Default.aspx 页面装入时执行的事件代码如下：

```csharp
protected void Page_Load(object sender, EventArgs e)
{
    if (!IsPostBack)
    {
        string connString = ConfigurationManager.ConnectionStrings["ConnStr"].ToString();
        SqlConnection conn = new SqlConnection(connString); //创建连接对象 conn
        DataSet ds = new DataSet();
        string selectString = "SELECT UserName, UserPassword, UserGender, UserEmail,
                     CreatedTime, IsPass FROM UserInfo";
        SqlDataAdapter adapter = new SqlDataAdapter(selectString, conn);
        adapter.Fill(ds);
        Repeater1.DataSource = ds.Tables[0].DefaultView;//数据源
        Repeater1.DataBind();
    }
}
```

⑤ 执行 Default.aspx，显示如图 9-14 所示。

说明：在 Page_Load 的事件程序中，数据绑定时都加了 if (!IsPostBack) 语句进行判断，其目的是不会因为某个控件的提交页面导致整个页面的重新绑定。在绝大多数情况下，这种重新数据绑定是没有必要的，而且会影响网站的效率。

（2）以表格形式显示记录

要在 Repeater 控件中用 Table 的形式显示数据，使用方法为：先在 HeaderTemplate 模板中定义表头 <table>，然后在 ItemTemplate 模板或 AlternatingItemTemplate 模板中定义数据的每条数据的显示方式，最后在 FooterTemplate 模板中定义表的结束标记 </table>。

图 9-14　显示

① 添加一个 Web 窗体 Default2.aspx，向页面中添加一个 Repeater 控件。切换到源视图，在<asp:Repeater>与</asp:Repeater>之间输入下面前台页面的代码：

```html
<html xmlns="http://www.w3.org/1999/xhtml">
<head runat="server">
    <title>Repeater 控件示例</title>
    <style type="text/css">
        html {
            background-color:White; }
        .content {
            width:600px;
            border:soild 1px black;
            background-color:White; }
        .movies {
            border-collapse:collapse; }
        .movies th,.movies td {
            padding:10px;
            border-bottom:1px solid black; }
        .alternating {
            background-color:#eeeeee; }
    </style>
</head>
```

```html
<body>
    <form id="form1" runat="server">
    <div>
        <asp:Repeater ID="Repeater1" runat="server">
            <HeaderTemplate> <!-- 显示头部，开始 -->
                <table class="movies"  border="1" cellpadding="3">   <!-- table 头部声明-->
                    <tr>
                        <th>姓名</th>
                        <th>性别</th>
                        <th>邮箱</th>
                        <th>注册日期</th>
                        <th>账户是否有效</th>
                    </tr>
            </HeaderTemplate> <!-- 显示头部，结束 -->
            <ItemTemplate> <!-- 数据行，开始 -->
                <tr>
                    <td><%#Eval("UserName")%></td>
                    <td align="center"><%#Eval("UserGender")%></td>
                    <td><%#Eval("UserEmail")%></td>
                    <td><%#Eval("CreatedTime", "{0:yyyy-MM-dd}")%></td>
                    <td align="center"><%#bool.Parse(Eval("IsPass").ToString()) ? "有效" :
                        "<font color='red'>无效</font>"%></td>
                </tr>
            </ItemTemplate> <!-- 数据行，结束 -->
            <AlternatingItemTemplate> <!-- 交错行，开始 -->
                <tr class="alternating">
                    <td><%#Eval("UserName")%></td>
                    <td align="center"><%#Eval("UserGender")%></td>
                    <td><input type="text" readonly="readonly" value='<%#Eval("UserEmail") %>'
                        size="20" /></td>   <!-- 以文本框的形式显示 -->
                    <td><%#Eval("CreatedTime", "{0:yyyy-MM-dd}")%></td>
                    <td align="center"><%#bool.Parse(Eval("IsPass").ToString()) ? "有效" :
                        "<font color='red'>无效</font>"%></td>
                </tr>
            </AlternatingItemTemplate> <!-- 交错行，结束 -->
            <FooterTemplate> <!-- 脚注行，开始 -->
                <tr>
                    <td colspan="5" align="right">注册名单</td>
                </tr>
                </table> <!-- table 尾 -->
            </FooterTemplate> <!-- 脚注行，结束 -->
        </asp:Repeater>
    </div>
    </form>
</body>
</html>
```

② 打开 Default2.aspx.cs，输入后台代码。后台代码与步骤（1）相同。

③ 执行 Default2.aspx，显示如图 9-15 所示。

说明：本例中定义了交替项的显示效果，偶数行的 UserEmail 以文本框的形式显示，并且对 IsPass 做了处理之后才显示。

#Eval 的功能是取得 DataSet 中的指定内容，参数是列名或属性名。DataSet 中的每条记录都将以模板规定的格式来显示；模板中没有出现的列名，尽管 DataSet 中有相应的数据，也不会显示。

通常，使用 HTML 的 Table 标签来布局 Repeater 控件，整个 Repeater 控件就是一个表。在<HeaderTemplate>与</HeaderTemplate>

图 9-15 以表格形式显示

之间放置<table>定义标记，在<FooterTemplate>与</FooterTemplate>之间放置</table>结束标记，不管数据源有多少条记录，HeaderTemplate 与 FooterTemplate 都只会执行一次，所以运行后 Repeater 控件中只有一对<table>与</table>标记。在<ItemTemplate>与</ItemTemplate>、</AlternatingItemTemplate>与</AlternatingItemTemplate>中放置行标记<tr>与</tr>，这样数据源中每条记录产生一对<tr>与</tr>，显示在一行中；每列的内容放在单元格<td>与</td>中，如<td><%#Eval("UserName")%></td>。

9.4 DataList 控件

DataList 控件以表的形式呈现数据，通过该控件，可以使用不同的布局来显示数据记录，例如，将数据记录排成列或行的形式。可以对 DataList 控件进行配置，通过编写代码实现编辑或删除表中记录的功能。DataList 控件与 Repeater 控件的不同之处在于：DataList 控件将数据源中的记录输出为 HTML 表格，而且 DataList 控件可以在一行中显示多条记录。

1．DataList 控件的语法

DataList 控件的语法格式为：
```
<asp: DataList ID="DataList1" runat="server">
    <HeaderTemplate>页眉模板</HeaderTemplate>
    <ItemTemplate>奇数行数据模板</ItemTemplate>
    <AlternatingItemTemplate>偶数行数据模板</AlternatingItemTemplate>
    <EditItemTemplate>编辑状态时的模板</EditItemTemplate>
    <SelectedItemTemplatem>选中状态时的模板</SelectedItemTemplatem>
    <SeparatorTemplate>分隔模板</SeparatorTemplate>
    <FooterTemplate>页脚模板</FooterTemplate>
</asp:Repeater>
```

（1）DataList 控件支持的模板属性

DataList 控件是具有模板的数据绑定列表，可以通过修改模板来自定义此控件。DataList 支持以下模板：AlternatingItemTemplate、EditItemTemplate、FooterTemplate、HeaderTemplate、ItemTemplate 和 SelectedItemTemplate 及 SeparatorTemplate。

其中，ItemTemplate、AlternatingItemTemplate、HeaderTemplate、SeparatorTemplate 和 FooterTemplate，在前面介绍 Repeater 控件时已经介绍过（见表 9-4）。EditItemTemplate 模板是该项在编辑状态时的效果，SelectedItemTemplatem 模板是该项处于选中状态时的效果。

DataList 控件在一个重复列表中显示数据项，并且还可以支持选择和编辑项目。可使用模

板对 DataList 控件中列表项的内容和布局进行定义。每个 DataList 控件中必须定义一个 ItemTemplate，另外，还有几个可选模板可用于定制列表的外观。

（2）DataList 控件的重要属性

DataList 控件有两个重要属性。

RepeatColumns：DataList 控件中要显示的列数。默认值为 0，即按照 RepeatDirection 的设置单行或者单列显示数据。

RepeatDirection：DataList 控件的显示方式，这个属性是一个枚举值，有 Horizontal 和 Vertical 两个值，分别代表水平和垂直显示。

在使用 DataList 控件时经常会嵌套绑定，所谓嵌套，就是在一个数据绑定控件中嵌套着另一个数据绑定控件。

2．DataList 控件的应用实例

【演练 9-10】 本例演示 DataList 控件的 RepeatDirection、RepeatColumns 属性的使用方法，运行结果如图 9-16 所示。

新建一个空网站 C:\ex9_10。添加 Default.aspx，在 Default.aspx.cs 中添加对 SQL Server 数据库命名空间的引用。在 web.config 中添加数据库的连接字符串。

① 在 Default.aspx 的设计视图中，从工具箱的"数据"组中，向 Web 窗体中添加一个 DataList 控件。

② 单击选中 DataList 控件，在"属性"窗口中设置 RepeatColumns 为 3，RepeatDirection 为 Horizontal，BorderWidth 为 2px，GridLines 为 Both。

③ 在 Default.aspx 的设计视图中，在 DataList 控件的右上角单击▶按钮，在任务面板中单击"编辑模板"，如图 9-17 所示。

图 9-16　DataList 控件

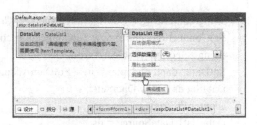

图 9-17　编辑模板

④ 模板显示如图 9-18 所示，在它的 ItemTemplate 模板中插入一个 HTML 表，方法是：在 ItemTemplate 模板中单击，把插入点设置到 ItemTemplate 模板中，执行菜单命令"表"→"插入表"，显示"插入表格"对话框，插入一个 2 行 1 列的表格，如图 9-19 所示。单击▶按钮，在任务面板中单击"结束模板编辑"。

图 9-18　DataList 控件的模板

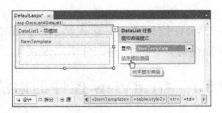

图 9-19　向 ItemTemplate 模板中添加表格

⑤ 如果要使插入到 DataList 控件中的 HTML 表格具有不同外观，则切换到源视图，单击 <table>标记，在"属性"窗口中设置表格的外观，这里设置 bgcolor 为 Yellow，border 为 2。

⑥ 在 Default.aspx 的源视图中，在<table>标记中添加绑定表达式，代码如下：

```
<asp:DataList ID="DataList1" runat="server" BorderWidth="2px" GridLines="Both"
        RepeatColumns="3" RepeatDirection="Horizontal">
    <ItemTemplate>
        <table bgcolor="Yellow" border="2" class="style2">
            <tr>
                <td><%#Eval("UserName")%></td>
            </tr>
            <tr>
                <td><%#Eval("UserEmail")%></td>
            </tr>
        </table>
    </ItemTemplate>
</asp:DataList>
```

⑦ 在 Default.aspx.cs 中，编写下面代码：

```
protected void Page_Load(object sender, EventArgs e)
{
    if (!Page.IsPostBack)
    {
        BindDataList();
    }
}
private void BindDataList()
{
    string connString = ConfigurationManager.ConnectionStrings["ConnStr"].ToString();
    SqlConnection conn = new SqlConnection(connString);
    string selectSql = "select * from UserInfo";
    SqlDataAdapter adapter = new SqlDataAdapter(selectSql, conn);
    DataSet ds = new DataSet();
    adapter.Fill(ds);
    DataList1.DataSource = ds;
    DataList1.DataBind();
}
```

⑧ 运行 Default.aspx，显示结果如图 9-16 所示。

9.5 GridView 控件

GridView 控件以表格形式显示数据源中的数据，其中每列表示一个字段，每行表示一个记录，并提供对列进行排序、分页以及编辑、删除单个记录的功能。

9.5.1 GridView 控件的语法

GridView 控件提供如下功能：绑定到数据源控件和显示数据功能，内置行选择、排序、分页、编辑和删除功能,可通过主题和样式自定义 GridView 控件的外观,以编程方式访问 GridView 对象模型以动态设置属性、处理事件等,多个键字段,用于超链接列的多个数据字段,可通过主题和样式进行自定义的外观,可以实现多种样式的数据展示。

1. GridView 控件的基本语法

GridView 控件的基本语法格式如下:

```
<asp:GridView ID="GridView1" runat="server" AutoGenerateColumns="false"
        DataKeyNames="主键名" DataSourceID="SqlDataSource1"
        AutoGenerateDeleteButton="true" AutoGenerateEditButton="true"
        AutoGenerateSelectButton="true" ShowHeader="false" 其他属性>
    <Columns>
        <asp:BoundField DataField="字段名 1" HeaderText="列标题 1" ReadOnly="true"
                        SortExpression="排序表达式 1" />
        <asp:BoundField DataField="字段名 2" HeaderText="列标题 2" ReadOnly="true"
                        SortExpression="排序表达式 2" />
        <asp:TemplateField>
            <ItemTemplate>
                其他控件
                <%# 绑定表达式 %>
            </ItemTemplate>
        </asp:TemplateField>
    </Columns>
</asp:GridView>
```

GridView 控件可以采用两种方式绑定数据源:一种是使用 DataSourceID 属性;另一种是使用 DataSource 属性。第一种方式可以直接把 GridView 控件绑定到数据源控件上,以利用数据源控件的功能实现编辑、删除、排序、分页等功能。第二种方式可以绑定到 ADO.NET 数据集和数据读取器对象上,但需要为所有功能编写后台代码,本节主要介绍这种方式。

2. GridView 控件的常用属性

GridView 控件的属性很多,总体上可以分为分页、数据、行为、样式等几类。

分页:主要用于设置是否分页、分页标签的显示样式、页的大小等。

数据:设置控件的数据源。

行为:主要进行一些功能性的设置,如是否排序、是否自动产生列、是否自动产生选择删除修改按钮等。

样式:设置 GridView 控件的外观,包括选择行的样式、用于交替的行的样式、编辑行的样式、分页界面样式、脚注样式、标头样式等。

GridView 控件的常用属性见表 9-5。

表 9-5 GridView 控件的常用属性

属　　性	说　　明
AllowPaging	设置是否启用分页功能
AllowSorting	设置是否启用排序功能
AutoGenerateColumns	设置是否为数据源中的每个字段自动创建绑定字段,默认为 true。但在实际开发中很少自动创建绑定列,总是根据情况让一些列不显示,例如显示用户列表的时候不会将用户密码显示出来

续表

属　性	说　明
Columns	获取 GridView 控件中列字段的集合
PageCount	获取在 GridView 控件中显示数据源记录所需的页数
PageIndex	获取或设置当前显示页的索引
PageSetting	设置 GridView 的分页样式
PageSize	设置 GridView 控件每次显示的最大记录条数

3. GridView 控件的数据绑定列

GridView 控件通过设置 AutoGenerateColumns 属性为 true 自动创建列，也可以通过模板列创建自定义的列。在 GridView、DetailsView 等控件中，对于绑定字段的值，有 7 种类型的显示方式，见表 9-6。Field 声明在 GridView 中是被包含在<Columns>…</Columns>标记区块中的。

表 9-6　GridView 控件的数据绑定列类型

字段类型	说　明
BoundField	绑定字段列，表示在数据绑定控件中，将数据源中的字段值以字符形式显示，属于应用最多的类型。属性 DataFormatString 可设置显示字段的格式，如{0:C}。注意，只有当 HtmlCode 属性设置为 false 时，DataFormatString 才有效
CheckBoxField	复选框字段列，表示在数据绑定控件中，将数据源中的 Bit 型字段值，以复选框的形式显示。根据值的 true 或 false 显示选中或没选中
HyperLinkField	超链接字段列，表示在数据绑定中，将数据源中的字段值以超链接形式显示。可指定另外的 NavigateUrl 超链接，单击该超链接时，浏览器导航到指定的 URL。 DataNavigateUrlFormatString 属性的值为"ShowUser.aspx?UserId={0}"，而 DataNavigateUrlFields 属性的值为"UserId"，显示每行数据时，会将该行对应的"UserId"字段的值替换{0}，类似于 string.Format("ShowUser.aspx?UserId={0}","UserId")的值。 属性 DataNaVigateUrlFields 绑定数据库字段，如果为多字段，则用","分隔。例如：DataNaVigateUrlFields="name,address,state,zip" 属性 DatanaVigateUrlFormatstring 超链接到的页面。例如：DatanaVigateUrlFormatstring="default.aspx?name={0}&address={1}&city={2}&state={3}"
ImageField	图片字段列，表示在数据绑定控件中，将数据源中的字段值作为图片路径绑定，并把图片显示出来。在数据绑定控件中，作为一个<img> HTML 标记的 src 属性显示一个字段的值。绑定字段的内容应该是图片的 URL
CommandField	表示一个特殊命令列，在数据绑定控件中，显示含有命令的按钮，常用的有"编辑"、"更新"、"取消"、"选择"、"删除"。自动生成命令，无须手写
ButtonField	按钮字段列，表示在数据绑定控件中，字段的值以命令按钮方式显示。可以选择链接按钮或按钮的样式
TemplateField	模板字段列，表示在数据绑定控件中，显示用户自定义的模板内容。在 GridView 控件的 TemplateField 字段中可以定义 5 种不同类型的模板。当需要创建一个定制的列字段时，可以使用本类型。模板可以包含任意多个数据字段，还可以结合文字、图像和其他控件，可以使用 HTML 控件或者 Web 服务器控件。 DataKeyNames 属性用来设置 GridView 对应的数据源的主键列，只有设置这个属性，在删除的时候才会把要删除的主键值传递给数据源执行删除功能

表 9-7 所列的属性代表每个列类型实际提供的属性的一个子集。每个列类型定义了一个定制的属性集，用以定义和配置所绑定的字段。

表 9-7 GridView 列的属性

属性	描述
AccessibleHeaderText	表示 Assistive Technology 设备的屏幕阅读器读取的缩写文本的文本
FooterStyle	获得该列的页脚的样式对象
FooterText	获得和设置该列的页脚的文本
HeaderImageUrl	获得和设置放在该列的标题中的图像的 URL
HeaderStyle	获得该列的标题的样式对象
HeaderText	获得和设置该列的标题的文本
InsertVisible	指示当它的父数据绑定控件处于插入模式时，该字段是否可见。该属性不适用于 GridView 控件
ItemStyle	获得各列的单元的样式对象
ShowHeader	指示是否生成该列的标题
SortExpression	获得和设置该列的标题被单击时用来排序网格内容的表达式。通常，该字符串属性被设置为所绑定的数据字段的名称

4．GridView 控件的事件

GridView 控件的事件非常丰富，在 GridView 控件上操作时就会产生相应的事件，要实现的功能代码写在相应的事件中。GridView 控件的常用事件见表 9-8。

表 9-8 GridView 控件的常用事件

事件	说明
PageIndexChanging	当前索引正在改变时触发
RowCancelingEdit	当放弃修改数据时触发。在一个处于编辑模式的行的 Cancel 按钮被单击时触发，但是在该行退出编辑模式之前发生
RowDeleting	当删除数据时触发。在一行的 Delete 按钮被单击时发生
RowEditing	当要编辑数据时触发。当一行的 Edit 按钮被单击时，但是在该控件进入编辑模式之前发生
RowUpdating	当保存修改的数据时触发。在一行的 Update 按钮被单击时发生，更新该行之前激发
SeletedIndexChanging	在选择新行时触发。在一行的 Select 按钮被单击时发生，处理选择操作之前激发
Sorting	当操作排序列进行排序时触发。在对一列进行排序的超链接被单击时发生，在本控件处理排序操作之前激发
RowCreated	在创建一行时触发

9.5.2 GridView 控件的使用示例

1．分页显示记录

【演练 9-11】 GridView 控件的主要功能是以表的形式显示数据，本例采用自动套用格式，分页显示 UserManagement 数据库中 UserInfo 表的所有记录。

新建一个空网站 C:\ex9_11。添加 Default.aspx，在 Default.aspx.cs 中添加对 SQL Server 数据库命名空间的引用。在 web.config 中添加数据库的连接字符串。

① 在 Default.aspx 的设计视图中，从工具箱的"数据"组中，向 Web 窗体中添加一个 GridView 控件。

② 单击选中 GridView 控件，在"属性"窗口中设置分页 AllowPaging 为 true，每页显示记

录个数 PageSize 为 3。设置 GridView 属性后，从 Web 窗体上能看到分页样式。最好在 Default.aspx.cs 中用代码设置，更易于阅读。

③ 自动套用格式，在 Default.aspx 的设计视图中，在 GridView 控件的右上角单击 按钮，在任务面板中单击"自动套用格式"，如图 9-20 所示。

④ 显示"自动套用格式"对话框，在左侧栏中选择一种架构，如"专业型"，如图 9-21 所示，然后单击"确定"按钮。

图 9-20 GridView 控件 　　　　　　　　　图 9-21 "自动套用格式"对话框

⑤ GridView 分页时触发 PageIndexChanging 事件，在 GridView1 控件的"属性"窗口中单击"事件"按钮 切换到事件列表，在事件列表中双击 PageIndexChanging，添加 GridView1 的 PageIndexChanging 事件程序。代码如下：

```
protected void GridView1_PageIndexChanging(object sender, GridViewPageEventArgs e)
{
    GridView1.PageIndex = e.NewPageIndex; //当前页的索引
    showAllUsers(); //重新绑定 GridView 的过程
}
```

⑥ 在 Page 的 Load 事件中显示初始的记录，代码如下：

```
protected void Page_Load(object sender, EventArgs e)
{
    if (!Page.IsPostBack)   //防止重复绑定
    {
        showAllUsers();//显示所有记录
    }
}
```

⑦ 显示所有记录的绑定过程程序，在本过程中把 GridView 绑定到数据源。代码如下：

```
private void showAllUsers()
{
    string connString = ConfigurationManager.ConnectionStrings["ConnStr"].ToString();
    SqlConnection conn = new SqlConnection(connString);
    string selectSql = "select * from UserInfo order by UserId";//SQL 查询字符串
    SqlDataAdapter adapter = new SqlDataAdapter(selectSql, conn);
    DataSet ds = new DataSet();
    adapter.Fill(ds);
    GridView1.DataSource = ds;
    GridView1.AllowPaging = true;//启用分页
```

```
GridView1.PageSize = 3;//每页显示的记录数
GridView1.DataBind();
}
```
⑧ 执行 Default.aspx，页面显示如图 9-22 所示。

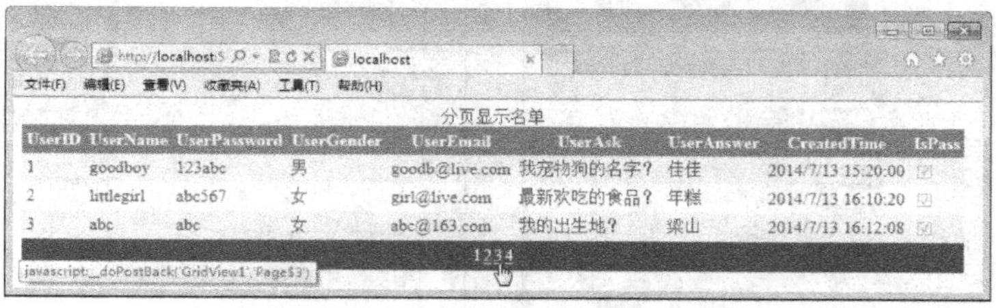

图 9-22 GridView 控件的分页

说明：分页显示不能使用 DataReader 作为数据源，而要使用 DataSet 作为数据源。

本例采用 GridView 自带的分页，这种分页每次翻页时都会从数据源中把数据全部查询出来，然后根据当前页索引和每页要显示的记录条数决定要显示哪些记录，而其他数据会被丢弃掉，在数据量比较大时会导致性能低下。当表中有大量数据时，应该自己编写分页程序，每次只从数据库表中取出需要显示的数据，并且根据当前页索引显示页面跳转导航链接。

当数据源中没有记录时，GridView 默认只显示表头不显示记录。可以修改为当 GridView 中没有记录时显示提示，在<asp:GridView></asp:GridView>中添加 EmptyDataTemplate 模板，内容如下：

    <EmptyDataTemplate>提示：当前没有任何记录！</EmptyDataTemplate>

为了显示上面提示，把 showAllUsers()过程中的 selectSql 替换成下面内容：
```
string selectSql = "select * from UserInfo where username='111' order by UserId";
```

2. 自动排序记录

【演练 9-12】 在 UserManagement 数据库中，显示 UserInfo 表记录时把英文列名改为中文，单击 GridView 表头实现记录的排序。

新建一个空网站 C:\ex9_12。添加 Default_Sort.aspx，在 Default_Sort.aspx.cs 中添加对 SQL Server 数据库命名空间的引用。在 web.config 中添加数据库的连接字符串。

（1）设置 GridView 控件的分页、排序等

① 在 Default_Sort.aspx 的设计视图中，从工具箱的"数据"组中，向 Web 窗体中添加一个 GridView 控件。

② 在 GridView1 控件的属性窗口中，设置允许分页 AllowPaging 为 true，每页显示的记录数 PageSize 为 3。最好在后台代码中用语句来实现设置。

（2）把 GridView 表头列名改为对应的中文（绑定列操作）

① 更改 GridView 控件中显示的列名，把列名 UserName 改为"用户名"。在 GridView 控件的右上角单击▶按钮，在任务面板中单击"编辑列"。显示"字段"对话框，取消选中左下角的"自动生成字段"复选框，也可在后台程序中设置"GridView1.AutoGenerateColumns = false;"。

② 在"可用字段"框中单击"BoundField"，单击"添加"按钮，将其添加到"选定的字段"框中，如图 9-23 所示。在"选定的字段"框中选中要操作的字段，在右侧的"BoundField 属性"栏中设置属性，在绑定到的字段框 DataField 后输入表中的列名 UserName；在对应表头内的文本 HeaderText 后输入"用户名"，如图 9-24 所示。

图 9-23 添加可用字段

图 9-24 设置选定字段的属性

重复本操作，设置 UserGender（性别）、UserEmail（邮箱）、CreatedTime（注册日期，DataFormatString 为{0:d}）等，改为对应的中文名称。

由于 IsPass 是 bit 型的，一般显示为复选框，因此从"可选字段"框中选择 CheckBoxField，添加到"选定的字段"框中，在"BoundField 属性"栏中设置 DataField 为 IsPass，HeaderText 为"有效"。最后单击"确定"按钮，关闭对话框。在设计视图中显示绑定列后的视图，如图 9-25 所示。在源视图中查看 Default_Sort.aspx 代码，了解生成的绑定代码，如图 9-26 所示。

③ 本网站采用演练 9-11 中的代码，按演练 9-11 中步骤⑤、⑥、⑦在 Default_Sort.aspx.cs 中添加代码。执行 Default_Sort.aspx，运行结果如图 9-27 所示。

图 9-25 绑定列后　　　　图 9-26 生成的绑定代码　　　　图 9-27 运行结果

（2）自动排序

① 在 GridView1 控件的属性窗口中，设置允许排序 AllowSorting 为 true。

② 在 GridView 控件的右上角单击 按钮，在任务面板中单击"编辑列"。显示"字段"对话框，先在"选定的字段"框中单击选定要设置的列名（如"用户名"），然后在"BoundField 属性"栏中设置属性，在 SortExpression 后输入排序表达式，排序必须以某个字段作为排序关键字才能完成，这里输入列名（如 UserName），如图 9-28 所示。之后，作为排序关键字的列的列名变为超链接样式。

重复本操作，分别设置 UserGender（性别）和 CreatedTime（注册日期）。

③ 编写 GridView1 控件的 GridView 的 Sorting 事件。在 GridView1 控件的"属性"窗口中，单击"事件"按钮 切换到事件列表，在事件列表中双击 Sorting，添加 GridView1 的 Sorting 事件程序。单击 GridView 表头列名时触发事件，把对应字段的 DataField 的值传过来，重新设置 ViewState["SortOrder"]和 ViewState["OrderDire"]属性。代码如下：

图 9-28　GridView 控件的分页

```
protected void GridView1_Sorting(object sender, GridViewSortEventArgs e)
{
    string sortExpression = e.SortExpression.ToString();//从事件参数获取排序数据列
    string sortDirection = "ASC";//设置排序方向为按从小到大的正序排列
    //默认排序 ASC 与事件参数获取到的排序方向进行比较，然后修改 GridView 排序方向参数
    if (sortExpression == this.GridView1.Attributes["SortExpression"])
    {
        sortDirection = (this.GridView1.Attributes["SortDirection"].ToString() == sortDirection ?
                        "DESC" : "ASC");//获得下一次的排序状态
    }
    //重新设定 GridView 排序数据列及排序方向
    GridView1.Attributes["SortExpression"] = sortExpression;
    GridView1.Attributes["SortDirection"] = sortDirection;
    showAllUsers();//绑定 GridView 的过程
}
```

④ Page_Load 事件代码如下：

```
protected void Page_Load(object sender, EventArgs e)
{
    if (!Page.IsPostBack)
    {
        //设置排序初始状态，因为下面的 showAllUsers()方法需要用到状态值
        GridView1.Attributes.Add("SortExpression", "CreatedTime");//初始按注册日期先后顺序
        GridView1.Attributes.Add("SortDirection", "ASC"); //按从小到大的正序排序
        showAllUsers();//调用绑定数据源到 GridView 的过程
    }
}
```

⑤ 绑定 GridView 的过程代码如下：

```
private void showAllUsers()
{
    string connString = ConfigurationManager.ConnectionStrings["ConnStr"].ToString();
    SqlConnection conn = new SqlConnection(connString);
    conn.Open();
    string selectSql = "select * from [userInfo]";
```

```
SqlDataAdapter adapter = new SqlDataAdapter(selectSql, conn);
DataTable table = new DataTable();
adapter.Fill(table);
// 获取 GridView 排序数据列及排序方向
string sortExpression = this.GridView1.Attributes["SortExpression"];
string sortDirection = this.GridView1.Attributes["SortDirection"];
// 根据 GridView 排序数据列及排序方向设置显示的默认数据视图
if ((!string.IsNullOrEmpty(sortExpression)) && (!string.IsNullOrEmpty(sortDirection)))
{
    table.DefaultView.Sort = string.Format("{0} {1}", sortExpression, sortDirection);
}
// GridView 绑定并显示数据
GridView1.DataSource = table;
GridView1.DataBind();
conn.Close();
}
```

⑥ 执行 Default_Sort.aspx，显示如图 9-29 所示。单击超链接表头，可以按该列升序或降序排列记录。从图 9-29 中可以看到，排序是按表中所有记录进行的，而不是只对当前页中的记录排序。

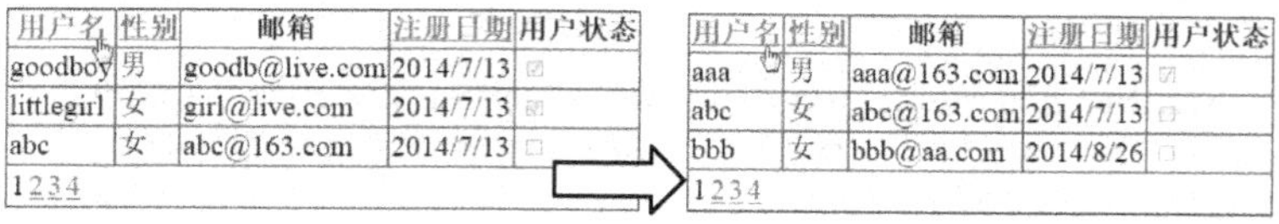

图 9-29 单击表头排序

3. 记录的编辑、更新、删除

【演练 9-13】 在 UserManagement 数据库中，对 UserInfo 表记录实现编辑、更新、取消编辑和删除操作。网页显示如图 9-30 所示，单击修改行中的"编辑"链接按钮，显示如图 9-31 所示，单元格变为文本框，修改内容后，单击"更新"链接按钮或"取消"链接按钮。若单击该行中的"删除"链接按钮，则删除该行。

图 9-30 显示网页 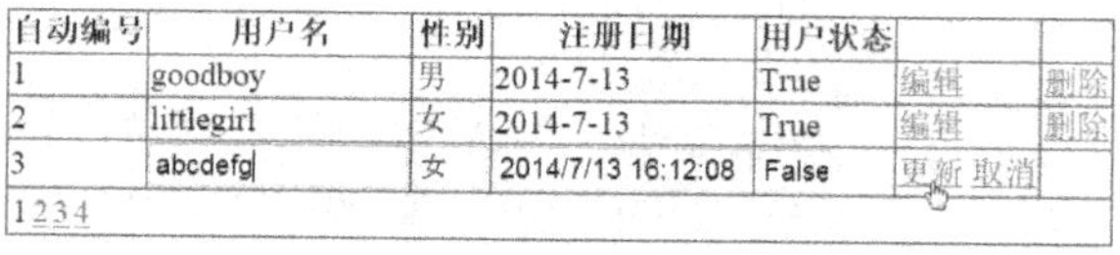　　　　　　图 9-31 单击"编辑"后的编辑状态

新建一个空网站 C:\ex9_13。添加 Default.aspx，在 Default.aspx.cs 中添加对 SQL Server 数据库命名空间的引用。在 web.config 中添加数据库的连接字符串。

（1）前台的操作

① 在 Default_Sort.aspx 的设计视图中，添加一个 GridView 控件。

② 按演练 9-12 的操作方法，对 GridView 添加绑定列，把 GridView 表头列名改为对应的中文。在 GridView 控件的右上角单击▷按钮，在任务面板中单击"编辑列"。显示"字段"对话框，取消选中左下角的"自动生成字段"复选框。

③ 在"字段"对话框中，添加 BoundField，设置 DataField 和 HeaderText 属性。其中 UserID

要设置 ReadOnly 为 true。说明：此方法中，如果要求某个绑定列不可编辑，则设置它的前台代码 ReadOnly 为 true。

④ 添加编辑列。这里 CommandField 的使用方法稍有不同。通过 CommandField 类型，并配合事件处理程序，可以在 GridView 中完成数据的编辑、更新、取消、删除等操作。在"可用字段"框中展开 CommandField，可见 CommandField 有 3 种类型可以选择，不同的类型意味着在 CommandField 列中显示不同的命令按钮。选中"编辑、更新、取消"，单击"添加"按钮，添加到"选定的字段"框中，如图 9-32 所示。按此操作，在"可用字段"框中 CommandField 下，添加"删除"。绑定列后的视图，如图 9-33 所示。

图 9-32　添加"编辑、更新、取消"　　　　　图 9-33　绑定列后的视图

运行时单击"编辑"链接按钮，该列中的"编辑"链接按钮会被替换为两个链接按钮"更新"和"取消"，因此，列的运行时实际上包含了 3 个命令按钮，单击按钮所发生的行为需要通过设置相应的事件程序完成。由于 CommandField 类型是一种控件内置的用于编辑数据的绑定类型，因此其事件在 GridView 控件的属性窗口中设置。

注意，对于绑定列，有两种操作方法：一种是不将绑定列转换为模板列；另外一种是转换为模板列。本例使用不转换为模板列的操作方法，添加后不要做任何改动，千万不要将它们转换为模板列。

（2）后台代码的添加

对表记录的编辑、更新、取消编辑功能，分别使用 GridView 的 3 种事件：RowEditing（编辑）、RowUpdating（更新）、RowCancelingEdit（取消编辑）。在 GridView 属性中将 DataKeyNames 的值设置为主键名，否则可能找不到索引。分别激活上述 3 种事件，然后添加代码。

① GridView1 控件的 GridView_RowEditing 事件。在 GridView1 控件的"属性"窗口中单击"事件"按钮，切换到事件列表，在事件列表中双击 RowEditing，添加 GridView1 的 RowEditing 事件程序。代码如下：

```
protected void GridView1_RowEditing(object sender, GridViewEditEventArgs e)
{
    GridView1.EditIndex = e.NewEditIndex; //编辑按钮的事件
    showAllUsers();
}
```

② GridView1 控件的 GridView_RowUpdating 事件代码如下：

```
protected void GridView1_RowUpdating(object sender, GridViewUpdateEventArgs e)
{
    int userID = Convert.ToInt32(GridView1.DataKeys[e.RowIndex].Value);//第 1 列
```

```
            string userName = ((TextBox)GridView1.Rows[e.RowIndex].Cells[1].Controls[0]).Text;//第2列
            string userGender =((TextBox)GridView1.Rows[e.RowIndex].Cells[2].Controls[0]).Text;//第3列
            string createTime =((TextBox)GridView1.Rows[e.RowIndex].Cells[3].Controls[0]).Text;//第4列
            string isPass = ((TextBox)GridView1.Rows[e.RowIndex].Cells[4].Controls[0]).Text;//第5列
            SqlConnection conn =
                new SqlConnection(ConfigurationManager.ConnectionStrings["ConnStr"].ConnectionString);
            string sqlString = "update UserInfo set UserName='" + userName ;
            sqlString += "',UserGender='" + userGender + "', CreatedTime='" + createTime ;
            sqlString += "',IsPass='" + isPass + "' where UserID=" + userID;
            conn.Open();
            SqlCommand cmd = new SqlCommand(sqlString, conn);
            cmd.ExecuteNonQuery();
            GridView1.EditIndex = -1;//执行更新
            showAllUsers();
            conn.Close();
        }
```

③ GridView1 控件的 GridView_RowCancelingEdit 事件代码如下：

```
        protected void GridView1_RowCancelingEdit(object sender, GridViewCancelEditEventArgs e)
        {
            GridView1.EditIndex = -1; //取消编辑
            showAllUsers();
        }
```

④ GridView1 控件的 GridView_RowDeleting 事件代码如下：

```
        protected void GridView1_RowDeleting(object sender, GridViewDeleteEventArgs e)
        {
            SqlConnection conn =
                new SqlConnection(ConfigurationManager.ConnectionStrings["ConnStr"].ConnectionString);
            conn.Open();
            string sqlString = "delete from UserInfo where UserID='" +
                Convert.ToInt32(GridView1.DataKeys[e.RowIndex].Value) + "'"; //='"    Value) + "' "
            SqlCommand cmd = new SqlCommand(sqlString, conn);
            cmd.ExecuteNonQuery();
            showAllUsers();
            conn.Close();
        }
```

⑤ Page_Load 事件代码如下：

```
        protected void Page_Load(object sender, EventArgs e)
        {
            if (!Page.IsPostBack)
            {
                showAllUsers();
            }
        }
```

⑥ showAllUsers()方法代码如下：

```
        public void showAllUsers()
        {
            GridView1.AllowPaging = true;//启用分页
```

```csharp
GridView1.AutoGenerateColumns = false;//不自动绑定字段
GridView1.PageSize = 3;//每页显示的记录数
SqlConnection conn =
    new SqlConnection(ConfigurationManager.ConnectionStrings["ConnStr"].ConnectionString);
String sqlString = "select UserID,UserName,UserGender,CreatedTime,IsPass from UserInfo";
conn.Open();
SqlDataAdapter adapter = new SqlDataAdapter(sqlString, conn);
DataSet ds = new DataSet();
adapter.Fill(ds, "tempUser");
DataView dv = new DataView(ds.Tables["tempUser"]);
//GridView 控件的主键名，更新、删除事件必须设置
GridView1.DataKeyNames = new string[] { "UserID" };
GridView1.DataSource = dv;
GridView1.DataBind();
conn.Close();
}
```

分页功能，按照演练 9-11 中的操作和代码来实现。行的选定，在"字段"对话框中，添加"选择"列，在 SelectedIndexChanging 事件中添加如下代码，可以选定一行。

```csharp
protected void GridView1_SelectedIndexChanging(object sender, GridViewSelectEventArgs e)
{
    GridView1.SelectedIndex = e.NewSelectedIndex;
    showAllUsers();
}
```

说明：此方法有一些缺点，例如，对日期列进行格式化时，显示的是格式化后的日期，但是在编辑状态下仍然显示日期的原貌；另外，若某一列中的字符太长时，则不容易截取字符串。

9.5.3 自定义列和模板列的使用

在用 GridView 控件显示记录时，在默认情况下，GridView 会根据字段列的类型采用相应的形式来显示，例如，字符类型、数值类型以文本的形式显示；bit 类型显示为一个复选框，其选中状态取决于字段的值。如果希望把字段值以其他非默认的形式显示，就需要"自定义列"，把字段列绑定为需要的类型（BoundField、CheckBoxField、ImageField、HyperLinkField、ButtonField 和 CommandField），而且这些类型只能显示一个单独的数据字段。

如果需要使用除了 CheckBox、Image、HyperLink 以及 Button 之外的 Web 控件来显示数据时，或者想要在一个 GridView 列中显示两个或者更多的数据字段的值，该怎么办呢？为了实现这种情况，GridView 提供了使用模板来进行呈现的"模板列"TemplateField。模板包括静态的 HTML、Web 控件以及数据绑定的代码。此外，TemplateField 还拥有各种可以用于不同情况的页面呈现的模板。例如，ItemTemplate 是默认的用于呈现每行中的单元格的，而 EditItemTemplate 则用于编辑数据时的自定义界面。

在设计视图中，单击 GridView 控件右上角的▷按钮打开任务面板，其中"编辑列"选项用于设置 GridView 的绑定列属性，而"编辑模板"选项用于编辑模板列中的显示项的样式。

单击"编辑列"选项打开设置 GridView 列样式的"字段"对话框，在"可用字段"框中列出了可用的绑定列类型，共有 7 种类型，见表 9-6。

在实际应用时，可以根据需要显示的数据类型，来选择要绑定的列类型并设置其映射到数

据集的字段名称和呈现样式。如果要显示复杂的列样式，则使用模板列。

1. 自定义列

下面的例子演示如何为 GridView 控件设置绑定列、调整数据呈现效果。

【演练 9-14】 用不同形式显示 UserManagement 数据库中 UserInfo 表中的记录。

（1）创建网站文件夹

创建文件夹\ex9_14 和\ex9_14\App_Data。在 SQL Server Management Studio 中分离数据库 UserManagement，把两个数据库文件复制到\ex9_14\App_Data 文件夹中。

创建文件夹\ex9_14\Images 及\ex9_14\Images\Photos，把需要的头像图片文件复制到其中。

（2）修改数据库表

在 SQL Server Management Studio 中，附加\ex9_14\App_Data 中的数据库 UserManagement。

为数据库 UserManagement 中的表 UserInfo 添加 4 列：UserPhoto（头像）、UserAge（年龄）、UserGrade（用户等级）、UserBlog（个人博客网址），如图 9-34 所示。输入相应的记录，如图 9-35 所示。UserPhoto（头像）列中的图片文件，要与\ex9_14\Images\Photos 中的图片文件相匹配。

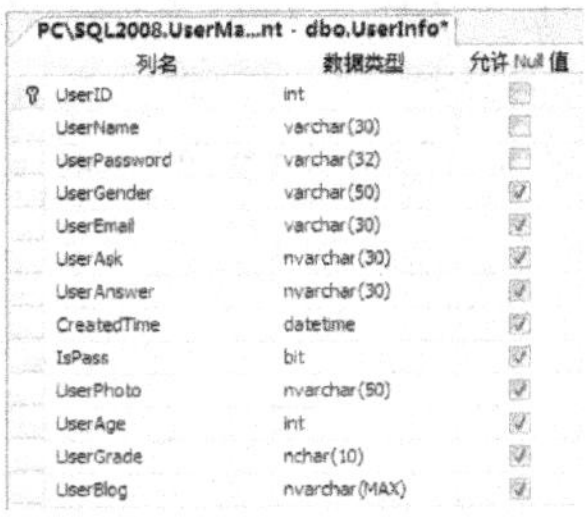

PC\SQL2008.UserMa...nt - dbo.UserInfo*

列名	数据类型	允许 Null 值
UserID	int	
UserName	varchar(30)	
UserPassword	varchar(32)	
UserGender	varchar(50)	✓
UserEmail	varchar(30)	✓
UserAsk	nvarchar(30)	✓
UserAnswer	nvarchar(30)	✓
CreatedTime	datetime	✓
IsPass	bit	✓
UserPhoto	nvarchar(50)	✓
UserAge	int	✓
UserGrade	nchar(10)	✓
UserBlog	nvarchar(MAX)	✓

图 9-34 UserInfo 表结构

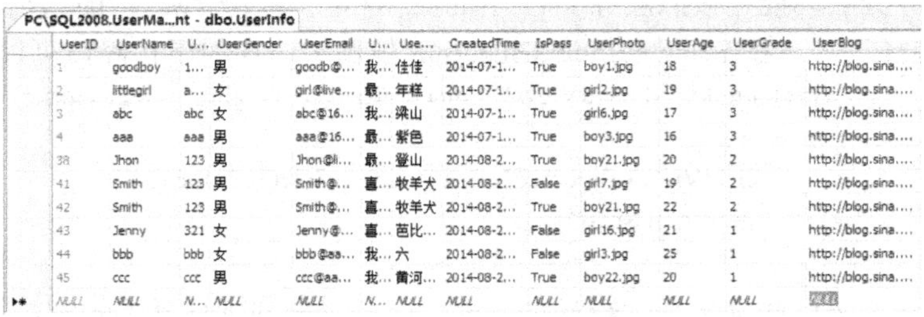

PC\SQL2008.UserMa...nt - dbo.UserInfo

UserID	UserName	U...	UserGender	UserEmail	U...	Use...	CreatedTime	IsPass	UserPhoto	UserAge	UserGrade	UserBlog
1	goodboy	1...	男	goodb@...	我...	佳佳	2014-07-1...	True	boy1.jpg	18	3	http://blog.sina....
2	littlegirl	a...	女	girl@live...	最...	年糕	2014-07-1...	True	girl2.jpg	19	3	http://blog.sina....
3	abc	abc	女	abc@16...	我...	梁山	2014-07-1...	True	girl6.jpg	17	3	http://blog.sina....
4	aaa	aaa	男	aaa@16...	最...	紫色	2014-07-1...	True	boy3.jpg	16	3	http://blog.sina....
38	Jhon	123	男	Jhon@li...	最...	登山	2014-08-2...	True	boy21.jpg	20	2	http://blog.sina....
41	Smith	123	男	Smith@...	喜...	牧羊犬	2014-08-2...	False	girl7.jpg	19	2	http://blog.sina....
42	Smith	123	男	Smith@...	喜...	牧羊犬	2014-08-2...	True	boy21.jpg	22	2	http://blog.sina....
43	Jenny	321	女	Jenny@...	喜...	芭比...	2014-08-2...	False	girl16.jpg	21	1	http://blog.sina....
44	bbb	bbb	女	bbb@aa...	我...	六	2014-08-2...	False	girl3.jpg	25	1	http://blog.sina....
45	ccc	ccc	男	ccc@aa...	我...	黄河...	2014-08-2...	True	boy22.jpg	20	1	http://blog.sina....
NULL	NULL	N...	NULL	NULL	N...	NULL	NULL	NULL	NULL	NULL	NULL	

图 9-35 UserInfo 表记录

（3）自定义列（绑定列）

① 打开网站\ex9_14。添加 Default.aspx，在 Default.aspx.cs 中添加对 SQL Server 数据库命名空间的引用。在 web.config 中添加数据库的连接字符串。

② 在 Default.aspx 的设计视图中，从工具箱的“数据”组中，向 Web 窗体中添加一个 GridView 控件。

③ 在 GridView 控件的右上角单击▷按钮，从任务面板中单击“编辑列”。显示“字段”对话框，取消选中左下角的“自动生成字段”复选框。

④ 在“字段”对话框中，从“可用字段”框中添加下列字段，并设置属性如下。

添加 BoundField，设置 DataField 为 UserID，HeaderText 为“自动编号”，ReadOnly 为 true。

添加 BoundField，设置 DataField 为 UserName，HeaderText 为“用户名”。

添加 ImageField，设置 DataImageUrlField 为 UserPhoto，DataImageUrlFormatString 为 Images/Photos/{0}，HeaderText 为“头像”。

添加 ButtonField，设置 DataTextField 为 UserGender，HeaderText 为“性别”、ButtonType 为 Button。

添加 BoundField，设置 DataField 为 UserGrade，HeaderText 为“用户等级”。

添加 CheckBoxField，设置 DataField 为 IsPass，HeaderText 为“用户状态”，ItemStyle 中的 HorizontalAlign 属性为 center。

添加 HyperLinkField，设置 DataNavigateUrlFields 为 UserBlog，DataTextField 为 UserBlog，HeaderText 为“博客地址”。

在"字段"对话框中,可调整列的顺序。完成后 Default.aspx 窗体显示如图 9-36 所示。

图 9-36　GridView 中绑定后的列显示

在 Default.aspx 的源视图中,GridView 控件自定义绑定列的前台代码如下:

```
<asp:GridView ID="GridView1" runat="server" AutoGenerateColumns="false">
    <Columns>
        <asp:BoundField DataField="UserID" HeaderText="自动编号" ReadOnly="true" />
        <asp:BoundField DataField="UserName" HeaderText="用户名" />
        <asp:ImageField DataImageUrlField="UserPhoto"
                    DataImageUrlFormatString="Images/Photos/{0}" HeaderText="头像">
        </asp:ImageField>
        <asp:ButtonField ButtonType="Button" DataTextField="UserGender" HeaderText="性别"
                    Text="按钮" >
            <ItemStyle HorizontalAlign="Center" />
        </asp:ButtonField>
        </asp:BoundField>
        <asp:BoundField DataField="UserEmail" HeaderText="邮箱" />
        <asp:BoundField DataField="CreatedTime" DataFormatString="{0:yyyy-M-d}"
                    HeaderText="注册日期" />
        <asp:BoundField DataField="UserGrade" HeaderText="用户等级" >
            <ItemStyle HorizontalAlign="Center" />
        </asp:BoundField>
        <asp:CheckBoxField DataField="IsPass" HeaderText="用户状态" >
            <ItemStyle HorizontalAlign="Center" />
        </asp:CheckBoxField>
        <asp:HyperLinkField DataNavigateUrlFields="UserBlog" DataTextField="UserBlog"
                    HeaderText="博客地址" />
    </Columns>
</asp:GridView>
```

可以看到,绑定列都在<Columns>与</Columns>中。

(3) 添加后台代码

① Page_Load 事件代码如下:

```
protected void Page_Load(object sender, EventArgs e)
{
    if (!Page.IsPostBack)
    {
        showAllUsers();
    }
}
```

② showAllUsers()方法代码如下:

```
public void showAllUsers()
```

```
        {
            string connString=ConfigurationManager.ConnectionStrings["ConnStr"].ConnectionString;
            SqlConnection conn = new SqlConnection(connString);
            String sqlString = "select * from UserInfo";
            conn.Open();
            SqlDataAdapter adapter = new SqlDataAdapter(sqlString, conn);
            DataTable dt = new DataTable();
            adapter.Fill(dt);
            GridView1.DataSource = dt;
            GridView1.DataBind();
            conn.Close();
        }
```

（4）执行 Default.aspx

显示结果如图 9-37 所示。

图 9-37　在 GridView 中显示不同形式的数据

2．模板列（自定义列包含模板列）

当需要使用一些 TemplateField 来自定义显示时，最简单的方法是：先创建一个仅包含 BoundField 的 GridView 控件，然后添加一些 TemplateField；如果需要的话，也可以将某些 BoundField 直接转换成 TemplateField。注意，一旦转换为模板列，就没办法再转换回去了。

GridView 控件的 TemplateField 字段中定义的 5 种不同类型的模板，见表 9-9。

表 9-9　TemplateField 字段中定义的模板

模　板	说　明
ItemTemplate	项模板，处于普通项中要显示的内容，如果指定了 AlternatingItemTemplate 中的内容，则这里的设置是奇数项的显示效果。可以进行数据绑定
AlternatingItemTemplate	交替项模板，即偶数项中显示的内容，可以进行数据绑定。注意：可以不设置 AlternatingItemTemplate，如果没有设置 AlternatingItemTemplate，那么所有的数据项在非编辑模式下都按照 ItemTemplate 中的设置显示
EditItemTemplate	编辑项模板，即单击"编辑"按钮后，这个单元格处于编辑状态时要显示的内容，可以进行数据绑定
HeaderTemplate	头模板，即列表头部分要显示的内容，不可以进行数据绑定
FooterTemplate	脚模板，即脚注部分要显示的内容，不可以进行数据绑定

对于 TemplateField 类型，需要先编辑模板来定义列中各项的显示样式，然后根据自定义模

板绑定模板列，系统将根据模板中定义的样式呈现数据。

【演练 9-15】 在演练 9-13 的基础上，把"性别"改为用下拉列表选择"男"或"女"；添加"账户状态"列，用单选按钮选择"通过"或"停用"。运行结果如图 9-38 所示。

图 9-38 GridView 中绑定后的列显示

（1）创建网站文件夹

复制演练 9-13 创建的网站文件夹 ex9_13，改为 ex9_15。在 Visual Studio 中打开网站 ex9_15。注意，先分离 ex9_13\App_Data 文件夹中的数据库 UserManagement 后，才能复制网站。然后，附加 ex9_15\App_Data 中的数据库 UserManagement。

（2）把"性别"列改为用 DropDownList 选择

① 在 Default.aspx 的设计视图中，在 GridView 控件的右上角单击按钮，在任务面板中单击"编辑列"，如图 9-39 所示。显示"字段"对话框，先把已有的"性别"列转换为模板，在"选定的字段"框中选中"性别"，然后单击"将此字段转换为 TemplateField"链接按钮，如图 9-40 所示。单击"确定"按钮后，在源视图中，可以看到"性别"列转换为 TemplateField 的代码。

图 9-39 设计视图　　　　　　　　　图 9-40 选定"性别"列

② 把"性别"列改为编辑时用 DropDownList 选择。在 GridView 控件的右上角单击按钮，在任务面板中单击"编辑模板"。显示"模板编辑模式"，在"显示"下拉列表中选定"Column[2]-性别"列，默认显示 ItemTemplate，其中有一个 Label1，如图 9-41 所示。单击"Column[2]-性别"下的 EditItemTemplate，切换到编辑状态的模板，如图 9-42 所示，其中有一个 TextBox 控件，删除它。然后从工具箱添加一个 DropDownList 控件，在"属性"窗口中把 ID 改为 ddlUserGender，然后单击"结束模板编辑"，如图 9-43 所示。

③ GridView1 控件的 GridView 的 RowDataBound 事件。在 GridView1 控件的"属性"窗口中单击"事件"按钮，切换到事件列表，在事件列表中双击 RowDataBound，添加 GridView1 的 RowDataBound 事件程序。下面代码的功能是通过程序向 DropDownList 中添加数据项：

图 9-41　默认 ItemTemplate　　　图 9-42　EditItemTemplate　　　图 9-43　添加 DropDownList

```
protected void GridView1_RowDataBound(object sender, GridViewRowEventArgs e)
{       //           ==                        ||              ==
    if (e.Row.RowState == DataControlRowState.Edit || e.Row.RowState ==
              (DataControlRowState.Alternate | DataControlRowState.Edit))
    {
        DropDownList ddl = (DropDownList)e.Row.FindControl("ddlUserGender");
        ddl.Items.Add(new ListItem("男", "男"));
        ddl.Items.Add(new ListItem("女", "女"));
    }
}
```

对于"性别"列，因为把编辑状态时的 TextBox 更改为 DropDownList，所以要更改 GridView1 的 RowUpdating 事件程序中的 userGender 一行，替换为如下代码，把选定值保存到 userGender 中：

```
        string userGender = ((DropDownList)GridView1.Rows[e.RowIndex].FindControl("ddlUserGender")).
                SelectedValue.ToString();
```

（3）把"账户状态"改为用单选实现

① "账户状态"列为 Bool 型，把显示的 true 或 false，改为显示"通过"或"停用"。在 GridView 控件的右上角单击▷按钮，在任务面板中单击"编辑列"。在"字段"对话框中，在"选定的字段"框中单击"账户状态"，然后单击"将此字段转换为 TemplateField"。

② 把"账户状态"列改为编辑时用 RadioButtonList 选择。在 GridView 控件的右上角单击▷按钮，在任务面板中单击"编辑模板"。显示"模板编辑模式"，在"显示"下拉列表中选定 "Column[4]-账户状态"列，默认显示 ItemTemplate，其中有一个[Label2]，如图 9-44 所示。单击[Label2]右上角的▷按钮，在任务面板中单击"编辑 DataBindings"，如图 9-45 所示。显示"Label2 DataBindings"对话框，选中 Text 属性，选中"自定义绑定"单选按钮，在"代码表达式"框中输入"(bool)Eval("IsPass") ? "通过":"停用""，单击"确定"按钮，如图 9-46 所示。

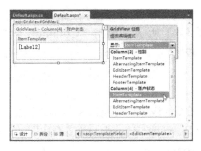

图 9-44　显示 ItemTemplate　　　图 9-45　Label 任务　　　图 9-46　"Label2 DataBindings"对话框

打开 GridView 任务面板，在"显示"下拉列表中，单击"Column[4]-账户状态"下的 EditItem

Template，如图 9-47 所示，然后切换到编辑状态下，其中有一个 TextBox 控件，删除它。然后从工具箱中添加一个 RadioButtonList 控件，在"属性"窗口中把 ID 改为 rdoIsPass，RepeatDirector 改为 Horizontal。单击 RadioButtonList 控件右上角的▷按钮，任务面板如图 9-48 所示，单击"编辑项"。显示"ListItem 集合编辑器"对话框，添加一个成员，输入 Text 为"通过"，Value 为 true；再添加一个成员，输入 Text 为"停用"，Value 为 false，如图 9-49 所示，单击"确定"按钮。

图 9-47　显示 EditItemTemplate

图 9-48　添加单选组

图 9-49　"ListItem 集合编辑器"对话框

在 GridView 任务面板中，单击"结束模板编辑"，如图 9-50 所示。

③ 更改 GridView1 的 RowUpdating 事件程序中的 isPass 一行，替换为如下代码，把选定值保存到 IsPass 中：

　　string IsPass = ((RadioButtonList)GridView1.Rows[e.RowIndex].
　　FindControl("rdoIsPass")).SelectedValue.ToString();

（4）执行 Default.aspx

执行 Default.aspx，显示结果如图 9-38 所示。

说明：对于单选项，采用单选按钮、下拉列表框作为选项控件，在用户操作时，都不太方便。

请读者用系统默认的复选框来实现，在"字段"对话框中，添加 CheckBoxField，设 DataField 为 IsPass，

图 9-50　设置完成的单选组

HeaderText 为"用户状态"，ItemStyle 中的 HorizontalAlign 属性为 center。注意：本列不转换为模板列。

请读者把"删除"列转换为模板，更换为如下代码，实现删除记录前的提示：

```
<asp:TemplateField HeaderText="删除" ShowHeader="false">
    <ItemTemplate>
        <asp:LinkButton ID="LinkButton1" runat="server" CausesValidation="false"
            CommandName="Delete" Text="删除"
            OnClientClick="return confirm('真的删除吗？
');"></asp:LinkButton>
    </ItemTemplate>
</asp:TemplateField>
```

9.6　DetailsView 控件

DetailsView 控件一次呈现一条表格形式的记录，并提供翻阅多条记录以及插入、更新和删除记录的功能。DetailsView 控件通常用在主控／详细方案中，在这种方案中，主控件（如 GridView 控件）中的所选记录决定了 DetailsView 控件显示的记录。

DetailsView 控件显示数据源的单个记录，其中每个数据行表示记录中的一个字段。此控件经常在主控/详细方案中与 GridView 控件一起使用。

1. DetailsView 控件的语法

（1）DetailsView 控件简介

使用 DetailsView 控件，可以从它的关联数据源中一次显示、编辑、插入或删除一条记录。显示内容包含两列：一列显示字段名称，另一列显示与该字段名称对应的字段值。在默认情况下，DetailsView 控件将记录的每个字段名称和其字段值显示在一行中。

DetailsView 控件提供绑定数据源控件和显示数据，内置更新、插入和删除记录等功能；不支持排序；内置分页功能，同时自动创建导航按钮；一次仅显示一条数据记录；可通过主题和样式自定义控件的外观。

DetailsView 控件通常用于更新和插入新记录，并且通常在主控/详细方案中使用。在这些方案中，在主控件（如 GridView 控件）选中记录，在 DetailsView 控件中将显示详细记录。

(2) DetailsView 控件的基本语法

DetailsView 控件的基本语法格式如下：

```
<asp:DetailsView ID="DetailsView1" runat="server" AutoGenerateRows="false"
         DataKeyNames="主键名" DataSourceID="SqlDataSource1">
   <Fields>
      <asp:BoundField DataField="字段名" HeaderText="列标题" ReadOnly="true"
             SortExpression="排序表达式" />
      …   //其他字段
   </Fields>
</asp:DetailsView>
```

DetailsView 控件的许多属性与 GridView 控件相似，不同的是，DetailsView 控件内置了添加记录功能，每次只能显示一条记录。DetailsView 控件的常用属性见表 9-10。

表 9-10 DetailsView 控件的常用属性

属 性	说 明
AllowPaging	获取或设置一个值，该值指示是否启用分页功能
AutoGenerateRows	获取或设置一个值，该值指示对应于数据源中每个字段的行字段是否自动生成并在 DetailsView 控件中显示
AutoGenerateDeleteButton	获取或设置一个值，该值指示用来删除当前记录的内置控件是否在 DetailsView 控件中显示
AutoGenerateEditButton	获取或设置一个值，该值指示用来编辑当前记录的内置控件是否在 DetailsView 控件中显示
AutoGenerateInsertButton	获取或设置一个值，该值指示用来插入新记录的内置控件是否在 DetailsView 控件中显示
DataKey	获取一个 DataKey 对象，该对象表示所显示的记录的主键
HeaderText	获取或设置要在 DetailsView 控件的标题行中显示的文本
Controls	获取复合数据绑定控件内的子控件的集合
DefaultMode	DefaultMode 属性可以控制默认的显示模式，有 3 个可选值： DetailsViewMode.ReadOnly：只读模式，这是默认的显示模式； DetailsViewMode.Edit：编辑模式，用户可以更新记录的值； DetailsViewMode.Insert：插入模式，用户可以向数据源中添加新记录

DetailsView 控件的常用事件见表 9-11。

表 9-11　DetailsView 控件的常用事件

事　件	说　明
ItemDeleting	在单击 DetailsView 控件中的"删除"按钮时，但在删除操作之前发生
ItemInserting	在单击 DetailsView 控件中的"插入"按钮时，但在插入操作之前发生
ItemUpdating	在单击 DetailsView 控件中的"更新"按钮时，但在更新操作之前发生
ModeChanging	当 DetailsView 控件尝试在编辑、插入和只读模式之间更改时，但在更新 CurrentMode 属性之前发生
PageIndexChanging	当 PageIndex 属性的值在分页操作前更改时发生

DetailsView 支持大量可以自定义控件不同状态下外观的模板。例如，<FooterTemplate>、<HeaderTemplate>和<PagerTemplate>元素定义控件上部和下部的外观。另外，还有一个<Fields>元素，用来定义在控件中出现的行，与 GridView 的<Columns>元素很相似。

2. DetailsView 控件的应用实例

DetailsView 对于只读、插入和编辑模式提供了不同的视图。要启用编辑操作，需要将 AutoGenerateEditButton 属性设置为 true。这时，除呈现数据字段外，DetailsView 控件还将呈现一个"编辑"按钮。单击"编辑"按钮可使 DetailsView 控件进入编辑模式。在编辑模式下，DetailsView 控件的 CurrentMode 属性会从 ReadOnly 更改为 Edit，并且该控件的每个字段都会呈现其编辑用户界面，如文本框或复选框等。还可以使用样式、DataControlField 对象和模板自定义编辑用户界面。

将 DetailsView 控件配置为显示"删除"和"插入"按钮，以便可以从数据源删除相应的数据记录或插入一条新的数据记录。

将 AutoGenerateInsertButton 属性设置为 true，该控件就会呈现一个"新建"按钮。单击"新建"按钮，DetailsView 控件的 CurrentMode 属性会更改为 Insert。DetailsView 控件会为每个绑定字段呈现相应的用户界面输入控件，除非绑定字段的 InsertVisible 的属性设置为 false。

将 AutoGenerateDeleteButton 属性设置为 true，该控件就会呈现一个"删除"按钮。单击"删除"按钮，将删除当前显示的记录。

如果将 DetailsView 控件指向数据源，它就可以识别 DataKeyNames 属性，将它设置为 UserID：DataKeyNames="UserID"。DetailsView 控件自动识别 ID 列为数据库的标识列，因此通过将 InsertVisible 设置为 false，可以将它在 Insert 屏幕中隐藏。因为数据库是自动生成这一 ID（如 UserID）的，所以让用户输入其值是无意义的。

【演练 9-16】　使用 DetailsView 控件，对 UserManagement 数据库的 UserInfo 表实现分页、编辑、插入、删除记录功能。

复制演练 9-13 创建的网站文件夹 ex9_13，改为 ex9_16，或者直接打开演练 9-13 创建的网站文件夹 ex9_13。

（1）分页显示记录

① 添加 Web 窗体 Default_DetailsView.aspx，添加 DetailsView 控件。

② 在 DetailsView 控件的右上角单击⊡按钮，在任务面板中单击"编辑字段"，如图 9-51 所示。显示"字段"对话框，选中取消"自动生成字段"复选框，分别添加下面字段及属性（设置后显示如图 9-52）：

```
<asp:DetailsView ID="DetailsView1" runat="server" AutoGenerateRows="false"
        Height="50px" Width="150px" AllowPaging="true" >
    <Fields>
```

```
        <asp:BoundField DataField="UserName" HeaderText="用户名" />
        <asp:BoundField DataField="UserPassword" HeaderText="密码" />
        <asp:ImageField DataImageUrlField="UserPhoto"
            DataImageUrlFormatString="Images\Photos\{0}" HeaderText="头像">
        </asp:ImageField>
        <asp:HyperLinkField DataNavigateUrlFields="UserBlog" DataTextField="UserBlog"
            HeaderText="博客地址" />
        <asp:CheckBoxField DataField="IsPass" HeaderText="用户状态" />
    </Fields>
</asp:DetailsView>
```

图 9-51　添加 DetailsView 控件　　　　图 9-52　设置完成后的 DetailsView

③ 在 DetailsView1 控件的属性窗口中，设置 AllowPaging 为 true。
添加 DetailsView1 控件的 PageIndexChanging 事件，代码如下：

```
protected void DetailsView1_PageIndexChanging(object sender, DetailsViewPageEventArgs e)
{   //分页操作
    DetailsView1.PageIndex = e.NewPageIndex;
    showAllUsers();//绑定控件
}
```

添加绑定控件方法 showAllUsers()，代码如下：

```
public void showAllUsers()
{
    SqlConnection conn =
        new SqlConnection(ConfigurationManager.ConnectionStrings["ConnStr"].ConnectionString);
    String sqlString = "select * from UserInfo order by UserID desc";
    conn.Open();
    SqlDataAdapter adapter = new SqlDataAdapter(sqlString, conn);
    DataTable table = new DataTable();
    adapter.Fill(table);
    DetailsView1.DataKeyNames = new string[] { "UserID" };//删除等操作用
    DetailsView1.DataSource = table;
    DetailsView1.DataBind();
    conn.Close();
}
```

添加 Page 的 Load 事件，代码如下：

```
protected void Page_Load(object sender, EventArgs e)
{
    if (!Page.IsPostBack)
    {
        showAllUsers();
```

        }
    }

④ 执行 Default_DetailsView.aspx，显示如图 9-53 所示。如果第 1 列太窄，可在设计视图中把 DetailsView 控件适当拉宽。

（2）编辑、删除、新建记录

① 在 DetailsView1 控件的"属性"窗口中，设置 AutoGenerateDeleteButton 为 true，AutoGenerateEditButton 为 true，AutoGenerateInsertButton 为 true。

② 由于"博客地址"的字段类型是 HyperLinkField，在编辑、新建记录时无法自动转换为 TextBox，因此要转换为模板。在"字段"对话框中，选定"博客地址"字段，单击"将此字段转换为 TemplateField"，如图 9-54 所示。

图 9-53　分页显示　　　　图 9-54　把"博客地址"转换为模板

"博客地址"字段转换后的模板为：

```
<asp:TemplateField HeaderText="博客地址">
    <ItemTemplate>
        <asp:HyperLink ID="HyperLink1" runat="server" NavigateUrl=
            '<%# Eval("UserBlog") %>' Text='<%# Eval("UserBlog") %>'></asp:HyperLink>
    </ItemTemplate>
</asp:TemplateField>
```

由于没有自动生成编辑状态、新建状态的模板，因此需要手工添加如下代码：

```
<EditItemTemplate>
    <asp:TextBox ID="txtUserBlog" runat="server"
        Text='<%# Eval("UserBlog") %>'></asp:TextBox>
</EditItemTemplate>
<InsertItemTemplate>
    <asp:TextBox ID="txtUserBlog" runat="server"
        Text='<%# Eval("UserBlog") %>'></asp:TextBox>
</InsertItemTemplate>
```

③ 在 GridView1 控件的"属性"窗口中单击"事件"按钮，切换到事件列表，在事件列表中分别双击 ItemDeleting、ItemInserting、ItemUpdating，添加删除、新建、编辑记录的事件。其事件代码如下：

```
protected void DetailsView1_ItemDeleting(object sender, DetailsViewDeleteEventArgs e)
{   //删除操作
```

```csharp
    int userID = Int32.Parse(DetailsView1.DataKey[0].ToString());
    SqlConnection conn =
        new SqlConnection(ConfigurationManager.ConnectionStrings["ConnStr"].ConnectionString);
    string sqlString = "delete from UserInfo where UserID='" + userID + "'"; //=' " + userID + " ' "
    conn.Open();
    SqlCommand cmd = new SqlCommand(sqlString, conn);
    cmd.ExecuteNonQuery();
    conn.Close();
    showAllUsers();
}
protected void DetailsView1_ItemInserting(object sender, DetailsViewInsertEventArgs e)
{   //新建记录。在新建记录操作时，新建一条记录后，将显示新的空白记录
    //可继续新建记录第 1 行第 2 列的单元格
    string userName = ((TextBox)DetailsView1.Rows[0].Cells[1].Controls[0]).Text;
    string userPassword = ((TextBox)DetailsView1.Rows[1].Cells[1].Controls[0]).Text; //自定义列
    string userPhoto = ((TextBox)DetailsView1.Rows[2].Cells[1].Controls[0]).Text;//自定义列
    //模板列采用 FindControl("控件 ID")
    string userBlog = ((TextBox)DetailsView1.Rows[3].Cells[1].FindControl("txtUserBlog")).Text;
    //自定义列采用 Controls[0]
    bool isPass =
        bool.Parse(((CheckBox)DetailsView1.Rows[4].Cells[1].Controls[0]).Checked.ToString());
    SqlConnection conn =
        new SqlConnection(ConfigurationManager.ConnectionStrings["ConnStr"].ConnectionString);
        string sqlString = "insert into UserInfo(UserName, UserPassword, UserPhoto, UserBlog, IsPass)
        values('" + userName + "','" + userPassword + "','" + userPhoto + "','" + userBlog + "','" +
        isPass + "')";
    conn.Open();       //values(' " +    + " ',' " + isPass + " ')"
    SqlCommand cmd = new SqlCommand(sqlString, conn);
    cmd.ExecuteNonQuery();
    showAllUsers();
    conn.Close();
}
protected void DetailsView1_ItemUpdating(object sender, DetailsViewUpdateEventArgs e)
{   //修改记录。修改记录后，单击"更新"按钮后，将停留在当前记录
    //单击"取消"按钮才刷新
    int userID = Convert.ToInt32(DetailsView1.DataKey.Value);
    //第 1 行第 2 列的单元格
    string username = ((TextBox)DetailsView1.Rows[0].Cells[1].Controls[0]).Text;
    string userPassword = ((TextBox)DetailsView1.Rows[1].Cells[1].Controls[0]).Text;
    string userPhoto = ((TextBox)DetailsView1.Rows[2].Cells[1].Controls[0]).Text;
    string userBlog =
        ((TextBox)DetailsView1.Rows[3].Cells[1].FindControl("txtUserBlog")).Text;
    bool isPass =
        bool.Parse(((CheckBox)DetailsView1.Rows[4].Cells[1].Controls[0]).Checked.ToString());
    string sqlString = "update UserInfo set UserName='" + userName +
        "',UserPassword='" + userPassword + "', UserPhoto='" + userPhoto + "', UserBlog='" + userBlog +
        "', IsPass='" + isPass + "' where UserID='" + userID + "'";
```

```
SqlConnection conn =
    new SqlConnection(ConfigurationManager.ConnectionStrings["ConnStr"].ConnectionString);
conn.Open();
SqlCommand cmd = new SqlCommand(sqlString, conn);
int count = cmd.ExecuteNonQuery();
showAllUsers();
conn.Close();
}
```

由于是自动更换编辑、删除、新建之间的模式,因此需要添加 ModeChanging 事件代码:

```
protected void DetailsView1_ModeChanging(object sender, DetailsViewModeEventArgs e)
{    //模式的转化
    DetailsView1.ChangeMode(e.NewMode);
    showAllUsers();
}
```

④ 测试显示、更新、插入和删除记录。

执行该页,DetailsView 控件中将显示第 1 个学生记录,如图 9-55 所示。单击页码链接可以查看其他学生记录。

单击"编辑"链接按钮,DetailsView 控件将数据显示在文本框中,如图 9-56 所示。更改记录后,单击"更新"链接按钮。单击页码链接可以更改其他记录。单击"取消"链接按钮转换为浏览模式。

在 DetailsView 控件中单击"新建"链接按钮,显示空白文本框等控件,如图 9-57 所示。输入或选定每列的值,完成后,单击"插入"链接按钮,然后显示新的空白控件,单击"取消"链接按钮转换为浏览模式。

图 9-55 浏览显示记录　　　图 9-56 编辑记录　　　图 9-57 新建记录

请读者把所有字段都转换为模板,用模板实现本演练,同时为"用户名"和"密码"添加验证控件,为头像添加上传图片功能。

9.7 FormView 控件

FormView 控件用于一次显示数据源中的一条记录,并提供翻阅多条记录以及插入、更新和删除记录的功能。在使用 FormView 控件时,可创建模板来显示和编辑绑定值。这些模板包含用于定义窗体的外观与功能的控件、绑定表达式和格式设置。FormView 控件通常与 GridView 控件一起用于主控/详细信息方案。

1. FormView 控件简介和语法

(1) FormView 控件简介

FormView 控件支持的功能有:绑定到数据源控件,内置插入功能,内置更新和删除功能,内置分页功能，以编程方式访问 FormView 对象模型以动态设置属性、处理事件等。

可通过用户定义的模板、主题和样式自定义外观，它支持模板的类型有 EditItemTemplate、EmptyDataTemplate、FooterTemplate、HeaderTemplate、ItemTemplate 和 InsertItemTemplate、PagerTemplate。注意：这里没有 AlternatingItemTemplate 模板（所以不会有奇偶行效果）。

FormView 控件通常用于更新和插入新记录。该控件一般用于主控/详细方案，在此方案中，主控件的选定记录决定了要在 FormView 控件中显示的记录。

FormView 控件依赖于数据源控件的功能来执行诸如更新、插入和删除记录的任务。即使 FormView 控件的数据源公开了多条记录，该控件一次也仅显示一条数据记录。

FormView 控件可以自动对其关联数据源中的数据以一次一条记录的方式进行翻页。FormView 控件提供了用于在记录之间导航的用户界面。

（2）FormView 控件的基本语法

FormView 控件的基本语法格式如下：

```
<asp:FormView ID="FormView1" runat="server" AllowPaging="true"
    DataKeyNames="主键名" DataSourceID="SqlDataSource1" style="text-align: left">
    <EditItemTemplate>
        列名 1：
        <asp:Label ID="列名 1Label1" runat="server" Text='<%# Eval("字段名 1") %>' />
        <br />
        … //其他列
    </EditItemTemplate>
    <InsertItemTemplate>…</InsertItemTemplate>
    <ItemTemplate>…</ItemTemplate>
    <HeaderTemplate>显示信息</HeaderTemplate>
</asp:FormView>
```

在自定义模板中都包含字段，利用数据绑定表达式可以把字段插入到模板中。

FormView 控件的属性、事件，与 DetailsView 控件的相同。FormView 和 DetailsView 之间的不同仅在于模板和相关的样式属性。

2. 使用 FormView 控件的应用实例

【演练 9-17】 在 FormView 控件中显示 UserManagement 数据库的 UserInfo 表中的记录。

① 打开演练 9-16 网站 ex9_16。添加 Default_FormView.aspx，添加 FormView 控件。

② 在 FormView 控件的右上角单击▶按钮，在任务面板中单击"编辑模板"，如图 9-58 所示。显示模板编辑模式，因为要显示记录，所以在"ItemTemplate"框中进行编辑。插入一个 2 行 4 列带框线的表格，在第 1 行中输入表头，如图 9-59 所示，单击"结束模板编辑"。

图 9-58 插入 FormView 控件

图 9-59 编辑模板

③ 在 FormView 控件的"属性"窗口中，设置 AllowPaging 为 true。切换到事件列表中，双击 PageIndexChanging，添加其分页事件。

④ 切换到源视图，输入绑定表达式，完成后的代码如下：
```
<asp:FormView ID="FormView1" runat="server" AllowPaging="true"
        OnPageIndexChanging="FormView1_PageIndexChanging">
    <ItemTemplate>
        <table class="style1" border="1">
            <tr>
                <td>用户名</td><td>头像</td><td>博客</td><td>用户状态</td>
            </tr>
            <tr>
                <td><%#Eval("UserName")%></td>
                <td><img src='Images/Photos/<%#Eval("UserPhoto")%>'
                    alt='<%#Eval("UserName")%>的头像' Height="50px" Width="50px" /></td>
                <td><a href='<%#Eval("UserBlog")%>'> <%#Eval("UserBlog")%></a></td>
                <td Align="center"><%#getIsPass("IsPass")%></td>
            </tr>
        </table>
    </ItemTemplate>
</asp:FormView>
```
绑定后，在设计视图中看到的 Default_FormView.aspx 如图 9-60 所示。

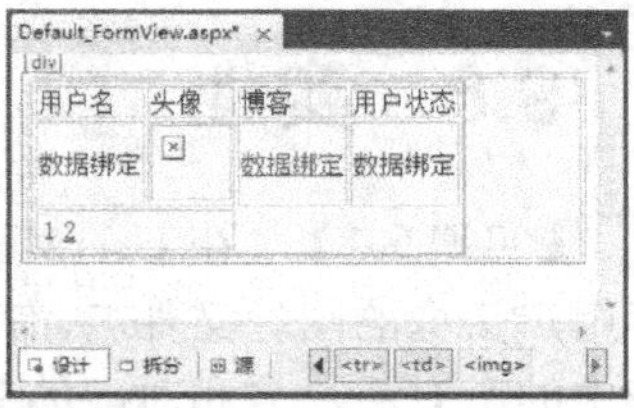

⑤ 事件代码如下：
```
protected void Page_Load(object sender, EventArgs e)
{
    if (!Page.IsPostBack)
    {
        showAllUsers();
    }
}
public void showAllUsers()
{
    SqlConnection conn =
        new SqlConnection(ConfigurationManager.ConnectionStrings["ConnStr"].ConnectionString);
    String sqlString = "select top 5 * from UserInfo order by UserID desc";
    conn.Open();
    SqlDataAdapter adapter = new SqlDataAdapter(sqlString, conn);
    DataTable table = new DataTable();
    adapter.Fill(table);
    FormView1.DataKeyNames = new string[] { "UserID" };
    FormView1.DataSource = table;
    FormView1.DataBind();
    conn.Close();
}
protected void FormView1_PageIndexChanging(object sender, FormViewPageEventArgs e)
{   //分页
    FormView1.PageIndex = e.NewPageIndex;
    showAllUsers();//绑定控件
}
protected string getIsPass(object obj)
{   //绑定方法
```

图 9-60 绑定后的 Web 窗体

```
if (obj = = null) return string.Empty;
string isPassName;//返回的字符串
if (bool.Parse(obj.ToString()))
{
    isPassName = "通过";
}
else
{
    isPassName = "<font color='red'>停用</font>";
}
return isPassName;
```
}

⑥ 在 Default_FormView.aspx 的源视图中，在<div>…</div>之间输入代码。

执行结果如图 9-61 所示。

从执行结果可以看出，FormView 控件一次只能显示一条记录。如果绑定的数据源有多条记录，则默认显示第一条记录。但是，能像 GridView 那样分页显示数据源中的每条记录。

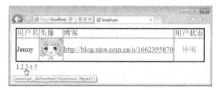

图 9-61　执行结果

请读者使用 FormView 控件实现记录的修改、删除和添加功能。

9.8　实训

【实训 9-1】　在 UserManagement 数据库的 UserInfo 表中，增加一个 UserPhoto 列，用于保存用户头像的图像文件名。使用 DataList 控件或者 Repeater 控件，并使用其模板，显示 UserPhoto 表中的所有用户名和对应的头像图片，如图 9-62 所示。每条记录显示用户名和头像，每行显示 4 个用户名和头像（即每行显示 4 个记录）。

提示：把头像图片都保存在网站的 Images/Photos 文件夹中。在 UserInfo 表中的 UserPhoto 列中保存头像文件名。

在<ItemTemplate>中，使用 " <img src='Images/Photos/<%#Eval("UserPhoto")%>' alt="用户头像" />" 语句，把 UserPhoto 属性绑定到 img 标记的 src 属性上，可以显示图像。

【实训 9-2】　使用 DataList 控件的数据绑定，定义模板，采用 Table 布局，每行显示 5 项，按行显示，页面的运行结果如图 9-63 所示。网站用到的数据库等，读者自己创建。

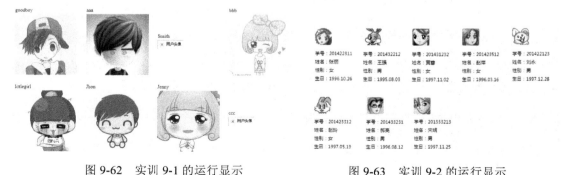

图 9-62　实训 9-1 的运行显示　　　　图 9-63　实训 9-2 的运行显示

【实训 9-3】 在主控/详细方案中使用 DetailsView 控件显示详细记录，通过 DetailsView 控件和 GridView 控件的组合，可以创建一个允许用户编辑现有记录或插入新记录的数据输入页，在一个页面中，在 GridView 控件中显示主记录，在 DetailsView 控件中显示相关记录。

【实训 9-4】 数据库 MyNews 中的表 FriendLink 的结构和记录如图 9-64 所示。在网站的 UploadedImages\FriendLinkLogo\文件夹下保存友情链接图片，图片 linkNav.jpg 保存在 Images 文件夹下。要求按 FriendLinkSort 从小到大的顺序，显示 IsShow 为 true 的友情链接，分别显示文字友情链接（见图 9-65）和图片友情链接（见图 9-66）。

图 9-64 数据库 MyNews 中的表 FriendLink 的结构和记录

图 9-65 文字友情链 　　　　图 9-66 图片友情链接

然后把上面的文字友情链接和图片友情链接做成用户控件，把这两个用户控件添加到一个页面中显示（插入一个 1 行 2 列的表格，将这两个用户控件分别插入两个单元格中）。

第 10 章 站点导航和母版页

本章内容：ASP.NET 站点导航，ASP.NET 母版页。
本章重点：ASP.NET 站点导航（SiteMapPath 控件、SiteMapDataSource 控件、TreeView 控件、Menu 控件），ASP.NET 母版页。

10.1 ASP.NET 站点导航

随着站点内容的增加以及在站点内来回移动网页的需要，管理所有的链接将变得非常困难。可以使用 ASP.NET 站点导航控件（SiteMapPath、TreeView 或 Menu 控件）为导航站点提供一致的、容易管理的导航方法。

10.1.1 概述

ASP.NET 站点导航控件能够将所有页面的链接存储在一个站点地图数据文件中，该文件是一个 XML 文件，通过读取站点信息的 SiteMapDataSource 控件以及用于显示站点信息的导航 Web 服务器控件（如 TreeView、Menu、SiteMapPath 控件），在每个页面上的列表或导航菜单中呈现这些链接。如图 10-1 所示是采用 ASP.NET 实现的站点导航。

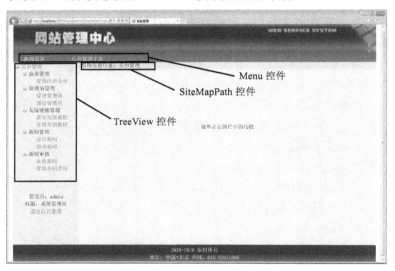

图 10-1 ASP.NET 的站点导航

1．站点地图文件

通过 ASP.NET 站点导航，可以按层次结构描述站点的布局。如图 10-1 所示页面左侧的"后台管理"栏，其包含 11 个页（具体见演练 10-1 的站点地图文件 Web.sitmap 中的内容）。

要使用站点导航，先要创建一个站点地图或站点的表示形式，一般用 XML 文件描述站点的层次结构，也可以把站点地图嵌入 Web 窗体中。在创建站点地图后，可以使用站点导航控件在 ASP.NET 页上显示导航结构。

2．站点导航控件

创建一个反映站点结构的站点地图只完成了 ASP.NET 站点导航系统的一部分功能。导航系统还应在 ASP.NET 网页中显示导航结构，这样用户就可以在站点内轻松地移动。使用以下 ASP.NET 站点导航控件，可以轻松地在页面中建立导航信息。

- TreeView：此控件显示一个树状结构或菜单，让用户可以遍历访问站点中的不同页面。单击包含子节点的节点可将其展开或折叠。
- Menu：此控件显示一个可展开的菜单，让用户可以遍历访问站点中的不同页面。将鼠标指针悬停在菜单上时，将展开包含子节点的节点。
- SiteMapPath：此控件显示导航路径，向用户展示当前页面的位置，并以链接的形式显示返回主页的路径。此控件提供了许多可供自定义链接的外观的选项。

10.1.2 ASP.NET 站点地图

要使用 ASP.NET 站点导航，必须描述站点结构。在默认情况下，站点导航系统使用一个包含站点层次结构的 XML 文件。

1．Web.sitemap 文件

创建站点地图最简单方法是创建一个名为 Web.sitemap 的 XML 文件，该文件按站点的分层形式组织页面。ASP.NET 的默认站点地图提供程序自动选取此站点地图。

尽管 Web.sitemap 文件可以引用其他站点地图提供程序或其他目录中的其他站点地图文件以及同一应用程序中的其他站点地图文件，但该文件必须位于应用程序的根目录中。

Web.sitemap 文件的格式如下：

```
<siteMap>
    <siteMapNode url="…" title="…" description="…">
        <siteMapNode url="…" title="…" description="…">
            <siteMapNode url="…" title="…" description="…" />
            …
        </siteMapNode>
        <siteMapNode url="…" title="…" description="…" >
            <siteMapNode url="…" title="…" description="…" />
            …
        </siteMapNode>
    </siteMapNode>
</siteMap>
```

说明如下。

siteMapNode 表示分层的站点地图结构中的一个节点，也是站点地图结构中的一个页面。如果其中包含子节点，则采用<siteMapNode>…</siteMapNode>的形式；如果不包含节点，则采用<siteMapNode />的形式。siteMapNode 类包含几个用于描述网站中单个页的属性：

- url 属性用于设置 siteMapNode 对象所代表的页的 URL。
- title 属性用于设置 siteMapNode 对象的标题，即导航控件使用 title 属性来呈现节点的标签。

- description 属性用于设置 siteMapNode 的描述，即 description 被用作鼠标指针移过控件时的提示。

【演练 10-1】 下面代码是如图 10-1 所示页面左侧的"后台管理"栏的站点地图文件 Web.sitemap 的内容，其中包含一组三层嵌套共 11 个页的 siteMapNode 元素，并且每个元素的结构都相同，它们之间唯一的区别是它们在 XML 层次结构中的位置不同。

```xml
<?xml version="1.0" encoding="utf-8" ?>
<siteMap xmlns="http://schemas.microsoft.com/AspNet/SiteMap-File-1.0" >
  <siteMapNode url="~/admin/HomeAdmin.aspx" title="后台管理"  description="">
    <siteMapNode url="" title="会员管理"  description="">
      <siteMapNode url="~/admin/User.aspx" title="管理注册会员"  description="" />
    </siteMapNode>
    <siteMapNode url="" title="管理员管理"  description="">
      <siteMapNode url="~/admin/Admin.aspx" title="管理管理员"  description="" />
      <siteMapNode url="~/admin/AdminAdd.aspx" title="添加管理员"  description="" />
    </siteMapNode>
    <siteMapNode url="" title="友情链接管理"  description="">
      <siteMapNode url="~/admin/FriendLinkAdd.aspx" title="添加友情链接"  description="" />
      <siteMapNode url="~/admin/FriendLink.aspx" title="管理友情链接"  description="" />
    </siteMapNode>
    <siteMapNode url="**~/admin/News.aspx**" title="新闻管理"  description="">
      <siteMapNode url="~/admin/NewsAdd.aspx" title="添加新闻"  description="" />
      <siteMapNode url="~/admin/NewsEdit.aspx" title="修改新闻"  description="" />
    </siteMapNode>
    <siteMapNode url="" title="新闻审核"  description="">
      <siteMapNode url="~/admin/NewsAudit.aspx" title="审核新闻"  description="" />
      <siteMapNode url="~/admin/NewsCategory.aspx" title="管理新闻类别"  description="" />
    </siteMapNode>
  </siteMapNode>
</siteMap>
```

下面创建站点地图文件。

① 新建空网站 C:\ex10_1。在"解决方案资源管理器"中，右击网站名"C:\ex10_1"，显示快捷菜单，单击"添加新项"。显示"添加新项"对话框，选择"Visual C#"语言和"站点地图"模板，"名称"使用默认设置 Web.sitemap，不要更改名称，如图 10-2 所示，然后单击"确定"添加。站点地图文件 Web.sitemap 将出现在网站 C:\ex10_1 文件夹中。注意，该文件必须命名为"Web.sitemap"，并且必须出现在网站的根节点中。

② 系统自动打开 Web.sitemap 文件，把前面的站点地图代码输入到 Web.sitemap 中，如图10-3 所示。

③ 保存 Web.sitemap 文件，然后将其关闭。

在 Web.sitemap 文件中，为网站中的每个页添加一个 siteMapNode 元素。然后，通过嵌入 siteMapNode 元素来创建层次结构。

如果给出了不存在的 URL 或重复的 URL，则 Web 应用程序将失败。url 属性可以以快捷方式"~/"开头，该快捷方式表示应用程序根目录。可以为特定页指定任意 URL，在网站地图中定义的逻辑结构不必对应于在文件夹中页的物理布局。

图10-2 "添加新项"对话框

图10-3 Web.sitemap 文件

说明：在站点地图中，可以引用 Web 应用程序外部的 URL。ASP.NET 无法测试对应用程序外部的 URL 的访问。因此，如果启用了安全控制，除非将角色属性设置为"*"，否则将不会看到站点地图，设置该属性可使所有客户端无须测试对 URL 的访问就能查看站点地图节点。

2．有效站点地图文件

有效站点地图文件只包含一个直接位于 siteMap 元素下方的 siteMapNode 元素，但第一级 siteMapNode 元素可以包含任意数量的子 siteMapNode 元素。此外，尽管 url 属性可以为空，但有效站点地图文件中不能有重复的 URL。ASP.NET 默认站点地图提供程序以外的提供程序可能没有这种限制。可以使用多个站点地图文件来描述整个网站的导航结构。

10.1.3　SiteMapPath 控件

除了使用 TreeView 控件、Menu 控件创建导航菜单外，还可以在每个页上添加用于显示该页位于当前层次结构中的位置的导航。ASP.NET 提供了可自动实现页导航的 SiteMapPath 控件。

SiteMapPath 控件显示当前页在页层次结构中的位置。在默认情况下，SiteMapPath 控件表示在 Web.sitemap 文件中创建的层次结构。

1．SiteMapPath 控件概述

SiteMapPath 控件会根据站点地图文件，以一组文本或图像超链接的形式，显示浏览者当前页所处的导航路径。这种类型的控件通常称为面包屑或眉毛，因为它显示了超链接页名称的分层路径，从而提供了从当前位置沿页层次结构向上的跳转。SiteMapPath 对于分层页结构较深的站点很有用，在此类站点中，TreeView或Menu可能需要较多的页空间。

SiteMapPath 控件直接使用网站的站点地图数据，如果当前网站中已有站点地图文件，则只需要把 SiteMapPath 控件拖到页面中，该控件就会自动与站点地图文件结合，而不需要编写代码。

SiteMapPath 由节点组成，路径中的每个元素均称为节点，用 siteMapNodeItem 对象表示。锚定路径并表示分层树的根的节点称为根节点，表示当前显示页的节点称为当前节点，当前节点与根节点之间的任何其他节点都称为父节点。这 3 种节点之间的关系如下：

　　根节点 > 父节点 > 当前节点

SiteMapPath 控件显示导航路径，该路径显示当前页到返回根节点之间的路径的链接。通过单击超链接可以返回父节点，但不能从根节点或父节点向子节点选择页面。

2. SiteMapPath 控件的语法格式及属性

SiteMapPath 控件的语法格式为：
```
<asp:SiteMapPath ID="SiteMapPath1" runat="server" Font-Names="…" Font-Size="…"
        PathSeparator="分隔符" RenderCurrentNodeAsLink="true">
    <PathSeparatorStyle Font-Bold="…" ForeColor="…" />
    <CurrentNodeStyle ForeColor="…" />
    <NodeStyle Font-Bold="…" ForeColor="…" />
    <RootNodeStyle Font-Bold="…" ForeColor="…" />
</asp:SiteMapPath>
```

站点地图文件的结构反映了网站的结构，每个页都表示为网站地图中的一个 siteMapNode 元素，最上面的节点表示主页，子节点表示网站中更深层的页。其中包括页标题和 URL。

PathSeparator 属性设置每个节点之间的分隔符字符串，如：>、->、:、::、>>等。

PathDirection 属性设置路径显示的方向，有两种：RootToCurrent（默认）和 CurrentToRoot。

RenderCurrentNodeAsLink 属性设置当前节点是否显示为链接，默认为 false（不显示为链接）。

SiteMapPath 控件显示的每个节点都是HyperLink控件或Literal控件。SiteMapPath 控件提供了许多属性可以更改链接的外观，也可以通过样式设置链接路径的外观，还可以通过自动套用格式快速设置外观。

SiteMapPath 控件显示的所有页名称都是链接，除了最后一个，它表示当前页。通过将 SiteMapPath 控件的 RenderCurrentNodeAsLink 属性设置为 true，可以将当前节点变为链接。

SiteMapPath 控件可使用户沿网站层次结构向回移动，但是无法跳到未处于当前层次结构路径中的页。

【演练 10-2】 用 SiteMapPath 控件创建如图 10-1 所示的导航栏。

（1）创建页以进行导航

下面创建定义网站地图中描述的网页，以便能在测试页时查看完整的层次结构。

① 把演练 10-1 创建的网站 C:\ex10_1，复制改名为 C:\ex10_2。打开网站 C:\ex10_2。

② 为了便于管理，后台管理页面等资源都保存在网站的 admin 文件夹中。所以，在网站 C:\ex10_2 文件夹中创建 admin 文件夹，以及相关 Web 窗体、图片等资源。右击网站名 "C:\ex10_2"，显示快捷菜单，单击"新建文件夹"。在弹出的对话框中更改新建的文件夹名称为 admin。

③ 右击刚才创建的 admin 文件夹名，显示快捷菜单，单击"添加新项"。显示"添加新项"对话框，选择"Visual C#"语言和"Web 窗体"模板，在"名称"框中输入 HomeAdmin.aspx，创建后台主页面，然后单击"添加"按钮。在创建的窗体中，输入"后台管理主页"，如图 10-4 所示。

④ 重复步骤②，分别创建站点地图文件中出现的 Web 窗体。这样，当页显示在浏览器中时，就能识别各页。对于本例，页中的内容并不重要，这里列出的页只是用于让用户查看三层嵌套的网站层次结构的示例页。

（2）添加 SiteMapPath 控件

前面创建了一个网站地图文件 Web.sitemap 和一些页，要通过导航控件才能显示出来。接下来可向网站中添加导航。在每个页上添加用于显示页位于当前层次结构中哪个位置的导航控件 SiteMapPath。

① 打开 HomeAdmin.aspx，并切换至设计视图。从"工具箱"的"导航"选项卡中将 SiteMapPath 控件添加到页面上。

图 10-4 创建 Web 窗体

② 对创建的其他页重复步骤①。

SiteMapPath 控件在窗体中将根据该页在站点地图中的位置显示路径，如图 10-5 所示。

图 10-5 SiteMapPath 控件在窗体中显示路径

（3）测试 SiteMapPath 控件

通过查看层次结构中第二级和第三级的页，可以查看节点位置。

① 切换到 NewsAdd.aspx，执行本页，显示如图 10-6 所示，单击"新闻管理"链接。父页显示如图 10-7 所示，单击"首页"文本链接，后台管理主页显示如图 10-8 所示。

图 10-6 子页　　　　　　图 10-7 父页　　　　　　图 10-8 主页

SiteMapPath 控件显示的所有页名称通常是链接，最后一个除外，它表示当前页。通过将 SiteMapPath 控件的 RenderCurrentNodeAsLink 属性设置为 true，可以将当前节点变为链接。

SiteMapPath 控件可使用户沿网站层次结构返回，但是不允许跳到未处于当前层次结构路径中的页。

10.1.4 SiteMapDataSource 控件

1. SiteMapDataSource 控件概述

SiteMapDataSource 控件是站点地图数据的数据源。站点数据由为站点配置的站点地图提供程序进行存储。SiteMapDataSource 使那些并非专门作为站点导航控件的 Web 服务器控件（如 TreeView、Menu 和 DropDownList 控件）能够绑定到分层的站点地图数据上。可以使用这些 Web 服务器控件将站点地图显示一个为目录，或者对站点进行主动式导航。当然，也可以使用 SiteMapPath 控件，该控件被专门设计为一个站点导航控件，因此不需要 SiteMapDataSource 控件的实例。

SiteMapDataSource 绑定到站点地图数据上，并基于在站点地图层次结构中指定的起始节点显示其视图。在默认情况下，起始节点是层次结构的根节点，但也可以是层次结构中的任何其他节点。通过设置 StartingNodeUrl 属性可指定起始节点。

SiteMapDataSource 专用于导航数据，并且不支持排序、筛选、分页或缓存之类的常规数据源操作，也不支持更新、插入或删除之类的数据记录操作。

2．SiteMapDataSource 控件的语法格式

SiteMapDataSource 控件的语法格式如下：

`<asp:SiteMapDataSource ID="SiteMapDataSource1" runat="server" />`

SiteMapDataSource 控件默认从 Web.sitemap 文件中检索其信息，这样就不必为该控件指定任何额外属性。

在使用时，只需把 SiteMapDataSource 控件放置到页面上，然后把其他 Web 服务器控件（如 TreeView、Menu和DropDownList控件）绑定到 SiteMapDataSource 控件上即可。

10.1.5　TreeView 控件

TreeView 控件显示为树结构，用户可通过此树结构遍历指向站点中不同页的链接。单击包含子节点的节点可将其展开或折叠。第一次呈现时，TreeView 控件完全展开。

1．TreeView 控件概述

TreeView 控件用于在树结构中显示分层数据，如目录或文件目录，并且支持下列功能：数据绑定，它允许控件的节点绑定到 XML、表格或关系数据上；站点导航，通过与 SiteMapDataSource 控件集成实现；节点文本，既可以显示为纯文本，也可以显示为超链接；借助编程方式访问 TreeView 对象模型以动态地创建树、填充节点、设置属性等；客户端节点填充（在支持的浏览器上）；在每个节点旁显示复选框；通过主题、用户定义的图像和样式可实现自定义外观。

2．TreeView 控件的语法格式及属性

TreeView 控件的语法格式为：

`<asp:TreeView ID="TreeView1" runat="server" DataSourceID="SiteMapDataSource1">`
`</asp:TreeView>`

如果设置了站点地图文件，则不需要设置节点。

3．绑定数据

TreeView 控件还可以绑定到数据上。推荐将 TreeView 控件的DataSourceID属性设置为数据源控件（如SiteMapDataSource控件）的 ID 值，TreeView 控件将自动绑定到指定的数据源控件上。

4．自定义用户界面

自定义 TreeView 控件的外观有很多方法。首先，可以为每个节点类型指定不同的样式（如字号和颜色）。

如果想使用级联样式表（CSS）自定义控件的外观，既可以使用内联样式，也可以使用一个单独的 CSS 文件，但不能同时使用这两者。

改变控件外观的另一种方法是自定义在 TreeView 控件中显示的图像，不需要自定义每个图像的属性。如果没有显式设置图像属性，则使用内置的默认图像。

TreeView 控件还允许在节点旁显示一个复选框。在将 ShowCheckBoxes 属性设置为 TreeNodeTypes.None 以外的值时，会在指定类型的节点旁显示复选框。

最常用的定义用户界面的方法是使用"自动套用格式"。

10.1.6 Menu 控件

1. Menu 控件概述

Menu 控件用于显示 ASP.NET 网页中的菜单，并常与用于导航网站的 SiteMapDataSource 控件结合使用。Menu 控件支持下面的功能：数据绑定，将控件菜单项绑定到分层数据源上；站点导航，通过与 SiteMapDataSource 控件集成实现；对 Menu 对象模型的编程访问，可动态创建菜单、填充菜单项、设置属性等；可自定义外观，通过主题、用户定义图像、样式和用户定义模板实现。

2. Menu 控件的语法格式及属性

Menu 控件的语法格式如下：

```
<asp:Menu ID="Menu1" runat="server" DataSourceID="SiteMapDataSource1"
        Orientation="Horizontal">
</asp:Menu>
```

用户单击菜单项时，Menu 控件可以导航到所链接的网页或直接回发到服务器中。如果设置了菜单项的 NavigateUrl 属性，则 Menu 控件导航到所链接的页；否则，该控件将页回发到服务器中进行处理。在默认情况下，链接页与 Menu 控件显示在同一窗口或框架中。若要在另一个窗口或框架中显示链接内容，则使用 Menu 控件的 Target 属性。

说明：Target 属性影响控件中的所有菜单项。若要为单个菜单项指定一个窗口或框架，则直接设置 MenuItem 对象的 Target 属性。

Menu 控件显示两种类型的菜单：静态菜单和动态菜单。静态菜单始终显示在 Menu 控件中。在默认情况下，根级（级别 0）菜单项显示在静态菜单中。通过设置 StaticDisplayLevels 属性，可以在静态菜单中显示更多菜单级别（静态子菜单）。而级别高于 StaticDisplayLevels 属性所指定的值的菜单项（如果有的话）显示在动态菜单中。仅当用户将鼠标指针置于包含动态子菜单的父菜单项上时，才会显示动态菜单。持续一定的时间之后，动态菜单会自动消失，可以使用 DisappearAfter 属性指定持续时间。如果用户在菜单外部单击，动态菜单也会消失。

还可以通过设置 MaximumDynamicDisplayLevels 属性，来限制动态菜单的显示级别数，高于指定值的菜单级别将被丢弃。

如果设置了站点地图文件，则不需要设置菜单项。

3. 绑定数据

Menu 控件也可以绑定数据。推荐将 Menu 控件的 DataSourceID 属性设置为数据源控件（如 SiteMapDataSource 控件）的 ID 值，Menu 控件将自动绑定到指定的数据源控件上。

4．自定义用户界面

可以使用多种方法自定义 Menu 控件的外观。首先，可以通过设置 Orientation 属性，指定是 Horizontal（水平）还是垂直 Vertical（垂直，默认方式）呈现 Menu 控件。还可以为每个菜单项类型指定不同的样式（如字体大小和颜色等）。

最常用的定义用户界面的方法是使用"自动套用格式"。

【演练10-3】 在演练10-2中创建的网站中添加Menu控件和TreeView控件。

把网站 C:\ex10_2 复制为 C:\ex10_3。打开 C:\ex10_3，在网站文件夹中添加窗体 HomeNews.aspx、About.aspx，并在窗体中分别写入文本"新闻首页"、"关于本网"。

（1）使用 Menu 控件创建导航菜单

① 打开 admin\HomeAdmin.aspx，在设计视图中，从"工具箱"的"导航"选项卡中，把 Menu 控件添加到窗体上。TreeView 控件可以绑定到 SiteMapDataSource 控件上，但是本例通过编辑菜单项来实现。

② 在 Menu1 控件的右上角单击 按钮，在任务面板中单击"编辑菜单项"，如图 10-9 所示。

③ 显示"菜单项编辑器"对话框，如图 10-10 所示，单击"添加根项"按钮。

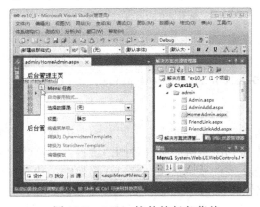

图 10-9　Menu 控件的任务菜单

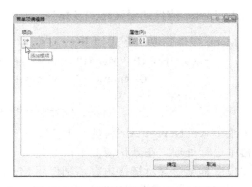

图 10-10　"菜单项编辑器"对话框

④ 在"菜单项编辑器"对话框右侧的"属性"框中，在"NavigateUrl"后输入菜单项被选中时要定位的 URL，或单击 按钮，打开"选择 URL"对话框，选择 HomeNews.aspx，如图 10-11 所示，单击"确定"按钮关闭"选择 URL"对话框。在"菜单项编辑器"对话框右侧的"属性"框中，在 Text 后输入"新闻首页"，Value 自动填充"新闻首页"，如图 10-12 所示。

图 10-11　"选择 URL"对话框

图 10-12　设置"新闻首页"菜单项的属性

⑤ 在"菜单项编辑器"对话框中,单击"添加根项"按钮,设置"后台管理主页"菜单项的属性,如图 10-13 所示。

⑥ 在"菜单项编辑器"对话框中,单击"添加根项"按钮,设置"关于本网"菜单项的属性,如图 10-14 所示。最后单击"确定"按钮,关闭"菜单项编辑器"对话框。

图 10-13　设置"后台管理主页"菜单项的属性

图 10-14　设置"关于本网"菜单项的属性

⑦ 在设计视图中,选中 Menu1 控件,在"属性"窗口中设置 Orientation 为 Horizontal,即改为横向排列;设置 RenderingMode 为 Table,以表格方式排列,这样当选中 Menu 控件时就会出现调整大小的控点,拖动控点可调整大小。设置完成后,显示如图 10-15 所示。

图 10-15　设置完成后的 Menu1 控件

(2) 使用 TreeView 控件创建树状导航菜单

① 打开 admin\HomeAdmin.aspx,在设计视图中,从"工具箱"的"数据"选项卡中把 SiteMapDataSource 控件添加到窗体上。SiteMapDataSource 控件默认从 Web.sitemap 文件中检索信息,这样就不必对该控件进行其他设置了。因为 SiteMapDataSource 控件放在窗体上的任何位置都可以,所以为了不影响窗体布局,最好放在</form>的上一行。

② 从"工具箱"的"导航"选项卡中,将 TreeView 控件添加到窗体上。在 TreeView1 控件的右上角单击▶按钮,在任务面板的"选择数据源"下拉列表中选择"SiteMapDataSource1"。TreeView 控件将绑定到 SiteMapDataSource1 控件上,显示如图 10-16 所示。

TreeView 控件也可以不绑定到 SiteMapDataSource1 控件上,而是通过编辑菜单项来实现。

(3) 测试导航菜单

① 执行 admin\HomeAdmin.aspx,显示如图 10-17 所示。单击 TreeView 控件中的"修改新闻"文本链接,打开 admin/NewsEdit.aspx,显示如图 10-18 所示。单击"后台管理"文本链接,回到后台管理主页,如图 10-17 所示。

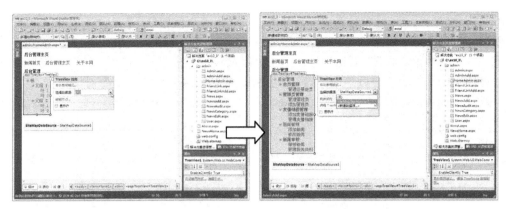

图 10-16　放置 TreeView 控件并绑定 SiteMapDataSource 控件

② 在如图 10-17 所示的后台管理主页中，单击 Menu 控件菜单中的"新闻首页"文本链接，打开 NewsHome.aspx，显示如图 10-19 所示。

　图 10-17　后台管理主页　　　　图 10-18　修改新闻页　　　　图 10-19　新闻首页

可以向应用程序中的每个页添加相同的 SiteMapDataSource 控件和 TreeView 控件，以便在每个页上都显示导航菜单。但是，TreeView 控件会占据较大的页面空间，所以一般只放置在主页上，其他子页可通过 SiteMapPath 控件、Menu 控件导航。

（4）修改其他页

在网站的当前状态下，导航菜单仅出现在主页上。可以向应用程序中的每个页添加相同的 SiteMapDataSource 控件和 Menu 控件，以便在每个页上都显示导航菜单。

在本例目前所创建的页中，已将网站导航控件逐个添加到每个页上。执行此操作并不复杂，因为无须以不同的方式为每个页配置控件。但是，这可能增加网站的维护成本。例如，要更改网站中页的 SiteMapPath 控件的位置，将不得不逐个更改每个页。

通过在母版页中使用网站导航控件，可以创建在一个位置包含导航控件的布局，然后可以将其他页显示为母版页中的内容。

10.2　ASP.NET 母版页

ASP.NET 母版页可以创建页面布局（母版页），可以对网站中的选定页或所有页（内容页）使用该页面布局。母版页可以极大地简化为站点创建一致外观的工作。

10.2.1 概述

要使控件和页面具有一致的外观，就要使用主题。要使页面具有一致的布局，就要使用母版页。可以把网站中各个页面中不变的内容，如布局、网站标志、公共标题、广告条、导航栏、版权声明、联系信息等内容定义为母版页，母版页中的内容将显示在所有页面中。它相当于模板，这样就保证了整个网站中所有页面布局的一致性。网站中的各个页面都以母版页为基础。除共同的母版页以外，各个页面中不同的部分称为内容页。当用户请求内容页时，这些内容页与母版页合并，将母版页的布局与内容页的内容组合在一起显示。

1. 母版页的工作原理

母版页由两部分组成，即母版页本身与一个或多个内容页。

（1）母版页

母版页中定义了页面的组成元素，是提供结构和内容的模板。它可以包含静态文本和控件的任何组合。母版页还可以包含一个或多个内容占位符，这些占位符用于指定显示页面时动态内容出现的位置。

母版页是扩展名为.master 的 ASP.NET 文件，它具有可以包括静态文本、HTML 元素和服务器控件的预定义布局。母版页由@ Master 指令识别，该指令替换了用于普通.aspx 页的@ Page 指令。

@ Master 指令可以包含的指令与@ Control 指令可以包含的指令大多数是相同的。例如，下面的母版页指令包含一个代码隐藏文件的名称并将一个类名称分配给母版页。

<%@ **Master** Language="C#" CodeFile="MasterPage.master.cs" Inherits="MasterPage" %>

除@ Master 指令外，母版页还包含页的所有顶级 HTML 元素，如 html、head 和 form。例如，在母版页中，可以将一个 HTML 表用于布局，将一个 img 元素用于公司徽标，将一段静态文本用于版权声明，并使用服务器控件创建站点的标准导航。可以在母版页中使用任何 HTML 元素和 ASP.NET 元素。

（2）可替换内容占位符

母版页上除显示的静态文本和控件外，还包含一个或多个占位符 ContentPlaceHolder 控件。这些占位符控件用于定义可替换内容将会出现的区域，以便在内容页中定义可替换内容。

（3）内容页

内容页是一个专用的 ASP.NET 页，它仅包含要与母版页合并的内容。内容页将使用母版页的内容占位符，然后在内容页的内容占位符中添加用户请求该页面时要显示的文本和控件。

通过创建各个内容页来定义母版页的占位符控件的内容，这些内容页为绑定到特定母版页的 ASP.NET 页（.aspx 文件以及可选的代码隐藏文件）。通过包含指向要使用的母版页的 MasterPageFile 属性，在内容页的@ Page 指令中建立绑定。例如，一个内容页可能包含下面的 @ Page 指令，该指令将该内容页绑定到 Master1.master 页上：

<%@ Page Language="C#" MasterPageFile="~/MasterPages/Master1.master" Title="Content Page"%>

在内容页中，通过添加 Content 控件并将这些控件映射到母版页的 ContentPlaceHolder 控件上来创建内容。例如，母版页可能包含名为 Main 和 Footer 的内容占位符。在内容页中，可以创建两个 Content 控件，一个映射到 ContentPlaceHolder 控件 Main 上，另一个映射到

ContentPlaceHolder 控件 Footer 上。

创建 Content 控件后，需要向这些控件添加文本和控件。在内容页中，Content 控件外的任何内容（除服务器代码的脚本块外）都将导致错误。在 ASP.NET 页中所执行的所有任务都可以在内容页中执行。例如，可以使用服务器控件和数据库查询或其他动态机制来生成 Content 控件的内容。

@ Page 指令将内容页绑定到特定的母版页上，并为要合并到母版页中的页定义标题。注意，内容页所包含的所有标记都在 Content 控件中。母版页必须包含一个具有属性 runat="server"的 head 元素，以便在运行时合并标题设置。

可以创建多个母版页来为站点的不同部分定义不同的布局，并可以为每个母版页创建一组不同的内容页。

2．限定母版页的范围

可以分为 3 种级别将内容页附加到母版页中。

① 页级。可以在每个内容页中使用页指令来将内容页绑定到一个母版页上，代码如下：
<%@ Page Language="C#" MasterPageFile="MySite.Master" %>

② 应用程序级。通过在应用程序的配置文件（web.config）的 pages 元素中进行设置，可以指定应用程序中的所有 ASP.NET 页（.aspx 文件）都自动绑定到一个母版页上。该元素可能这样：
<pages MasterPageFile="MySite.Master" />

如果使用此策略，则应用程序中的所有具有 Content 控件的 ASP.NET 页都将与指定的母版页合并（如果某个 ASP.NET 页不包含 Content 控件，则不应使用该母版页）。

③ 文件夹级。此策略类似于应用程序级的绑定，不同的是，只需要在一个文件夹下的 web.config 文件中进行设置，然后母版页绑定会应用于该文件夹下的 ASP.NET 页。

10.2.2　使用 ASP.NET 母版页的实例

【演练 10-4】　创建一个母版页 HomeMasterPage.master 和两个内容页（Home.aspx、About.aspx），显示的两个网页分别如图 10-20 和图 10-21 所示。

图 10-20　主页

图 10-21　学校概况页

新建空网站 C:\ex10_4。在网站中创建 images 文件夹，添加 logo.jpg 到本文件夹中。

1．创建母版页

母版页是用于设置页面外观的模板。首先创建一个母版页，然后使用表格来对母版页进行布局。此母版页中有一个菜单、一个徽标和一个页脚,这些内容将在站点的每个页面中出现。使用内容占位符,这是母版页中的一个区域,可以用内容页中的信息来替换此区域。

创建母版页的步骤如下。

① 在"解决方案资源管理器"中右击网站的名称,从快捷菜单中执行"添加新项"。

② 显示"添加新项"对话框,选择"母版页"模板,在"名称"框中输入"HomeMasterPage.master",保持选中"将代码放在单独的文件中"复选框,不要选中"选择母版页"复选框,"语言"选择 Visual C#,如图 10-22 所示,然后单击"添加"按钮。

③ 打开母版页窗体,母版页中包含一个 ContentPlaceHolder 控件(内容占位符),这是母版页中的一个区域,其中的可替换内容将在运行时由内容页合并。可以在母版页中添加多个内容占位符控件。在源视图中,在页面的顶部是一个 @ Master 声明,而不是通常在 ASP.NET 页顶部看到的 @ Page 声明,如图 10-23 所示。

图 10-22 "添加新项"对话框

图 10-23 母版页窗体

2.对母版页进行布局

在本例中,使用一个表格在页面中定位元素。首先创建一个布局表格,然后添加静态内容和内容占位符。

(1)创建母版页的布局表格

① 在母版窗体的源视图中,单击要放置布局表格的位置,本例放置在<form id="form1" runat="server"><div>后,也就是最外层。

注意,不要将布局表格放在 ContentPlaceHolder 控件内。为了方便布局,先把 ContentPlaceHolder 控件删除,以后再添加到需要的位置。

② 切换到设计视图,执行菜单命令"表"→"插入表",显示"插入表"对话框,创建一个 4 行 1 列的表,指定宽度为 1000 像素,对齐方式为在页面中居中,然后单击"确定"按钮。

③ 将光标置于表的第 3 行中,执行菜单命令"表"→"修改"→"拆分单元格",显示"拆分单元格"对话框,选择"拆分成列","列数"为 2,再单击"确定"按钮。

④ 对表格做以下设置:单击定位在第 1 行中,在"属性"窗口中将其高度 Height 设置为 140,用于放置徽标条。单击定位在第 2 行中,在"属性"窗口中将其高度 Height 设置为 48,用于放置菜单栏。在第 3 行中,单击最左侧的列,然后在"属性"窗口中将其宽度 Width 设置为 250,Height 设置为 260,用于放置友情链接、通知等可变内容;右侧用于显示主要内容,Width 设置为 770。单击定位在第 4 行中,在"属性"窗口中将其高度 Height 设置为 60,用于

放置版权信息。设置完布局表格后，显示如图10-24所示。

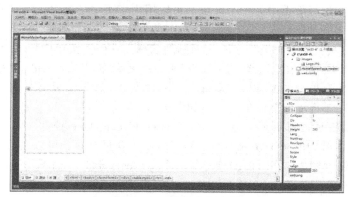

图10-24 设置布局表格

说明：可以通过拖动表单元格的边框或者在"属性"窗口中选择单元格并设置值来设置其宽度和高度。

（2）将静态内容添加到母版页中

布局完表格后，可以将内容添加到母版页中，此内容将在所有页面上显示。可以将徽标图形添加为页眉，将版权消息添加为页脚，然后添加一个菜单。

① 把用作徽标的图片文件 logo.jpg，从 Images 文件夹中拖到表格第 1 行中。显示"辅助功能属性"对话框，在"替代文本"框中输入替代文字，单击"确定"按钮。插入的图片出现在母版窗体中。

② 单击第4行单元格，输入页脚文本，如"曙光科技大学版权所有"，并设置居中显示。

③ 这里用 Menu 控件制作菜单。在"工具箱"的"导航"选项卡中将 Menu 控件拖动到表格第2行中。在"属性"窗口中，将 Menu 控件的 Orientation 属性设置为 Horizontal，RenderingMode 属性设置为 Table。单击 Menu 控件右上角的智能标记，在任务面板中单击"编辑菜单项"。显示"菜单项编辑器"对话框，如图10-25所示，在"项"框中单击"添加根项"图标11次，添加 11 个菜单项：单击第 1 个节点，将 Text 属性设置为"首页"，NavigateUrl 属性设置为 Home.aspx；单击第2个节点，将 Text 属性设置为"学校概况"，NavigateUrl 属性设置为 About.aspx；重复上面步骤，设置其他菜单项。最后，单击"确定"按钮关闭"菜单项编辑器"对话框。调整 Menu 控件使其与表格同宽。

（3）添加内容占位符

添加定位内容占位符，以指定母版页在运行时显示内容的位置，可以根据需要添加一个或多个 ContentPlaceHolder 控件。

① 从工具箱的"标准"选项卡中将 ContentPlaceHolder 控件拖动到表格的第 3 行左侧单元格中，控件的 ID 属性为 ContentPlaceHolder1。

② 再拖放一个 ContentPlaceHolder 控件到第 3 行右侧单元格中，控件的 ID 属性为 ContentPlaceHolder2。如图10-26所示。

3. 创建基于母版页的内容页

母版页提供内容的模板。通过创建与母版页相关联的 ASP.NET 页来定义母版页的内容。内容页是 ASP.NET 页的专用形式，它仅包含要与母版页合并的内容。在内容页中，添加用户请求该页面时要显示的文本和控件。

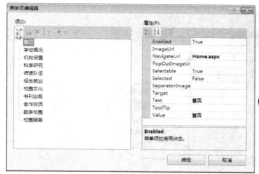 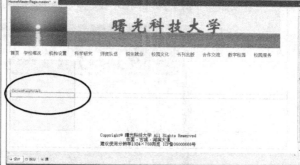

图 10-25 "菜单项编辑器"对话框　　　　图 10-26 放置 ContentPlaceHolder 控件

下面为母版页添加两个带有内容的页面：主页 Home.aspx 和 "关于" 页面 About.aspx。
（1）创建主页
① 在 "解决方案资源管理器" 中右击网站的名称，从快捷菜单中单击 "添加新项"。
② 显示 "添加新项" 对话框，选择 "Web 窗体" 模板，在 "名称" 框中输入主页名 Home.aspx，选中 "选择母版页" 复选框，如图 10-27 所示，单击 "添加" 按钮。
④ 显示 "选择母版页" 对话框，在 "文件夹内容" 框中单击 "HomeMasterPage.master"，如图 10-28 所示，单击 "确定" 按钮。从源视图中可看出，该页面包含一个 @ Page 指令，此指令将当前页附加到带有 MasterPageFile 属性的选定母版页中，代码如下：

<%@ Page Title="" Language="C#" MasterPageFile="~/HomeMasterPage.master"
　　　　　　AutoEventWireup="true" CodeFile="Home.aspx.cs" Inherits="Home" %>
<asp:Content ID="Content1" ContentPlaceHolderID="head" Runat="Server">
</asp:Content>
<asp:Content ID="Content2" ContentPlaceHolderID="ContentPlaceHolder1" Runat="Server">
</asp:Content>
<asp:Content ID="Content3" ContentPlaceHolderID="ContentPlaceHolder2" Runat="Server">
</asp:Content>

图 10-27 添加 Web 窗体　　　　图 10-28 "选择母版页"对话框

内容页不具有常见的组成 ASP.NET 页的元素，如 html、body 或 form 元素。该页中包含 3 个 Content 控件元素，以对应母版页上的一个 <head> 区以及两个 <body> 区的 ContentPlaceHolder 控件。
（2）将内容添加到内容页中
① 切换到设计视图。母版页中的 ContentPlaceHolder 控件在新的内容页中显示为 Content 控件，而其余的母版页内容则显示为浅灰色，因为在编辑内容页时不能更改这些内容，如图 10-29 所示。

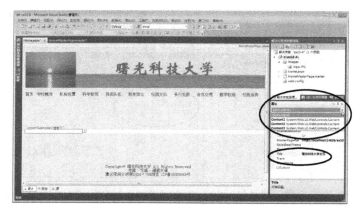

图 10-29　内容页的设计视图

② 在"属性"窗口顶部的下拉列表中选择"DOCUMENT"项，然后将标题的 Title 属性设置为"曙光科技大学主页"，如图 10-29 所示。可以独立设置每个内容页的标题，以便当内容页与母版页合并时在浏览器中显示正确的标题。标题信息存储在内容页的@ Page 指令中。

③ 在与母版页中的 ContentPlaceHolder1 控件匹配的 Content 控件中，可以插入静态文字、表格及各种控件。在右侧单元格的 Content 控件中输入"欢迎访问曙光科技大学网站"，然后选中该文本，从工具箱的"块格式"下拉列表中选择"标题 1"项，将文本的格式设置为标题。单击"格式"工具栏中的"居中"按钮 ，使标题居中显示。按 Enter 键，在 Content1 控件中创建一个新的空白行，从工具箱中拖放过来一个 Label 控件，设置其 Text 属性为"感谢您访问本站"。

④ 在左侧的 Content 控件中，输入"友情链接"，然后按 Shift+Enter 组合键换行，再插入一个 10 行 1 列，宽度为 200 的表格，在其中输入友情链接的学校名称。

⑤ 结果如图 10-30 所示，保存页。

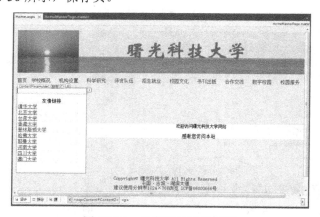

图 10-30　内容页的设计视图

（3）创建"关于"页面

使用与创建主页相同的步骤添加名为 About.aspx 的新内容页。将页面的标题更改为"学校概况"。在内容区域中，输入相关介绍文字、链接、控件等内容，保存页。

4．测试页面

运行页以进行测试。

① 切换到 Home.aspx 页，执行该页，ASP.NET 将 Home.aspx 页的内容与 HomeMasterPage.master 页的布局合并到单个页面中，并在浏览器中显示产生的页面，如图 10-20 所示。注意，此页的 URL 为 Home.aspx，浏览器中不存在对母版页的引用。

② 单击"学校概况"链接，显示 About.aspx 页，如图 10-21 所示。它亦与 HomeMasterPage.master 页合并。

10.3 实训

【实训 10-1】 在本教材提供的配套教学包（登录华信教育资源网 www.hxedu.com.cn 注册下载）第 10 章实训中的 news 文件夹中，提供了一个简易的静态后台管理网站。要求在母版页中使用网站导航，把静态网站改写成 ASP.NET 网站。本次把 HomeAdmin.htm 改为 ASP.NET 的模板页，实现如图 10-31 所示的后台管理主页。

（1）打开网站

① 在 Windows 资源管理器中，把 news 文件夹复制到 C:\下。

② 在 Visual Studio 中，打开网站 C:\news。双击 C:\news\Admin\HomeAdmin.htm，打开后台管理主页，如图 10-31 所示。后台管理主页采用的是框架结构。

图 10-31 后台管理主页

（2）创建后台母版页

由于静态后台管理中的各个页都显示在框架中，与 ASP.NET 母版很相似，因此可以很容易地改为母版页。下面创建一个后台管理母版页。

① 在解决方案资源管理器中，右击 Admin 文件夹，从快捷菜单中单击"添加新项"。显示"添加新项"对话框，选择"母版页"模板，名称改为 MasterPageAdmin.master，单击"添加"按钮。

② 为了不影响编辑窗体，先删除<div>及其中的 ContentPlaceHolder 控件。

③ 下面把 HomeAdmin.htm 中的布局代码复制到 MasterPageAdmin.master 中。

在源视图中，按照 HomeAdmin.htm 中的说明，先把<head>…</head>之间的代码复制到 MasterPageAdmin.master 中的对应位置，见图 10-32 中的选定代码。

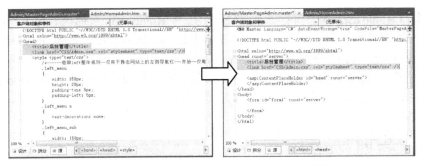

图 10-32　先复制<head>…</head>之间的代码

然后，把 HomeAdmin.htm 中<body>…</body>之间的代码都复制到 MasterPageAdmin.master 对应位置。切换到设计视图，可以看到 MasterPageAdmin.master 与 HomeAdmin.htm 的显示效果相同。关闭 HomeAdmin.htm。

④ 对于复制到 MasterPageAdmin.master 中的 HomeAdmin.htm 代码，要删除一些不需要的代码，主要是 3 个静态网页中的导航。在源视图中，删除<div id="nav">…</div>之间的代码，见图 10-33 中的选定代码。

图 10-33　删除选定的代码

从工具箱的"导航"选项卡中添加一个 Menu 控件到<div id="nav">…</div>之间。在设计视图中，打开 Menu 任务面板，单击"编辑菜单项"。显示"菜单项编程器"，添加"新闻首页"和"后台管理主页"两个菜单项。在"属性"窗口中，将 Menu 控件的 Orientation 属性设置为 Horizontal，RenderingMode 属性设置为 Table。单击工具栏中的"居中"按钮，使菜单项居中显示，适当向右拖动 Menu 控件，如图 10-34 所示。完成的设置，代码如图 10-34 所示。

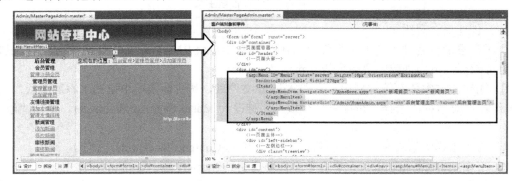

图 10-34　Menu 控件设置

⑤ 把演练 10-3 网站中的 Web.sitemap 添加过来，更改其中的一行代码为：
<siteMapNode url="" title="新闻管理"　description="">

⑥ 删除显示在左侧栏中的静态导航代码，如图 10-35 所示。向该位置添加一个 TreeView 控件，并添加 SiteMapDataSource 控件。在 TreeView 控件的任务面板中选择数据源为 SiteMapDataSource1，适当向下和向右拖动 TreeView 控件，完成后显示如图 10-36 所示。

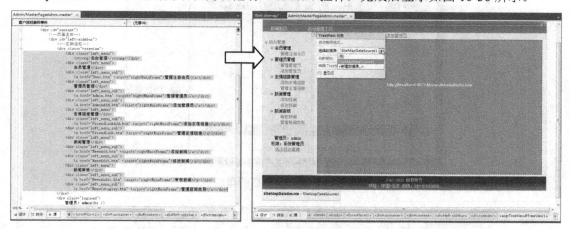

图 10-35 删除静态导航代码　　　图 10-36 添加 TreeView 控件和 SiteMapDataSource 控件

⑦ 删除"您现在的位置："后的代码，如图 10-37 所示。在该位置添加一个 SiteMapPath 控件，如图 10-38 所示。

图 10-37 删除选定的代码　　　　　　图 10-38 添加 SiteMapPath 控件

⑧ 删除<iframe>…</iframe>代码，如图 10-39 所示。在原位置添加一个 ContentPlaceHolder 控件，如图 10-40 所示。

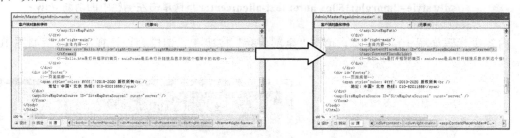

图 10-39 删除选定的代码　　　　　图 10-40 添加 ContentPlaceHolder 控件

单击"全部保存"按钮。母版页编辑完成后，显示如图 10-41 所示。

（3）创建后台 HomeAdmin.aspx 内容页

① 右击 Admin 文件夹，从快捷菜单中单击"添加新项"。显示"添加新项"对话框，单击选择"Web 窗体"模板，并选中"选择母版页"复选框，名称改为 HomeAdmin.aspx，如图 10-42 所示，单击"添加"按钮。

② 显示"选择母版页"对话框，在左侧的"项目文件夹"框中找到并选中 Admin，在右侧"文件夹内容"框中选中 MasterPageAdmin.master，如图 10-43 所示，单击"确定"按钮。

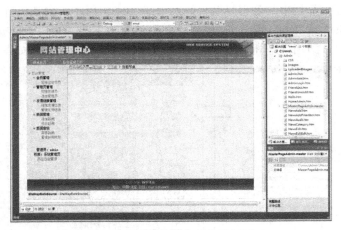

图 10-41 编辑完成后的母版页

图 10-42 添加 HomeAdmin.aspx 内容页

图 10-43 "选择母版页"对话框

③ 切换到 HomeAdmin.aspx 视图,在 Content2 控件中添加内容页的代码:
<asp:Content ID="Content2" ContentPlaceHolderID="ContentPlaceHolder1" Runat="Server">
<div style="margin:150px auto; text-align:center">请单击左侧栏中的功能</div>
</asp:Content>

内容页代码如图 10-44 所示。单击"全部保存"按钮 。切换到设计视图,显示如图 10-45 所示。

图 10-44 HomeAdmin.aspx 内容页

图 10-45 HomeAdmin.aspx 内容页的设计视图

（4）创建后台其他内容页

创建其他内容页，内容页的文件名与导航中的匹配。作为演示，保留静态网页中的内容。在第 11 章中，将实现其绑定控件与数据库的功能。

下面添加演示用"审核新闻"窗体 NewsAudit.aspx。

① 右击 Admin 文件夹，执行快捷菜单中的"添加新项"命令。显示"添加新项"对话框，选择"Web 窗体"模板，选中"选择母版页"复选框，名称改为 NewsAudit.aspx，单击"添加"按钮。

② 显示"选择母版页"对话框，在左侧的"项目文件夹"框中找到并选中 Admin，在右侧"文件夹内容"框中选中 MasterPageAdmin.master，单击"确定"按钮。

③ 切换到 NewsAudit.aspx 内容页的源视图。如果本内容页<head>…</head>中与母版页中的不同，则在 Content1 控件中添加，包括专用于本内容页的<title>…</title>、CSS 等。对于本例，由于后台页用到的 CSS 都在母版页的<head>…</head>中定义了，因此在这个内容页中不需要添加 CSS。这里只添加"<title>审核新闻</title>"。

在 Admin 文件夹中双击 NewsAudit.htm，把<body>…</body>之间的代码都复制到 Content2 控件中，如图 10-46 所示。在设计视图中显示如图 10-47 所示。

图 10-46　NewsAudit.aspx 内容页

图 10-47　NewsAudit.aspx 内容页的设计视图

用同样方法，可以创建其他内容页。

（5）执行后台网页

执行 HomeAdmin.aspx，显示如图 10-48 所示。单击"审核新闻"文本链接，显示如图 10-49 所示；单击"后台管理"文本链接，回到后台主页。

图 10-48　执行 HomeAdmin.aspx

图 10-49　显示 NewsAudit.aspx

【实训 10-2】　把\news 文件夹中的前台页面 HomeNews.htm、NewsCategory.htm、NewsShow.htm 及 UserRegister.htm、UserLogin.htm、UseTreaty.htm，改为用 ASP.NET 的母版页实现，母版

页命名为 NewsMasterPage.master，如图 10-50 所示。

图 10-50　NewsMasterPage.master 的设计视图

（1）创建后台母版页

① 在"解决方案资源管理器"中，右击网站名 news，从快捷菜单中单击"添加新项"。显示"添加新项"对话框，选择"母版页"模板，名称改为 NewsMasterPageA.master，单击"添加"按钮，如图 10-51 所示。

图 10-51　NewsMasterPage.master 的设计视图

② 打开 HomeNews.htm，把<head>…</head>之间的"<link href="StyleCss\News.css" rel="stylesheet" type="text/css" />"（见图 10-52）代码复制到 NewsMasterPage.master 中的对应位置，如图 10-53 所示。

图 10-52　在 HomeNews.htm 中选中　　图 10-53　复制到 NewsMasterPage.master 中对应位置

③ 在 NewsMasterPage.master 中，删除<form>…</form>之间的内容，如图 10-54 所示。

④ 把每个新闻页中不变的页眉部分复制到母版页中。在 HomeNews.htm 中，在<body>下，选定"<div id="container">"到"<div id="content"><!--页面主体-开始-->"之间的代码，如图 10-55 所示，复制到 NewsMasterPage.master 中的对应位置，如图 10-56 所示。

⑤ 把每个新闻页中不变的页脚部分复制到母版页中。在 HomeNews.htm 中，选定"<!--页面主体-结束-->"到"</body>"之间的代码，如图 10-57 所示，复制到 NewsMasterPage.master 中的对应位置，如图 10-58 所示。

图 10-54　在 NewsMasterPage.master 中删除选定内容

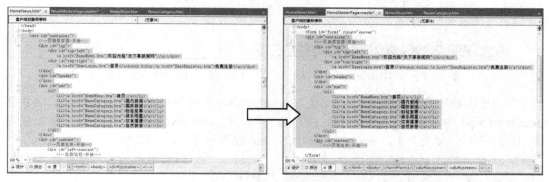

图 10-55　在 HomeNews.htm 中选定页眉代码　　图 10-56　复制到 NewsMasterPage.master 中对应位置

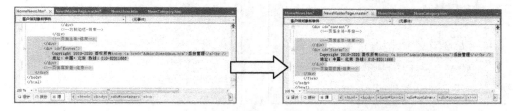

图 10-57　在 HomeNews.htm 中选中页脚代码　　图 10-58　复制到 NewsMasterPage.master 对应位置

⑥ 在"<!--页面主体-开始-->"与"<!--页面主体-结束-->"之间是各新闻页不同的可变部分，在其中添加 ContentPlaceHolder 控件，如图 10-59 所示。

图 10-59　在 NewsMasterPage.master 中添加 ContentPlaceHolder 控件

⑦ 把页眉、页脚中的 HomeNews.htm、UserLogin.htm、UserRegister.htm、HomeAdmin.htm 的扩展名.htm 改为.aspx。单击■按钮保存。至此，新闻母版页基本内容创建完成，设计视图如图 10-60 所示。

其中的导航栏、链接网页名等，还需要更改，有些要改为用数据库绑定控件实现，将在第

11 章中介绍。

（2）创建内容页——新闻主页

① 右击网站名 new，从快捷菜单中单击"添加新项"。显示"添加新项"对话框，选择"Web 窗体"模板，选中"选择母版页"复选框，名称改为 HomeNews.aspx，如图 10-60 所示，单击"添加"按钮。

② 显示"选择母版页"对话框，在左侧的"项目文件夹"框中找到并选中 news，在右侧"文件夹内容"框中选中 NewsMasterPage.master，如图 10-61 所示，单击"确定"按钮。

图 10-60　"添加新项"对话框

图 10-61　"选择母版页"对话框

③ 由于创建的是新闻主页，因此要把 HomeNews.htm 中专用于新闻首页的样式代码复制到 HomeNews.aspx 中。在 HomeNews.htm 中，选中<style type="text/css">…</style>之间的代码，如图 10-62 所示，复制到 HomeNews.aspx 中的 head 容器控件中，如图 10-63 所示。

图 10-62　HomeNews.htm 中的 CSS

图 10-63　HomeNews.aspx 中的 head 容器控件

④ 把 HomeNews.htm 中<div id="content">…</div>之间的内容（即<!--页面主体-开始-->与<!--页面主体-结束-->之间的代码），如图 10-64 所示，复制到 HomeNews.aspx 中的 Content2 控件中，如图 10-65 所示。如果代码排列不整齐，按 Ctrl+K+D 组合键。

图 10-64　HomeNews.htm 中的主体代码

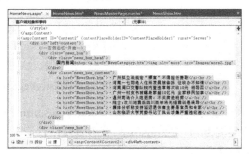
图 10-65　HomeNews.aspx 中容器内的主体代码

⑤ HomeNews.aspx 的设计视图如图 10-66 所示。在解决方案资源管理器中，右击 HomeNews.aspx，从快捷菜单中单击"在浏览器中查看"，显示如图 10-67 所示。

图 10-66　HomeNews.aspx 的设计视图　　　　图 10-67　在浏览器中显示 HomeNews.aspx

至此，首页基本完成，其中的代码仍然是静态的，在第 11 章中再将其改为用数据库绑定控件实现。

（3）创建其他内容页

请读者自行完成其他基于 NewsMasterPage.master 母版页的内容页，包括 NewsCategory.aspx（见图 10-68）、NewsShow.aspx（见图 10-69），及 UserRegister.aspx、UserLogin.aspx、UseTreaty.aspx、About.aspx 等。只用原来静态网页中的静态代码实现。

图 10-68　新闻分类栏目页 NewsCategory.aspx　　　　图 10-69　新闻内容页 NewsShow.aspx

第 11 章　ASP.NET 网站实例——新闻网站

本章内容：新闻网站的功能和设计，新闻网站的数据库，简化对数据库的操作，后台页面的设计，前台新闻首页、栏目页、内容页面的设计。

本章重点：后台管理页、前台新闻首页、栏目页、内容页面的设计。

11.1　新闻网站的功能和设计

对于网站，需要向网站的浏览者提供信息传递，现在各大门户网站（如搜狐、新浪、腾讯等）仍然以新闻作为网站主导，几乎每个网站都有新闻发布、商品展示等功能，它们都采用基于新闻模块的形式进行信息呈现，也就是说，每个网站都有新闻模块。

11.1.1　新闻网站的功能

本章将设计一个简化的新闻网站，通过 ASP.NET 技术，实现新闻网站的功能，包括后台的新闻录入、编辑、审核，网站会员的管理，系统管理员的管理等功能；前台的新闻浏览、会员的注册、登录，以及对新闻的评论等功能。

1. 前台显示新闻部分

前台的新闻显示部分，一般由 3 页组成，即新闻主页、新闻栏目页和新闻内容页。新闻主页用于显示新闻列表，这样有助于浏览者选择感兴趣的新闻，新闻栏目页帮助浏览者查找某分类的新闻，内容页用于显示单条新闻。

（1）新闻主页

新闻主页的外观如图 10-67 所示，主要包括以下功能：

- 显示所有新闻分类（如国内新闻、国际新闻、财经股票、娱乐明星、饮食健康等）；
- 按新闻分类显示其下的最新几条新闻；
- 显示最新的前几条新闻（最新消息）；
- 显示最热门的前几条新闻（阅读排行）；
- 网站友情链接（可在后台管理中添加）；
- 登录、注册链接；
- 后台管理链接。

（2）新闻分类栏目页

新闻分类栏目页的外观如图 10-68 所示，主要包括以下功能：

- 按新闻分类显示其下的所有新闻；
- 显示最新的前几条新闻（最新消息）；
- 显示最热门的前几条新闻（阅读排行）。

（3）新闻内容页

新闻内容页的外观如图 10-69 所示，主要包括以下功能：

- 显示新闻的详细内容（如标题、来源、发表时间、浏览次数等）；
- 显示该新闻的网友评论，登录会员可以评论；
- 显示最新的前几条新闻（最新消息）；
- 显示最热门的前几条新闻（阅读排行）。

（4）会员注册、登录页

除上面的3个新闻页外，前台还有一些辅助页，主要有会员注册、会员登录、忘记密码等。对于一般浏览者，可以打开网站，能够浏览、阅读新闻。注册会员后可以发表评论。

2. 后台管理部分

后台管理部分（后台管理主页）包括新闻方面的管理，以及注册会员、网站管理员方面的管理，如图10-48所示。主要功能如下：

- 新闻网站管理员的登录验证；
- 添加、修改和删除新闻；
- 审核新闻，只有经审核员审核后的新闻才能在前台新闻中显示；
- 新闻分类管理，包括添加、修改等；
- 注册会员的管理；
- 网站管理员的管理；
- 友情链接的管理（添加、删除、修改）。

在后台管理主页中，管理员首先需要在后台登录页面中登录并验证身份。如果验证通过，就能够在新闻分类栏目页、新闻内容页中进行新闻分类、新闻添加等操作。

在管理新闻和会员时，如果数据少，则管理起来还比较方便；如果多，则找到某条新闻或某个会员就很难，所以需要添加查找新闻标题、关键字的模块以及查找会员的模块。

管理员有不同的权限，包括：系统管理员、新闻审核员和新闻录入员。

友情链接主要是以图片的形式链接到其他网站。

11.1.2 新闻网站的数据库

【演练11-1】 本新闻网站使用newsDB作为数据库名，其中有8张数据表。本例在SQL Server 2005/2008中创建。

1. 新闻分类表

新闻分类表NewsCategory用于保存新闻的分类名称等信息，新闻分类名称有：国内新闻、国际新闻、财经股票、娱乐明星、饮食健康和自然旅游。NewsCategory表中的列名及说明见表11-1。

表11-1 NewsCategory表结构

列 名	类型和长度	说 明
NewsCategoryID	int	分类ID号，自动增1，主键，不允许空
NewsCategoryName	nchar(10)	新闻分类名称，表中唯一，不允许空
NewsCategorySort	int	新闻分类的显示顺序

2. 新闻表

新闻表News用于保存新闻信息，News表中的列名及说明见表11-2。

表 11-2 News 表结构

列 名	类型和长度	说 明
NewsID	int	新闻 ID 号，自动增 1，主键，不允许空
NewsCategoryID	int	新闻分类 ID，NewsCategory 表的外键
NewsCategoryName	nchar(10)	新闻分类名
NewsTitle	nvarchar(30)	新闻标题
NewsAuthor	nvarchar(30)	新闻作者
PicturePath	nvarchar(100)	图片保存路径
NewsContent	nvarchar(max)	新闻内容
CreatorID	int	创建者 ID
CreatedDateTime	datetime	创建时间
IsPass	bit	是否通过审核
AuditorID	int	审核者 ID
AuditDateTime	datetime	审核时间
ShowPageCount	int	浏览次数

3．会员表

会员表 UserInfo 保存注册会员信息，UserInfo 中的列名及说明见表 11-3。

表 11-3 UserInfo 表结构

列 名	类型和长度	说 明
UserID	int	会员的 ID 号，自动增 1，主键，不允许空
UserName	varchar(30)	会员名，表中唯一，只能是字母和数字，不允许空
UserPassword	varchar(32)	密码，只能是字母和数字，不允许空，采用 MD5 加密
UserGender	nvarchar(2)	性别，单选，值可为："男"、"女"或"保密"（默认）
UserEmail	varchar(30)	邮件地址，不允许空，采用 MD5 加密
UserAsk	nvarchar(30)	用户提示信息的问题，不允许空，采用 MD5 加密
UserAnswer	nvarchar(30)	用户提示信息的答案，不允许空，采用 MD5 加密
CreatedDateTime	datetime	用户创建日期和时间
IsPass	bit	用户状态，true 为通过审核（默认），false 为停用

4．会员登录记录表

会员登录记录表 UserLogin 用于保存会员登录本网站的记录，UserLogin 表中的列名及说明见表 11-4。

表 11-4 UserLogin 表结构

列 名	类型和长度	说 明
UserLoginID	int	ID 号，自动增 1，主键，不允许空
UserID	int	会员 ID，不允许空，UserInfo 表的外键
LoginDateTime	smalldatetime	会员登录时的日期时间 DateTime.Now.Date.ToShortDateString()
LoginIP	char(20)	会员登录 IP Request.UserHostAddress.ToString()

5．会员评论表

会员评论表 UserReview 用于保存会员评论新闻的信息，UserReview 表中的列名及说明见表 11-5。

表 11-5 UserReview 表结构

列 名	类型和长度	说 明
UserReviewID	int	ID 号，自动增 1，主键，不允许空
UserID	int	会员 ID，不允许空。UserInfo 表的外键
UserName	nvarchar(50)	会员名
UserReviewContent	nvarchar(200)	会员评论的内容
NewsID	nvarchar(50)	新闻 ID，News 表的外键
CreatedDateTime	datetime	发评论的日期时间
LoginIP	char(20)	会员登录的 IP

6．管理员表

管理员表 Admin 用于保存系统管理员的信息，Admin 表中的列名及说明见表 11-6。

表 11-6 Admin 表结构

列 名	类型和长度	说 明
AdminID	int	ID 号，自动增 1，主键，不允许空
AdminName	varchar(30)	管理员名
AdminPassword	varchar(32)	密码
AdminRealName	nvarchar(30)	管理员的姓名
AdminGradeID	int	管理员级别，AdminGrade 表的外键

7．管理员级别表

管理员级别表 AdminGrade 用于保存系统管理员的权限信息，管理员级别有：系统管理员、审核员和录入员。AdminGrade 表中的列名及说明见表 11-7。

表 11-7 AdminGrade 表结构

列 名	类型和长度	说 明
AdminGradeID	Int	ID 号，自动增 1，主键，不允许空
AdminGradeName	nvarchar(20)	级别名

8．友情链接表

友情链接表 FriendLink 用于保存友情链接信息，FriendLink 表中的列名及说明见表 11-8。

表 11-8 FriendLink 表结构

列 名	类型和长度	说 明
FriendLinkID	int	ID 号，自动增 1，主键，不允许空
FriendLinkName	nvarchar(50)	友情链接名
FriendLinkUrl	nvarchar(50)	链接 URL
LogoPath	nvarchar(100)	LOGO 图片保存地址
FriendLinkSort	int	显示顺序
IsShow	bit	是否显示
CreatedID	int	创建者 ID
CreatedDateTime	datetime	创建日期时间

11.2 简化对数据库的操作

通过前面章节的学习可知，对数据库中表的操作就是增、删、改、查。在演练中我们发现，有许多重复的代码，例如，在每个 Web 窗体中都有获取连接字符串、创建连接对象等功能的代码。对于功能相同的操作，例如增加记录，除 SQL 语句不同外，其他代码几乎完全相同。如果在实际的项目中，也按照演练中的方式为每个数据操作都编写一遍这些代码，则冗余太大了。在实际项目中是如何实现简化代码呢？一般做法是，建立一个数据操作公共类，各 Web 窗体及应用都调用这个公共类的方法，来完成对数据的操作。

【演练 11-2】 对 SQL Server 数据库操作的这种公共类一般命名为 SqlHelper.cs，主要以微软一开始发布的 SqlHelper 类为基础。为了适应各自公司或个人的不同应用，SqlHelper 有很多版本。

SqlHelper 类通过一组静态方法来封装数据访问功能，该类不能被继承或实例化，因此将其声明为包含专用构造函数的不可继承类。在 SqlHelper 类中实现的每种方法都提供了一组一致的重载，这提供了一种很好的使用 SqlHelper 类来执行命令的模式，同时为开发人员选择访问数据的方式提供了必要的灵活性。每种方法的重载都支持不同的方法参数，因此开发人员可以确定传递连接、事务和参数信息的方式。本章以简化的 SqlHelper.cs 为例，介绍其使用方法。

11.2.1 配置项

在应用 SqlHelper 前最好使用 web.config 配置连接字符串，这样有利于网站的可移植性和代码的简洁。web.config 文件中的代码如下：

```
<connectionStrings>
  <add    name=" ConnStr"
    connectionString="Data Source=服务器名; Initial Catalog=数据库名; Integrated Security=true"
    providerName="System.Data.SqlClient"/>
</connectionStrings>
```

在程序中使用 ConnectionString 属性来获取或设置数据库的连接字符串，方法为：

System.Configuration.ConfigurationManager.ConnectionStrings["**ConnStr**"].ConnectionString;

如果在程序中引入 ConfigurationManager 类的命名空间 "using System.Configuration;"，则在程序中获得<connectionStrings>连接字符串的方法可简写为：

ConfigurationManager.ConnectionStrings["**ConnStr**"].ConnectionString;

11.2.2 SqlHelper 类中的方法

在 SqlHelper 类中实现的方法见表 11-9。

表 11-9 SqlHelper 类中的方法

方 法	说 明
GetExecuteNonQuery()	此方法调用 Command 对象的 ExecuteNonQuery()方法，执行 INSERT、DELETE、UPDATA 等处理数据但不返回行的 SQL 语句。返回值为执行 SQL 语句所影响的行数，大于 0 表示执行成功。此方法有两个重载方法
GetExecuteReader()	此方法调用 Command 对象的 ExecuteReader()方法，执行 SELECT 语句得到多条记录。此方法的返回值是 DataReader 对象。此方法有两个重载方法

方　　法	说　　明
GetExecuteScalar()	此方法调用 Command 对象的 ExecuteScalar()方法，执行 SELECT 语句使用 COUNT()、SUM() 或 AVG()等聚合函数，返回指定表中的单个值的 SQL 语句。返回值为 object 类型，表示获得的值。此方法有两个重载方法
GetDataSet()	此方法的返回值是 DataSet 对象。GetDataSet()方法有 3 个重载方法

除了表 11-9 中的方法外，SqlHelper 类还包含一些专用函数，用于管理参数和准备要执行的命令。不管客户端调用什么样的方法实现，所有命令都通过 SqlCommand 对象来执行。在 SqlCommand 对象能够被执行之前，所有参数都必须添加到 Parameters 集合中，并且必须正确设置 Connection、CommandType、CommandText 属性。SqlHelper 类中的专用函数主要用于提供一种一致的方式，以便向 SQL Server 数据库发出命令，而不考虑客户端应用程序调用的重载方法实现。

11.2.3　创建 SqlHelper 类

1. 添加 SqlHelper.cs

在网站中添加一个名称为 SqlHelper.cs 的类，用来实现对数据库的操作。

① 右击网站名称 C:\news，在快捷菜单中单击"添加新项"。显示"添加新项"对话框，选择"类"模板，在"名称"框中输入类名 SqlHelper.cs，然后单击"添加"按钮，如图 11-1 所示。

② 显示提示信息框，如图 11-2 所示，单击"是"按钮。

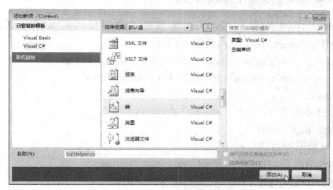
图 11-1　"添加新项"对话框

图 11-2　提示信息框

③ 在网站中创建 App_Code 文件夹，并把 SqlHelper.cs 存放在该文件夹中，同时在编辑区中打开该类，如图 11-3 所示。

2. 在 web.config 文件中添加数据库连接字符串

在 web.config 文件中添加数据库连接字符串，代码如下：

```
<connectionStrings>
  <add   name="ConnStr"
    connectionString="Data Source=PC\SQL2008;Initial Catalog=newsDB;Integrated Security=true"
    providerName="System.Data.SqlClient"/>
</connectionStrings>
```

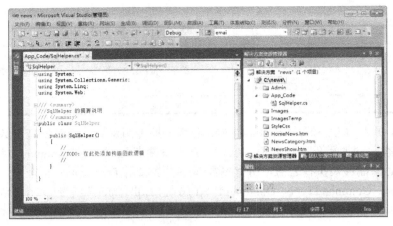

图 11-3　编辑区中的 SqlHelper.cs

3．在 SqlHelper.cs 中添加引用命名空间

在 SqlHelper.cs 中的命名空间区域中添加对所需命名空间的引用如下：
　　using System.Data.SqlClient;//引用 SQL Server 数据库
　　using System.Data;//引用 DataSet
　　using System.Web.UI;//引用 Page 对象
　　using System.Text;//引用 StringBuilder 对象

4．在 SqlHelper.cs 中添加打开、关闭连接对象的静态方法

每次对数据库的操作都要使用 Connection 对象和 Command 对象，所以将其定义在方法之外，定义为静态对象，可以在整个 SqlHelper.cs 中使用。代码如下：
　　private static SqlConnection conn = new SqlConnection();//创建静态 Connection 对象
　　private static SqlCommand cmd = new SqlCommand();//创建静态 Command 对象
　　private static void OpenConnection()
　　{　　//如果连接状态为关闭，则打开连接
　　　　if (conn.State = = ConnectionState.Closed)
　　　　{　　//web.config 文件中获取数据库连接字符串
　　　　　　string connString = System.Web.Configuration.WebConfigurationManager.
　　　　　　　　　　ConnectionStrings["ConnStr"].ConnectionString;
　　　　　　conn.ConnectionString = connString; //把连接字符串赋值给连接对象
　　　　　　cmd.Connection = conn; //设置命令对象的连接对象
　　　　　　conn.Open();//打开连接
　　　　}
　　}
　　public static void CloseConnection()
　　{　　//如果连接状态为打开，则关闭连接
　　　　if (conn.State = = ConnectionState.Open)
　　　　{
　　　　　　conn.Close();//关闭连接
　　　　}
　　}

添加代码到 SqlHelper.cs 中后，如图 11-4 所示。

图 11-4　SqlHelper.cs 中的代码

5．GetExecuteNonQuery()方法

GetExecuteNonQuery()方法调用 Command 对象的 ExecuteNonQuery()方法，执行 INSERT、DELETE、UPDATA 等处理数据但不返回行的 SQL 语句。返回值为执行 SQL 语句所影响的行数，大于 0 表示执行成功。GetExecuteNonQuery()方法有两个重载方法。

（1）一个参数的 GetExecuteNonQuery()方法

GetExecuteNonQuery()方法有一个 string 类型的参数，表示要执行的 SQL 语句。举例如下：

```
public static int GetExecuteNonQuery(string sqlStr)
{
    OpenConnection();//打开连接
    cmd.CommandType = CommandType.Text;//定义为使用 SQL 语句
    cmd.CommandText = sqlStr;//初始化 Command 对象的 SQL 字符串
    int result = cmd.ExecuteNonQuery();//执行 SQL 语句并返回受影响的行数
    CloseConnection();//关闭连接
    return result;//返回整数
}
```

（2）两个参数的 GetExecuteNonQuery()方法

GetExecuteNonQuery()方法的参数：sqlStr 表示要执行的 SQL 语句；values 表示保存在 SqlParameter 集合对象中的值。举例如下：

```
public static int GetExecuteNonQuery(string sqlStr, params SqlParameter[] values)
{
    OpenConnection();
    cmd.CommandType = CommandType.Text;
    cmd.CommandText = sqlStr;
    cmd.Parameters.AddRange(values);
    int result = cmd.ExecuteNonQuery();
    CloseConnection();
    cmd.Parameters.Clear();
```

            return result;
        }

6．GetExecuteScalar()方法

GetExecuteScalar()方法调用 Command 对象的 ExecuteScalar()方法，执行 SELECT 语句使用 COUNT、SUM()或 AVG()等聚合函数，返回指定表中的单个值的 SQL 语句。返回值为 object 类型，表示获得的值。GetExecuteScalar()方法有两个重载方法。

（1）一个参数的 GetExecuteScalar()方法

GetExecuteScalar()方法有一个 string 类型的参数，表示要执行的 SQL 语句。举例如下：

```
public static object GetExecuteScalar(string sqlStr)
{
    OpenConnection();
    cmd.CommandType = CommandType.Text;
    cmd.CommandText = sqlStr;
    object result = cmd.ExecuteScalar();//执行 SQL 语句
    CloseConnection();
    return result;//返回获得的单个值
}
```

（2）两个参数的 GetExecuteScalar()方法

GetExecuteScalar()方法的参数：sqlStr 表示要执行的 SQL 语句；values 表示保存在 SqlParameter 集合对象中的值。举例如下：

```
public static object GetExecuteScalar(string sqlStr, params SqlParameter[] values)
{
    OpenConnection();
    cmd.CommandType = CommandType.Text;
    cmd.CommandText = sqlStr;
    cmd.Parameters.Clear();
    cmd.Parameters.AddRange(values);
    object result = cmd.ExecuteScalar();
    CloseConnection();
    cmd.Parameters.Clear();
    return result;
}
```

7．GetExecuteReader()方法

GetExecuteReader()方法调用 Command 对象的 ExecuteReader()方法，执行 SELECT 语句得到多条记录。GetExecuteReader()方法的返回值是 DataReader 对象，由于 Connection 对象关闭后 DataReader 对象也随之关闭，因此本方法中不能加入关闭 Connection 对象的语句。GetExecuteReader()方法有两个重载方法。

（1）一个参数的 GetExecuteReader()方法

GetExecuteReader()方法中有一个 string 类型的参数，表示要执行的 SQL 语句。举例如下：

```
public static SqlDataReader GetExecuteReader(string sqlStr)
{
    OpenConnection();
    cmd.CommandType = CommandType.Text;
```

```csharp
        cmd.CommandText = sqlStr;
        SqlDataReader reader = cmd.ExecuteReader();
        //这里不能关闭连接 CloseConnection()，要在调用中关闭
        return reader;
    }
```

（2）传递表的两个参数的 GetDataReader()方法

GetDataReader()方法的参数：sqlStr 表示要执行的 SQL 语句；values 表示保存在 SqlParameter 集合对象中的值。举例如下：

```csharp
    public static SqlDataReader GetDataReader(string sqlStr, params SqlParameter[] values)
    {
        OpenConnection();
        cmd.CommandType = CommandType.Text;
        cmd.CommandText = sqlStr;
        cmd.Parameters.AddRange(values);
        SqlDataReader reader = cmd.ExecuteReader();
        //这里不能关闭连接 CloseConnection()，要在调用中关闭
        cmd.Parameters.Clear();
        return reader;
    }
```

8．GetDataSet()方法

GetDataSet()方法的返回值是 DataSet 对象。GetDataSet()方法有 3 个重载方法。

（1）一个参数的 GetDataSet()方法

GetDataSet()方法中有一个 string 类型的参数，表示要执行的 SQL 语句。举例如下：

```csharp
    public static DataSet GetDataSet(string sqlStr)
    {
        SqlDataAdapter da = new SqlDataAdapter();
        OpenConnection();
        cmd.CommandType = CommandType.Text;
        cmd.CommandText = sqlStr;
        da.SelectCommand = cmd;
        DataSet ds = new DataSet();
        da.Fill(ds);
        CloseConnection();
        return ds;//返回 DataSet 对象
    }
```

（2）两个参数的 GetDataSet()方法

GetDataSet()方法的参数：sqlStr 表示要执行的 SQL 语句；values 表示保存在 SqlParameter 集合对象中的值。举例如下：

```csharp
    public static DataSet GetDataSet(string sqlStr, params SqlParameter[] values)
    {
        SqlDataAdapter da = new SqlDataAdapter();
        OpenConnection();
        cmd.CommandType = CommandType.Text;
        cmd.CommandText = sqlStr;
        cmd.Parameters.AddRange(values);
```

```
            da.SelectCommand = cmd;
            DataSet ds = new DataSet();
            da.Fill(ds);
            CloseConnection();
            cmd.Parameters.Clear();
            return ds; //返回 DataSet 对象
        }
```

（3）另一个两个参数的 GetDataSet()方法

GetDataSet()方法的参数：sqlStr 表示要执行的 SQL 语句；tableName 表示传递的表名。

```
        public static DataSet GetDataSet(string sqlStr, string tableName)
        {
            SqlDataAdapter da = new SqlDataAdapter();
            OpenConnection();
            cmd.CommandType = CommandType.Text;
            cmd.CommandText = sqlStr;
            da.SelectCommand = cmd;
            DataSet ds = new DataSet();
            da.Fill(ds, tableName);
            CloseConnection();
            return ds; //返回 DataSet 对象
        }
```

9．SqlHelper.cs 中的其他方法

SqlHelper.cs 中的静态方法，除前面介绍的方法外，还有一些其他方法及其重载方法，如 GetDataTable()、GetDataView()、服务器端弹出 alert 对话框 GetAlert()、Alert()、MsgBox()等方法。这些方法的编码及其调用方法，请自行下载并查看源程序，限于篇幅，这里不再介绍。

11.3 后台页面的设计

【演练 11-3】 后台管理页面包括：后台管理员登录页面、后台管理主页以及通过后台管理主页链接到的各个功能页面，如新闻添加、新闻审核、会员管理、友情链接管理等。

11.3.1 后台管理主页和登录页

后台管理实现方法：先执行后台管理主页，然后链接到其他后台页面。执行后台管理主页时，要先判断管理员是否已经登录（用 session 对象保存登录数据），如果没有登录，则重定向到登录页面。

1．修改母版页

在实训 10-1 中已经基本完成了母版页 MasterPageAdmin.master 的编辑，只有页面左侧下部的管理员信息提示没有实现，如图 11-5 所示。下面实现动态显示登录的管理员名和权限、退出后台管理功能。打开 MasterPageAdmin.master，切换到源视图，修改代码如下：

① 把"admin"替换为"<asp:Label ID="lblAdminName" runat="server"></asp:Label>"。

② 把"系统管理员"替换为"<asp:Label ID="lblAdminGradeName" runat="server"></asp:Label>"。

③ 把"<a href="..\HomeNews.htm">退出后台管理</a>"替换为"<asp:LinkButton ID="lbtnExit" runat="server" OnClick="lbtnExit_Click">退出后台管理</asp:LinkButton>"。

替换后，显示如图 11-6 所示。

图 11-5　管理员信息提示　　　　图 11-6　替换后的管理员信息提示

在图 11-6 中双击"退出后台管理"链接按钮，打开 MasterPageAdmin.master.cs，输入代码如下：

```
protected void Page_Load(object sender, EventArgs e)
{
    if (Session["AdminName"] == null) //如果没有登录，则打开登录页
    {
        Response.Redirect("AdminLogin.aspx"); //重定向到登录页面
    }
    if (!IsPostBack)
    {
        lblAdminName.Text = Session["adminname"].ToString(); //获取管理员名
        lblAdminGradeName.Text = Session["admingradename"].ToString().Trim(); //获取权限
        lbtnExit.CausesValidation = false;//不验证"退出后台管理"按钮
    }
}
protected void lbtnExit_Click(object sender, EventArgs e)
{   //清空登录信息，退出登录
    Session["adminid"] = null;//管理员 ID
    Session["adminname"] = null;//管理员名
    Session["admingradeid"] = null;//权限 ID
    Session["admingradename"] = null;//权限名
    Response.Redirect("AdminLogin.aspx"); //重定向到登录页面
}
```

2．后台管理员登录页

在后台管理员登录页 AdminLogin.aspx 中，要求管理员输入账户、密码、验证码，先确认验证码是否正确，然后按输入的账户名、密码与数据库表中保存的该账户的密码进行对比，如果匹配则在 Session 对象中保存该账户，通过方法取得权限名并保存。最后，重定向到 HomeAdmin.aspx。

下面按照设计好的登录页面外观 AdminLogin.htm，修改 AdminLogin.aspx。操作步骤如下：

① 在网站文件夹中，右击 Admin 文件夹，从快捷菜单中单击"添加新项"，显示"添加新项"对话框，选择"Web 窗体"模板，在"名称"框中输入 AdminLogin.aspx，取消选中"选择母版页"复选框，单击"添加"按钮。

② 在 AdminLogin.htm 中，复制<head>…</head>内的代码，替换 AdminLogin.aspx 中<head runat="server">…</head>内的代码。

③ 在 AdminLogin.htm 中，复制<body>…</body>内的代码，替换 AdminLogin.aspx 中<form

id="form1" runat="server">…</form>内的代码。

④ 切换 AdminLogin.aspx 到设计视图中，其外观已经与 AdminLogin.htm 一样，如图 11-7 所示。关闭 AdminLogin.htm，然后替换 AdminLogin.aspx 中的控件。

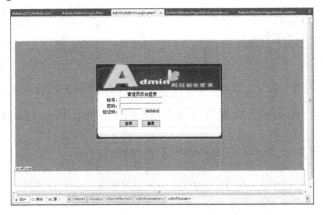

图 11-7　AdminLogin.aspx

⑤ "账户:"后的文本框替换为：
    <asp:TextBox ID="txtAdminName" runat="server" Width="150px" BorderStyle="Solid"
        BorderWidth="1px"></asp:TextBox>

"密码:"后的文本框替换为：
    <asp:TextBox ID="txtAdminPassword" runat="server" TextMode="Password" Width="150px"
        BorderStyle="Solid" BorderWidth="1px"></asp:TextBox>。

"验证码:"后的文本框替换为：
    <asp:TextBox ID="txtValidateCode" runat="server" Width="70px" BorderStyle="Solid"
        BorderWidth= "1px"></asp:TextBox>

把"验证码:"后面显示的图片的 img 标记中的"src="../ImagesTemp/ValidateCode.gif""替换为"src="ValidateCode.aspx""。ValidateCode.aspx 是生成随机数字图片的程序。

"登录"按钮替换为：
    <asp:Button ID="btnOK" runat="server" Text="登录" OnClick="btnOK_Click" CssClass="button" />

"重置"按钮替换为如下代码，然后设置属性 CausesValidation 为 false：
    <asp:Button ID="btnReset" runat="server" Text="重置" OnClick="btnReset_Click"
        CssClass= "button" />

⑥ 在"账户:"行的第 3 个单元格中，添加验证控件，然后在验证控件的"属性"窗口中把控件中文本的颜色改为红色。
    <asp:RequiredFieldValidator ID="RequiredFieldValidator2" ControlToValidate="txtAdminName"
      runat="server" Display="Dynamic" ErrorMessage=""管理员"必须输入！">
    </asp:RequiredFieldValidator>
    <asp:RegularExpressionValidator ID="RegularExpressionValidator1" ControlToValidate="txtAdminName"
      runat="server" Display="Dynamic" ErrorMessage="只能输入字母和(或)数字！"
      ValidationExpression= "[A-Za-z0-9]+$"></asp:RegularExpressionValidator>

⑦ 在"密码:"行的第 3 个单元格中，添加验证控件，然后在验证控件的"属性"窗口中把控件中文本的颜色改为红色。
    <asp:RequiredFieldValidator ID="RequiredFieldValidator1" ControlToValidate="txtAdminPassword"
      runat="server" Display="Dynamic" ErrorMessage=""密码"必须输入！">

```
    </asp:RequiredFieldValidator>
    <asp:RegularExpressionValidator ID="RegularExpressionValidator2" runat="server" Display="Dynamic"
        ControlToValidate="txtAdminPassword" ErrorMessage="只能输入字母和(或)数字！"
        ValidationExpression="[A-Za-z0-9]+$"></asp:RegularExpressionValidator>
```

⑧ 为"登录"按钮编写事件代码。

在命名空间中添加引用如下：

```
using System.Data.SqlClient;//添加引用 SQL Server;
using System.Web.Security;//添加引用 MD5
using System.Data;// 添加对 DataSet 的引用
```

事件代码和方法如下：

```csharp
protected void Page_Load(object sender, EventArgs e)
{
    txtAdminName.Focus();//焦点设置到账户框
    btnReset.CausesValidation = false;//单击"重置"按钮不激发验证
}
protected void btnOK_Click(object sender, EventArgs e)
{   //"登录"按钮的单击事件
    //单击"登录"按钮后，先判断验证码正确后，再判断其他
    if (Session["CheckCode"].ToString().ToLower().Equals(txtValidateCode.Text.ToString().ToLower()))
    {
        string adminName = txtAdminName.Text.Trim(); //获取用户名
        string adminPassword = txtAdminPassword.Text.Trim();//获取密码
        if (ExistAdmin(adminName, adminPassword) > 0)//判断管理员名和密码是否正确
        {    //得到管理员 ID，保存管理员 ID
            Session["AdminID"] = GetAdminID(adminName, adminPassword);
            Session["AdminName"] = adminName; //保存管理员名
            int adminGradeID = GetAdminGradeID(adminName, adminPassword);//得到管理员权限 ID
            Session["AdminGradeID"] = adminGradeID; //保存管理员权限 ID
            //由权限 ID 得到对应的权限名
            Session["AdminGradeName"] = GetAdminGradeName(adminGradeID);
            Response.Redirect("HomeAdmin.aspx");//重定向到后台主程序
        }
        else
        {
            SqlHelper.MsgBox("密码或管理员名错误！", Page); //调用自定义类中的方法
        }
    }
    else
    {
        SqlHelper.MsgBox("验证码错误！", Page); //调用自定义类中的方法
    }
}
private int ExistAdmin(string adminName, string adminPassword)
{   //判断管理员名和密码是否正确
    //设置参数，并把控件中的值赋给相应参数
    string sqlStr = "select count(*) from Admin where AdminName =@AdminName and
            AdminPassword=@AdminPassword";
```

```csharp
        SqlParameter[] paras = new SqlParameter[]
        {
            new SqlParameter("@AdminName", SqlDbType.VarChar, 50),
            new SqlParameter("@AdminPassword", SqlDbType.VarChar, 50)
        };
        paras[0].Value = adminName; //获取管理员名
        //获取密码，采用 MD5
        paras[1].Value = FormsAuthentication.HashPasswordForStoringInConfigFile(adminPassword, "MD5");
        int i =Convert.ToInt32(SqlHelper.GetExecuteScalar(sqlStr, paras));//把 object 类型转换为 int
        return i;
    }
    protected int GetAdminID(string adminName, string adminPassword)
    {   //得到管理员 ID
        //在 Admin 表中查找输入的管理员名和密码的记录
        string sqlStr = "select AdminID from Admin where AdminName =@AdminName and 
                AdminPassword=@AdminPassword";
        SqlParameter[] paras = new SqlParameter[]
        {
            new SqlParameter("@AdminName", SqlDbType.VarChar, 50),
            new SqlParameter("@AdminPassword", SqlDbType.VarChar, 50)
        };
        paras[0].Value = adminName; //获取管理员名
        //获取密码，采用 MD5
        paras[1].Value = FormsAuthentication.HashPasswordForStoringInConfigFile(adminPassword, "MD5");
        int adminID = 0;//保存从 Admin 表中得到的管理员 ID
        SqlDataReader reader = SqlHelper.GetDataReader(sqlStr, paras); //调用自定义类中的方法
        if (reader.HasRows)
        {
            while (reader.Read())
            {
                //当管理员名和密码正确时，找到该记录
                adminID = (int)reader["AdminID"];//从表中得到管理员 ID
            }
        }
        reader.Close();
        return adminID;//返回管理员 ID
    }
    private int GetAdminGradeID(string adminName, string adminPassword)
    {   //得到权限 ID
        int adminGradeID = 0;//权限 ID
        string sqlStr = "select AdminGradeID from Admin where AdminName =@AdminName and 
                AdminPassword=@AdminPassword";
        SqlParameter[] paras = new SqlParameter[]
        {
            new SqlParameter("@AdminName", SqlDbType.VarChar, 50),
            new SqlParameter("@AdminPassword", SqlDbType.VarChar, 50)
        };
```

```csharp
            paras[0].Value = adminName; //获取管理员名
            //获取密码，采用 MD5
            paras[1].Value = FormsAuthentication.HashPasswordForStoringInConfigFile(adminPassword, "MD5");
            SqlDataReader reader = SqlHelper.GetDataReader(sqlStr, paras); //调用自定义类中的方法
            if (reader.HasRows)
            {
                while (reader.Read())
                {
                    adminGradeID = (int)reader["AdminGradeID"];
                }
            }
            reader.Close();
            return adminGradeID;//返回权限 ID
        }
        private string GetAdminGradeName(int adminGradeID)
        {
            //到权限表中，由权限 ID 找出对应的权限名
            string adminGradeName = "";//权限名
            string sqlStr = "select AdminGradeID, AdminGradeName from AdminGrade where 
                    AdminGradeID=" + adminGradeID;
            SqlDataReader reader = SqlHelper.GetExecuteReader(sqlStr);//调用自定义类中的方法
            if (reader.HasRows)
            {
                while (reader.Read())
                {
                    adminGradeName = reader["AdminGradeName"].ToString();//获取权限名
                }
            }
            reader.Close();
            return adminGradeName;//返回权限名
        }
        protected void btnReset_Click(object sender, EventArgs e)
        {
            //"重置"按钮的单击事件
            txtAdminName.Text = null;//账户框
            txtAdminPassword.Text = null;//密码框
            txtValidateCode.Text = null;//验证码框
            txtAdminName.Focus();//焦点设置到账户文本框
        }
```

⑨ 执行 HomeAdmin.aspx，将重定向到 AdminLogin.aspx，显示如图 11-8 所示。输入正确的登录信息后，重定向到后台管理主页，如图 11-9 所示。

11.3.2 后台管理员的添加、编辑页

对于会员，通常由用户自己注册成为会员。而对于网站的管理员，则需要由系统管理员添加。对于非系统管理员，登录后，管理员只能修改自己账户的密码。

1．添加管理员页

① 参考实训 10-1，创建基于后台母版页 MasterPageAdmin.master 的添加管理员页 AdminAdd.aspx。

图 11-8 在 AdminLogin.aspx 中输入登录信息

图 11-9 后台管理主页

② 打开静态 AdminAdd.htm，把<body>…</body>之间的代码，都复制到 AdminAdd.aspx 的<asp:Content>…</asp:Content>之间。

③ 在 AdminAdd.aspx 中，把静态控件都替换成服务器控件。添加验证控件，并设置 ForeColor 为 Red。显示如图 11-10 所示。

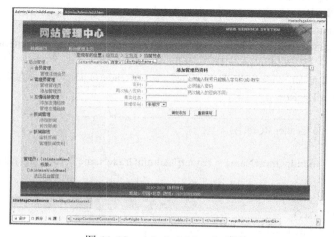

图 11-10 AdminAdd.aspx 窗体

④ 为"确定添加"按钮和"重新填写"按钮编写事件代码。

在命名空间中添加引用如下：

    using System.Data.SqlClient;//添加引用 SQL Server;
    using System.Web.Security;//添加引用 MD5
    using System.Data;// 添加对 DataSet 的引用

事件代码和方法如下：

protected void Page_Load(object sender, EventArgs e)
{
    if (Session["AdminName"] == null)//如果没有登录，则打开登录页
    {
        Response.Redirect("AdminLogin.aspx");   //定向到登录页面
    }
    if (!IsPostBack)
    {
        ShowAdminGrade();//绑定权限级别下拉列表框
    }
}

```csharp
protected void btnOk_Click(object sender, EventArgs e)
{   //"确定添加"按钮的单击事件代码
    if (Page.IsValid)
    {   //首先检查新账号是否存在
        string sqlStr1 = "select count(*) from Admin where AdminName='" + txtAdminName.Text + "'";
        int i = Convert.ToInt32(SqlHelper.GetExecuteScalar(sqlStr1));
        if (i > 0)
        {
            SqlHelper.MsgBox("该账号已经存在!请改名。", Page);
            return;
        }
        else
        {   //如果新账号名不存在,则执行修改
            //下拉列表框的第1项的序号是0,所以+1
            int adminGradeID = ddlAdminGrade.SelectedIndex + 1;
            string adminPassword =
FormsAuthentication.HashPasswordForStoringInConfigFile(txtAdminPassword.Text.Trim(), "MD5");
            string sqlStr =
                 "insert into Admin(AdminName, AdminPassword, AdminRealName, AdminGradeID)";
            sqlStr += "values ('" + txtAdminName.Text + "','" + adminPassword + "',";//(' " +" ',' "+" ','
            sqlStr += txtAdminRealName.Text + "','" + adminGradeID + "')";//" ',' "    " ')"
            SqlHelper.GetExecuteNonQuery(sqlStr);
            Response.Redirect("Admin.aspx");//定向到编辑管理员页
        }
    }
}
protected void btnReset_Click(object sender, EventArgs e)
{   //"重新填写"按钮的单击事件代码
    txtAdminName.Text = null;
    txtAdminPassword.Text = null;
    txtAdminRealName.Text = null;
}
private void ShowAdminGrade()
{   //从权限级别表中读出到下拉列表中
    string sqlStr = "select AdminGradeName from AdminGrade";
    DataSet ds = SqlHelper.GetDataSet(sqlStr);
    ddlAdminGrade.DataSource = ds.Tables[0].DefaultView;
    ddlAdminGrade.DataTextField = "AdminGradeName";
    ddlAdminGrade.DataValueField = "AdminGradeName";
    ddlAdminGrade.DataBind();
}
```

2. 编辑管理员页

① 创建基于后台母版页 MasterPageAdmin.master 的编辑管理员页 Admin.aspx。

② 打开静态 Admin.htm,把<body>…</body>之间的代码,都复制到 Admin.aspx 的<asp:Content>…</asp:Content>之间。

③ 在 Admin.aspx 中,把复制过来的静态文本框、"查找"按钮、"显示全部"按钮、"添加

管理员"按钮,替换成服务器控件。把<table>…</table>之间的代码用 GridView 控件替换,并设置 GridView 控件水平居中,即 HorizontalAlign 为 Center。代码如下:

```
<asp:Content ID="Content2" ContentPlaceHolderID="ContentPlaceHolder1" runat="Server">
    <div id="right-frame-content">
        <div class="center-title">
            输入管理员名,真实姓名,或管理员级别:
            <asp:TextBox ID="txtKey" runat="server" Width="77px"></asp:TextBox> 
            <asp:Button ID="btnFind" runat="server" OnClick="btnFind_Click" Text="查找"
                Width="43px" /> 
            <asp:Button ID="btnShowAll" runat="server" OnClick="btnShowAll_Click" Text="
                显示全部"
                Width="74px" />
            <asp:Button ID="btnAdd" runat="server" Text="添加管理员" Width="89px"
                OnClick="btnAdd_Click" /><br />
        </div>
        <div style="text-align: center">
            <asp:GridView ID="gridAdmin" runat="server" AutoGenerateColumns="false"
                    Width="565px" OnPageIndexChanging="gridAdmin_PageIndexChanging"
                    BorderColor="Black">
                <Columns>
                    <asp:BoundField DataField="AdminID" HeaderText="序号" />
                    <asp:BoundField DataField="AdminName" HeaderText="管理员账号" />
                    <asp:TemplateField HeaderText="管理员密码">
                        <ItemTemplate>
                            ******
                        </ItemTemplate>
                    </asp:TemplateField>
                    <asp:BoundField DataField="AdminRealName" HeaderText="真实姓名" />
                    <asp:BoundField DataField="AdminGradeID" HeaderText="管理员级别" />
                    <asp:HyperLinkField DataNavigateUrlFields="AdminID"
                        DataNavigateUrlFormatString="AdminModify.aspx?id={0}"
                        HeaderText="修改" Text="修改" />
                    <asp:HyperLinkField DataNavigateUrlFields="AdminID"
                        DataNavigateUrlFormatString="AdminDelete.aspx?id={0}"
                        HeaderText="删除" Text="删除" />
                </Columns>
            </asp:GridView>
        </div>
    </div>
</asp:Content>
```

④ 为"查找"按钮编写事件代码。

在命名空间中添加引用如下:
  using System.Data;//添加对 DataSet 的引用
事件代码和方法如下:
  //查询字符串,静态变量,用于在本页面中公用
  static string selectStr = "";//select 语句的字符串要与其他用于删除、修改的字符串采用不同的变量
  protected void Page_Load(object sender, EventArgs e)

```csharp
{
    if (Session["AdminName"] == null)//如果没有登录，则打开登录页
    {
        Response.Redirect("AdminLogin.aspx");        //去登录页
    }
    if (!IsPostBack)
    {
        selectStr = "select AdminID, AdminName, AdminPassword, AdminRealName,
                AdminGradeID from Admin";        //显示全部记录
        ShowAdmin(selectStr);
    }
}
private void ShowAdmin(string seleStr)
{    //数据绑定,显示全部记录
    DataSet ds = SqlHelper.GetDataSet(seleStr);
    gridAdmin.DataSource = ds;
    gridAdmin.DataKeyNames = new string[] { "AdminID" };//GridView 控件的主键名
    gridAdmin.AllowPaging = true;//启用分页
    gridAdmin.AutoGenerateColumns = false;//不自己绑定字段
    gridAdmin.PageSize = 5;//每页显示的记录数
    gridAdmin.DataBind();
}
protected void btnShowAll_Click(object sender, EventArgs e)
{    //"显示全部"按钮的单击事件代码
    selectStr = "select AdminID, AdminName, AdminPassword, AdminRealName, AdminGradeID
            from Admin";//显示全部记录
    gridAdmin.PageIndex = 0;//从第 1 页开始显示
    ShowAdmin(selectStr);
}
protected void btnFind_Click(object sender, EventArgs e)
{    //"查找"按钮的单击事件代码,组成在 GridView 控件中显示记录的查询条件
    string key = this.txtKey.Text.Trim();
    if (key != "")
    {
        selectStr = "Select AdminID, AdminName, AdminPassword, AdminRealName,
                AdminGradeID from Admin ";//注意字符串尾部有一个空格
        selectStr += "where AdminName like '%" + key + "%' ";//按管理员账号查找
        selectStr += "or AdminRealName like '%" + key + "%' ";//按真实姓名查找
        selectStr += "or AdminGradeID like '%" + key + "%' ";//按管理员级别查找
    }
    else
    {
        selectStr = "select AdminID, AdminName, AdminPassword, AdminRealName,
                AdminGradeID from Admin";//显示全部记录
    }
    ShowAdmin(selectStr);//显示给定条件的记录
}
```

```
protected void btnAdd_Click(object sender, EventArgs e)
{   //"添加管理员"按钮的单击事件代码
    Response.Redirect("AdminAdd.aspx");//定向到添加管理员页
}
protected void gridAdmin_PageIndexChanging(object sender, GridViewPageEventArgs e)
{   //分页
    gridAdmin.PageIndex = e.NewPageIndex;
    ShowAdmin(selectStr);//显示给定条件的记录
}
```

⑤ 在左侧单击"添加管理员",显示如图 11-11 所示;单击"管理管理员",显示如图 11-12 所示。

图 11-11　添加管理员页　　　　　　图 11-12　管理管理员页

3．其他后台页

请读者参考上面操作,完成其他后台页面。

11.3.3　新闻的添加

这里仅给出添加新闻的实现方法,后台新闻的浏览、编辑等请读者自行实现。

① 创建基于后台母版页 MasterPageAdmin.master 的编辑管理员页 NewsAdd.aspx。

② 打开静态 NewsAdd.htm,把<head>…</head>之间的代码<style type="text/css"></style>复制到 NewsAdd.aspx 的<asp:Content ID="Content1">…</asp:Content>之间;把<body>…</body>之间的代码全部复制到 NewsAdd.aspx 的<asp:Content ID="Content2">…</asp:Content>之间。

③ 在 NewsAdd.aspx 中,把复制过来的控件替换成服务器控件,代码如下:

```
<asp:Content ID="Content2" ContentPlaceHolderID="ContentPlaceHolder1" runat="Server">
    <div id="right-frame-content">
        <table width="100%" border="0" cellspacing="2" cellpadding="0" class="t2">
            <tr>
                <th colspan="2">
                    添加新闻
                </th>
            </tr>
            <tr>
                <td class="style2">
                    新闻分类:
```

```
            </td>
            <td class="style3">
                <asp:DropDownList ID="ddlNewsCategory" runat="server">
                </asp:DropDownList>
            </td>
        </tr>
        <tr>
            <td class="style1">
                新闻标题：
            </td>
            <td class="tdleft">
                <asp:TextBox ID="txtNewsTitle" runat="server" Width="400px"></asp:TextBox>
                <asp:RequiredFieldValidator ID="RequiredFieldValidator1" runat="server"
                    ControlToValidate="txtNewsTitle" ErrorMessage="必须有标题"
                    ForeColor="Red"> </asp:RequiredFieldValidator>
            </td>
        </tr>
        <tr>
            <td class="style1">
                作者来源：
            </td>
            <td class="tdleft">
                <asp:TextBox ID="txtNewsAuthor" runat="server" Width="400px"></asp:TextBox>
                <asp:RequiredFieldValidator ID="RequiredFieldValidator2" runat="server"
                    ControlToValidate="txtNewsAuthor" ErrorMessage="必须有来源"
                    ForeColor="Red">
                </asp:RequiredFieldValidator>
            </td>
        </tr>
        <tr>
            <td class="style1">
                新闻图片：
            </td>
            <td class="tdleft">
                <asp:FileUpload ID="FileUploadPicture" runat="server" Width="250px" />
            </td>
        </tr>
        <tr>
            <td class="style1">
                新闻内容：
            </td>
            <td class="tdleft">
                <asp:TextBox ID="txtNewsContent" runat="server" Height="229px"
                    TextMode="MultiLine" Width="651px">
                </asp:TextBox>
            </td>
        </tr>
```

```html
                    <tr>
                        <td class="center" colspan="2">
                            <asp:Button ID="btnOK" runat="server" Text="添加" CssClass="button"
                                OnClick="btnOK_Click" Width="66px" />
                             <asp:Button ID="btnReset" runat="server" Text="重置" CssClass="button"
                                OnClick="btnReset_Click" Width="66px" />
                        </td>
                    </tr>
                    <tr>
                        <td class="center" colspan="2">
                            <asp:Label ID="lblMsg" runat="server" ForeColor="Red"></asp:Label>
                        </td>
                    </tr>
                </table>
            </div>
</asp:Content>
```

NewsAdd.aspx 的设计视图如图 11-13 所示。

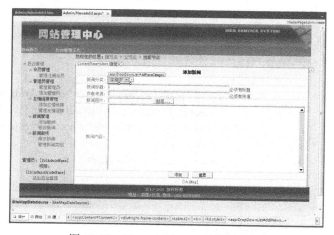

图 11-13　NewsAdd.aspx 的设计视图

④ NewsAdd.aspx.cs 中的事件和方法如下。

```
using System.Data.SqlClient;//添加引用 SQL Server;
using System.Data;//添加对 DataSet 的引用
protected void Page_Load(object sender, EventArgs e)
{
    if (Session["AdminName"] == null)//如果没有登录，则定向到后台登录页
    {
        Response.Redirect("~/Admin/AdminLogin.aspx");   //定向到后台登录页
    }
    if (!IsPostBack)
    {
        ShowNewsCategory();//绑定新闻类别到下拉列表框
        btnReset.CausesValidation = false;//不验证"重置"按钮
    }
}
```

```csharp
private void ShowNewsCategory()
{
    //绑定新闻类别到下拉列表上
    string seleStr = "select NewsCategoryID, NewsCategoryName from NewsCategory ORDER BY
            NewsCategorySort";//显示全部记录
    DataSet ds = SqlHelper.GetDataSet(seleStr);
    ddlNewsCategory.DataSource = ds;
    ddlNewsCategory.DataTextField = "NewsCategoryName";//显示字段
    ddlNewsCategory.DataValueField = "NewsCategoryID";//值字段
    ddlNewsCategory.DataBind();
    ddlNewsCategory.SelectedIndex = 0;//默认选中第 1 个选项
}
protected void btnOK_Click(object sender, EventArgs e)
{
    UploadPicture();//上传新闻图片
    int newsCategoryID = int.Parse(ddlNewsCategory.SelectedValue);//新闻类别 ID
    string newsCategoryName = ddlNewsCategory.SelectedItem.Text;//新闻类别名称
    string newsTitle = txtNewsTitle.Text.Trim();//新闻标题
    string newsAuthor = txtNewsAuthor.Text.Trim();//作者、来源
    string newsPicture = UploadPicture();//图片名
    string newsContent = ToHtml(txtNewsContent.Text);//新闻内容，替换换行符
    int creatorID = (int)(Session["AdminID"]);//添加者
    DateTime createdDateTime = DateTime.Now;//系统时间
    //如果管理员的权限 ID 大于 2，则是录入员，需要审核；否则不需要审核
    int isPass = (int)(Session["AdminGradeID"]) > 2 ? 0 : 1;
    if (AddNews(newsCategoryID, newsCategoryName, newsTitle, newsAuthor, newsPicture,
            newsContent, creatorID, createdDateTime, isPass))
    {
        lblMsg.Text = "添加新闻成功！";
        ResetNews();//初始化添加新闻框
    }
    else
    {
        lblMsg.Text = "添加新闻失败！";
    }
}
private bool AddNews(int newsCategoryID, string newsCategoryName, string newsTitle, string
        newsAuthor, string newsPicture, string newsContent, int creatorID,
        DateTime createdDateTime, int isPass)
{   // 添加新闻
    string sqlStr = "insert into News(NewsCategoryID, NewsCategoryName, NewsTitle,
            NewsAuthor, NewsPicture, NewsContent, CreatorID, CreatedDateTime, IsPass)";
    sqlStr += "values('" + newsCategoryID + "','" + newsCategoryName + "','" + newsTitle + "','"+
            newsAuthor + "','" + newsPicture + "','" + newsContent + "','" + creatorID + "','"+
            createdDateTime + "','" + isPass + "')";// (' " + " ',' " +" ')"
    int result = SqlHelper.GetExecuteNonQuery(sqlStr);
    bool flag = false;//添加新闻是否成功标记
```

```csharp
            if (result > 0)
            {
                flag = true;
            }
            return flag;
        }
        protected void btnReset_Click(object sender, EventArgs e)
        {   //"重置"按钮
            ResetNews();//初始化添加新闻框
        }
        private void ResetNews()
        {   //初始化添加新闻框
            txtNewsTitle.Text = string.Empty;
            txtNewsAuthor.Text = string.Empty;
            txtNewsContent.Text = string.Empty;
            lblMsg.Text = string.Empty;
        }
        private string UploadPicture()
        {   //上传新闻图片
            Boolean fileOK = false;   //文件类型符合要求标志,初始为不符合
            String path = Server.MapPath("~/Admin/UploadedImages/NewsPictures/");//保存新闻图片的路径
            if (FileUploadPicture.HasFile) //检查 FileUpload1 控件中是否包含有文件
            {
                //获取客户端使用 FileUpload 控件上传的文件的扩展名,并改为小写
                String fileExtension = System.IO.Path.GetExtension(FileUploadPicture.FileName).ToLower();
                String[] allowedExtensions = { ".gif", ".png", ".jpeg", ".jpg" };
                for (int i = 0; i < allowedExtensions.Length; i++)   //根据文件扩展名检查文件类型
                {
                    //检查要上传的文件是否为允许的图像文件类型
                    if (fileExtension = = allowedExtensions[i])
                    {
                        fileOK = true;
                    }
                }
            }
            string pictureName;//图片的名称
            if (fileOK)   //检查文件是否为允许上传的图像文件类型
            {   //如果文件类型符合要求
                pictureName = FileUploadPicture.FileName;//图片文件名
                FileUploadPicture.PostedFile.SaveAs(path + FileUploadPicture.FileName);//上传文件
            }
            else
            {
                pictureName = "temp.jpg";//如果上传不成功,或者该新闻没有图片,则保存临时图片名
            }
            return pictureName;//返回上传的图片文件名
        }
```

```csharp
public string ToHtml(string str)
{   //由于这里用 TextBox 控件实现输入，TextBox 控件会过滤掉换行等控制字符
    //本方法把在 TextBox 中的换行符等不可见控制字符，替换成可见的 HTML 标记
    //这样在显示时就可以实现格式化
    str = str.Replace(" ", " ");
    str = str.Replace("\n", "<br />");//录入时不需要键入\n
    str = str.Replace("\r\n", "<br />");
    str = str.Replace("\t", "  ");
    return str;
}
```

注意，本页用 TextBox 控件输入文本，不能像 Word 一样实现文本的格式化和插入图片。实现图文编辑的编辑器称为富文本编辑器，在 ASP.NET 中，常见编辑器有 FCKeditor、CKeditor、kindeditor、UEditor、TinyMCE、eWebEditor、NicEdit、FreeRichTextEditor 等。读者可用这些编辑器替换 TextBox 控件，实现更强大的新闻编辑功能。

11.4 前台新闻首页、栏目页、内容页面的设计

【演练 11-4】 前台新闻首页 HomeNews.aspx、栏目页 NewsCategory.aspx、内容页 NewsShow.aspx，都是基于母版页 NewsMasterPage.master 的，已经在实训 10-2 中创建完成，下面把其中的网页静态元素改为服务器控件，并设计其事件代码。

对于前台的设计，与后台有所不同，前台由于同时浏览的用户多，要求速度要快，所以在控件的选择上，要选用轻量级的，例如，数据库绑定控件应选用 Repeater、DataList 控件，而不应该使用 GridView 控件。

11.4.1 前台新闻母版页

在前台新闻母版页 NewsMasterPage.master 中，其导航栏使用的仍然是网页静态元素，下面将其替换成服务器控件，这里的导航栏采用 Repeater 控件。

① 在解决方案资源管理器中，双击 NewsMasterPage.master，切换到源视图。
② 把原来的导航部分，用下面代码替换：

```
<div id="nav">
    <table cellpadding="0" cellspacing="0" class="table1">
        <tr>
            <td>
                | <a href="HomeNews.aspx">首页</a>
                <asp:Repeater ID="repNewsCategory" runat="server">
                    <ItemTemplate>
                        | <a href="NewsCategory.aspx?id=<%#Eval("NewsCategoryID") %>">
                            <%#Eval("NewsCategoryName") %></a>
                    </ItemTemplate>
                </asp:Repeater>
                | <a href="About.aspx">关于本网</a> |
            </td>
        </tr>
```

            </table>
        </div>
③ NewsMasterPage.master.cs 代码如下：
```
protected void Page_Load(object sender, EventArgs e)
{
    if (!Page.IsPostBack)
    {
        NewsCategoryMenu();//显示新闻导航栏
    }
}
private void NewsCategoryMenu()
{   //显示新闻导航栏
    string sqlStr = "select NewsCategoryID, NewsCategoryName from NewsCategory order by
                NewsCategorySort asc";
    SqlDataReader reader = SqlHelper.GetExecuteReader(sqlStr);
    repNewsCategory.DataSource = reader;
    repNewsCategory.DataBind();
    reader.Close();//关闭读取器
    SqlHelper.CloseConnection();//关闭连接
}
```
④ 单击"全部保存"按钮 。执行 HomeNews.aspx，可以看到导航栏中显示的已经是新闻分类数据表中的类别。单击导航栏中的新闻分类，也可以导航到新闻栏目页。单击"停止调试" 按钮停止调试。

11.4.2 新闻首页

对新闻名称列表的显示，仍然采用 Repeater 控件。注意，在进行内容页的编辑时，不要在编辑区中关闭母版页 NewsMasterPage.master，否则内容页将不能完整显示。

（1）设计"国内新闻"块

① 在解决方案资源管理器中，双击打开 HomeNews.aspx，切换到源视图，把"国内新闻"（新闻类别表中的编号为 1）块下的<div class="news_box_content">…</div>之间的代码更换为如下代码：
```
<asp:Repeater ID="repChina" runat="server">
    <ItemTemplate>
        <a href="NewsShow.aspx?id=<%#Eval("NewsID") %>"><%#Eval("NewsTitle").ToString().Trim().
            Length > 18 ? Eval("NewsTitle").ToString().Trim().
            Substring(0, 18) : Eval("NewsTitle"). ToString().Trim()
            %></a><br />
    </ItemTemplate>
</asp:Repeater>
```
注意，Repeater 控件的 ID 为 repChina。在模板中绑定新闻的标题 NewsTitle，如果标题的长度大于 18 个字符，则截取字符串，只显示 18 个字符；否则显示全部标题。

② 在 HomeNews.aspx.cs 中绑定 repChina 控件，代码如下：
```
protected void Page_Load(object sender, EventArgs e)
{
```

```
            if (!Page.IsPostBack)
            {
                ShowChinaNewsList();//显示国内新闻列表，新闻类别为1
            }
        }
        private void ShowChinaNewsList()
        {   //显示国内新闻列表，国内新闻类别为1，显示8行
            string sqlStr = "select top 8 NewsID, NewsTitle from News where IsPass=1
                    and NewsCategoryID=1
                    order by CreatedDateTime desc";//按时间倒序显示最新发布的8条新闻
            SqlDataReader reader = SqlHelper.GetExecuteReader(sqlStr);
            repChina.DataSource = reader;//数据源设置到repChina
            repChina.DataBind();//绑定repChina
            reader.Close();//关闭读取器
            SqlHelper.CloseConnection();//关闭连接
        }
```

③ 将HomeNews.aspx中的NewsCategory.htm改为NewsCategory.aspx。

④ 执行HomeNews.aspx，可以看到"国内新闻"块中已经显示为数据库表中的内容。

（2）设计其他新闻块

按设计"国内新闻"的方法设计。

① 在HomeNews.aspx中，添加代码，与"国内新闻"不同的只有Repeater控件的ID：分别把"财经股票"（3）、"饮食健康"（5）、"国际新闻"（2）、"娱乐明星"（4）、"自然旅游"（6）、"最新消息"、"阅读排行"的Repeater控件的ID改为repFinance、repHealth、repForeign、repPastime、repNature、repNew、repSequence。

② 在HomeNews.aspx.cs中，设计绑定控件的方法。

（3）设计友情链接块

友情链接显示为图片链接。

① 在HomeNews.aspx中，添加友情代码：

```
    <asp:Repeater ID="repFriendLink" runat="server">
        <ItemTemplate>
            <asp:HyperLink ID="HyperLink1" runat="server" ImageUrl='<%# Eval("LogoPath") %>'
                NavigateUrl='<%# Eval("FriendLinkUrl") %>' Target="_blank" Text='<%# Eval
                ("FriendLinkName","{0}") %>' ToolTip='<%# Eval("FriendLinkName") %>'>
            </asp:HyperLink><br />
        </ItemTemplate>
    </asp:Repeater>
```

② 在HomeNews.aspx.cs中，设计绑定控件的方法。

```
        private void ShowFriendLink()
        {   //显示友情链接
            string sqlStr = "select top 4 FriendLinkName,FriendLinkUrl,LogoPath from FriendLink
                    where IsShow=1 order by FriendLinkSort";//显示5张友情链接图片
            SqlDataReader reader = SqlHelper.GetExecuteReader(sqlStr);
            repFriendLink.DataSource = reader;
            repFriendLink.DataBind();
            reader.Close();//关闭读取器
```

```
            SqlHelper.CloseConnection();//关闭连接
    }
```
HomeNews.aspx 完成后的设计视图如图 11-14 所示。执行 HomeNews.aspx，可以看到新闻标题的列表。

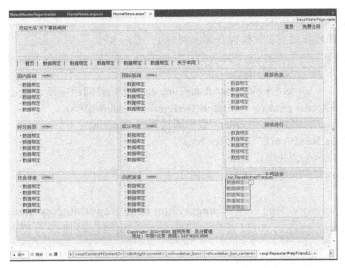

图 11-14　完成后的 NewsAdd.aspx 设计视图

11.4.3　新闻内容页

新闻内容页的制作步骤如下。

① 在解决方案资源管理器中，双击 NewsShow.aspx，切换到源视图。
② "最新消息"和"阅读排行"请参考 HomeNews.aspx 和 HomeNews.aspx.cs。
③ NewsShow.aspx 中显示新闻的代码如下：

```
    <div id="news">
        <div class="news_title">
            <asp:Label ID="lblNewsTitle" runat="server"></asp:Label>
        </div>
        <div class="news_author">
            来源:<asp:Label ID="lblNewsAuthor" runat="server"></asp:Label>   
            发表时间:<asp:Label ID="lblCreatedDateTime" runat="server"></asp:Label>  
            浏览次数:<asp:Label ID="lblShowPageCount" runat="server"></asp:Label>
        </div>
        <div class="news_picture">
            <asp:Image ID="imgNewsPicture" runat="server" /> <!--新闻图片-->
        </div>
        <div class="news_content">
            <asp:Label ID="lblNewsContent" runat="server"></asp:Label> <!--新闻内容-->
        </div>
    </div>
```

④ NewsShow.aspx.cs 中显示新闻的代码如下：

```csharp
private void ShowNews()
{   //显示详细新闻内容
    string sqlStr = "select NewsID, NewsTitle, NewsAuthor, CreatedDateTime, NewsPicture,
            NewsContent, ShowPageCount from News where NewsID ='" +
            Request.QueryString["id"] + "'";
    SqlDataReader reader = SqlHelper.GetExecuteReader(sqlStr);
    string newsPicture = "";
    if (reader.HasRows)
    {
        while (reader.Read())
        {
            lblNewsTitle.Text = reader["NewsTitle"].ToString();//新闻标题
            lblNewsAuthor.Text = reader["NewsAuthor"].ToString();//新闻来源、作者
            newsPicture = reader["NewsPicture"].ToString();//新闻图片名
            if (newsPicture != "temp.jpg".Trim()) //如果图片名称不是标识名称 temp.jpg
            {   //新闻图片的路径和名称
                imgNewsPicture.ImageUrl = "~/Admin/UploadedImages/NewsPictures/" + newsPicture;
                imgNewsPicture.Visible = true;//显示新闻图片
            }
            lblNewsContent.Text = reader["NewsContent"].ToString();//新闻内容
            lblCreatedDateTime.Text = reader["CreatedDateTime"].ToString();//发布时间
            lblShowPageCount.Text = reader["ShowPageCount"].ToString();//浏览次数
        }
    }
    reader.Close();//关闭读取器
    SqlHelper.CloseConnection();//关闭连接
    //浏览的网页数加 1，单击数加 1
    string sqlStr1 = "update News set ShowPageCount = ShowPageCount + 1
            where NewsID =" + Request.QueryString["id"];
    SqlHelper.GetExecuteNonQuery(sqlStr1);
}
```

⑤ NewsShow.aspx 完成后，执行 HomeNews.aspx，单击新闻列表中的标题，显示新闻内容页如图 11-15 所示。新闻内容页的详细代码，请参考下载的教学资源包。

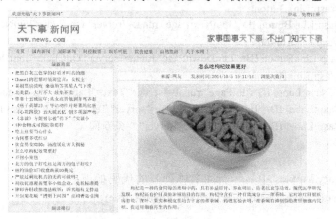

图 11-15　新闻内容页 NewsShow.aspx

11.4.4　新闻栏目页

新闻栏目页的主要代码如下。
① 在解决方案资源管理器中，双击 NewsCategory.aspx，切换到源视图。
② "最新消息"和"阅读排行"请参考 HomeNews.aspx 和 HomeNews.aspx.cs。
③ NewsCategory.aspx 中显示新闻名称列表的代码如下：

```
<div id="news_list">
    <div class="news_list_title">
        新闻列表
    </div>
    <div class="news_list_content">
    <table cellpadding="0" cellspacing="0" style="width: 96%;" border="0">
        <asp:Repeater ID="repNewsCategoryList" runat="server">
            <ItemTemplate>
                <tr>
                    <td style="width: 375px;">
                        <a href="NewsShow.aspx?id=<%#Eval("NewsID") %>">
                            <%#Eval("NewsTitle") %></a></td>
                    <td>
                        <%#Eval("CreatedDateTime","{0:g}") %>
                    </td>
                </tr>
            </ItemTemplate>
        </asp:Repeater>
    </table>
    </div>
    <div class="news_list_page">
        <asp:LinkButton ID="lbtnFirstPage" runat="server" OnClick="lbtnFirstPage_Click">首页
        </asp:LinkButton>
        <asp:LinkButton ID="lbtnpritPage" runat="server" OnClick="lbtnpritPage_Click">上一页
        </asp:LinkButton>
        <asp:LinkButton ID="lbtnNextPage" runat="server" OnClick="lbtnNextPage_Click">下一页
        </asp:LinkButton>
        <asp:LinkButton ID="lbtnDownPage" runat="server" OnClick="lbtnDownPage_Click">尾页
        </asp:LinkButton>
        第<asp:Label ID="lblPage" runat="server" Text="Label"></asp:Label>页/共
        <asp:Label ID="lblCountPage" runat="server" Text="Label"></asp:Label>页  共
        <asp:Label ID="lblTotal" runat="server" />条新闻
    </div>
</div>
```

④ NewsCategory.aspx.cs 中显示新闻名称列表的代码如下：

```
protected void Page_Load(object sender, EventArgs e)
{
    //如果没有从 HomeNews.aspx 登录，则定向到 HomeNews.aspx
    if (Session["userFromHomeNews"] == null)
```

```csharp
            {
                Response.Redirect("HomeNews.aspx"); //定向到 HomeNews.aspx
            }
            if (!IsPostBack)
            {
                ShowNewNewsList();//显示"最新新闻"名称列表
                ShowSequenceNewsList();//显示"阅读排行"列表
                lblPage.Text = "1";//从第 1 页开始显示
                PagingRepeater();//分页
            }
        }
        public void PagingRepeater()
        {
            string sqlStr = "select NewsID, NewsTitle,CreatedDateTime from News where IsPass = 1
                            and NewsCategoryID = '" + Request.QueryString["id"] + "' order by
                            CreatedDateTime desc";
            DataSet ds = SqlHelper.GetDataSet(sqlStr);
            PagedDataSource pds = new PagedDataSource();
            pds.DataSource = ds.Tables[0].DefaultView;
            pds.AllowPaging = true;
            pds.PageSize = 10;//每页 10 条，读者可更改为合适的条数
            lblTotal.Text = pds.Count.ToString();
            pds.CurrentPageIndex = Convert.ToInt32(this.lblPage.Text) - 1;
            repNewsCategoryList.DataSource = pds;
            lblCountPage.Text = pds.PageCount.ToString();
            lblPage.Text = (pds.CurrentPageIndex + 1).ToString();
            lbtnpritPage.Enabled = true;
            lbtnFirstPage.Enabled = true;
            lbtnNextPage.Enabled = true;
            lbtnDownPage.Enabled = true;
            if (pds.CurrentPageIndex < 1)
            {
                lbtnpritPage.Enabled = false;
                lbtnFirstPage.Enabled = false;
            }
            if (pds.CurrentPageIndex = = pds.PageCount - 1)
            {
                lbtnNextPage.Enabled = false;
                lbtnDownPage.Enabled = false;
            }
            repNewsCategoryList.DataBind();
        }
```

⑤ NewsCategory.aspx 完成后，执行 HomeNews.aspx，单击导航中的新闻分类，显示新闻栏目页如图 11-16 所示。新闻栏目页的详细代码，请参考下载的教学资源包。

限于篇幅，本新闻网站的其他页及功能实现，请参考下载的教学资源包。

图 11-16 新闻栏目页 NewsCategory.aspx

11.5 实训

【实训 11-1】 在新闻网站 news 的基础上，在新闻首页上添加一个图片新闻栏目。提示：可参考友情链接，创建图片新闻表，再设计相应代码。

【实训 11-2】 为新闻网站添加系统设置功能，包括设置网站标题、网站地址、首页 LOGO、网站公告、底部信息（可放置一些与站点相关的文本内容等）、邮箱 SMTP（找回密码用）等。对系统设置中的内容，随时可做相应的修改。这些权限只有系统管理员才拥有。提示：先创建保存这些信息的表，然后创建相应的 Web 窗体，并实现添加、修改等功能。

【实训 11-3】 当会员没有登录时，网站左上角显示"登录 免费注册"；当会员登录后，该位置显示"会员名：xxx 修改会员资料 退出登录"。请修改网站，实现此功能。提示：可设计一个用户定义控件，将其放置到母版页中。

【实训 11-4】 为新闻网站添加主题设置功能，从系统预设的多种主题中选一种作为当前网站的默认主题。这个权限只有系统管理员才拥有。提示：先创建保存这些信息的表，然后创建相应的 Web 窗体，并实现添加、修改等功能。最后，在母版页中添加导入网站主题的方法。

第 12 章 用 ASP.NET MVC 架构开发网站

本章内容：ASP.NET MVC 概述，路由和 URL 导向，控制器和视图，模型和模型状态
本章重点：路由，URL 参数，控制器的 Action 方法，强类型视图

12.1 ASP.NET MVC 概述

MVC 是模型（Model）、视图（View）、控制器（Controller）的缩写，其思想是，用一种业务逻辑、数据、界面显示相互分离的方法组织代码，将业务逻辑聚集到一个模块里，当需要改进和个性化定制界面及用户交互时，不需要重新编写业务逻辑代码，以此达到松耦合的目的，提高软件的可维护性、可修改性等多方面性能。如今，MVC 作为一种流行的应用程序开发架构模式已经被广泛使用。

ASP.NET MVC 是微软官方基于 MVC 模式编写 ASP.NET Web 应用程序的框架，诞生于 2007 年底。它同时又是一种微软特有的 Web 应用软件架构模式和技术，是 ASP.NET 技术的子集。它主要针对具有人机交互功能的软件，特别是基于微软云环境（Azure）的应用开发，ASP.NET MVC 框架的使用更为广泛。本章所谈及的 MVC 特指 ASP.NET MVC。

关于微软 MVC 的更多相关资料，可以通过微软官方网站 http://www.asp.net/mvc 获取。

12.1.1 MVC 编程模型

ASP.NET 支持 3 种开发模式：Web Pages、MVC 以及 Web Forms。

1．MVC 的 3 个组件

MVC 把一个 Web 应用程序分成了 3 个主要组件：模型（Model）、视图（View）和控制器（Controller）。每个组件的关注点各不相同。

① Model 是用于存储或者处理数据的组件，其主要作用是实现业务逻辑层对实体类对应数据库的操作，包括数据验证规则、数据访问和业务逻辑类等，是应用程序的核心。

② View 是用户接口层组件，用于将 Model 中的数据展示给用户。常用文件类型有 aspx、ascx 和母版页文件 master，用于处理视图。（本章以 Visual Studio 2010 为运行环境，其中自带 MVC 2.0，也可以安装 MVC 3.0。在 MVC 4 以后的版本中，View 的常用文件类型与之前版本不同，这里不做展开介绍。）

③ Controller 是处理用户交互的组件，用于从 Model 中获取数据，并将数据传给指定的 View，或者从 View 读取数据、用户输入，向 Model 发送数据。

MVC 的这种拆分有助于管理复杂应用程序，在 3 类组件之间提供松耦合，使开发者能够在任意时间只关注程序的一个方面，应用程序的设计工作也变得容易。例如，可以在不依赖业务逻辑的情况下对视图进行单独设计。MVC 也是一种典型的敏捷开发框架，其 3 个组件的松散耦合可以促进并行开发，例如，由 3 组开发人员分别完成设计视图、开发控制器逻辑和开发模型中的业务逻辑，大大提高程序开发效率。MVC 还有一个重要优势在于，它的松耦合性大大提高

了应用程序的可测试性。在 Web Forms 开发模式中，因为页面类继承自后置代码类，二者的紧耦合使得前置页面、后置代码分离测试非常困难，而 MVC 的几个组件是彻底分离的，可以分别进行测试。

2. MVC 的工作原理

MVC 程序中 3 个组件在运行过程中的工作原理如下：客户通过浏览器与 MVC 应用程序交互，客户在浏览器中发出请求（如在地址栏中输入地址或单击页面上的按钮等），该请求被相应的 Controller 处理；在处理过程中，该 Controller 可能需要调用相应 Model 从中获取数据，该 Model 可能需要访问数据库并将数据返回给 Controller；Controller 处理完毕，根据业务逻辑选择合适的 View 呈现页面；呈现结果返回浏览器。MVC 的工作原理如图 12-1 所示。

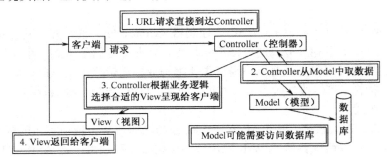

图 12-1　MVC 的工作原理

12.1.2　建立第一个 MVC 应用程序

下面通过实例介绍 MVC 程序的建立步骤和程序结构。

【演练 12-1】　创建简单 MVC 程序。为便于理解，本例只使用 Controller 和 View 组件，没有 Model 组件。

① 创建 MVC 项目。执行菜单命令"文件"→"新建"→"项目"，打开"新建项目"对话框，如图 12-2 所示。在该对话框中间的模板列表中选择"ASP.NET MVC 2 空 Web 应用程序"，项目名称为"FirstMvcApp"，在"位置"框中选择路径，单击"确定"按钮。

图 12-2　"新建项目"对话框

② 添加 Controller。右击"解决方案资源管理器"中的 Controllers 文件夹，执行快捷菜单命令"添加"→"控制器"，显示"添加控制器"对话框，将"控制器名称"命名为"NewController"（控制器的名称必须以"Controller"为结尾。本例控制器名称为"New"，但命名必须是"NewController"），如图 12-3 所示。

单击"添加"按钮，在 Controllers 文件夹下生成名为"NewController"的 cs 文件。在其 Index 方法（控制器中的方法也叫 Action 或动作）中添加如下代码：

```
public ActionResult Index()
{    ViewData["message"] = "Hello Mvc!";
     return View();   }
```

③ 添加 View。在 NewController.cs 文件中 Index 方法代码内部右击，执行快捷菜单命令"添加"→"视图"，在"添加视图"对话框中将"视图名称"命名为"Index"，取消选中"选择母版页"复选框，如图 12-4 所示。单击"添加"按钮，在 Views 文件夹下自动生成"New"文件夹，在其下级生成名为"Index"的 aspx 文件。与 Web Forms 程序不同的是，它没有对应的 cs 文件。

图 12-3 添加"NewController"控制器

图 12-4 添加"Index"视图

在 Index.aspx 文件中<div>…</div>标记中添加如下代码，其作用是呈现控制器所传递的内容：
<%= ViewData["message"]%>

④ 执行程序。单击工具栏中的"启动调试"按钮（或按 F5 键），启动浏览器。此时会看到报错信息，这是因为没有按照默认路由建立视图。在地址栏中默认地址之后添加子路径"new/index"（注意一定是添加而不是修改），回车，在浏览器中呈现 Controller 传递给视图的信息，如图 12-5 所示。至此，第一个 MVC 程序正常运行完毕。

本例所用的方法是为了清晰展现 MVC 程序的结构。但是，依靠修改 URL 的方式才能启动程序显然是不可取的，本章 12.2 节将介绍解决方法。

图 12-5 MVC 程序运行效果

12.1.3 MVC 程序的结构

从演练 12-1 的解决方案资源管理器中能看到，MVC 空 Web 项目会自动生成一系列文件夹和文件结构。为便于识别，下面对文件夹和文件进行分类，其实际位置均在项目根目录下。

1. 应用程序信息文件夹

Properties：项目属性文件夹，定义本程序集的属性，下级包含 AssemblyInfo.cs 文件，用于保存程序集的信息，如名称、版本、版权等，这些信息一般与项目属性面板中的数据相对应，不需要手动编写。

引用：包含项目中已经自动添加的程序集。

2. 应用程序文件夹

Content：用于存放静态文件，如样式表（CSS 文件）、图表和图像。当然，这些静态文件也可以存放在其他路径下。框架自动在 Content 文件夹中添加标准样式表文件 Site.css。

Controllers：包含负责处理用户输入和响应的控制器类。MVC 要求所有控制器文件的名称均以"Controller"结尾，并位于这个文件夹中。

Models：包含应用程序的模型类。模型中包含应用程序和数据库访问逻辑。通常，将所有实体类和业务类都放在这个文件夹中。

Scripts：包含应用程序的 JavaScript 文件。框架在这个文件夹中放置 Ajax 基础文件和 jQuery 库。

Views：包含与应用程序显示相关的用户界面文件，这类文件通常为 aspx、ascx、master 等类型，以及与呈现视图相关的任何其他文件。在 Views 文件夹中，每个控制器都有一个对应的子文件夹，该文件夹以控制器名称前缀命名。例如，如果控制器名为 HomeController，Views 文件夹包含名为 Home 的子文件夹，则与 HomeController 相关的所有视图必须位于 Home 文件夹中。Views 下级包含一个 web.config 文件，项目文件夹根目录中包含一个同名文件，便于灵活定制程序的公用配置信息。在 Views 文件夹的下级自动拥有一个 Shared 文件夹，用于存储控制器间分享的视图（母版页和局部视图页等）。当 Controller 返回一个 View，但是在默认文件夹中找不到相应 View 时，就会到 Shared 文件夹中找，如果还是找不到，才会报错。

3. 配置文件

Global.asax：设置全局 URL 路由默认值，在应用程序启动时执行一些特殊任务。

Web.config：XML 文本文件，存储 Web 应用程序的配置信息，可以出现在应用程序的每个文件夹中。

所有上述文件夹没有优先级关系。MVC 框架规定，控制器位于 Controllers 文件夹中，视图位于 Views 文件夹中，模型位于 Models 文件夹中，在程序代码路径中不必使用这些文件夹名称。

在创建 MVC 时如果选择"ASP.NET MVC 2 Web 应用程序"（见图 12-2），则除上述文件夹和文件外，框架还会在根目录下自动创建如下文件夹结构。

App_Data：数据的物理存储区。此文件夹的作用与它在 Web Forms 网站中的一样。

Controllers 文件夹的下级会由框架自动创建一个 Home 控制器（包含首页和 About 页等页面）和一个 Account 控制器（包含用于注册和用户登录的页面）。

Views 文件夹的下级会自动创建与控制器相对应的 Home 文件夹和 Account 文件夹。

12.2 路由和 URL 导向

在演练 12-1 中可以看到，运行程序之初，从客户端（浏览器）的请求到控制器时出现了问题，需要修改 URL 才得以解决，这是因为中间缺乏有效路由的协助。经过路由设置后，程序可以直接运行产生结果而不必修改 URL；也可以根据业务 URL 的需要，任意设置路由。在 MVC 程序中，除三大组件外，路由是最重要的内容。

Web 应用程序的路由通常可以分为入站路由和出站路由两类。入站路由描述的是控制器动作的 URL 调用，也就是如何将 URL 地址映射到程序内部的控制器动作及附加参数，简单说就是通过 URL 进入程序内部的控制器动作；出站路由描述的是为连接网站上的其他元素生成响应控制器动作的 URL，简单说就是如何搭建网站元素的 URL 链接。

12.2.1 MVC 路由

MVC 中路由的作用与网络环境中类似，是将输入的访问地址与控制器以及控制器的动作联系起来。所谓"路由"就是映射到应用程序控制器及其动作的 URL 模式。在 Web Forms 应用程序中，路由映射的目标通常是 .aspx 等类型的页面文件。MVC 应用程序的映射目标通常是控制器，也就是处理浏览器请求的 Controller 类。Controller 类用于处理传入的请求，如浏览器中输入 URL、单击链接以及提交表单等，并根据这些用户交互执行相应的应用程序功能。MVC 框架不使用 Web Forms 回发模型与服务器交互，而是将所有用户交互路由到 Controller 类，这样可使 UI 逻辑与业务逻辑保持高度松耦合性。因此，基于 MVC 的视图不使用 ASP.NET 视图状态和 Web Forms 生命周期事件。在 MVC 程序中定义路由的方法，可以通过创建 Route 类的实例来实现，在其中指定路由名称、URL 模式和控制器及其处理方法。

1. 注册路由

注册路由就是添加路由数据。打开演练 12-1 中的 Global.asax 文件（见下列示例代码）。MVC 应用程序启动时，首先执行该文件中的 Application_Start 方法。其中调用 RegisterRoutes 方法，其参数 RouteTable.Routes 是一个静态集合对象，用于存放路由数据。

```
public static void RegisterRoutes(RouteCollection routes)
{   routes.IgnoreRoute("{resource}.axd/{*pathInfo}");
    routes.MapRoute( "Default", // 路由名称
        "{controller}/{action}/{id}", // 带有参数的 URL
        new { controller = "Home", action = "Index", id = UrlParameter.Optional } //参数默认值);}
protected void Application_Start()
{    AreaRegistration.RegisterAllAreas();
     RegisterRoutes(RouteTable.Routes); }
```

RegisterRoutes 方法的作用就是注册路由。其参数 routes 是一个 RouteCollection 类型的集合对象，用于保存多项路由数据。IgnoreRoute 方法的作用是忽略其参数所表示的形式的路径。MapRoute 方法的作用是映射路径、添加路由数据，是最重要的部分。其 3 个参数所描述的路由数据就是 URL 路径和控制器及其 Action 的关系，根据这个关系，MVC 程序才能从客户端请求找到控制器。第一个参数是路由名称，类似于字典 Dictionary 中的键名，Default 是默认路由名称。第二个参数是用占位符形式表示的 URL 格式，默认的格式规定 URL 包含由左斜杠（/）分隔的 3 级结构：控制器、对应方法和所传递的参数。第三个参数是匿名类型，提供了默认路由的默认数据，包含 3 个属性：Controller="Home"表示对应控制器是 HomeController，action="Index"表示对应方法是 Index，id 表示所传递的参数，这 3 项内容可以看作一个字典。也就是说，在程序启动之初，默认指向的目标是 HomeController 控制器的 Index 方法，同时向 Index 方法传递参数 id。

MapRoute 方法中第二个参数是用花括号和字符串表示的占位符（左斜杠是 URL 地址的分隔符），相比用硬编码写一个 URL 地址，这种写法增加了灵活性。在下列 5 个 URL 地址中，符合这种格式的只有前两个地址：

  http://localhost/Home/Index/1   //合法地址
  http://localhost/New/Details/2   //合法地址
  http://localhost/New/Home.aspx?id=1   //不合法地址
  http://localhost/New/ Details.aspx?id=2&name=cloud   //不合法地址
  http://localhost/New/temp.zip   //不合法地址

实际上前 4 个地址都有传递参数的作用，但在 MVC 的 URL 中，不提倡使用第 3、4 个地址。因为 MVC 追求简单明了的 URL，第 3、4 个地址过于复杂。另外，出于搜索引擎优化的考虑，带 "?" 的 URL 受搜索引擎排斥，即使被搜到排名也会靠后。这种占位符表示的 URL 不考虑域名，这种方式在 MVC 应用程序中是允许的。

符合演练 12-1 默认路由的 URL 是 http://localhost/Home/Index/1，这是路由指向的默认地址（最后的参数 "1" 可省略）。所以，在程序运行之初会报错信息，因为演练 12-1 中没有 Home 控制器，只有手动建立的 New 控制器。当地址栏中的路径添加了 "new/Index" 后，就能定位到 New 控制器中的 Index 方法。改变默认路由数据也能使程序直接运行，方法是将 MapRoute 方法第三个参数的 controller 属性值改为 new，如下代码所示：

  routes.MapRoute("Default", // 路由名称
    "{controller}/{action}/{id}", // 带有参数的 URL
    new { controller = "new", action = "Index", id = UrlParameter.Optional }) // 参数默认值

归纳一下路由的过程。浏览器接收到 URL 输入，MVC 应用程序用 Global.asax 文件中定义的路由规则分析 URL 并确定控制器路径，然后确定该控制器中合适的方法。URL 中的 Home/Index/1 被视为一个带有控制器名称及其方法名称的子路径。例如，用户输入 http://contoso.com/MyWebSite/Products/Categories/5，则子路径为/Products/Categories。默认路由规则将 "Products" 视为控制器前缀名称，将 "Categories" 视为方法名称，将 "5" 作为参数传递给 Categories 方法。因此该路由规则调用 Products 控制器的 Categories 方法来处理请求。

2. URL 的模式匹配

以地址 http://localhost/Home/Index/1 为例，占位符可以写成{first}/{second}/{third}的形式。通过地址 Home/Index/1 访问程序时，MVC 程序首先把各个 URL 片段对应的值存入字典或集合对象中。占位符中的字符串 first、second、third 是键名，URL 中对应的各个部分 Home、Index、1 是键值，也就是完成了{first}=Home，{second}= Index，{third}=1 这样的配对。RegisterRoutes 方法代码中的参数默认值是匿名类型，可以任意定义属性。默认值的数据保存在同一个字典对象中，即属性名 controller、action、id 是键名，属性值 Home、Index、UrlParameter.Optional（即通过 URL 获取的参数）是键值。对该字典对象来说，首先保存默认值，然后保存从 URL 获取的值，若遇到键名相同则用从 URL 获取的值覆盖默认值。

占位符{first}/{second}/{third}只是形式，表示 URL 格式包含 3 级结构。在 MVC 程序中，URL 占位符必须包含{controller}和{action}两部分，顺序可以变，其他的结构级数和内容可以随便定义。如果{controller}和{action}两部分写错，代码就执行不到相应的控制器和里边的 Action 方法。匿名类中传递默认数据的属性名与占位符字符串要一致，顺序可以变。在地址栏中，URL 的各部分数据顺序必须与占位符顺序一致。除 Controller 和 Action 两部分外，其他部分一概作为参数处理。

从URL请求最终到达某个控制器中的某个方法并传入附带的参数,这个过程如果能够成功执行,则在MVC程序中实际上是一个非常复杂的过程,这里不做展开介绍。

3. 从URL向控制器传递数据

如果需要在Web Forms程序中用页面传递参数,常用方法之一是在URL地址之后用问号"?"附带参数传入程序,然后用Request对象的QueryString属性获取HTTP查询字符串变量的集合进行读取。代码如下:

```
http://www.haoge.com/Welcome.aspx?Name=2014re   //带有传入参数的URL地址
name = Request.QueryString["Name']              //在程序中读取参数
```

MVC程序中也需要使用页面传递参数,有3种常用方法。

(1) 使用Controller的RouteData属性的Values。在控制器中读取当前路由项的字典数据,通过访问键名获取键值。在下面的代码中,传入的键名是id,该键名必须与路由规则中定义的占位符字符串命名一致:

```
{controller}/{action}/{id}      //路由规则定义
/Home/Index/1                   //带有传入参数的URL地址
RouteData.Values["id"]          //在程序中读取参数
```

(2) 使用Action方法参数表。参数表中的参数对应路由字符串名。执行Action方法之前,会首先为方法的形参赋值。在下面代码中,Action方法参数表中传递了3个参数:

```
public ActionResult Index(string controller, string action, int id)
{……}
```

(3) 使用Request.QueryString[ ]。这种方式与Web Forms程序中查询字符串的方式一样,这里不做重复介绍。

【演练12-2】 测试3种从URL向控制器传递参数的方法。创建一个"ASP.NET MVC 2 Web应用程序"项目,命名为Ex12-2,在随后弹出的"创建单元测试项目"对话框中选择"否,不创建单元测试项目",如图12-6所示,将新建一个不带单元测试项目的MVC项目。

图12-6 "创建单元测试项目"对话框

① 利用RouteData属性。将HomeController中的Index方法替换成如下代码:

```
public ActionResult Index()
{   //利用RouteData属性获取路由数据
    string paraData = string.Format("controller={0} action={1} id={2} plus={3}",
        RouteData.Values["controller"],
        RouteData.Values["action"],
        RouteData.Values["id"],
        RouteData.Values["plus"] );
    ViewData["message"] = paraData;
    return View();   }
```

将Global文件中的RegisterRoutes方法替换成如下代码:

```
public static void RegisterRoutes(RouteCollection routes)
{   routes.IgnoreRoute("{resource}.axd/{*pathInfo}");
    routes.MapRoute(
```

```
"Default", // 路由名称
"{controller}/{action}/{id}/{*plus}", //带有参数的 URL
new { controller = "Home", action = "Index", id = 0 } //参数默认值   );   }
```

图 12-7 获取路由数据

删掉 Views/Home 文件夹下的 Index.aspx 文件。用与演练 12-1 相同的方法为 HomeController 控制器创建 Index 视图并添加代码。

运行程序，结果如图 12-7 所示。在地址栏中补充输入 /home/index/11/aaa，再运行看结果如何？改变 RouteData.Values 中的键名再运行试试看。

② 利用 Action 方法参数表。将 HomeController 中的 Index 方法替换成如下代码：

```
public ActionResult Index(string controller, string action, int id, string plus)
    {   //利用 Index 方法参数表获取路由数据
        string paraData = string.Format("controller={0} action={1} id={2} plus={3}",
            controller, action, id, plus   );
        ViewData["message"] = paraData;
        return View();   }
```

运行程序。在地址栏中补充输入/home/index/12/bbb 并查看结果。Index 方法的参数名与 Global 文件中路由占位符中字符串的名称必须一致。改变 Index 方法的形参名称，再运行看结果。

③ 利用查询字符串。将 HomeController 中的 Index 方法替换成如下代码：

```
public ActionResult Index(string controller, string action, int id)
    {   //利用查询字符串获取路由数据
        string paraData = string.Format("controller={0} action={1} id={2} plus={3}",
            controller, action, id,   Request.QueryString["plusx"] );
        ViewData["message"] = paraData;
        return View();   }
```

运行程序查看结果。在地址栏中补充输入/home/Index/13/ccc，运行结果应该没有变化。换成补充输入/home/index/12/?plusx=ccc，再看运行结果有何不同？

12.2.2 入站路由——从 URL 到路由

1. URL 匹配

在 MVC 项目中，不仅允许以占位符形式定义前边介绍过的简单 URL 模式，还允许定义多种形式的 URL 表达式。URL 的匹配比较复杂。

（1）占位符加参数的形式。形如下面的代码，home、id、events 都是参数。这里的参数可以是除 controller、action 之外符合这种模式的任意长度任意内容的字符串。运行演练 12-1 程序，在浏览器地址栏中分别输入下面代码后边 3 个地址，结果都会成功。

```
{controller}/{action}/{home}
{controller}/{action}/{id}
{controller}/{action}/{events}
/new                              //URL 地址 1
/new/index                        //URL 地址 2
/new/index/1                      //URL 地址 3
```

这是因为，占位符形式的 URL 格式，就像文件夹结构的层级关系一样，URL 中只要给出控制器名称，其余缺失部分可由 Global.asax 文件匿名类中的默认数据提供。例如输入 URL 地址 1，框架会自动搜索 New 控制器中的所有 Action，把 Global.asax 文件匿名类中默认数据提供的方法名称与之拼接，找到 Index。这就是 URL 模式定义方式的模糊匹配。MVC 的这种 URL 构造方式使得 URL 的结构清晰而灵活，在普通用户的眼里，可以将 URL 层级结构当作文件夹结构看待，在很大程度上还原了 URL 指向用户所需资源的作用。这样的 URL 结构特性也便于对 URL 编程。

（2）使用字面值进行精确匹配。字面值就是在花括号以外的、除左斜杠之外的字符串，也叫常数字符串。URL 表达式中可以使用字面值，形如下面的代码：

```
admin/{controller}/{action}/{id}            //URL 模式
/admin/home/index/1                         //URL 地址 1
/home/index/1                               //URL 地址 2
```

URL 表达式之后的 URL 地址 1 是匹配的地址，URL 地址 2 则不匹配。带字面值的 URL 模式要求 URL 地址与之精确匹配。

不允许连续的 URL 参数，即不允许两个花括号之间没有任何字面值。通过下面代码体会一下字面值精确匹配的原则。字面值匹配顺序不限，URL 参数之间必须由"/"或其他字符串常量分隔。

```
{language}-{country}/{controller}/{action}       //正确的 URL 定义
{language}{country}/{controller}/{action}        //错误的 URL 定义
pages-/{cn}.{zh}/{controller}/{action}           //正确的 URL 定义
```

下面这两个地址可以匹配如下的注册路由：

```
/food/home-index/1
/food/home-index
routes.MapRoute(   "Default", // 路由名称
                   "{title}/{controller}-{action}/{id}", //URL 定义
                   new{controller="home",action="index",id=0,title="food"}   );
```

因为 URL 定义中{controller}和{action}的分隔符不是路径中常用的左斜杠，因此这时由匿名类提供的默认值不起作用，所以必须由实际输入的 URL 提供。

（3）匹配 URL 剩余部分。在 URL 表达式中还可使用"*"表达 URL 的剩余部分。示例代码如下：

```
public static void RegisterRoutes(RouteCollection routes)
{       routes.MapRoute(
        "all", // 路由名称
        "{controller}/{action}/{*plus}"   );   }
```

在这种 URL 定义模式下，只要满足{controller}/{action}两层结构，其余参数无论有几层都会被 plus 所匹配。

下面代码说明 URL 地址是如何匹配参数的：

```
/home/index/a/b             //   plus="a/b"
/home/index/a/b/c           //   plus="a/b/c"
/home/index/                //   plus=" "
```

（4）URL 贪婪匹配

URL 表达式中有一种特殊情况，就是 URL 表达式可能和实际 URL 有多种匹配情况，这时遵循贪婪匹配的原则。结合表 12-1 中的 3 个例子体会贪婪匹配的作用。

表 12-1 URL 的贪婪匹配

URL 地址	路由 URL	路由数据的结果
/food.xml.aspx	{filename}.{txt}	filename=" food.xml" txt=aspx
/xyzxyzxyzflash	{food}xyz{bar}	food="xyzxyz" bar="flash"
files/asp.net.xml	files/{tech}.{ext}	tech="asp.net" ext="xml"

2. URL 参数

（1）URL 参数默认值

由于默认值的作用，下面这些 URL 地址都能匹配{controller}/{action}/{id}这个路由：

  http://localhost/home/index/1
  http://localhost/home/index
  http://localhost/home
  http://localhost

如果没有默认值，就只能使用 http://localhost/home/index/1 这种完整形式的 URL。

但同样是由于默认值的作用，URL 表达式和实际 URL 匹配的情况变得非常复杂。

① 定义路由项时只提供部分 URL 片段默认值。如果路由项定义中使用了默认值，但没有提供全部默认值，则没有提供的默认值必须由 URL 地址提供。在下面的示例代码中，共有 3 个 URL 参数，默认值只为 action 和 id 两个参数提供了默认值，则前 3 个 URL 地址都与之匹配：

  routes.MapRoute("Default", "{controller}/{action}/{id}", new{ action = "Index", id = 0 });//路由定义
  /home   //匹配的 URL 地址
  /home/index   //匹配的 URL 地址
  /home/index/1   //匹配的 URL 地址
  /   //不匹配的 URL 地址

但是如果在 URL 地址中不提供没有默认值的 controller 部分，就没办法匹配。

② 定义路由项时只提供位于中间部分的 URL 片段默认值。在下面示例代码中，只提供了中间参数的默认值，这种默认值不起作用：

  routes.MapRoute("Default", "{controller}/{action}/{id}", new{ action = "Index" }); //路由定义
  /home/index   //不匹配的 URL 地址
  /home/index/1   //匹配的 URL 地址
  /book/index/2   //匹配的 URL 地址

所以定义这种路由项和不定义默认值的作用一样。

③ URL 表达式中使用了字面量。字面量前后相邻的 URL 参数默认值不起作用，后续部分的默认值依然起作用。示例代码如下：

  routes.MapRoute("Default", "{controller}-{action}/{id}", new{ action = "Index" });//路由定义
  /home-   //不匹配的 URL 地址
  /home-index   //不匹配的 URL 地址
  /home-index/1   //匹配的 URL 地址
  routes.MapRoute("Default", "{controller}/{action}+{id}/{no}",
  new{ controller = "home", action = "Index", id = "0", no = "1" }); //路由定义
  /home/index+1   //匹配的 URL 地址
  /book/index+10/t123   //匹配的 URL 地址
  /home/index   //不匹配的 URL 地址
  /home/index+   //不匹配的 URL 地址

（2）URL 参数值约束

按照上述 URL 参数的规律，下面两条 URL 地址的匹配性应该是一致的：

http://blog.sina.com.cn/2014/08/10

http://blog.sina.com.cn/14/08/10

如果要求日期格式必须遵循年号为 4 位数字，月和日都是 2 位数字的格式，就需要对 URL 参数加约束条件。在 MVC 路由中，可以定义对 URL 各个参数的约束，常用方法有以下两种。

① 使用正则表达式。MapRoute 提供了一个重载方法，在默认值参数后增加一个约束参数，这个参数可以使用匿名类型来设置各种参数对应的正则表达式。示例代码如下：

```
routes.MapRoute( "Default", "{year}/{month}/{day}", new{ controller = "blog", action = "Index"},
    new{ year = @"\d{4}", month = @"\d{2}", day = @"\d{2}" } );
```

② 使用约束类。如果约束规则很复杂，正则表达式很难写，就可以使用约束类。使用约束类就是实现 IRouteConstraint 接口的 Match 方法，该方法用于判断参数是否匹配。使用这个约束类的方法，只要在原来用正则赋值的地方换成用约束类的实例赋值。示例代码如下：

```
routes.MapRoute( " Default ", // 路由名称
    "{controller}/{action}/{year}/{month}/{day}", //带有参数的 URL
    new { controller = "Home", action = "Index" }, //参数默认值
    new { year = @"\d{4}", month = new MonthConstraint(), day = @"\d{2}" } //参数约束 );
public class MonthConstraint : IRouteConstraint
    { public bool Match(HttpContextBase httpContext, Route route, string parameterName,
            RouteValueDictionary values, RouteDirection routeDirection)
        { if (values["month"].ToString().Length = = 2 && Convert.ToInt32(values["month"]) >= 1
            && Convert.ToInt32(values["month"]) <= 12)
            return true;
            return false;      }    }
```

【演练 12-3】 创建一个不带单元测试项目的 MVC 项目，命名为 Ex12-3。视图 Index.aspx 的创建方法和代码与演练 12-1 一样。

在 HomeController 中按下面方式修改代码：

```
public ActionResult Index()
{      // foreach 循环遍历 RouteData.Values 集合获取参数值
    string paras = "";
    foreach (KeyValuePair<string, object> pair in RouteData.Values)
    {      paras += string.Format(" {0}={1} ", pair.Key, pair.Value);      }
    ViewData["message"] = paras;
    return View();      }
```

在 Global.asax 文件的 RegisterRoutes 方法中分别按下面两种方式修改代码。

① 使用正则表达式添加参数约束条件。

```
routes.MapRoute(   "Default", //路由名称
    "{controller}/{action}/{year}/{month}/{day}", // 带有参数的 URL
    new { controller = "Home", action = "Index" }, // 参数默认值
    new { year = @"\d{4}", month = @"\d{2}", day = @"\d{2}" } // 参数约束条件 );
```

以上代码中约束参数中的年为 4 位数字，月和日都是 2 位数字。运行程序，在地址栏中补充输入 home/index/2014/08/10，查看结果。

② 使用约束类添加参数约束条件。

```
routes.MapRoute(    " Default ", // 路由名称
    "{controller}/{action}/{year}/{month}/{day}", // 带有参数的 URL
    new { controller = "Home", action = "Index" }, // 参数默认值
    new { year = @"\d{4}", month = new MonthConstraint(), day = @"\d{2}" } // 参数约束条件   );
```

同时在 Global.asax 文件中新建类 MonthConstraint，代码如下：

```
public class MonthConstraint : IRouteConstraint
{ public bool Match(HttpContextBase httpContext, Route route, string parameterName,
         RouteValueDictionary values, RouteDirection routeDirection)
  { if (values["month"].ToString().Length = = 2
         && Convert.ToInt32(values["month"]) >= 1
         && Convert.ToInt32(values["month"]) <= 12)
            return true;
        return false; } }
```

在以上代码中，约束参数中的年为 4 位数字，日为 2 位数字。在 MonthConstraint 类中定义月为 2 位数字，大小在 1~12 之间。运行程序，在地址栏中补充输入 home/index/2014/08/10，查看结果。改变地址中的年、月、日的位数或月的大小范围，再查看结果。

3．路由匹配顺序

URL 地址/home/index2 能够和下面名为 Default1 的路由匹配：

```
public static void RegisterRoutes(RouteCollection routes)
{   routes.MapRoute( "Default1",  "{controller}/{action}/{id}",
        new { controller = "Home", action = "Index", id = 0 } );
    routes.MapRoute( "Default2",  "{controller}/{action}",
        new { controller = "Home", action = "Index1" } ); }
```

原因是，如果多条注册路由和 URL 地址匹配，则按照先后顺序匹配，排在前边的优先级高，与路由的键名无关。

4．显式禁用路由

在 RegisterRoutes 方法中，第一句是 routes.IgnoreRoute 方法，它的作用是显式禁用路由。其作用是使得类似下面两行的 URL 不会在路由表中匹配，而是直接被忽略掉：

/webresource.axd
/webresource.axd/para=123123123/para2=abcadcadcadcbc

12.2.3 出站路由——从路由到 URL

URL 路由的作用很像 URL 重写，但路由功能更强大。URL 路由是双向的，URL 重写是单向的，例如，通过路由生成 URL 就不是 URL 重写所具备的功能。

1．构造出站路由

路由生成 URL 需要两句关键代码。第一句关键代码，使用 RouteCollection 对象的 GetVirtualPath 方法，通过该方法返回一个 VirtualPathData 类的实例。该类型表示有关路由和虚拟路径的信息，包括两个重载的方法，见下面代码：

```
public VirtualPathData GetVirtualPath(RequestContext requestContext, RouteValueDictionary Values);
public VirtualPathData GetVirtualPath(RequestContext requestContext, string name, RouteValueDictionary Values);
```

二者的区别是第二个重载方法可以指定路由项的名称（添加路由时设置的路由键名），第一个重载方法可以不指定；参数 Values 是生成 URL 时设置的参数值，是一个字典类型。第二句关键代码，获取 VirtualPathData 类的实例后，使用 VirtualPath 属性值获取 URL 地址，这是一个字符串类型。

路由生成 URL 有很多情况，例如，是否包含默认值、溢出参数等，这里不做展开介绍。

2. 出站路由的应用

（1）页面链接

在实际项目中会大量用到页面链接。最典型的应用就是在页面中生成静态链接，这种静态链接可以写成硬编码，示例代码如下：

```
<a href = "/events/detail/1">单击</a>
```

如果希望请求一个特殊的路由，可以使用 HtmlHelper 类中的 RouteLink 方法，它是输出 a 标记的，可以通过这种方法动态生成链接。示例代码如下：

```
<%=Html.RouteLink("单击", new { controller="home", action="index", id="1"})%>>
```

它的参数表里传递了两个参数，第一个是链接的文本显示，第二是字典值。RouteLink 方法提供了很多形式的重载，还有其他用来生成图片链接的类似方法。使用这类方法需要注意路由字典的设置格式，与生成的 URL 直接相关。也可以使用 ActionLink 方法生成链接。

动态生成 URL 的好处是可以随时调整路由表达式的形式,生成的静态 URL 也会随之变化,而不用修改每个页面的链接硬编码。其代价是会增加编码量。

（2）页面跳转

URL 应用的第二个场合是页面跳转，示例代码如下：

```
Response.Redirect("~/home/index/1")
```

MVC 程序中也可以用这种方式，但是这种固定方式不够灵活，利用定义好的路由是更常用的方法。页面跳转一般在控制器里添加，控制器的基类提供了如下代码所示的方法：

```
RedirectToRoute(new {controller="home", action="index", id="3" })
```

这里用到的参数是路由数据字典。利用这个方法先得到 URL，再使用 Response.Redirect 进行跳转。控制器的基类提供了 RedirectToRoute 这样的一系列用于页面跳转的方法。

【演练 12-4】 通过 Route 生成 URL。创建一个不带单元测试项目的 MVC 项目。

Index 视图的创建方法和代码与演练 12-1 中一样。在 Index 视图中的<%= ViewData["message"] %>代码之后添加如下代码，生成硬编码方式的静态链接：

```
<a href = "/Home/index1/1">单击</a>
```

在 Views 文件夹中添加一个不引用母版页的 Index1，在一对 div 标记中添加如下代码：

```
<%= ViewData["message"] %>
<%=Html.RouteLink("单击", new { controller="home", action="index", id="1"})%>>
```

在 HomeController 中修改代码如下：

```
using System.Web.Routing;
public ActionResult Index()
{ VirtualPathData vp = RouteTable.Routes.GetVirtualPath(null, "Default",
        new RouteValueDictionary(new { controller = "Home", action = "Index", id = 1 }));
    string url = vp.VirtualPath;//获取 URL
    ViewData["message"] = url;
    return View(); }
public ActionResult Index1()
```

```
            {   RedirectToRoute(new { controller = "home", action = "index", id = "3" });
                ViewData["message"] = "Hello route!";
                return View(); }
```

在 Global 文件的 RegisterRoutes 方法中修改代码如下：
```
        routes.IgnoreRoute("{resource}.axd/{*pathInfo}");
        routes.MapRoute(
            "Default", // 路由名称
            "{controller}/{action}/{id}", // 带有参数的 URL
            new { controller = "Home", action = "Index", id = 0 }); // 参数默认值
        routes.MapRoute("Default1","{controller}/{action}/{id}",new { controller = "Home",id=0});
```

运行程序，可以在主页中看到相应链接，使得 Index 和 Index1 这两个视图页面可以互相切换。
或者在 HomeController 中修改 Index 方法的代码如下：
```
        public ActionResult Index()
        {   VirtualPathData vp = RouteTable.Routes.GetVirtualPath(null, "Default1",
                        new RouteValueDictionary(new { action = "Index1" }));
            string url = vp.VirtualPath;
            ViewData["message"] = url;
            return View();    }
```

12.3 控制器和视图

MVC 三大组件的焦点是控制器。控制器处理传入的请求、用户输入和交互，执行相应的应用程序逻辑。所有控制器的基类均为ControllerBase类，该类可以进行常规的 MVC 处理。

12.3.1 控制器

1. 控制器的继承关系

MVC 中的控制器继承自一个名为 Controller 的基类，这个基类又继承自ControllerBase类。ControllerBase类中只包含一些简单的成员，Controller类中的成员却非常丰富。Controller类是控制器的默认实现，负责以下处理阶段的工作：查找要调用的操作方法，并验证该方法是否可以被调用；获取要执行的操作方法的参数值；处理在执行操作方法期间可能发生的所有错误；提供用于呈现视图的默认WebFormViewEngine类。因此，在自定义控制器时，只需要定义一些 Action 方法，就可利用基类丰富的资源实现应用。

ControllerBase 是一个抽象类，它的成员较少，功能有限。主要属性和方法见表 12-2。

表 12-2 ControllerBase 的主要属性和方法

属性和方法	说明
ControllerContext	控制器的上下文。通过该对象可以获得当前控制器的上下文信息，如当前的路由数据
ValidateRequest	Bool 类型，是否验证请求。设置是否验证请求（主要是安全方面的设置），如是否允许表单输入危险标记
ViewData	视图数据的字典
TempData	临时数据的字典。用 Session 保存，可以跨越多个控制器和视图使用
Execute()	虚方法，首先初始化 ControllerContext，然后调用 ExecuteCore()
ExecuteCore()	抽象方法，需要被重写

Controller 类是控制器继承的重点。该类的成员很多，属性和方法丰富，表 12-3 里只列出了其成员中很小一部分，基本体现了 Controller 类的功能。

表 12-3　Controller 的主要属性和方法

属性和方法	说　明
ActionInvoker	由 Action 名称到方法的核心属性。指向一个控制器和 Action 的名称，要定位到该 Action 方法，全靠这个属性
ExecuteCore()	处理 TempData，调用 ActionInvoker 的方法。重写父类方法，可以把 TempData 数据取出来后保存到 Session 中，在过程中会调用 ActionInvoker 对象的一个方法
HandleUnkownAction()	找不到 Action 的处理。处理的结果是返回一个 404 错误
HttpContext、Response	ASP.NET 对象
Content()、View()…	返回输出结果，返回类型继承自 ActionResult 类。这两个方法的特点是，方法返回类型都继承自 ActionResult（负责页面输出）。Controller 中有大量这样的方法和重载方法
UpdateModel()、TryUpdateModel()…	更新模型实例。这两个方法有一系列重载方法

2．从路由到动作方法——控制器同名方法的识别

在 Web Forms 程序中，同名方法重载的使用很普遍。在 MVC 程序中同样支持同名方法，但不依靠参数重载，而是依靠方法上不同的特性区分同名方法。在控制器中如果有重载方法，则运行时会报错。示例代码如下：

```
public ActionResult Index()
{    return View();   }
[NonAction]
public ActionResult Index(int id)
{    return View();   }
```

在第二个 Index 方法上加一个 NonAction 特性，同名方法就可以共存。NonAction 的作用是标识这个 Action 方法对任何请求都不予响应，即该方法不起作用，相当于没有定义。

另一个常用的特性是 AcceptVerbsAttribute，示例代码如下：

```
public ActionResult Index()
{    return View(); }
[AcceptVerbs(HttpVerbs.Post)]
public ActionResult Index(int id)
{    return View(); }
```

Action 方法可以接受 post、get 等方式的请求，默认接受 get 方式，添加了 AcceptVerbsAttribute 特性后可以接受 post 请求。

以上两个特性都继承自基类 ActionMethodSelectorAttribute，这个基类可以称作动作方法选择器，其中的成员定义了 IsValidForRequest 抽象方法。MVC 框架区分同名方法的过程是，程序首先通过 Action 的名称找到多个同名的方法，然后通过各自 IsValidForRequest 方法代码进行过滤，最后剩下一个进行处理的 Action 方法。如果经过过滤还有多个方法，就会报错。

作为 Action 方法要遵循标准。若使用 NonActionAttribute 特性，则不能作为 Action 方法。构造函数、属性、事件访问器等不能作为 Action 方法，即 Action 方法只能是非特殊方法。重写基类 object 或 Controller 的方法也不符合标准，如 ToString()和 Dispose()等。

路由中定义的 Action 名称与控制器中定义的 Action 方法名称命名应该一致，但这只是一般做法。在 MVC 程序中可以让 Action 方法名不一致，这就需要用到 ActionName 特性，如下面代

码所示：

```
[ActionName("Events")]
public ActionResult EventsDetail(int id)
{ return View(); }
```

路由定义的 Action 名称是 Events，控制器方法名称是 EventsDetail，动作和动作方法名称不一致，依靠 ActionName 特性得以识别。

3. 控制器的 Action 方法

MVC 找到唯一的 Action 方法之后要映射参数数据，就是将相关数据传递给这些参数。

（1）Action 方法参数的来源和映射

MVC 框架可以将 URL 中的参数值自动映射到动作方法。在默认情况下，如果动作方法带有参数，则 MVC 框架检查传入的数据是否包含同名参数值。如果包含，则该参数值自动传递给动作方法。在方法中不需要写从请求中获取参数值的代码，因此参数值更易于使用。

Action 方法参数的主要来源见表 12-4。优先级的含义是，控制器先从 Request.Form 集合取值，如果在 From 中找不到值，再从路由数据中找，还是找不到，就从地址参数中找。

表 12-4 Action 方法参数的主要来源

参数数据来源	说明	优先级
Request.Form 集合	提交表单的集合数据	高
路由数据	由路由定义	中
Request.QueryString 集合	URL 后边由问号引导的名称值对	低

可以按照参数名称进行映射（不分大小写），也可以对应 Request.From 集合，示例代码如下：

```
public ActionResult Create(FormCollection formValues)
{…}
```

映射完 Action 方法参数之后，执行 Action 方法中的代码，然后进行页面输出处理。

MVC 框架还支持动作方法的可选参数。MVC 框架中的可选形参是使用控制器动作方法中可以取值为 Null 的实参处理的。例如，动作方法采用日期作为参数，但是希望如果没有获得参数值则默认值为当天日期，可以使用以下代码进行处理：

```
public ActionResult ShowArticles(DateTime? date)
{    if(!date.HasValue)
    { date = DateTime.Now; }}
```

（2）动作结果类型——ActionResult 返回类型

ActionResult 类是所有操作结果的基础，多数操作方法会返回从该类中派生的类的实例，但也存在不同的操作结果类型。例如，常见的操作是调用View方法，该方法返回从 ActionResult 中派生的ViewResult类的实例。也可以创建返回任意类型（如字符串、整数或布尔值）对象的操作方法，这些返回类型在呈现到响应流之前包装在相应的 ActionResult 类型中。

表 12-5 中列出了 ActionResult 类的子类型，这些子类型可以实现各种内容的输出。

表 12-5 ActionResult 的子类型

类型	说明
EmptyResult	表示操作方法返回 Null，不输出任何结果
ContentResult	将指定内容作为文本输出
JsonResult	输出 JSON 字符串

续表

类 型	说 明
JavaScriptResult	输出可在客户端上执行的 JavaScript 脚本
RedirectResult、RedirectToRouteResult	重定向到指定的 URL 中
FileResult（抽象类） FilePathResult、FileContentResult、FileStreamResult	文件输出。本身不能做任何输出工作，其 3 个子类负责文件输出
ViewResult	将视图呈现为网页
PartialViewResult	呈现分部视图，该分部视图定义可呈现在另一视图内的某视图的一部分

（3）动作结果的辅助方法

Action 方法代码中并没有实例化一个 ActionResult 子类的对象并返回这个对象，而是使用 View()方法返回对象。其实 View 方法是一个辅助方法，用以简化代码。在控制器中定义了大量这样的方法，而且提供了足够的重载方法，满足各种使用情况。表 12-6 中列出了部分方法的返回值所对应的 ActionResult 子类型。

表 12-6 常用方法返回值对应的 ActionResult 子类型

方 法	返 回 对 象
Redirect(…)	RedirectResult
RedirectToRoute(…)、RedirectToAction(…)	…
View(…)、PartialView(…)	ViewResult…
Content(…)	ContentResult
File(…)	继承自 FileResult 的对象
Json(…)	JsontResult
JavaScript(…)	JavaScriptResult

【演练 12-5】 认识动作结果的辅助方法。本例利用 Html.ActionLink 方法生成超链接。其中所用的方法重载格式的第一个参数是该链接要显示的文字，第二个参数是对应的控制器的方法名称。默认控制器为当前页面控制器，如果当前页面的控制器为 Products，在视图中写成 Html.ActionLink("detail","Detail")，则会生成链接<a href="/Products/Detail"> detail </a>。

① 仿照演练 12-1 的方法建立 MVC 空项目，命名为 Ex12-5，添加一个 Home 控制器和一个 Index 视图。

② 在 Home 控制器中添如下代码：

```
public ActionResult Json()
{    var book = new { bookid = 1, bookName = "精通 ASP.NET MVC",
         author = "Microsoft", publishData = DateTime.Now };
     return Json(book, JsonRequestBehavior.AllowGet);    }
 public ActionResult JavaScript()
{    string js = "alert('Welecome to ASP.NET MVC!')";
     return JavaScript(js);    }
public ActionResult FilePath()
{    return File("~/Content/rain.mp3", "audio/mp3");    }
public ActionResult FileContent()
{    string content = "Welcome to ASP.NET MVC!";
     byte[ ] contents = System.Text.Encoding.UTF8.GetBytes(content);
     return File(contents, "text/plain");    }
```

```
public ActionResult FileStream()
{   string content = "Welcome to ASP.NET MVC!";
    byte[ ] contents = System.Text.Encoding.UTF8.GetBytes(content);
    FileStream fs = new FileStream(Server.MapPath("~/Content/Ajax 基础教程.pdf"),
                             FileMode.Open);
    return File(fs, "application/pdf");   }
public ActionResult ContentTest()
{   string content = "<h1>Welcome to ASP.NET MVC!</h1>";
    return Content(content);   }
```

③ 在 Index 视图的一对 div 标记中添加如下代码：

1 输出 JavaScript
<p>   <%= Html.ActionLink("生成 JavaScript","javascript") %>   </p>
2 输出 Json
<p>   <%= Html.ActionLink("生成 JSON","json") %>   </p>
3 链接文件
<p>   <%= Html.ActionLink("播放 MP3", "FilePath")%>   </p>
4 链接文件内容
<p>   <%= Html.ActionLink("查看文本文件", "FileContent")%>   </p>
5 链接文件流
<p>   <%= Html.ActionLink("访问 PDF", "FileStream")%>   </p>
6 输出文本
<p>   <%= Html.ActionLink("输出文本", "ContentTest")%>   </p>

④ 在项目的 Content 文件夹中放置"Ajax 基础教程.pdf"和"rain.mp3"两个文件。
运行程序，单击各个链接体会辅助方法的作用。

（4）隐式的动作结果

下面这两段代码的最终效果是等价的：

```
public int Sum(int num1,int num2)
{   int sum = num1 + num2;
    return sum;   }
public ActionResult Sum(int num1,int num2)
{   int sum = num1 + num2;
    return Content(Convert.ToString(actionReturnValue,CultureInfo.InvariantCulture)); }
```

第 2 段代码在 MVC 中更常用，它把整型数据封装转换成字符串类型，然后封装成 ContentResult 类型。转换工作是 MVC 框架自动完成的，这样就可以把 Action 方法定义成一种更为自然的方式。

Action 方法中可以使用任何类型的返回值。如果不是 ActionResult 类型（子类型），则 MVC 框架会把它封装成 ActionResult 类型对象，也就是进行隐式类型转换。表 12-7 中，如果返回值是第 1 列的内容，就被封装成第 2 列的对象。

表 12-7 Action 动作结果的隐式类型转换

返 回 的 值	说　　明
Null	EmptyResult
Void	EmptyResult
对象（ActionResult 之外的类型）	ContentResult

12.3.2　视图

视图专门用于封装呈现逻辑。视图中不应包含任何应用程序逻辑或数据库检索代码。视图使用从控制器传递给它的数据呈现相应的 UI。当然，MVC 程序中也可以不使用视图，使用视图的目的是保证页面内容输出和控制器代码的分离。结合下面的代码可以看出，将各种 HTML 代码写在 Action 方法中显然不符合 MVC 强调分离的意图：

```
public ActionResult Index()
{    string message = "<h1>This is my first MVC.</h1>";
     return Content(message ); }
```

视图还是一种更方便、更直观的输出页面内容的方式。MVC 提供了功能强大的视图模板，使得开发者不必在程序代码中拼接 HTML 标记。

1. 视图寻址

当使用 View 方法返回一个视图时，通常有两种方式来寻址目标视图文件：通过这个 View 方法的参数传递视图的完整路径或者指定视图名称。

（1）指定完整路径。就是把视图文件的完整路径按照下面的方式给出来：

```
public ActionResult Index()
{    return View("~/Views/Home/Index.aspx"); }
```

（2）指定视图名称。代码如下：

```
public ActionResult Index()
{    return View("Index1"); }
```

这种方式基于 MVC 的程序结构，更具代表性。其内在机制不需要遍历整个网站才能找到相应的视图文件。执行 IndexAction（程序中并没有创建 Index1 视图），可以看到如图 12-8 所示的报错页面信息。

图 12-8　报错页面

通过报错信息可以看出，指定视图名称方式的视图寻址机制遵循两条原则：第一，先在 Views 文件夹下相应控制器名称的子文件夹中查找视图文件，再查找 Shared 文件夹。第二，在相应路径中先查找 aspx 文件，再查找 ascx 文件。所以，视图都应该组织到 Views 文件夹下的相应文件夹里，这样才能体现出 MVC 的优势。

如果使用 View 时没有指定视图路径或名称，则默认使用动作方法的名称作为视图寻址依据。例如，下面代码就是寻找名为 ViewEvent 的视图：

```
public ActionResult ViewEvent()
{    return View(); }
```

如果动作方法使用了 ActionName 特性，并且不指定视图路径或名称，就将 ActionName 特性的属性值作为视图名称。例如，下面代码寻找名为 Event 的视图：

```
[ActionName("Event") ]
public ActionResult ViewEvent()
{    return View(); }
```

2. 视图编写

可以使用 MVC 应用程序提供的模板创建视图。在默认情况下，视图是由 MVC 框架呈现的 ASP.NET 网页。

（1）视图与 Web Forms 页面

视图的编写与 Web Forms 的视图前置 aspx 页面很相似，主要就是编写内嵌代码的动态页面。但二者有本质区别。第一个区别是基类的定义，Web Forms 中 aspx 页面的基类是后置页面的类型，由 Inherits 属性定义，如下面代码所示：

```
<%@ Page Title="主页" Language="C#" MasterPageFile="~/Site.master" AutoEventWireup="true"
    CodeBehind="Default.aspx.cs" Inherits="WebApplication1._Default" %>
```

而 MVC 的视图继承的是 ViewPage 类型，同样由 Inherits 属性定义，如下面代码所示：

```
<%@ Page Language="C#" MasterPageFile="~/Views/Shared/Site.Master"
    Inherits="System.Web.Mvc.ViewPage" %>
```

或者继承 ViewPage 泛型，如下面代码所示：

```
<%@ Page Language="C#" MasterPageFile="~/Views/Shared/Site.Master"
    Inherits="System.Web.Mvc.ViewPage<dynamic>" %>
```

所以，视图是 ViewPage 类的实例。它从 Page 类中继承并实现 IViewDataContainer 接口。ViewPage 类定义 ViewData 属性，该属性返回 ViewDataDictionary 对象。此属性包含视图应该显示的数据。

第二个区别是 Html 辅助方法。传统的 Web Forms 页面中会大量使用服务器控件，MVC 中的 Html 辅助方法起到类似作用，Html 辅助方法也被称作服务器控件的替身。下面代码中的 Html.ValidationMessage 就是一个辅助方法，用于输出 Html 验证信息：

```
<input name="txtTitle" type="text" id="txtTitle1" style ="width:100%;" />
<%=Html.ValidationMessage("EventsTitle_Required","*") %>
```

ViewPage 类继承自 System.Web.UI.Page，即它可以使用 Page 类中定义的对象和方法。ViewPage 类自身还有一些专有的成员，主要是一些属性，见表 12-8。

表 12-8　ViewPage 类的专有成员

主要属性	说　　明
Html	HtmlHelper 类型，支持呈现 HTML
Url	UrlHelper 类型，支持呈现 URL
Ajax	Ajax Helper 类型，支持呈现与 Ajax 相关的 HTML
ViewData	视图用到的数据，和控制器通用（ViewData 和控制器中定义的 ViewData 是一样的数据），相当于 Session。
TempData	Session 保存的临时数据，和控制器通用（TempData 和控制器中定义的 TempData 是一样的数据）
ViewContext	继承自 ControllerContext，能获取 RouteData

基本 Html 辅助方法以及对应的 HTML 标记见表 12-9。几乎每个方法都提供了多种重载的版本，可以满足各种调用的情况需求。

表 12-9　Html 辅助方法以及对应的 HTML

HtmlHelper 常用方法	对应的 HTML
BeginForm()	\<form\>
Hidden()	\<input type="hidden" /\>
Password()	\<input type="password" /\>
RadioButton()	\<input type="radio" /\>
CheckBox()	\<input type="checkbox" /\>
TextBox()	\<input type="text" /\>
TextArea()	\<textarea/\>

续表

HtmlHelper 常用方法	对应的 HTML
DropDownList()	<select/>
ListBox()	<select multiple="true" />
ActionLink()、RouteLink()	<a/>
ValidationSummary()	输出 HTML 显示验证汇总信息，起到验证汇总控件的效果
ValidationMessage()	输出 HTML 显示验证信息
Partial()	局部页面及用户控件，用它输出一个 MVC 中的用户控件

MVC 框架定义的 HtmlHelper 的常用方法很多，如果不能满足需要，就需要自定义。可以使用扩展方法技术，直接扩展 HtmlHelper 的功能。只需要以 this HtmlHelper helper 作为自定义 Html 辅助方法参数表中的第一个形参（实参表并不提供这个参数），然后在视图页面引用该扩展方法所属类的命名空间，即可使用扩展的辅助方法。扩展 HtmlHelper 方法必须在静态类中实现（参见演练 12-7）。事实上大多数 Html 辅助方法情况是通过扩展方法技术实现的。

（2）母版页

与 Web Forms 应用程序中的 ASP.NET 页面相似，视图也可以使用母版页定义一致的布局和结构。在典型网站中，母版页绑定内容页的@Page指令。

【演练 12-6】 演示视图母版页的创建和使用。

本例的母版页中包含一幅背景图片。新建一个名为 Ex12-6 的 MVC 空项目。在项目根目录下添加名为 Images 的新文件夹，其中放置名为 Leaves.jpg 的背景图片文件。打开 Content 文件夹中的 Site.css 文件，在文件最后添加如下代码（background-image 属性定义了背景图片）：

```
#Main
{    background-image:url("../Images/Leaves.jpg");
     background-repeat:no-repeat;
     height:450px;
     width:876px;    }
```

右击 Views 中的 Shared 文件夹，执行快捷菜单命令"添加"→"新建项"，在打开的对话框中，选择模板列表中的"MVC 2 视图母版页"，命名为 Site.Master。在其中的</head>标记之前添加如下代码以调用样式表：

```
<link href="../../Content/Site.css" rel="stylesheet" type="text/css" />
```

并将其中的<div>标记修改成<div id="Main">，表示引用 Site.css 文件中新添加的 Main 样式。

按演练 12-1 的方法创建一个 Home 控制器，右击其中的 Index 方法，执行快捷菜单命令"添加"→"视图"，在打开的对话框中选中"选择母版页"复选框，并参照选中"~/Views/Shared/Site.Master"母版页。运行程序查看结果。

从母版页第 1 行代码中可以看出，它的基类继承自 MasterPage 类，说明与 Web Forms 中的母版页功能类似。当然，MVC 母版有自己的成员，这些特殊成员和 ViewPage 类似，即母版视图和内容视图的编码基本一致。ContentPlaceHolder 和 Content 控件的一一对应关系利用了 ContentPlaceHolderID 属性，也沿用 Web Forms 中母版页的做法。这里，ContentPlaceHolder 和 Content 都是控件，虽然在 MVC 程序中不提倡使用服务端控件，但这是两个例外。

（3）用户控件

在 MVC 中也可以使用用户控件。其实这种用户控件就是一种分部视图，因为 MVC 视图中不推荐使用任何服务器控件。在 MVC 程序中可以添加一个 ascx 类型的代码文件（扩展名与 Web Forms 中的用户控件完全一致）。用户控件的声明代码如下：

```
<%@ Control Language="C#" AutoEventWireup="true" CodeBehind="WebUserControl1.ascx.cs"
    Inherits="MvcApplication2.Views.Home.ViewUserControl1" %>
```

从上述代码可以看出，其基类是 ViewUserControl，它继承自 UserControl，说明和 Web Forms 中的用户控件功能类似。ViewUserControl 的专有成员和 ViewPage 的类似，所以用户控件视图与普通视图编码方式也基本一致。

用户控件一般可以用在 3 类场合：母版页、页面、其他用户控件。这一点和 Web Forms 中的一致。在 Web Forms 中，使用用户控件需要有用户控件声明，然后是用户控件代码。而在 MVC 中不需要任何声明，只需要使用 Html.Partial 方法就可以使用用户控件。示例代码如下：

```
<div> <%Html.Partial("Event"); %> </div>
```

该方法的一个必需参数是用户控件视图的名称，上述代码中的用户控件视图名称是 Event，其中可能涉及用户控件的传递参数问题。在 Web Forms 中，可以通过用户控件的一个公开属性传递参数；在 MVC 中，可以使用 Partial 的重载方法达到这个目的。

实例化分部视图（用户控件）时，它将获得自己的可用于父视图的 ViewDataDictionary 对象副本。因此，分部视图可以访问父视图的数据。但是，如果分部视图更新了数据，则更新只影响该分部视图的 ViewData 对象，而父视图的数据并不发生更改。

【演练 12-7】 本例在 Index 视图中使用 MVC 已有的 Html 辅助方法，在用户控件中使用扩展 HtmlHelper 方法，在母版页中引用用户控件，最终效果在 Index 视图中显示。

在演练 12-6 的基础上，在 Models 文件夹中新建一个名为 MyHtmlHelper.cs 的类文件，修改代码如下：

```
namespace Ex12_7.Models
{   public static class MyHtmlHelper
    {   public static string Submit(this HtmlHelper helper, string id, string value)
        {   var builder = new TagBuilder("input");
            builder.MergeAttribute("type", "submit");
            builder.MergeAttribute("value", value);
            builder.GenerateId(id);
            return builder.ToString();           } } }
```

该类必须是静态类，其作用是对 Html 辅助方法扩展一个 Submit 方法，需要引入 System.Web.Mvc 命名空间。

右击 Shared 文件夹，添加名为 MyUserControl 的新视图，在"添加视图"对话框中选中"创建分部视图（.ascx）"，这样就创建了一个用户控件。在该文件中（只有一行代码）添加如下代码，其作用是引用 MyHtmlHelper 类中定义好的扩展 Html 辅助方法 Submit：

```
<%@ Import Namespace="Ex12_7.Models" %>
<div>   <ul>   <%= Html.Submit("btnOK","提交") %>       </ul> </div>
```

在 Index 视图的一对 h2 标记之后添加如下代码，使用 HtmlHelper 方法创建登录界面：

```
<div><% using (Html.BeginForm())
{%> <table>
        <tr> <td style="width: 100px; color: Blue;"> 新闻标题： </td>
            <td> <%= Html.TextBox("txtNewsTitle", null, new { style = "width: 100%;" })%></td>
        </tr>
        <tr>   <td style="color: Blue;"> 新闻内容： </td>
        <td><%=Html.TextArea("txtContent", new{rows="1", cols="20", style = "width: 100%;" })%>
         </td> </tr>
```

```
<tr> <td style="width: 100px; color: Blue;"> 重大新闻 </td>
<td> <%= Html.CheckBox("chkImportant",true)%> </td> </tr>
</table> <%} %>   </div>
```
在 Site.Master 文件一对 asp:ContentPlaceHolder 标记之后添加如下代码，引用用户控件：
```
<%=Html.Partial("MyUserControl") %>
```

3. 视图状态保持

页面状态丢失是 Web 应用程序的常见问题。在 Web Forms 程序中依赖 Enable ViewData 属性页面保存状态。在 MVC 中没有这个功能，需要在 Controller 的相应 Action 和 View 方法中手动处理，以便保存页面状态信息。

【演练 12-8】　在演练 12-7 的基础上，在 Models 文件夹中新建一个名为 News 的类文件，按如下方式补充代码：

```
public class News
{   public string NewsTitle { get; set; }
    public string NewsContent { get; set; } }
```

可以看出，News 类中包含两个属性。

在 Home 控制器中补充两个 Create 方法，代码如下：

```
public ActionResult Create()
{   ViewData["news"] = new News(); //返回一个新的空对象给视图
    return View();   }
[AcceptVerbs(HttpVerbs.Post)]
public ActionResult Create(FormCollection formValues)
{   News news = new News(); //构造实体
    news.NewsTitle = formValues["txtTitle"];
    news.NewsContent = formValues["txtContent"];
    if (!ModelState.IsValid)
    {   ViewData["news"] = new News(); } //返回一个新的空对象给视图
    else
    {   ViewData["news"] = news; } //返回一个包含数据的 news 对象给视图
    return View(); }
```

为 Create 方法创建不引用母版页的 Create 视图，在页头 Page 指令下面添加如下代码：

```
<%@ Import Namespace="Ex12_8.Models" %>
<%@ Import Namespace="Ex12_8" %>
```

在一对 div 标记中添加以下代码：

```
<form id="form1" runat="server">
<% var news = ViewData["news"] as News; %>
<% using (Html.BeginForm()) {%>
<table> <tr>
<td style="width: 100px; color: Blue;">    标题：    </td>
    <td> <%= Html.TextBox("txtTitle", news.NewsTitle, new { style = "width: 100%;" })%>
    </td>   </tr>
    <tr> <td style="color: Blue;">    内容：    </td>
    <td> <%=Html.TextArea("txtContent", news.NewsContent, new { rows = "10", cols = "20",
        style = "width: 100%;" })%>    </td>    </tr>
    <tr> <td> <%= Html.Submit("btnOK","插入") %>    </td>    </tr>    </table> <%} %>
</form>
```

本例要求单击"插入"按钮时，Create 视图中的标题、内容两栏均不能为空，否则已输入的内容将会丢失。运行程序，在地址栏中添加 URL 子路径/Home/Create，显示 Create 视图。在标题、内容两栏中的任一栏输入内容，单击"插入"按钮，已经输入的栏中内容仍然保留，这就是状态保留效果。

如果将上边 Home 控制器两个 Create 方法代码中下列两条语句去掉：
  ViewData["news"] = new News();　　　　//返回一个新的空对象给视图
  ViewData["news"] = news;　　　　　　　//返回一个包含了数据的 news 对象给视图
将 Create 视图中带有下画线的两个参数 news.NewsTitle 和 news.NewsContent，改为"Null"，再次用相同方法运行程序，在标题、内容两栏中的任一栏输入内容，单击"插入"按钮，则已经输入的栏中内容均不予保留，这就是状态丢失。

控制器中的 Create 方法用 formValues 集合对象参数传入在页面文本框中输入的数据，并将其存入实体对象 news 的两个属性中。else 语句块部分的代码 ViewData["news"] = news，其作用是当视图页面的标题、内容两栏中任一栏为空时，将已输入的数据封装在 news 对象中返回视图，使得视图状态得以保留。Create 视图中首先用 Import 引入模型类和控制器类所在的命名空间。var news = ViewData["news"] as News 语句有 3 个作用：第一，声明一个弱类型变量 news；第二，用 as News 将其转换成 News 类的对象；第三，将控制器返回的数据 news 赋值给 news 变量（as 运算符优先级高于赋值运算符）。最后，用 news.NewsTitle 和 news.NewsContent 将返回的数据内容呈现在文本框中。这就是状态保留的过程。

12.4　模型与模型状态

模型是软件的灵魂和价值所在。本节主要介绍 MVC 程序中与模型有关的概念和应用技巧。View 负责展示数据，Model 负责存储和操作数据，二者通过 Controller 建立联系：一方面通过 View 的数据构造 Model，另一方面将 Model 的相关数据或验证结果返还给 View。

12.4.1　强类型视图

在 12.3.2 节中介绍过 MVC 程序解决页面状态丢失问题的方法。其中 View 使用的是弱类型的对象。视图中同样可以使用强类型数据。

【演练 12-9】　在演练 12-8 的基础上，为 Views 文件夹下级的 Home 文件夹创建 Create1 视图，在"添加视图"对话框中选中"创建强类型视图"复选框，并在"视图数据类"下拉列表中选择 News 类，并在"视图内容"下拉列表中选择"Empty"模板，如图 12-9 所示。

图 12-9　创建强类型视图的"添加视图"对话框

页头 Page 指令代码中的 Inherits="System.Web.Mvc.ViewPage<Ex12_9.Models.News>"表明模型类 News 已经被引入。保留 Create1 视图第 1 行中的 Page 指令代码，其余代码用 Create 视图中第 1 行中除 Page 指令代码之外的其他代码替换。删掉<% var news = ViewData["news"] as News; %>语句，因为 News 已经被引用，不需要进行弱类型变量声明和类型转换（保留<%@ Import Namespace= "Ex12_9.Models" %>也只是因为 Create1 视图中需要调用 Models 文件夹中的 MyHtmlHelper 类）。将 news.NewsTitle 替换成 ViewData.Model.NewsTitle，

将 news.NewsContent 替换成 ViewData.Model.NewsContent，使用 ViewData 可以调用强类型视图引用的模型数据。

在 Home 控制器中仿照 Create 方法代码补充两个 Create1 方法，并将其中的指令 ViewData["news"] = new News()均改为 ViewData.Model = new News()，将 ViewData["news"] = news 改为 ViewData.Model= news。也可以在两个方法的返回指令中将 news 对象作为参数返回到视图中，即返回空数据时用 return View(news News())，返回带数据的对象时用 return View(news)。

运行程序，在地址栏中补充/Home/Create1 子路径，发现同样可以实现状态保留。

ViewData.Model 是泛型，实际类型是通过 ViewPage 泛型类型对应的。在本例中，ViewData.Model 被定义成 News 类型，即程序中的模型类。这就是强类型视图的定义方式。使用强类型的好处有两点：一是不需要类型转换；二是可以利用 Visual Studio 代码自动生成的功能。一旦选择创建强类型视图，就可以利用视图模板（添加、修改、删除、详细等）自动生成一部分代码，减少编码工作量。后面 12.5 节中的两个实训项目用到了强类型视图的各类模板。

强类型视图也有缺点，当 Controller 返回多个对象时，需要创建多个视图。

12.4.2 视图和模型

MVC 应用程序中的模型类不直接处理来自浏览器的输入，这项工作由控制器完成；也不生成到浏览器的 HTML 输出，这项工作由控制器返回到视图完成。三大组件的核心是控制器，但并不意味着视图和模型毫无关系。

1. 视图和模型的交互

视图和模型的交互仍然需要控制器在中间起作用，包括两方面内容。一方面，通过视图的数据构造模型。从视图的表单中获取参数数据，通过这些数据构造 Model 对象，再对该对象进行相关处理，这是控制器的重要职能之一。例如，控制器方法利用参数表获取视图的数据构造模型，代码如下：

```
public ActionResult Edit(int eventsId,string eventsTitle,string eventsContent)
{    Events events = new Events();
     events.EventsId = eventsId;
     ……}
```

视图和模型交互的另一方面（也是控制器的另一个重要职能之一）是将 Model 的数据传递给 View 进行展示。例如，通过 Html 控件进行展示，代码如下：

```
<%=Html.TextBox("txtTitle",ViewData .Model.EventsTitle) %>
```

2. 模型自动绑定

视图和模型的交互需要大量编码的工作。但实际上 MVC 的框架可以实现视图与模型的自动绑定，大大简化编码的工作。

【演练 12-10】 在演练 12-9 的基础上进行修改，实现视图与模型的自动绑定。

将接收 post 请求的控制器 Create1 方法参数由原来的 FormCollection formValues 改为 News news，即通过参数表直接从视图获取数据，用于构造实体的以下 3 行代码就可以注释掉：

```
//News news = new News();
//news.NewsTitle = formValues["txtTitle"];
//news.NewsContent = formValues["txtContent"];
```

修改 Create1 视图中两个 Html 辅助方法的第一个参数名（即 name 属性）如下：

...

<%= Html.TextBox("newsTitle", ViewData.Model.NewsTitle, new { style = "width: 100%;" })%>

...

<%=Html.TextArea("newsContent", ViewData.Model.NewsContent, new { rows = "10", cols = "20", style = "width: 100%;" })%>

在 Create1 方法的起始位置设置断点。运行程序，在浏览器地址栏中添加/Home/Create1 子路径，查看控制器中 Create1 方法的数据传递情况，如图 12-10、图 12-11 所示。

图 12-10　视图页面输入数据信息　　图 12-11　控制器方法的参数表接收到视图传入的数据信息

从图 12-11 可以看出，视图中输入的数据已经被控制器方法接收，完成了视图和模型的自动绑定，不需要手动编写代码构造实体类。

要想实现自动绑定，必须遵循一个严格规定，就是视图中 Html 辅助方法的 name 属性命名，必须与控制器中使用的模型对象属性的命名一致（见演练 12-8 中的 News 类代码）。属性命名对英文字母大小写不敏感。

模型可能包含多种类型的成员，模型自动绑定中支持各种类型的绑定。第一种情况是简单类型，即模型的成员都是简单类型。例如，Users 类的属性都是字符串类型：

```
public class Users
{   public string UserName{ get;set; }
    public string Password{ get;set; }
    public string Email { get; set; }     }
```

图 12-12　模型的成员包含复杂类型

第二种情况是模型的成员包含复杂类型。如图 12-12 所示，Users 类的属性包含 Personal 类成员，Personal 类中包含 Gender 枚举类型的成员，Gender 枚举类型中包含简单值类型成员。

第三种情况是模型的成员包含集合类型，如 IList<Users>、ArrayList 等类型的成员。

第四种情况是模型的成员包含字典类型，如 Dictionary<string, Users> users 等类型的成员。

简单类型的模型自动绑定中，Html 辅助方法的 name 属性名称和模型对象属性名称要求一致，不必区分大小写。复杂类型使用点取运算符"."进行子类对象和属性的分隔即可，代码所示如下：

<%: Html.TextBoxFor(model => model.Personal.NickName) %>

<input name=" Personal.NickName " type=" text " value=" "/>

这两行代码对复杂类型绑定的性质一致。第 2 行是原生的 Html 代码。第 1 行代码中的 TextBoxFor 是泛型类的 Html 辅助方法，它生成的结果也是 Personal.NickName，与第 2 行原生代码的性质一致。

集合数据类型的模型自动绑定的典型代码如下：
<input type="text" name="users[<%= i %>].UserName" />
<select name="users[<%= i %>].Personal.Gender ">

可以看出，在视图中是用带方括号的索引来区分子项数据（变量 i）的，其索引值由代码动态生成。

字典数据类型的模型自动绑定与集合类型的方式很类似，不同之处是需要依次定义各项数据对应的 key 和 value，代码如下：
<input type="text" name="users[<%= i %>].**key**" />
<input type="text" name="users[<%= i %>].**value**.UserName" />
<select name="users[<%= i %>].**value**.Personal.Gender">

对应的格式是 Dictionary<string,User>，key 与 string 对应，value 与 User 对应。

模型自动绑定的过程比较复杂，本质的机制是把表单或路由中获取的数据对应到模型实体的各个属性上，具体过程不做展开介绍。

3. 自定义模型绑定规则

自定义模型绑定规则的方法很多。

（1）使用 Binder 特性——应用到参数上

框架中可以使用 Binder 特性定义需要完成自动绑定的属性，这一特性可以应用到 Action 方法的参数上，有两种常用方法，使用其中一种即可。

① 使用 Include 定义需要完成自动绑定的属性，多个属性用逗号分开，代码如下：
```
public ActionResult ComplexType([Bind(Include = "Password, Personal")]User user)
{ return View(); }
```

② 使用 Exclude 排除不需要自动绑定的属性，代码如下：
```
public ActionResult ComplexType([Bind(Exclude="Email")]User user)
{ return View(); }
```

（2）使用 Binder 特性——应用到实体上

与前边应用到参数上的方法类似，不同之处只是 Binder 特性应用到实体类上，代码如下：
```
[Bind(Include = "UserName,Password")]
public class User{ }
[Bind(Exclude = "Email")]
public class User{ }
```

在特殊情况下，参数和实体类上都可以用 Binder 特性，其结果是取其交集。一般没必要这么做。Binder 特性还可以定义其他值，如 Prefix 等，这里不做展开介绍。

（3）自定义 ModelBinder 方法

MVC 框架中有默认的模型绑定器，其中有一套处理规则。也可以通过定义处理规则来自定义模型绑定器，然后通过注册进行使用，代码如下：
```
public interface IModelBinder{
object BindModel(ControllerContext controllerContext, ModelBindingContext bindingContext);   }
public class UserBinder:IModelBinder
{ … }
```

要自定义 ModelBinder 方法，必须在 Global.asax 文件中的 ApplicationStart 方法中加一行注册代码，否则系统还会使用默认模型绑定器。注册代码如下：
```
ModelBinders.Binders.Add(typeof(User), new UserBinder());
```

【演练 12-11】 在演练 12-10 的基础上，按如下代码修改 Create1 方法参数表：
　　public ActionResult Create1([Bind(Include = "newsTitle")]News news)
用与演练 12-10 相同的方法运行程序并输入子路径，结果如图 12-13 所示。Binder 特性定义可以接收的属性只包括 newsTitle，所以运行时只有 NewsTitle 的值被传入。

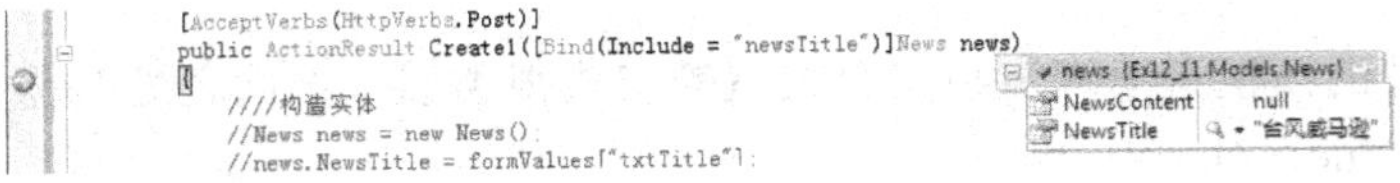

图 12-13　使用 Binder 特性之后控制器方法参数表接收到的视图传入的数据信息

去掉 Create1 方法参数表中的 Binder 特性，在 News 类上添加代码如下（需要引入命名空间 using System.Web.Mvc）：

　　[Bind(Include = "newsTitle,newsContent")]
　　public class News{……}

运行效果如图 12-14 所示。

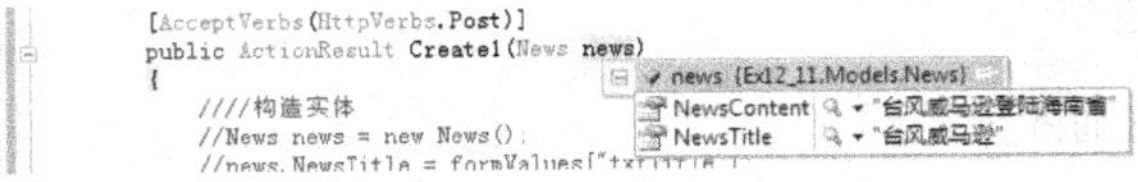

图 12-14　在 News 类上使用 Binder 特性视图传入的数据信息

将前两个 Binder 特性同时应用，查看运行结果，其结果应是二者的交集。

12.4.3　ModelState

模型的状态可以通过 ModelState 对象来保存，该对象是 ModelStateDictionary 类型，是一个字典对象，可以使用字典保存多组模型状态信息。前面介绍过使用 ViewData 保存视图状态的方法。之所以需要利用模型状态保存模型数据，原因是视图与模型的联系过程分为两种方式，一种是从视图中获取数据绑定成模型，另一种是将模型中的数据传递给视图（也叫反向绑定）。反向绑定需要向视图传递模型，被传递的模型数据需要保存在 ModelState 中。

其实在模型自动绑定时，默认绑定器在完成自动绑定时就会把模型数据传递到 ModelState 中，这时可以不需要 ViewData 保存数据。可以在演练 12-10 中尝试一下，将控制器两个 Create1 方法中下列给 ViewData.Model 赋值的语句都注释掉：

　　ViewData.Model = new News();　　　　//返回一个新的空对象
　　ViewData.Model = news;　　　　　　　//返回一个包含了数据的 news 对象

即不使用 ViewData 给视图传值。并把 Create1 视图代码的语句：

　　<%= Html.TextBox("newsTitle", ViewData.Model.NewsTitle, new { style = "width: 100%;" })%>

和

　　<%=Html.TextArea("newsContent", ViewData.Model.NewsContent, new { rows = "10", cols = "20",
　　　　style = "width: 100%;" })%>

中，Html.TextBox 方法的参数 ViewData.Model.NewsTitle 和 Html.TextArea 方法的参数 ViewData.Model.NewsContent（value 属性）都改成 Null，即不接收通过 ViewData.Model 传过来的值。按原有方法运行程序，会发现 Create1 视图页面的状态保持依然存在。这是因为，两个 Html 辅助方法中的 value 属性如果为 Null，则会通过 ViewData 获取值。如果得不到，则通过 ModelState 获取值。因为控制器中的 ViewData 被注释掉了，所以 value 属性是通过 ModelState 获取模型数据进行状态保持的。

编程时需要考虑模型状态数据的保存和使用两方面的情况。之前的例子都是手工操作 ModelState 对象，其实一般不需要手动操作 ModelState 对象，框架也会提供自动化处理操作，分为两种情况。第一种情况，模型自动绑定时，模型数据和模型验证错误信息都可以自动保存。模型数据保存到 ModelState 中的代码如下：

　　　　bindingContext.ModelState.SetModelValue(bindingContext.ModelName, valueProviderResult)

添加模型验证错误信息的代码如下：

　　　　bindingContext.ModelState.AddModelError(bindingContext.ModelName, errorText)

以上两段代码都来自默认绑定器。

第二种情况，在视图上使用模型状态的数据时，如果在视图上不想直接操作 ModelState 对象，就可以借助 HtmlHelper（封装了对 ModelState 的调用）。即使不给输入控件显式赋值，输入控件也会从 ModelState 中取值并自动赋值。HtmlHelper 还能有效利用 ModelState 保存的错误信息，例如可以根据验证结果自动输出样式：

```
<%= Html.TextBox("EventsTitle")%>
<input class="input-validation-error" id="EventsTitle" name="EventsTitle"
       style="width:100%;" type="text" value=" "/>
```

以上代码用 Html.TextBox 呈现了一个输入框，如果输入框对应值没有通过验证，则页面回发后，输入框会呈现 css 中自定义的 input-validation-error 样式。

12.4.4 验证规则

在 Web Forms 中介绍过验证控件，MVC 的验证框架是结合 Model 的，其使用的便利性、可扩展性等性能同样优越。在模型实体上可以定义部分验证规则，如类型、长度等。但对于特殊业务逻辑验证还需要真正的业务类，模型不能完全替代。定义方法是，在业务操作类中定义业务规则的验证方法，然后调用。

1. 验证规则和验证信息的显示

ModelState 保存的错误属性信息都是按属性名一一对应的。如果相应验证属性有错误信息，则会通过 Html.ValidationMessage 呈现错误。验证呈现单条信息的代码如下：

　　　　<%= Html.ValidationMessage("EventsTitle")%>

注意：第一个参数一定和属性命名一致（示例代码中是 EventsTitle）。

Html.ValidationSummary 会遍历 Model 中的所有错误并显示出来，它的参数表示汇总性质信息，之后显示所有具体的各个单条信息，与 Web Forms 中的汇总验证控件功能类似。验证呈现汇总信息的代码如下：

　　　　<%=Html.ValidationSummary("添加不成功，请先修改下列错误。")%>

MVC 自定义验证规则的方式是，如果验证不通过，就向 ModelState 添加错误信息。框架允许在业务实体类定义验证特性，验证规则一目了然，而且因为模型绑定自动验证，所以无须显式调用。规则对开发人员透明，可以大大提高编程效率。下面代码中定义的是 Required 特性的验证规则，即要求被验证对象不能为空：

```
public class User{……
[Required(ErrorMessage="密码不能为空")]
public string Password{get;set;}   }
```

常见的验证特性还有数据类型验证特性（DataType）、正则验证特性（RegularExpression）、序列验证特性（Range）、用户合法性验证特性（CustomValidation）、字符串长度验证特性

（StringLength）……需要注意的是，使用验证规则之前，需要引用 System.ComponentModel.DataAnnotations 命名空间。

2. 客户端验证

对应用程序来说，服务器端验证保证安全性，客户端验证增加用户体验，两者都有必要。在 Web Forms 中利用验证控件很容易得到两方面的验证功能。MVC 框架会自动增加客户端验证脚本，分为 3 个步骤，缺一不可。

【演练 12-12】 在演练 12-10 的基础上修改程序。

在模型类 News 的两个属性上均应用 Required，代码如下：

```
public class News
{
    [Required(ErrorMessage = "新闻标题必须输入")]
    public string NewsTitle { get; set; }
    [Required(ErrorMessage = "新闻内容必须输入")]
    public string NewsContent { get; set; }
}
```

并引入命名空间 System.ComponentModel.DataAnnotations。

下面的修改将使 Required 验证规则发挥作用，共分 3 个步骤，缺一不可。

首先，在视图 Create1 中 <body> 标记起始位置依次引用以下 3 个脚本文件：

```
<script type="text/javascript" src="../../Scripts/MicrosoftAjax.js"></script>
<script type="text/javascript" src="../../Scripts/MicrosoftMvcAjax.js"></script>
<script type="text/javascript" src="../../Scripts/MicrosoftMvcValidation.js"></script>
```

其次，紧接上边的代码添加如下代码：

```
<% Html.EnableClientValidation(); %>
```

该方法的返回值为 void，所以格式不同，没有冒号。其作用是由验证特性自动生成客户端验证代码。

最后，添加泛型验证方法进行客户端验证，这里一般不用非泛型方法。代码如下：

```
<%: Html.ValidationMessageFor(model => model.NewsTitle) %>
```

运行程序，在地址栏中添加/home/create1 子路径，当新闻标题或内容栏为空时单击"提交"按钮，会看到页面上显示的验证错误信息，如图 12-15 所示。可以尝试添加验证汇总信息。

图 12-15 客户端验证的报错信息

12.5 实训

【实训 12-1】 在 Visual Studio 中创建 ASP.NET MVC 应用程序时，可以选择创建支持数据模型的控制器和视图。本实训使用 Visual Studio 中支持 MVC 控制器和视图的数据模板创建一个简单程序。主要完成以下任务：

- 添加已经包含用于创建、编辑、删除和显示模型数据的操作方法的控制器；
- 通过使用 ASP.NET MVC 中内置的数据基本架构，生成基于模型的强类型视图。

（1）创建新 MVC 项目

在 Visual Studio 中新建一个 ASP.NET MVC 项目，项目名称为"MvcDataViews"。为简单起

见,不创建单元测试项目。

(2)创建模型类

本实训中将创建一个用于定义人员的 Person 类,具有 ID、Name 和 Age 属性。后续将使用视图模板添加、编辑和显示该模型的值。步骤如下。

① 在"解决方案资源管理器"中右击"Models"文件夹,从快捷菜单中执行命令"添加"→"类",在显示的对话框中,将类的名称改为 Person.cs。为 Person 类添加下面的代码:

```
using System;
using System.Collections.Generic;
using System.Linq;
using System.Web;
using System.ComponentModel.DataAnnotations;
namespace MvcDataViews.Models
{    public class Person
    {   [Required(ErrorMessage = "The ID is required.")]
        public int Id { get; set; }
        [Required(ErrorMessage = "The name is required.")]
        public string Name { get; set; }
        [Range(1, 200, ErrorMessage = "A number between 1 and 200.")]
        public int Age { get; set; }
        [RegularExpression(@"((\(\d{3}\) ?)|(\d{3}-))?\d{8}",
            ErrorMessage = "Invalid phone number.")]
        public string Phone { get; set; }
        [RegularExpression(@"^[\w-\.]+@([\w-]+\.)+[\w-]{2,4}$",
            ErrorMessage = "Invalid email address.")]
        public string Email { get; set; }   } }
```

② 执行菜单命令"生成"→"生成 MvcDataViews",以生成项目,并创建 Person 对象的实例。注意,这个步骤不能跳过,因为 Visual Studio 在根据 MVC 模板生成控制器代码和视图标记时将使用该模型实例。

(3)添加控制器

这一步创建一个已经为 Create、Update、Delete 和 Details 方案添加了操作方法的控制器,操作方法将呈现用于创建、更新和显示 Person 对象列表的视图。

① 在"解决方案资源管理器"中右击"Controllers"文件夹,从快捷菜单中执行命令"添加"→"控制器"。在显示的对话框中,将控制器命名为 PersonController,选中"为 Create、Update、Delete 和 Details 方案添加操作方法"复选框。单击"添加"按钮,此时将向应用程序添加新控制器。该控制器包含以下操作方法:Index、Details、Create(用于 HTTP Get)、Create(用于 HTTP Post)、Delete(用于 HTTP Get)、Delete(用于 HTTP Post)、Edit(用于 HTTP Get)和 Edit(用于 HTTP Post)。

② 在 PersonController 类的引用声明区中添加下面代码:

```
using MvcDataViews.Models;
```

③ 在 PersonController 类内代码的顶部添加下面的代码,用于创建 Person 对象的列表:

```
static List<Person> people = new List<Person>();
```

(4)添加 Index 列表视图

用 Index 操作方法呈现列表视图。此视图显示已创建的 Person 对象,还包括用于在 Details

视图或 Edit 视图中显示人员的链接。

① 在编辑器中打开或切换到 PersonController 类，找到 Index 操作方法。

② 在 Index 操作方法内右击，从快捷菜单中执行命令"添加视图"。

③ 显示"添加视图"对话框，在"视图名称"框中输入 Index，选中"创建强类型视图"复选框，在"视图数据类"下拉列表中，选择 MvcDataViews.Models.Person，在"视图内容"下拉列表中选择"List"，选中"选择母版页"复选框。单击"添加"按钮。此时框架将在 Views 文件夹下创建"Person"文件夹，并在其中创建名为 Index.aspx 的视图。Index 视图将包含用于显示数据列表的 MVC 模板。

④ 在 Index 视图中，找到 Html.ActionLink 控件，按照以下代码进行更改：

```
<%= Html.ActionLink("Edit", "Edit", new { id=item.Id }) %> |
<%= Html.ActionLink("Details", "Details", item )%> |
<%= Html.ActionLink("Delete", "Delete", new { id=item.Id })%>
```

⑤ 在 PersonController 控制器中，用以下代码替换 Index 操作方法：

```
public ActionResult Index()
{    return View(people);}
```

（5）添加 Details、Create、Delete 和 Edit 共计 4 个视图

这 4 个视图的创建方法与 Index 类似，只是视图名称、视图内容模板和相关代码不同。

① Details 视图

Details 视图显示单一 Person 对象的值。此视图还提供到 Edit 视图的链接以及用于返回列表视图的链接。设置"视图名称"为 Details，在"视图内容"下拉列表中选择"Details"。在 Details 视图中，找到链接到 Edit 视图的 Html.ActionLink 控件，并按照以下代码对其进行更改：

```
<%= Html.ActionLink("Edit", "Edit", new { id=Model.Id }) %> |
<%= Html.ActionLink("Back to List", "Index") %>
```

在 PersonController 中，用以下代码替换 Details 操作方法：

```
public ActionResult Details(Person p)
{    return View(p);}
```

② Create 视图

Create 视图用于创建 Person 对象。创建 Person 对象时定义了人员的姓名、年龄和 ID。PersonController 有两个 Create 操作方法：一个 Create 操作方法接收 HTTP Get 请求并呈现 Create 视图，另一个 Create 操作方法从 Create 视图中接收 HTTP Post 请求、检查数据的有效性、向列表添加数据以及重定向到 Index 操作方法。利用 MVC 模板只需要一个 Create 视图。

设置"视图名称"为 Create，在"视图内容"下拉列表中选择"Create"。

在 PersonController 中，处理 HTTP Post 的 Create 操作方法用以下代码替换：

```
[HttpPost]
public ActionResult Create(Person p)
{ if (!ModelState.IsValid)
    {    return View("Create", p);    }
    people.Add(p);
    return RedirectToAction("Index");    }
```

③ Delete 视图

通过使用 Delete 视图，用户可以从列表中删除 Person 对象。用户可以选择删除所选的 Person 对象，也可以返回列表视图。PersonController 有两个 Delete 操作方法：一个 Delete 操作方法接收 HTTP Get 请求并呈现 Delete 视图，另一个 Delete 操作方法从 Delete 视图中接收 HTTP Post

请求、移除所选对象以及重定向到 Index 操作方法。只需要一个 Delete 视图。

设置"视图名称"为 Delete，在"视图内容"下拉列表中选择"Delete"。

在 PersonController 中，用以下代码替换处理 HTTP Get 的 Delete 操作方法：

```
public ActionResult Delete(int id)
{   Person p = new Person();
    foreach (Person pn in people)
    {   if (pn.Id = = id)
        {   p.Name = pn.Name;
            p.Age = pn.Age;
            p.Id = pn.Id;
            p.Phone = pn.Phone;
            p.Email = pn.Email;      }   }
    return View(p);               }
```

用以下代码替换处理 HTTP Post 的 Delete 操作方法：

```
[HttpPost]
public ActionResult Delete(Person p)
{   foreach (Person pn in people)
    {   if (pn.Id = = p.Id)
        {   people.Remove(pn);
            break;        }    }
    return RedirectToAction("Index"); }
```

④ 添加 Edit 视图

通过使用 Edit 视图，用户可以更改某个 Person 对象的值。PersonController 有两个 Edit 操作方法：一个 Edit 操作方法接收 HTTP Get 请求并呈现 Edit 视图，另一个 Edit 操作方法从 Edit 视图中接收 HTTP Post 请求，检查数据的有效性，更新相应的 Person 对象中的数据，以及重定向到 Index 操作方法。同样只需要一个 Edit 视图。

设置"视图名称"为 Edit，在"视图内容"下拉列表中选择"Edit"。

在 PersonController 中，用以下代码替换处理 HTTP Post 的 Edit 操作方法：

```
[HttpPost]
public ActionResult Edit(Person p)
{   if (!ModelState.IsValid)
    {   return View("Edit", p);      }
    foreach (Person pn in people)
    {   if (pn.Id = = p.Id)
        {   pn.Name = p.Name;
            pn.Age = p.Age;
            pn.Id = p.Id;
            pn.Phone = p.Phone;
            pn.Email = p.Email;      }   }
    return RedirectToAction("Index");    }
```

用以下代码替换处理 HTTP Get 的 Edit 操作方法：

```
public ActionResult Edit(int id)
{   Person p = new Person();
    foreach (Person pn in people)
```

```
            {   if (pn.Id == id)
                {     p.Name = pn.Name;
                      p.Age = pn.Age;
                      p.Id = pn.Id;
                      p.Phone = pn.Phone;
                      p.Email = pn.Email;     }    }
            return View(p);         }
```

（6）从主页链接

将主页上的链接添加到个人列表中。在"Views/Home"文件夹中，打开 Index 视图。在</h2>标记之后添加以下代码：

<p>　<%=Html.ActionLink("Open Person List", "Index", "Person") %>　</p>

（7）编译并运行应用程序

① 按 Ctrl+F5 组合键启动该应用程序。在主页上单击"Open Person List"进入 Index 视图，如图 12-16 所示。

② 在 Index 页面中单击"Create New"，进入 Create 页面，如图 12-17 所示。在"Id"、"Name"、"Age"、"Phone"和"Email"框中输入值，单击"Create"，返回 Index 页面，该页面中包含已添加到列表中的人员，如图 12-18 所示。可以重复上面步骤若干次添加更多的人员。

③ 在 Index 页面中，单击某个人员的"Details"，显示 Details 页面，如图 12-19 所示。单击"Back to List"回到 Index 页面。

图 12-16　Index 视图页面

④ 单击 Index 页面的某个人员的"Edit"，显示 Edit 页面，如图 12-20 所示。更改人员的姓名或年龄，然后单击"Save"。此时会重新显示 Index 页面，可以看到，其中的数据字段已经更新。

图 12-17　Create 页面

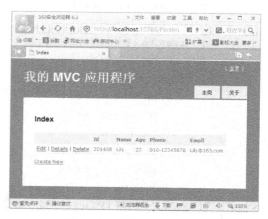

图 12-18　返回 Index 页面

⑤ 单击 Index 页面的某个人员的"Delete"链接，显示 Delete 页面，如图 12-21 所示。单击"Delete"，再次显示 Index 页面，可以看到，所选项已经移除，如图 12-22 所示。

图 12-19　Details 页面

图 12-20　Edit 页面

图 12-21　Delete 页面

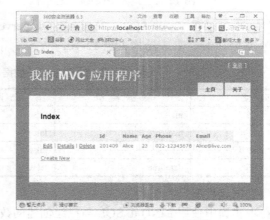

图 12-22　返回 Index 页面

【实训 12-2】　创建使用了 LINQ to SQL 的 MVC Web 项目。

本实训使用 Visual Studio 中所支持的 LINQ to SQL 与数据库进行通信（也可以使用其他技术，如 NHibernate 或 Entity Framework 等）。本实训主要完成以下任务：

- 利用 Visual Studio 中的向导在 Models 中创建 LINQ to SQL 类；
- 添加已经包含用于创建、编辑、删除和显示模型数据的操作方法的控制器；
- 通过使用 ASP.NET MVC 中内置的数据基本架构，生成基于模型的强类型视图。

（1）创建新 MVC 项目

在 Visual Studio 2010 中创建一个新的 ASP.NET MVC Web Application 项目，将项目命名为 TaskList。为简单起见，不创建单元测试项目。

（2）创建数据库连接或数据库

在 SQL Server 2008 中附加数据库 TaskListDB。打开"视图"菜单→"服务器资源管理器"，右击"数据连接"节点，执行快捷菜单命令"添加连接"，显示如图 12-23 所示对话框。输入服务器名，在"连接到一个数据库"下拉列表中选中 TaskListDB 数据库，单击"确定"按钮。在服务器资源管理器中会出现新的数据连接节点，如图 12-24 所示。双击打开节点，可以看到 TaskListDB 数据库、所包含的表及表结构。

图 12-23 "添加连接"对话框　　　图 12-24 新的数据连接节点

注：也可以在 Visual Studio 2010 或 SQL Server 2008 中重新创建数据库。TaskListDB 数据库中包含表 Tasks，其表结构见表 12-10。

表 12-10　TaskListDB 数据库中的 Tasks 表结构

列 名 称	数 据 类 型	允 许 空 值	其 他 约 束
Id	int	false	主键，标识列
Task	nvarchar(300)	false	
IsCompleted	bit	false	
EntryDate	datetime	false	

（3）创建模型

在本实训中使用 LINQ to SQL 与已经创建的数据库进行通信。

① 在 Models 文件夹中创建 LINQ to SQL 类。右击 Models 文件夹，执行快捷菜单命令"添加"→"新建项"，在"添加新项"对话框中，选择"数据"→"LINQ to SQL 类"模板，如图 12-25 所示。将 LINQ to SQL 类命名为"TaskList.dbml"，单击"添加"按钮。完成此步骤后将出现"对象关系设计器"。

② 创建表示 Tasks 数据库表的 LINQ to SQL 模型类。将 Tasks 数据库表从服务器资源管理器窗口中拖放到对象关系设计器上，将创建新的名为 Task 的 LINQ to SQL 实体类，如图 12-26 所示。单击"保存"按钮（软盘图标）保存新的实体。

图 12-25 "添加新项"对话框　　　图 12-26 对象关系设计器上的 Task 类

（4）创建控制器

在创建本实训的控制器之前，需要先删除 Controllers 文件夹下由框架自动生成的 HomeController.cs 文件。

① 新建控制器。右击 Controllers 文件夹，执行快捷菜单命令"添加"→"控制器"，在显示的对话框中，选中"为 Create、Update、Delete 和 Details 方案添加操作方法"复选框，将新控制器命名为 HomeController.cs，单击"添加"按钮。

② 修改 HomeController 类，在其中修改或添加如下代码：

```csharp
public class HomeController : Controller
{   private TaskListDataContext db =new TaskListDataContext();
    // GET: /Home/
    public ActionResult Index()
    {   var tasks = from t in db.Tasks orderby t.EntryDate descending select t;
        return View(tasks.ToList());      }
    // GET: /Home/Details/5
    public ActionResult Details(Tasks t)
    {    return View(t);      }
    // GET: /Home/Create
    public ActionResult Create()
    {         return View();       }
    // POST: /Home/Create
    [HttpPost]
    public ActionResult Create(string    task)
    {    Tasks newTask = new Tasks() ;
        newTask.Task = task;//.Task.ToString();
        newTask.IsCompleted = false;
        newTask.EntryDate = DateTime.Now;
        db.Tasks.InsertOnSubmit(newTask);
        db.SubmitChanges();
        return RedirectToAction("Index");      }
        // GET: /Home/Edit/5
    public ActionResult Edit(int id)
    {   Tasks t = new Tasks();
        foreach (Tasks tn in db.Tasks)
        {    if (tn.Id = = id)
            {   t.Task = tn.Task;
                t.IsCompleted = tn.IsCompleted;
                t.Id = tn.Id;
                t.EntryDate = tn.EntryDate;      }      }
        return View(t);     }
    // POST: /Home/Edit/5
    [HttpPost]
    public ActionResult Edit(int id,Tasks t)
    {    if (!ModelState.IsValid)
        {    return View("Edit", t);        }
        foreach (Tasks tn in db.Tasks)
```

```csharp
        {   if (tn.Id == t.Id)
            {   tn.Task = t.Task;
                tn.IsCompleted = t.IsCompleted;
                tn.Id = t.Id;
                tn.EntryDate = t.EntryDate;   }   }
        db.SubmitChanges();
        return RedirectToAction("Index");   }
    public ActionResult complete(int id)
    {   var tasks = from t in db.Tasks where t.Id == id select t;
        foreach (Tasks Match in tasks)
        {   Match.IsCompleted = true;   }
        db.SubmitChanges();
        return RedirectToAction("Index");   }
    // GET: /Home/Delete/5
    public ActionResult Delete(int id)
    {   Tasks t = new Tasks();
        foreach (Tasks tn in db.Tasks)
        {   if (tn.Id == id)
            {   t.Task = tn.Task;
                t.IsCompleted = tn.IsCompleted;
                t.Id = tn.Id;
                t.EntryDate = tn.EntryDate;   }   }
        return View(t);   }
    // POST: /Home/Delete/5
    [HttpPost]
    public ActionResult Delete(Tasks t)
    {   foreach (Tasks tn in db.Tasks)
        {   if (tn.Id == t.Id)
            {   db.Tasks.DeleteOnSubmit(tn);
                break;   }   }
        db.SubmitChanges();
        return RedirectToAction("Index");   }   }
```

HomeController 类包含类级私有字段 db。db 字段是 TaskListDataContext 类的实例。HomeController 类使用 db 字段代表 TaskListDB 数据库。

Complete 动作方法的作用是将 Tasks 表中 IsComplete 列的值从 false 改为 true，将任务标记为完成后，任务 Id 被传递给 Complete()动作，数据库被更新。

(5) 创建视图

在本实训中，需要首先删除 Views\Home 路径（由框架自动生成），然后完成如下步骤。

① 打开 HomeController 类，找到 Index 操作方法。在 Index 操作方法内右击，执行快捷菜单命令"添加视图"。显示"添加视图"对话框，在"视图名称"框中输入 Index，选中"创建强类型视图"复选框，在"视图数据类"下拉列表中选择 TaskList.Models.Tasks，在"视图内容"下拉列表中选择"List"，选中"选择母版页"复选框，单击"添加"按钮。此时框架将在 Views 文件夹下创建"Home"文件夹，并在其中创建名为 Index.aspx 的视图。

② 在 Index 视图中，在</table>标记之后添加如下代码：

```
<ul>
    <%foreach (TaskList.Models.Tasks task in ViewData.Model) { %>
        <li>       <%if (task.IsCompleted) { %>
        <del>          <%: task.EntryDate.ToShortDateString() %>
            -- <%: task.Task    } %>
        <% else { %>
            <a href="/Home/complete/<%: task.Id.ToString() %>">complete</a>
            <%: task.EntryDate.ToShortDateString() %>
            -- <%: task.Task    }%>
        </del>     </li>      <%} %>        </ul>
```

Index 视图中包含循环访问所有任务的 foreach 循环。任务以 ViewData.Model 属性表示，使用 ViewData 将数据从控制器动作传递到视图。在循环中，设置一个条件检查任务是否完成，在完成的任务上显示删除线。HTML 的<del>标记用于创建表示已完成任务的删除线。如果任务尚未完成，则链接标记 Complete 将显示在任务一侧。链接由下面的脚本构成：

```
<a href="/Home/Complete/<%= task.Id.ToString() %>">Complete</a>
```

任务的 Id 包含在由链接表示的 URL 中。单击某个链接时，任务 Id 被传递给 HomeController 类的 Complete()动作。通过这种方式，单击"Complete"链接时可更新数据库中任务已完成字段的记录值。显示 Index 视图的页面如图 12-27 所示。

图 12-27 Index 视图的页面

Index.aspx 视图包含标记为 Create New 的链接，此链接指向路径/Home/Create。单击此链接时，将调用 HomeController 类的 Create()操作。Create()方法返回 Create 视图。

其他视图参考 Index.aspx 视图的生成方法完成。在实训 12-1 中有详细步骤说明。其中 Complete 视图在"添加视图"对话框的"视图内容"下拉列表中可以选择"Empty"。

参 考 文 献

[1] Microsoft Developer Network - MSDN Library. http://msdn.microsoft.com/zh-cn/library/ee532866.aspx
[2] 孙士保，张瑾，张鸣. ASP.NET 数据库网站设计教程（C#）. 北京：电子工业出版社，2010.
[3] 韩颖，卫琳，陈伟. ASP.NET 3.5 动态网站开发基础教程. 北京：清华大学出版社，2010.
[4] 周金桥. ASP.NET 夜话. 北京：电子工业出版社，2009.
[5] Bill Evjen（美国）. ASP.NET 3.5 高级编程（第 5 版）. 北京：清华大学出版社，2008.
[6] 龚赤兵. ASP.NET2.0 网站开发案例教程. 北京：中国水利水电出版社，2009.
[7] 翁健红. 基于 C#的 ASP.NET 程序设计. 北京：机械工业出版社，2013.
[8] Marco Bellinaso. ASP.NET 2.0 网站开发全程解析（第 2 版）. 北京：清华大学出版社，2008.
[9] 李萍. ASP.NET（C#）动态网站开发案例教程. 北京：机械工业出版社，2011.
[10] 胡静，韩英杰，陶永才. ASP.NET 动态网站开发教程（第 2 版）. 北京：清华大学出版社，2009.
[11] 潘春燕. ASP.NET 程序设计. 北京：人民邮电出版社，2007.
[12] 宁云智，刘志成，李德奇. ASP.NET 程序设计实例教程（第 2 版）. 北京：人民邮电出版社，2011.
[13] Bill Evjen（美国）. ASP.NET 4 高级编程——涵盖 C#和 VB.NET（第 7 版）. 北京：清华大学出版社，2010.